# 建筑给水排水工程

主　编　李敬苗　魏一然
副主编　楼　静　申兰芹

中国建材工业出版社

图书在版编目(CIP)数据

建筑给水排水工程/李敬苗,魏一然主编.—北京:
中国建材工业出版社,2010.1
ISBN 978-7-80227-673-4

Ⅰ.①建… Ⅱ.①李… ②魏… Ⅲ.①建筑—给水工程②建筑—排水工程 Ⅳ.①TU82

中国版本图书馆 CIP 数据核字（2009）第 233296 号

## 内 容 简 介

本书主要介绍了建筑给水系统、建筑排水系统、建筑消火栓和自动喷水灭火系统、小区建筑给水排水工程、建筑中水系统、水景工程的设计与施工方面的知识。同时增加了建筑给水、排水识图和制图基本知识，使本书实用性更强。

本书不仅适合高等职业技术学院和一般本科院校相关专业教学使用，也适合从事给水、排水和管道工程的设计和施工人员作为参考书和工具书来使用。

**建筑给水排水工程**

主编　李敬苗　魏一然

出版发行：中国建材工业出版社
地　　址：北京市西城区车公庄大街 6 号
邮　　编：100044
经　　销：全国各地新华书店
印　　刷：北京鑫正大印刷有限公司
开　　本：787mm×1092mm　1/16
印　　张：16.5　插页：3
字　　数：424 千字
版　　次：2010 年 1 月第 1 版
印　　次：2010 年 1 月第 1 次
书　　号：ISBN 978-7-80227-673-4
定　　价：30.00 元

本社网址：www.jccbs.com.cn
本书如出现印装质量问题，由我社发行部负责调换。联系电话：(010) 88386906

# 前　言

随着人民生活水平的提高和技术的进步,《建筑给水排水设计规范》、《民用建筑设计防火规范》、《建筑灭火器配置设计规范》都进行了相应的修订,管材和相应施工技术都有了改进。为了使教学内容与国家标准规范同步,紧跟科技发展前沿,我们组织了部分院校的老师对既有传统教材内容进行了调整与修改,并按照高等职业技术学院的教学要求,对教学内容进行合理的删减和补漏,增加了识图和制图等实践性更强的内容,使教材更适合高等职业技术学院以就业为导向的要求。本教材具有以下特点:①内容系统全面且言简意赅;②内容紧跟新规范、新技术,使读者和学生能了解本行业的最新知识;③实例和内容紧密结合,使读者、学生更容易加深对基础知识的理解;④书中有很多图片和照片,更直观易懂。

本书第一章和第九章由邯郸职业技术学院魏一然和中国环境管理干部学院李敬苗编写;第六章、第七章由魏一然编写;第四章由李敬苗编写;第二章、第八章由中国环境管理干部学院楼静编写;第五章由楼静和李敬苗编写;第六章由邯郸职业技术学院申兰芹编写。全书由李敬苗和魏一然主编,李敬苗进行审稿校对。

由于编者水平有限,书中缺点在所难免,敬请广大读者批评指正。

李敬苗  
2009 年 10 月

# 目 录

## 第一章 建筑给水 ... 1
- 第一节 建筑给水系统的分类与组成 ... 1
- 第二节 建筑给水方式 ... 3
- 第三节 建筑给水管材、附件及水表 ... 11
- 第四节 升压设备 ... 18
- 第五节 给水管道布置和敷设 ... 30
- 第六节 建筑给水管道设计计算 ... 35

## 第二章 建筑消火栓给水系统 ... 46
- 第一节 建筑消火栓给水系统布置和组成 ... 46
- 第二节 建筑消火栓给水系统设计计算 ... 57
- 第三节 高层建筑消火栓给水系统简介 ... 68

## 第三章 自动喷水灭火系统 ... 81
- 第一节 自动喷水灭火系统 ... 81
- 第二节 自动喷水灭火系统分类工作原理及组件 ... 83
- 第三节 闭式自动喷水灭火系统设计及计算 ... 97
- 第四节 其他固定灭火系统简介 ... 106

## 第四章 建筑内部排水系统 ... 115
- 第一节 建筑内部排水系统的分类和组成 ... 115
- 第二节 建筑内部卫生洁具、排水管材及附件 ... 118
- 第三节 室内排水管道的布置和敷设 ... 130
- 第四节 建筑排水设计计算 ... 134
- 第五节 高层建筑新型排水系统 ... 145
- 第六节 污废水提升及局部处理构筑物 ... 148

## 第五章 建筑雨水排水系统 ... 156
- 第一节 屋面雨水排水系统 ... 156
- 第二节 屋面雨水排水计算 ... 161

## 第六章 建筑内部热水供应系统 ... 180
- 第一节 热水供应系统的分类、组成和供水方式 ... 180

  第二节 热水供应系统加热设备和管材 ………………………………… 184
  第三节 热水管网的布置与敷设 ……………………………………………… 193
  第四节 热水水质、水温及热水用水量定额 ……………………………… 195
  第五节 热水量、耗热量、热媒耗量的计算 ……………………………… 200
  第六节 加热及贮热设备的计算 …………………………………………… 202
  第七节 热媒管网和热水配水管网水力计算 ……………………………… 205

第七章 水景及游泳池给水排水系统 …………………………………………… 211
  第一节 水景给水排水设计 ………………………………………………… 211
  第二节 游泳池给水排水设计 ……………………………………………… 213

第八章 居住小区给排水及建筑中水系统介绍 ……………………………… 222
  第一节 居住小区给水工程简介 …………………………………………… 222
  第二节 居住小区排水工程简介 …………………………………………… 224
  第三节 建筑中水系统 ……………………………………………………… 226

第九章 建筑内部给排水设计及识图基础知识 ……………………………… 238

附录1 给水铸铁管水力计算表 ……………………………………………………… 249

附录2 给水钢管水力计算表 ………………………………………………………… 250

附录3 给水塑料管水力计算表 ……………………………………………………… 252

附录4 给水聚丙烯热水管水力计算表 …………………………………………… 253

参考文献 ……………………………………………………………………………………… 255

# 第一章 建筑给水

**【知识目标】**

正确理解和掌握建筑给水工程的基本理论知识；掌握系统的组成和系统形式的选择原则；熟练掌握建筑内部给水系统的设计方法及基本步骤；了解建筑给水工程新材料、新设备及适用情况，把握技术发展趋势；了解建筑给水系统施工及与建筑配合的基本知识；了解给水设备施工安装方面的基本知识及相关技术。

**【能力目标】**

通过本章的学习，学生能把给水系统的基本原理与实际相结合，能独立完成建筑给水系统的设计方案比选；能进行小型建筑内部给水的设计计算；具备一定的图纸表达能力。

## 第一节 建筑给水系统的分类与组成

建筑给水系统是将城镇市政给水、小区给水管网中的水引入一幢建筑或一个建筑群，供人们生活、生产和消防使用，并满足以上各类用水对水质、水量和水压要求的冷水供应系统。

### 一、建筑给水系统分类

给水系统按其用途可分为三类基本给水系统。

（一）生活给水系统

生活给水系统提供人们在不同场合的饮用、烹饪、盥洗、洗涤、沐浴等日常生活用水的给水系统。其水质必须符合国家规定的生活饮用水卫生标准。

（二）生产给水系统

供给各类产品生产过程中所需的用水、生产设备的冷却、原料和产品的洗涤及锅炉用水等的给水系统。生产用水对水质、水量、水压及安全性随工艺要求的不同，而有较大的差异。

（三）消防给水系统

供给各类消防设备扑灭火灾用水的给水系统。消防给水对水质的要求不高，但必须按照现行《建筑设计防火规范》（GB 50016—2006）保证供应足够的水量和水压。

上述三类基本给水系统可以独立设置，也可根据各类用水对水质、水量、水压、水温的不同要求，结合室外给水系统的实际情况，经技术经济比较，或兼顾社会、经济、环境等因素的综合考虑，设置成组合各异的共用系统。如生活、生产共用给水系统，生活、消防共用给水系统，生产、消防共用给水系统，生活、生产、消防共用给水系统。还可按供水用途不同、系统功能的不同，设置生活饮用水给水系统、杂用水（中水）给水系统、消火栓给水系统、自动喷水灭火给水系统、水幕消防给水系统，以及循环或重复使用的生产给水系统等。

## 二、给水系统的组成

建筑内部的给水系统由下列各部分组成,如图 1-1 所示。

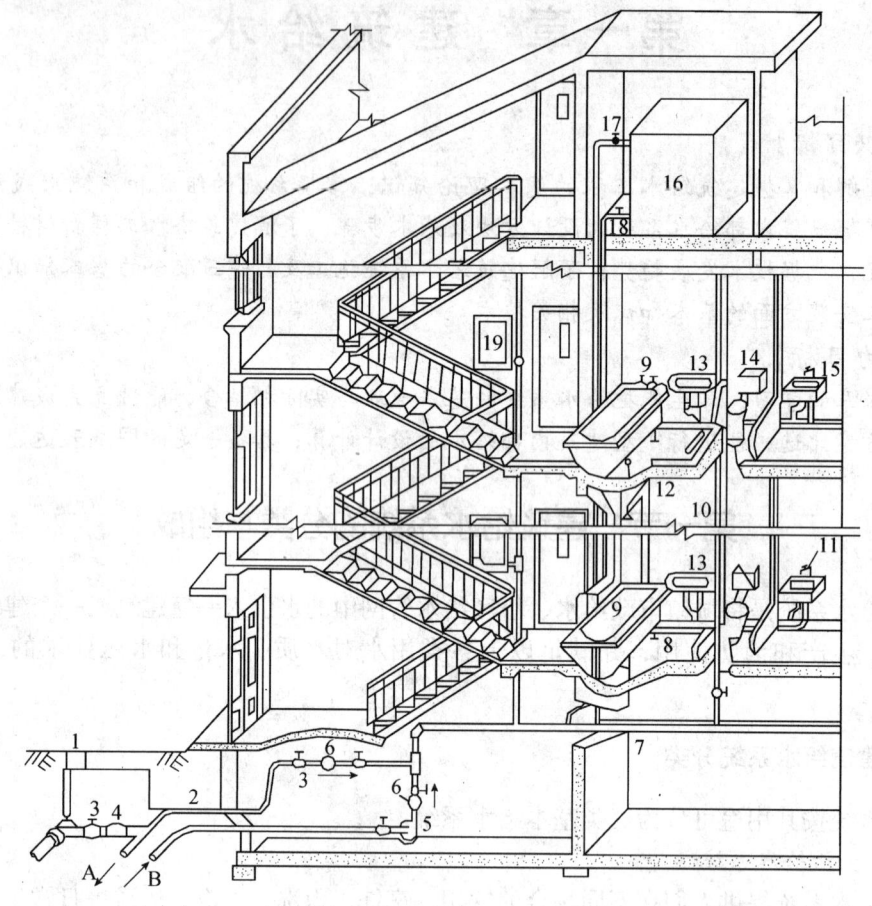

图 1-1 建筑给水系统

1—阀门井;2—引入管;3—闸阀;4—水表;5—水泵;6—止回阀;7—干管;8—支管;
9—浴盆;10—立管;11—水嘴;12—淋浴器;13—洗脸盆;14—大便器;15—洗涤盆;
16—水箱;17—进水管;18—出水管;19—消火栓;A—入贮水池;B—来自贮水池

1. 水源

指城镇市政给水管网、室外给水管网或自备水源。

2. 引入管

也称进户管,对于一幢单体建筑而言,引入管是将室外给水管的水引入建筑室内的管段。

3. 水表节点

水表节点是安装在引入管的水表及前后设置的阀门(新建建筑应在水表前设置管道过滤器)和泄水装置的总称。

水表用以计量该幢建筑的总用水量。水表前后的阀门用来水表检修、拆换时关闭管路。泄水装置主要用于室内管道系统检修时放空水,也可用来检修水表精度和测定管道进户时的水压值。设置管道过滤器的目的是保证水表正常工作及其量测精度。

水表节点一般设在水表井中,如图 1-2 所示。温暖地区的水表井一般设在室外,寒冷地区的水表井可设在建筑地下室或设在不会冻结之处。

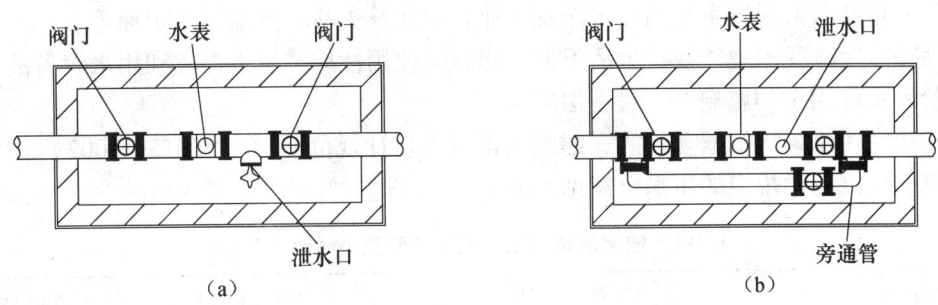

图 1-2 水表节点

(a) 装泄水口的水表节点；(b) 装旁通管的水表节点

在非住宅建筑内部给水系统中，需计量水量的某些部位和设备的配水管上也要安装水表。住宅建筑每户均应安装分户水表（水表前亦宜设置管道过滤器）。分户水表以前大都设在每户住家之内，现在的分户水表宜相对集中设在户外容易读取数据处。对仍需设在户内的水表，宜采用远传水表或 IC 卡水表等智能化水表。

4. 给水管网

室内给水管道包括干管、立管和横支管。

5. 用水设备、配水装置和给水附件

用水设备包括各种卫生器具，如洗手盆、洗涤盆、浴盆、淋浴器、大便器、小便器等，此外还有生产设备和消防设备等用水设备。

配水装置即配水水嘴、淋浴喷头等。不同的用水设备配置不同的水龙头。

给水附件包括消火栓、消防喷头以及各类阀门（控制阀、减压阀、止回阀）等。

6. 增（减）压和贮水设备

当室外给水管网的水量、水压不能满足建筑用水要求，或用户要求压力稳定、需确保供水安全可靠时，应根据需要，在给水系统中设置水泵、气压给水装置、变频调速给水装置、水池、水箱等增压和贮水设备。当某些部位水压太高时，需设置减压设备。

7. 给水局部处理设施

当有些建筑对给水水质要求很高、超出我国现行生活饮用水卫生标准时或其他原因造成水质不能满足要求时，需设置一些给水局部处理设备、构筑物等进行给水深度处理。

# 第二节　建筑给水方式

## 一、水系统所需水量和水压

(一) 给水系统所需水量

1. 用水定额

用水定额是针对不同的用水对象，在一定时间内制定的相对合理的单位用水量数值。是根据各个地区的人民生活水平、消防和生产用水情况，经调查统计制定的，主要有生活用水定额、生产用水定额、消防用水定额。

(1) 生活用水定额及小时变化系数

生活用水定额是指每个用水单位（如每人每日、每顾客每次、每床位每日等）用于生活目的所消耗的水量，以升为单位。根据建筑物类型具体分为住宅最高日生活用水定额，集体宿舍、旅馆和公共建筑生活用水定额及工业企业建筑生活、淋浴用水定额等。

生活用水定额受当地气候、生活习惯、建筑物使用性质、卫生器具和用水设备的完善程度、水价等多种因素的影响，一般不均匀。

对于生活用水，应根据现行的《建筑给水排水设计规范》（GB 50015—2003）作为依据进行计算。该规范中规定的用水定额见表1-1。

表1-1 住宅最高日生活用水定额及小时变化系数

| 住宅类型 | | 卫生器具设置标准 | 用水定额 [L/(人·d)] | 小时变化系数 |
|---|---|---|---|---|
| 普通住宅 | I | 有大便器、洗涤盆 | 85~150 | 3.0~2.5 |
| | II | 有大便器、洗脸盆、洗涤盆、洗衣机、热水器和沐浴设备 | 130~300 | 2.8~2.3 |
| | III | 有大便器、洗脸盆、洗涤盆、洗衣机、集中热水供应（或家用热水机组）和沐浴设备 | 180~320 | 2.5~2.0 |
| 别墅 | | 有大便器、洗脸盆、洗涤盆、洗衣机、洒水栓、家用热水机组和沐浴设备 | 200~350 | 2.3~1.8 |

注：1. 当地主管部门对住宅生活用水定额有具体规定时，应按当地规定执行。
2. 别墅用水定额中含庭院绿化用水和汽车抹车用水。

集体宿舍、旅馆和公共建筑的生活用水定额及小时变化系数，与卫生器具完善程度和区域条件有关，见表1-2。

表1-2 集体宿舍、旅馆和公共建筑生活用水定额及小时变化系数

| 序号 | 建筑物名称 | 单位 | 最高日生活用水定额（L） | 使用时间（h） | 小时变化系数（$K_h$） |
|---|---|---|---|---|---|
| 1 | 单身职工宿舍、学生宿舍、招待所、培训中心、普通旅馆 | | | 24 | 3.0~2.5 |
| | 设公用盥洗室 | 每人每日 | 50~100 | | |
| | 设公用盥洗室、淋浴室 | 每人每日 | 80~130 | | |
| | 设公用盥洗室、淋浴室、洗衣室 | 每人每日 | 100~150 | | |
| | 设单独卫生间、公用洗衣室 | 每人每日 | 120~200 | | |
| 2 | 宾馆客房 | | | | |
| | 旅客 | 每床位每日 | 250~400 | 24 | 2.5~2.0 |
| | 员工 | 每人每日 | 80~100 | | |
| 3 | 医院住院部 | | | | |
| | 设公用盥洗室 | 每床位每日 | 100~200 | 24 | 2.5~2.0 |
| | 设公用盥洗室、淋浴室 | 每床位每日 | 150~250 | 24 | 2.5~2.0 |
| | 设单独卫生间 | 每床位每日 | 250~400 | 248 | 2.5~2.0 |
| | 医务人员 | 每人每班 | 150~250 | 8~12 | 2.0~1.5 |
| | 门诊部、诊疗所 | 每病人每次 | 10~15 | 24 | 1.5~1.2 |
| | 疗养院、休养所住房部 | 每床位每日 | 200~300 | | 2.0~1.5 |

续表

| 序号 | 建筑物名称 | 单位 | 最高日生活用水定额（L） | 使用时间（h） | 小时变化系数（$K_h$） |
|---|---|---|---|---|---|
| 4 | 疗养院<br>全托<br>日托 | 每人每日<br>每人每日 | 100～150<br>50～80 | 24<br>10 | 2.5～2.0<br>2.0 |
| 5 | 幼儿园、托儿所<br>有住宿<br>无住宿 | 每儿童每日<br>每儿童每日 | 50～100<br>30～50 | 24<br>10 | 3.0～2.5<br>2.0 |
| 6 | 公共浴室<br>淋浴<br>浴盆、淋浴<br>桑拿浴（淋浴、按摩池） | 每顾客每次<br>每顾客每次<br>每顾客每次 | 100<br>120～150<br>150～120 | 12<br>12<br>12 | 2.0～1.5 |
| 7 | 理发室、美容院 | 每顾客每次 | 40～100 | 12 | 2.0～1.5 |
| 8 | 洗衣房 | 每1kg干衣 | 40～80 | 8 | 1.5～1.2 |
| 9 | 餐饮业<br>中餐酒楼<br>快餐店、职工及学生食堂<br>酒吧、咖啡厅、茶座、卡拉OK房 | 每顾客每次<br>每顾客每次<br>每顾客每次 | 40～60<br>20～25<br>5～15 | 10～12<br>12～16<br>8～18 | 1.5～1.2<br>1.5～1.2<br>1.5～1.2 |
| 10 | 商场<br>员工及顾客 | 每1m²营业厅面积每日 | 5～8 | 12 | 1.5～1.2 |
| 11 | 办公楼 | 每人每班 | 30～50 | 8～10 | 1.5～1.2 |
| 12 | 教学、实验楼<br>中小学校<br>高等院校 | 每学生每日<br>每学生每日 | 20～40<br>40～50 | 8～9<br>8～9 | 1.5～1.2<br>1.5～1.2 |
| 13 | 电影院、剧院 | 每观众每场 | 3～5 | 3 | 1.5～1.2 |
| 14 | 健身中心 | 每人每次 | 30～50 | 8～12 | 1.5～1.2 |
| 15 | 体育场（馆）<br>运动员淋浴<br>观众 | 每人每次<br>每人每场 | 30～40<br>3 | —<br>4 | 3.0～2.0<br>1.2 |
| 16 | 会议厅 | 每座位每次 | 6～8 | 4 | 1.5～1.2 |
| 17 | 菜市场地面冲洗及保鲜用水 | 每1m²每日 | 10～20 | 8～10 | 2.5～2.0 |
| 18 | 停车库地面冲洗水 | 每1m²每日 | 2～3 | 6～8 | 1.0 |

注：1. 除养老院、托儿所、幼儿园的用水定额中含食堂用水，其他均不含食堂用水。
 2. 除注明外，均不含员工生活用水，员工用水定额为每人每班40～60L。
 3. 医疗建筑用水中已含医疗用水。
 4. 空调用水应另计。

工业企业建筑，管理人员的生活用水定额、淋浴用水定额见表1-3。

表1-3 工业企业建筑生活、沐浴用水定额

| 生活用水定额 [L/(班·人)] | | 小时变化系数($K_h$) | 注 |
|---|---|---|---|
| 管理人员 | 30~50 | 1.5~2.5 | 每班工作时间以8h计 |
| 车间工人 | 30~50 | | |
| 工业企业建筑沐浴用水定额 | | | |
| 车间卫生特征 | | 每人每班沐浴用水定额(L) | |
| 有毒物质 | 生产性粉尘 | 其他 | |
| 极易经皮肤吸收引起中毒的剧毒物质(如有机磷、三硝基甲苯、四乙基铅等) | | 处理传染性材料、动物原料(如皮毛等) | 60 |
| 极易经皮肤吸收或有恶臭的物质,或高毒物质(如丙烯腈、吡啶、苯酚等) | 严重污染全身或对皮肤有刺激的粉尘(如炭黑、玻璃棉等) | 高温作业、井下工作 | 40 |
| 其他毒物 | 一般粉尘(如棉尘) | 重作业 | 沐浴用水延续时间为1h |
| 不接触有毒物质及粉尘、不污染或轻度污染身体(如仪表、金属冷加工、机械加工等) | | | 40 |

（2）生产用水定额

工业生产种类繁多，用水量差异较大，设计时可参考有关规范或生产工艺确定用水量。

汽车冲洗用水定额，根据车辆用途、道路路面等级和沾污情况，以及采用冲洗方法等确定，见表1-4。

表1-4 汽车冲洗用水定额 [L/(辆·次)]

| 冲洗方式 | 软管冲洗 | 高压水枪冲洗 | 循环用水冲洗 | 抹车 |
|---|---|---|---|---|
| 轿车 | 200~300 | 40~60 | 20~30 | 10~15 |
| 公共汽车载重汽车 | 400~500 | 80~120 | 40~60 | 15~30 |

（3）消防用水量

消防用水量是指用以扑灭火灾的消防设施所需用水量，分室内、室外消防用水量，详见消防章节。

2. 卫生器具额定流量

生活用水量是通过各种卫生器具和用水设备消耗的，卫生器具的供水能力与所连接的管道管径、配水阀前的工作压力有关。卫生器具额定流量是卫生器具配水出口在单位时间内流出的规定流量，为保证卫生器具能够满足使用要求，对各种卫生器具连接管的直径和最低工作压力都有相应要求，见表1-5。

表1-5 卫生器具的给水额定流量、当量、连接管公称管径和最低工作压力

| 序号 | 给水配件名称 | 额定流量（L/s） | 当量 | 连接管工程管径（mm） | 最低工作压力（MPa） |
|---|---|---|---|---|---|
| 1 | 洗涤盆、拖布盆、盥洗槽<br>单阀水嘴<br>单阀水嘴<br>混合水嘴 | 0.15～0.20<br>0.30～0.40<br>0.15～0.20（0.14） | 0.75～1.00<br>1.50～2.00<br>0.75～1.00（0.70） | 15<br>20<br>15 | 0.050 |
| 2 | 洗脸盆<br>单阀水嘴<br>混合水嘴 | 0.15<br>0.15（0.10） | 0.75<br>0.75（0.50） | 15<br>15 | 0.050 |
| 3 | 洗手盆<br>感应水嘴<br>混合水嘴 | 0.10<br>0.15（0.10） | 0.50<br>0.75（0.50） | 15<br>15 | 0.050 |
| 4 | 浴盆<br>单阀水嘴<br>混合水嘴（含带淋浴转换器） | 0.20<br>0.24（0.20） | 1.00<br>1.20（1.00） | 15<br>15 | 0.050<br>0.050～0.070 |
| 5 | 淋浴器 | 0.15（0.10） | 0.75（0.50） | 15 | 0.050～0.100 |
| 6 | 大便器<br>冲洗水箱浮球阀<br>延时自闭式冲洗阀 | 0.10<br>1.20 | 0.50<br>6.00 | 15<br>25 | 0.020<br>0.100～0.150 |
| 7 | 小便器<br>手动或自动自闭式冲洗阀<br>自动冲洗水箱进水阀 | 0.10<br>0.10 | 0.50<br>0.50 | 15<br>15 | 0.050<br>0.020 |
| 8 | 小便槽穿孔冲洗管（每米长） | 0.05 | 0.25 | 15～20 | 0.015 |
| 9 | 净身盆冲洗水嘴 | 0.10（0.07） | 0.50（0.35） | 15 | 0.050 |
| 10 | 医院倒便器 | 0.20 | 1.00 | 15 | 0.050 |
| 11 | 实验室化验水嘴（鹅颈）<br>单联<br>双联<br>三联 | 0.07<br>0.15<br>0.20 | 0.35<br>0.75<br>1.00 | 15<br>15<br>15 | 0.020<br>0.020<br>0.020 |
| 12 | 饮水器喷嘴 | 0.05 | 0.25 | 15 | 0.050 |
| 13 | 洒水栓 | 0.40<br>0.70 | 2.00<br>3.50 | 20<br>25 | 0.050～0.100<br>0.050～0.100 |
| 14 | 室内地面冲洗水嘴 | 0.20 | 1.00 | 15 | 0.050 |
| 15 | 家用洗衣机水嘴 | 0.20 | 1.00 | 15 | 0.050 |

注：表中括弧内的数值系在有热水供应时，单独计算冷水或热水时使用。

**（二）给水系统所需水压**

建筑给水系统所需水压，应能满足室内最不利点用水设备的需要。如图1-3所示，室内给水系统所需水压，按下式计算：

$$H = H_1 + H_2 + H_3 + H_4 \tag{1-1}$$

式中　$H$——室内给水管网所需总水压（$mH_2O$）；
　　　$H_1$——室内给水引入管起点至最高、最远配水点几何高度（m）；
　　　$H_2$——计算管路的沿程水头损失和局部水头损失之和（$mH_2O$）；
　　　$H_3$——水流经水表的水头损失（$mH_2O$）；
　　　$H_4$——计算管路最高、最远配水点所需流出水头（$mH_2O$）。

当计算的室内所需水压 $H$ 小于室外管网提供的水压值 $H_0$ 时，应采取相应的措施满足用户要求。如可适当调整室内管网的管径以减小水头损失；或增加局部升压设备提升水压。

当 $H>H_0$ 但相差不多时，可放大某些管段的管径，减少管网的水头损失，以避免设置水泵等增压设备。

当 $H<H_0$ 时，为充分利用室外管网水压，应在允许流速范围内缩小某些管段管径。

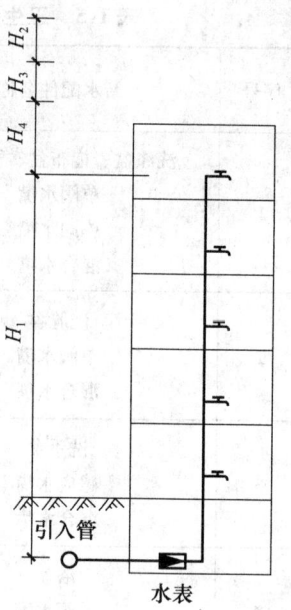

图1-3　给水系统水压示意图

## 二、给水方式

给水方式是指建筑内给水系统的具体组成与具体布置的实施方案。给水方式应根据室外管网水压、水量、建筑物的高度、使用要求、经济条件等因素确定。现将给水方式的基本类型介绍如下。

### （一）直接给水方式

当室外给水管网提供的水量、水压在任何时候均能满足建筑用水时，直接把室外管网的水引到建筑内各用水点，称为直接给水方式，如图1-4所示。

室内管网和外部给水管网直接连接，利用室外管网水压直接供水。常用于低层和多层建筑以及高层建筑低区。

在初步设计过程中，可用经验法估算建筑所需水压，看能否采用直接给水方式：即1层为100kPa，2层为120kPa，3层以上每增加一层，水压增加40kPa。

### （二）单设水箱的给水方式

当室外给水管网提供的水压只是在用水高峰时段出现不足时，或者建筑内要求水压稳定，并且该建筑具备设置高位水箱的条件时，可采用这种方式，如图1-5所示。该方式在用水低峰时，利用室外给水管网水压直接供水并向水箱进水；用水高峰时，水箱出水供给给水系统，从而达到调节水压和水量的目的。

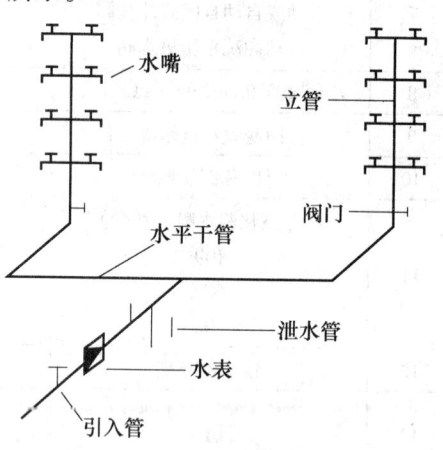

图1-4　直接给水方式

### （三）设置水泵和水箱的给水方式

当室外管网的水压经常不足、室内用水不均匀，且室外管网允许直接抽水时，可采用这种方式，如图1-6所示。这种方式是一种在变频器未普及时的传统供水方式。优点是水泵出水量稳定，能及时向水箱供水，可减少水箱容积；高位水箱储存调节容积可起到调节作用，水泵水压稳定，能在高效区运行。

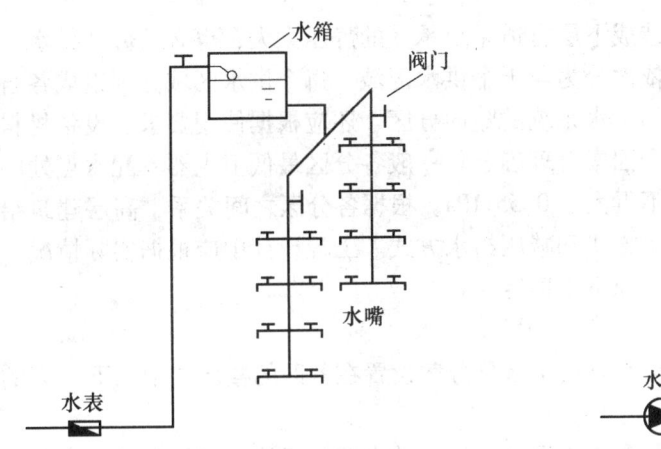
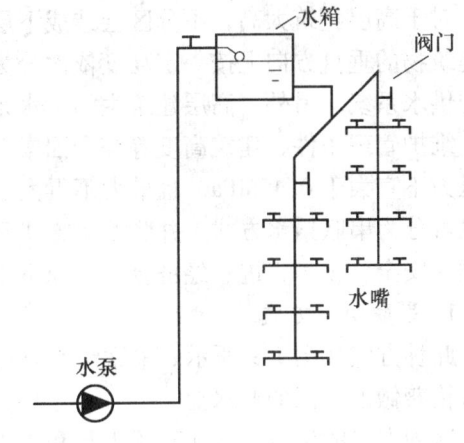

图 1-5 设水箱的给水方式　　　　图 1-6 设水泵和水箱给水方式

（四）设气压给水装置的给水方式

当室外给水管网压力低于或经常不能满足室内所需水压、室内用水不均匀，且不宜设置高位水箱时可采用此方式。该方式即在给水系统中设置气压给水设备，利用该设备气压水罐内气体的可压缩性，形成所需的调节容积。协同水泵增压供水，如图 1-7 所示。气压水罐的作用相当于高位水箱，但其位置可根据需要较灵活地设在高处或低处。

（五）设变频调速给水装置的给水方式

当室外供水管网水压经常不足，建筑内用水量较大且不均匀，要求可靠性高、水压恒定时，或者建筑物顶部不宜设高位水箱时，可以采用变频调速给水装置进行供水。这种供水方式可省去屋顶水箱，水泵效率高，但一次性投资较大。

（六）分区给水方式

当建筑物高度较高时，室外给水管网的压力只能满足建筑下部若干层的供水要求，不能满足上层需要，为了节约能源，有效地利用外网的水压，常将建筑物下层和上层分开供水，低区设置成由室外给水管网直接供水，高区由增压贮水设备供水，如图 1-8 所示。为保证供水的可靠性，可将低区与高区的 1 根或几根立管相连接，在分区处设置阀门，以备低区进水管发生故障或外网水压不足时，打开阀门由高区向低区供水。

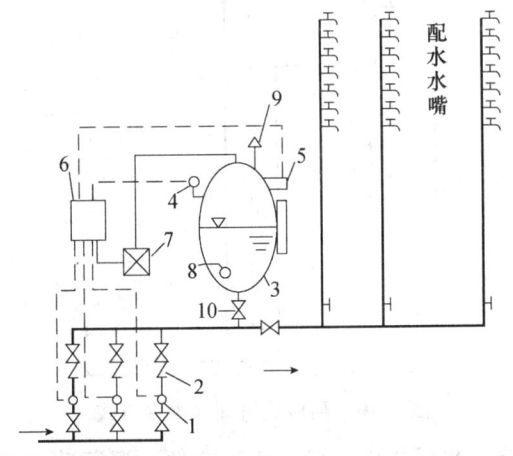
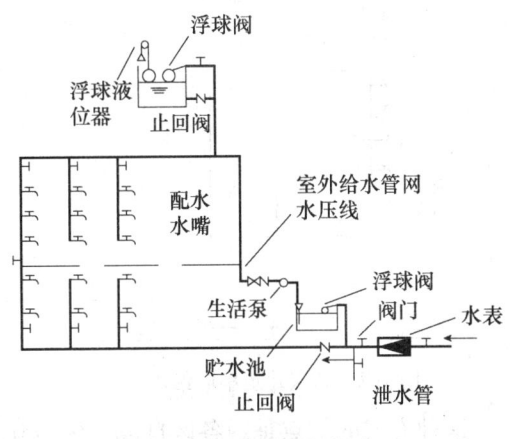

图 1-7 气压给水方式　　　　图 1-8 分区给水方式

1—水泵；2—止回阀；3—气压水罐；4—压力信号器；
5—液位信号器；6—控制器；7—补气器；8—排气阀；
9—安全阀；10—阀门

对于高层建筑太高，不分区会造成下层管道系统承受的静压太大，也必须分区供水，即在建筑物的垂直方向上按一定高度依次分为若干个供水区域，每个供水区域分别组成各自独立的供水系统。另外，高层建筑生活给水系统的竖向分区，还应根据使用要求、设备材料性能、维护管理条件、建筑高度等综合因素合理确定。一般各分区最低卫生器具配水点处的静水压力不宜大于0.45MPa，且最大不得大于0.55MPa。根据各分区之间关系，高层建筑给水方式可分为串联给水方式、并联给水方式和减压给水方式。工程设计中应根据实际情况，按照供水安全、技术先进、经济合理的原则来确定。

1. 串联给水方式

此种方式如图1-9所示。串联给水方式是水泵分散设置在各区的楼层之中，下一区的高位水箱兼做上一区的贮水池。

这种方式的优点是：无高压水泵和高压管道；运行动力费用经济。其缺点是：水泵分散设置，连同水箱所占楼房的平面、空间较大；水泵设在楼层，防振、隔声要求高，且管理维护不方便；若下部发生故障，将影响上部的供水。

这种给水方式的水箱，具有保证管网中正常压力的作用，还兼有贮存、调节、减压作用。

2. 并联给水方式

如图1-10所示，各分区独立设置水箱和水泵，水泵一般集中设置在建筑的地下室或底层，各区水泵独立向各区水箱供水。

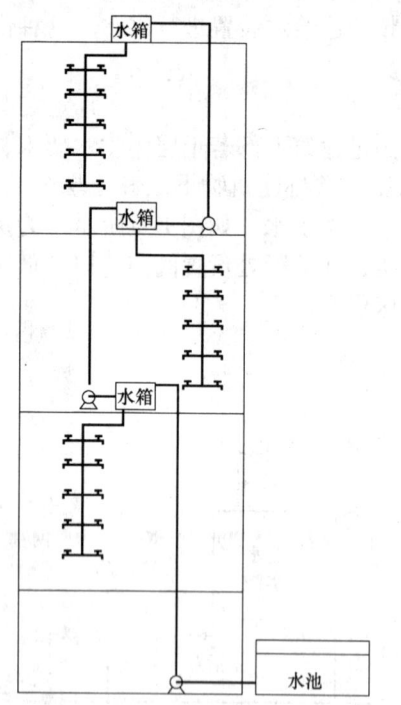

图1-9 高层建筑串联给水方式

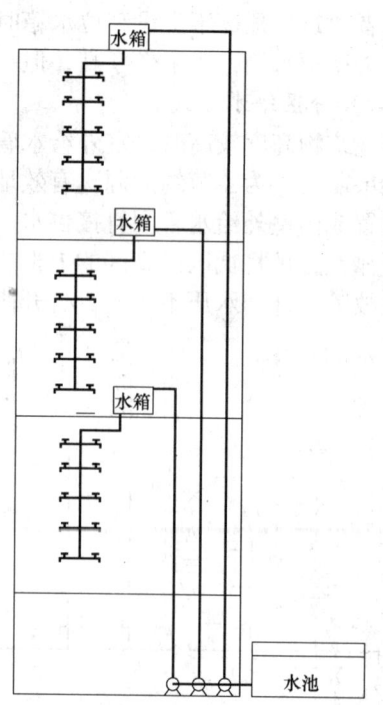

图1-10 高层建筑并联给水方式

这种方式的优点是：各区自成一体，互不影响；水泵集中，管理维护方便；运行动力费用较低。缺点是：水泵数量多，耗用管材较多，设备费用偏高；分区水箱占用楼房空间多；有高压水泵和高压管道。

3. 减压给水方式

减压给水分为减压水箱给水方式和减压阀给水方式，如图 1-11 所示。这两种方式的特点是建筑物用水由设置在底层或地下室的水泵将整幢建筑的用水量提升至屋顶水箱，然后再依次向下区减压供水。

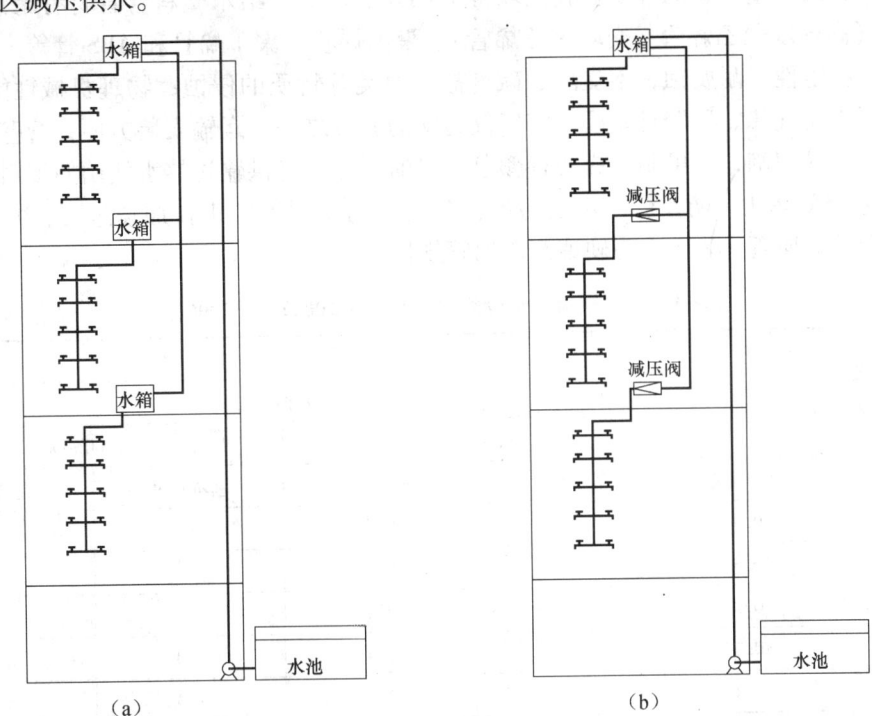

图 1-11　减压给水方式
(a) 减压水箱给水方式；(b) 减压阀给水方式

减压水箱给水方式是通过各区减压水箱实现减压供水。这种方式的优点是：水泵数量少，水泵房面积小，设备费用低，管理维护简单；各分区减压水箱容积小。其缺点是：水泵运行动力费用高；屋顶水箱容积大；建筑物高度高、分区较多时，下区减压水箱中浮球阀承压过大，易造成关闭不严的现象；上部某些管道部位发生故障时，将影响下部的供水。

减压阀给水是利用减压阀替代减压水箱，这种方式与减压水箱给水方式相比，最大优点是节省了建筑的使用面积。

在实际工程中，如何确定合理的供水方案，应依据用户对水质、水压和水量的要求，结合室外管网所能提供的水质、水压、水量的情况，卫生器具及消防设备在建筑物内的分布，用户对供水安全可靠性的要求因素，经经济技术比较后综合确定。

## 第三节　建筑给水管材、附件及水表

### 一、建筑给水管道材料

建筑给水管材种类繁多，根据材质不同大致可分为三类：金属管、塑料管、复合管。金属管包括镀锌钢管、不锈钢管、铜管、有衬里的铸铁管等；塑料管包括硬聚氯乙烯管（PVC-U）、聚乙烯管（PE）、交联聚乙烯管（PEX）、聚丙烯管（PP）、聚丁烯管（PB）等；

复合管包括铝塑复合管、涂塑钢管、钢塑复合管等。其中聚乙烯管、聚丙烯管、铝塑复合管为目前建筑给排水推荐使用的管材。

（一）塑料管

近年来，给水塑料管的开发在我国取得了很大的进展，给水塑料管管材有聚氯乙烯管、聚乙烯管（高密度聚乙烯管、交联聚乙烯管）、聚丙烯管、聚丁烯管和ABS管等。塑料管有良好的化学稳定性，耐腐蚀，不受酸、碱、盐、油类等物质的侵蚀；物理机械性能也很好，不燃烧、无不良气味、质轻且坚硬，密度仅为钢的五分之一，运输安装方便；管壁光滑，水流阻力小；容易切割，还可制造成各种颜色。当前，已有专供输送热水使用的塑料管，其使用温度可达95℃。为了防止管网水质污染，塑料管的使用推广正在加速进行，并将逐步替代质地较差的金属管。表1-6为硬聚氯乙烯管规格。

表1-6 硬聚氯乙烯管规格（GB/T 10002.1—2006）

| 公称外径 $D_e$（mm） | | 壁厚 $\delta$ | | | |
|---|---|---|---|---|---|
| | | 公称压力 | | | |
| | | 0.63MPa | | 1.00MPa | |
| 基本尺寸 | 允许偏差 | 基本尺寸 | 允许偏差 | 基本尺寸 | 允许偏差 |
| 20 | 0.3 | — | 0.4 | — | 0.4 |
| 25 | 0.3 | — | 0.4 | — | 0.4 |
| 32 | 0.3 | — | 0.4 | — | 0.4 |
| 40 | 0.3 | — | 0.4 | 2.0 | 0.4 |
| 50 | 0.3 | — | 0.4 | 2.4 | 0.5 |
| 63 | 0.3 | 2.0 | 0.4 | 3.0 | 0.5 |
| 75 | 0.3 | 2.3 | 0.5 | 3.6 | 0.6 |
| 90 | 0.3 | 2.8 | 0.5 | 4.3 | 0.7 |
| 110 | 0.4 | 3.4 | 0.6 | 4.2 | 0.7 |
| 125 | 0.4 | 3.9 | 0.6 | 4.8 | 0.8 |
| 140 | 0.5 | 4.3 | 0.7 | 5.4 | 0.9 |
| 160 | 0.5 | 4.9 | 0.8 | 6.2 | 1.0 |
| 180 | 0.6 | 5.5 | 0.9 | 6.9 | 1.1 |
| 200 | 0.6 | 6.2 | 1.0 | 7.7 | 1.2 |
| 225 | 0.7 | 6.9 | 1.1 | 8.6 | 1.3 |
| 250 | 0.8 | 7.7 | 1.2 | 9.6 | 1.5 |
| 280 | 0.9 | 8.6 | 1.3 | 10.7 | 1.7 |
| 315 | 1.0 | 9.7 | 1.5 | 12.1 | 1.9 |

注：1. 壁厚是以20℃时环向应力为10MPa确定的。
2. 管材长度为4m、6m、10m、12m。
3. 公称压力是管材在20℃下输送水的工作压力。

（二）铸铁管

我国生产的给水铸铁管，按其材质分为球墨铸铁管和普通灰口铸铁管，按其浇注形式分为砂型离心铸铁直管和连续铸铁直管（但目前市场上小口径球墨铸铁管较少）。铸铁管具有耐腐蚀性强（为保证其水质，还是应有衬里）、使用期长、价格较低等优点。其缺点是性脆、长度小、重量大。

（三）钢管

钢管有焊接钢管、无缝钢管两种。焊接钢管又分镀锌钢管和不镀锌钢管，钢管镀锌的目的是防锈、防腐，避免水质变坏，延长使用年限。所谓镀锌钢管，应当是热浸镀锌工艺生产的产品，钢管的强度高，承受流体的压力大，抗振性能好，长度大，接头较少，韧性好，加工安装方便，重量比铸铁管轻。但抗腐蚀性差，易影响水质。因此，虽然以前在建筑给水中普遍使用钢管，但现在冷浸镀锌钢管已被淘汰，热浸镀锌钢管也限制场合使用（如果使用，需经可靠防腐处理）。表1-7为低压流体输送用钢管规格。

表1-7 低压流体输送用钢管规格（GB 3091—2008）

| 公称直径 | | 钢管外径（mm） | 普通钢管 | | 加厚钢管 | | 备注 |
| --- | --- | --- | --- | --- | --- | --- | --- |
| mm | in | | 壁厚（mm） | 重量（kg/m） | 壁厚（mm） | 重量（kg/m） | |
| 15 | 1/2 | 21.3 | 2.80 | 1.26 | 3.50 | 1.45 | |
| 20 | 3/4 | 26.9 | 2.80 | 1.63 | 3.50 | 2.01 | |
| 25 | 1 | 33.7 | 3.20 | 2.42 | 4.00 | 2.91 | |
| 32 | $1\frac{1}{4}$ | 42.4 | 3.50 | 3.13 | 4.00 | 3.78 | |
| 40 | $1\frac{1}{2}$ | 48.3 | 3.50 | 3.84 | 4.50 | 4.56 | 1. 镀锌钢管约比不镀锌钢管重3%~6%； |
| 50 | 2 | 60 | 3.80 | 4.88 | 4.50 | 6.16 | 2. 出厂试验水压：普通钢管2MPa，加厚钢管3MPa |
| 65 | $2\frac{1}{2}$ | 76.1 | 4.0 | 6.64 | 4.50 | 7.88 | |
| 80 | 3 | 88.9 | 4.0 | 8.34 | 5.0 | 9.81 | |
| 100 | 4 | 114.3 | 4.0 | 10.85 | 5.0 | 13.44 | |
| 125 | 5 | 139.7 | 4.0 | 15.04 | 5.5 | 18.24 | |
| 150 | 6 | 168.3 | 4.5 | 17.81 | 6.0 | 21.63 | |

（四）其他管材

其他管材包括：铜管、不锈钢管、铝塑复合管、钢塑复合管等。

铜管可以有效地防治卫生洁具被污染，且光亮美观、豪华气派。目前其连接配件、阀门等也配套生产。根据我国几十年的使用情况，验证其效果优良。只是由于管材价格较高，现在多用于宾馆等较高级的建筑中。

不锈钢管表面光滑，亮洁美观，摩擦阻力小；重量较轻，强度高且有良好的韧性，容易加工；耐腐性能优异，无毒无害，安全可靠，不影响水质。其配件、阀门均已配套。由于人们越来越讲究水质的高标准，不锈钢管的使用呈快速上升之势。

钢塑复合管有衬里和涂料两类，也生产有相应的配件、附件。他兼有钢管强度高和塑料管耐腐蚀、保持水质的优点。

铝塑复合管是中间以铝合金为骨架，内外壁为聚乙烯等塑料的管道。除具有塑料管的优点外，还有耐压强度好、耐热、可挠曲、接口少、安装方便、美观等优点。目前管材规格大都为 $DN15 \sim DN40$，多用作建筑给水的分支管。

在实际工程中,应根据水质要求和建筑使用要求等因素选择管材。生活接水管应选用耐腐蚀和连接方便的管材,一般可采用塑料管、塑料和金属的复合管、薄壁金属管(铜管、不锈钢管)等。生活直饮水管材可选用不锈钢管、铜管等。消防与生活共用给水管网,消防给水管管材常用热浸镀锌钢管。自动喷水灭火系统的消防给水管应采用热浸镀锌钢管。热水系统的管材应采用热浸镀锌钢管、薄壁金属管、塑料管、塑料复合管等管材。埋地给水管道一般可采用塑料管、有衬里的球墨铸铁管和经可靠防腐处理的钢管等。

## 二、建筑给水附件介绍

给水管道附件是安装在管道和设备上具有启闭、调节功能、保证系统正常运行的装置。分为配水附件和控制附件两类。

### (一)配水附件

配水附件用于各种卫生器具调节和控制水流的各式水龙头。产品应符合节水、耐用、开启便利、实用美观要求,如图 1-12 所示,其种类有:

 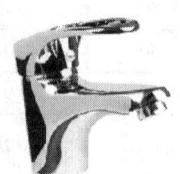  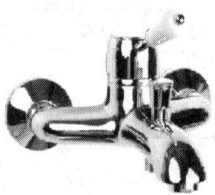

脸盆水龙头　　　　不锈钢水龙头　　　　感应式水龙头　　　　混合水龙头

图 1-12　配水龙头

1. 旋塞式水龙头

该水嘴手柄旋转 90°即可完全开启,可在短时间内获得较大流量;阻力也较小,缺点是易产生水击,适用于浴池、洗衣房、开水间等压力不大的给水设备上。

2. 陶瓷芯片式水龙头

该水嘴采用陶瓷片阀芯代替橡胶衬垫,解决了普通水嘴的漏水问题。陶瓷片阀芯是利用陶瓷淬火技术制成的一种耐用材料,它能承受高温及高腐蚀,有很高的硬度,光滑平整、耐磨,是现在广泛推荐的产品,但价格较贵。

3. 盥洗水龙头

这种水嘴设在洗脸盆上供冷水(或热水)用。有莲蓬头式、鸭嘴式、角式、长脖式等多种形式。

4. 混合水龙头

这种水嘴是将冷水、热水混合调节为温水的水嘴,供盥洗、洗涤、沐浴等使用。该类新型水嘴式样繁多、外观光亮、质地优良,其价格差异也较悬殊。

5. 自动控制水龙头

是根据光电效应、电容效应、电磁感应等原理,自动控制水龙头的启闭,常用于公共场所建筑中,以提高卫生水平。

### (二)控制附件

控制附件是以调节水量或水压、关断水流、改变水流方向等的各式阀门。如图 1-13 所示。

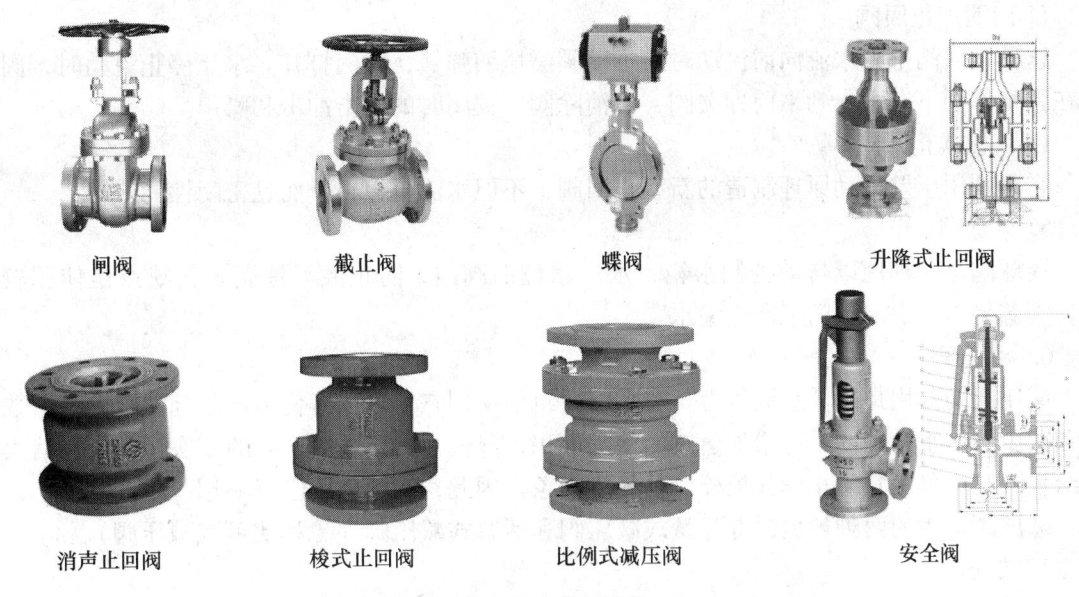

闸阀　　　　　　截止阀　　　　　　蝶阀　　　　　　升降式止回阀

消声止回阀　　　梭式止回阀　　　比例式减压阀　　　安全阀

图 1-13　控制附件

1. 截止阀

截止阀适用压力、温度范围很大，一般用于中、小口径的管道。此阀关闭严密，水流阻力大，常用于需调节水量、水压的管道中。在水流需双向流动的管段上不得使用截止阀。该阀体积较大，适用在管径≤50mm 的管道上。

2. 闸阀

闸阀又叫闸板阀或闸门，阀体内有一闸板与介质的流动方向垂直，调节闸板的高度，可以调节流体的流量。闸阀是常用的截断阀之一，主要用来接通或截断管路中的介质，不适用于调节介质流量。闸阀的优点是阻力小，关闭严密，无水锤现象，它也有一定的调节功能，但部分开启时，闸板易受流体浸湿，流体流动时会引起闸板颤动，密封面易磨损。闸阀的缺点是结构复杂，价格较贵，不易修理，阀座槽中易沉积固体物质而关不严。

闸阀适用于压力、温度及口径范围很大，尤其适用于中、大口径的管道。当管径在 70mm 以上时采用此阀。闸阀具有流体阻力小、开闭所需外力较小、介质流向不受限制等优点，在要求水流阻力小的部位宜采用闸阀。

3. 蝶阀

阀板绕固定轴翻转，起调节、节流和关闭作用。操作扭矩小，启闭方便，体积较小，适用于管径 70mm 以上或双向流动管道上。

4. 止回阀

止回阀用以阻止水流反向流动。根据启闭件动作方式的不同，可细分为以下四种类型：

（1）旋启式止回阀

此阀在水平、垂直管道上均可设置，它启闭迅速，易引起水击，不宜在压力大的管道系统中采用。

（2）升降式止回阀

它是靠上、下游压力差使阀盘自动启闭。水流阻力较大，宜用于小管径的水平管道系统上。

(3) 消声止回阀

这种止回阀是当水流向前流动时，推动阀瓣压缩弹簧，阀门打开。水流停止流动时，阀瓣在弹簧作用下在水击到来前即关阀，可消除阀门关闭时的水击冲击和噪声。

(4) 梭式止回阀

它是利用压差梭动原理制造的新型止回阀，不但水流阻力小，而且密闭性能好。

5. 浮球阀

浮球阀是一种用以自动控制水箱、水池水位的阀门，防止溢流浪费。其缺点是体积较大，阀芯易卡住引起关闭不严而溢水。

6. 减压阀

减压阀的作用是降低水流压力。在高层建筑中使用它，可以简化给水系统，减少水泵数量和减少减压水箱，同时可增加建筑的使用面积，降低投资，防治水质的二次污染。在消火栓给水系统中可用它防止消火栓栓口处超压现象。因此，它的使用已越来越广泛。

减压阀常用的两种类型，即弹簧式减压阀和活塞式减压阀（也称比例式减压阀）。

7. 安全阀

安全阀是一种安保器材。管网中安装此阀可以避免管网、用具或密闭水箱因超压而受到破坏。一般有弹簧式、杠杆式两种。

除上述各种控制阀之外，还有脚踏阀、减压式脚踏阀、水力控制阀、弹性座封闸阀、静音式止回阀、泄压阀、排气阀、温度调节阀等。

### 三、水表

水表是一种计量用户累计用水量的仪表。通常设置在建筑物的引入管、住宅和公寓建筑的分户配水支管及公共建筑物内需计量水量的管道上。

(一) 水表类型

根据工作原理将水表分为流速式水表和容积式水表两类，容积式水表要求通过的水质良好，精密度高，但结构复杂，我国很少采用。在建筑给水系统中普遍采用流速式水表。这种水表是根据管径一定时，水流通过水表的流速与流量成正比的原理来测量的。它主要由外壳、翼轮和传动指示机构等部分组成。当水流通过水时，推动翼轮旋转，翼轮转轴传动一系列联动齿轮，指示针显示到度盘刻度上，便可读出流量的累积值。此外，还有计数器为"字轮"直读的形式。

流速式水表按翼轮构造不同分为旋翼式和螺翼式，旋翼式的翼轮转轴与水流方向垂直，如图1-14 (a) 所示，它的阻力较大，多为小口径水表，宜用于测量小的流量；螺翼式的翼轮转轴与水流方向平行，如图1-14 (b) 所示，它的阻力较小，多为大口径水表，宜用于测量较大的流量。

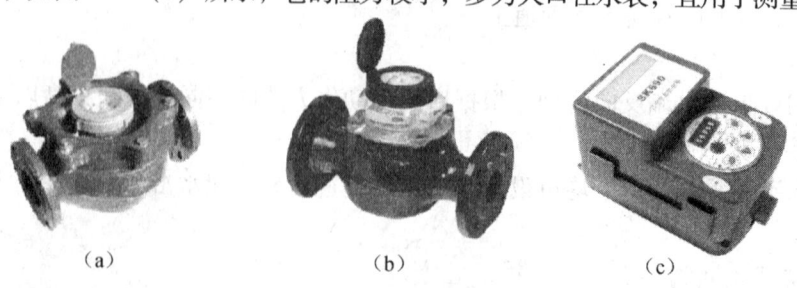

图 1-14 常用水表
(a) 垂直旋翼式水表；(b) 水平螺翼式水表；(c) IC 卡水表

流速式水表按计数机件所处状态不同分为干式和湿式两种。干式水表的计数机件用金属圆盘降水隔开，其构造复杂一些；湿式水表的计数机件浸在水中，在计数盘上装有一块厚玻璃（或钢化玻璃）用以承受水压，它机件简单、计量准确，不易漏水，但如果水质浊度高，将降低水表精度，产生磨损缩短水表寿命，宜用在水中不含杂质的管道上。

按水流方向分为立式和水平式两种，水表的规格、性能见表1-8、表1-9。

表1-8 LXSQY旋翼式液封冷水水表的技术参数

| 公称口径<br>（mm） | 过载流量<br>（m³/h） | 常用流量<br>（m³/h） | 分界流量<br>（m³/h） | 最小流量<br>（L/h） | 最小读数<br>（m³） | 最大读数<br>（m³） |
|---|---|---|---|---|---|---|
| 15 | 3 | 1.5 | 0.15 | 45 | 0.0001 | 9999 |
| 20 | 5 | 2.5 | 0.25 | 75 | 0.0001 | 9999 |
| 25 | 7 | 3.5 | 0.35 | 105 | 0.0001 | 9999 |
| 40 | 20 | 10 | 1 | 300 | 0.001 | 99999 |
| 50 | 30 | 15 | 1.5 | 400 | 0.001 | 99999 |

表1-9 LXL水平螺翼湿式水表的技术参数

| 公称口径<br>（mm） | 计量等级 | 最大流量<br>（m³/h） | 公称流量<br>（m³/h） | 分界流量<br>（m³/h） | 最小流量<br>（m³/h） | 最小读数<br>（m³） | 最大读数<br>（m³） |
|---|---|---|---|---|---|---|---|
| 80 | A | 80 | 40 | 12 | 3.2 | 0.01 | 1000000 |
| 80 | B | 80 | 40 | 8 | 1.2 | 0.01 | 1000000 |
| 100 | A | 120 | 60 | 18 | 4.8 | 0.01 | 1000000 |
| 100 | B | 120 | 60 | 12 | 1.8 | 0.01 | 1000000 |
| 150 | A | 300 | 150 | 45 | 12 | 0.1 | 10000000 |
| 150 | B | 300 | 150 | 30 | 4.5 | 0.1 | 10000000 |
| 200 | A | 500 | 250 | 75 | 20 | 0.1 | 10000000 |
| 200 | B | 500 | 250 | 50 | 7.5 | 0.1 | 10000000 |

（二）水表的技术参数

1. 过载流量

水表在规定误差限使用的上限流量。过载流量时，水表只能短时间使用而不致损坏。此时旋翼式水表的水头损失为100kPa，螺翼式水表的水头损失为10kPa。

2. 常用流量

水流在规定误差限内允许长期通过的流量，其数值为过载流量的1/2。

3. 分界流量

水表误差限改变时的流量，其数值为公称流量的函数。

4. 始动流量

水表开始连续指示时的流量，此时水表不计示值误差。注意螺翼式水表没有始动流量。

5. 流量范围

过载流量和最小流量之间的范围。

6. 灵敏度

水表能够开始连续指示流量。

7. 公称压力

水表的最大允许工作压力。

8. 压力损失

水流经水表所引起的压力损失。

9. 计量等级

水表按始动流量、最小流量和分界流量分为 A、B 两个计量等级。

（三）流速式水表的选用

（1）选用水表时，应当考虑的因素有：水温、水压、工作压力、水量大小及其变化幅度、计算范围、管径、工作时间、单向或正逆向流动、水质等。一般管径≤50mm 时，应采用旋翼式水表；管径 >50mm 时，应采用螺翼式水表；当流量变化幅度很大时，应采用复式水表（复式水表是旋翼式和螺翼式的组合形式）；计量热水时，宜采用热水水表。安装在用户室内的分户水表应选用远传水表或电控自动流量计（TM 卡智能水表）。

（2）随着科学技术的发展以及改变用水管理体制与提高节约用水意识，传统的"先用水，后收费"用水体制和人工进户抄表、结算税费的复杂方式，已不适应现代管理方式与生活方式，应当用新型的科学技术手段改变自来水供水管理体制的落后状况。因此，电磁流量计、远程计量仪、IC 卡水表等自动水表应运而生。

（3）水表水头损失按下式计算

$$H_b = \frac{Q_g^2}{K_b} \tag{1-2}$$

式中　$H_b$——水表水头损失（kPa）。

　　　　$Q_g$——计算管段给水流量（m³/h）。

　　　　$K_b$——水表特性系数，一般由厂家提供。同时水头损失要符合以下规定：①正常用水时，旋翼式水头损失 <25kPa，螺翼式 <13kPa；②消防时，旋翼式水头损失 <50kPa，螺翼式 <30kPa。

## 第四节　升压设备

一、水泵

在建筑给水系统中，当现有水源的水压较小，不能满足给水系统对水压的需要时，常采用设置水泵进行增高水压来满足给水系统对水压的需求。

（一）适用建筑给水系统的水泵类型

在建筑给水系统中，一般采用离心式水泵。

为节省占地面积，可采用结构紧凑，安装管理方便的立式离心泵或管道泵；当采用设水泵、水箱的给水方式时，通常是水泵直接向水箱输水，水泵的出水量与扬程几乎不变，可选用恒速离心泵；当采用不设水箱而需设水泵的给水方式时，可采用调速泵组供水。

（二）水泵的选择

选择水泵除满足设计要求外，还应考虑节约能源，使水泵在大部分时间保持高效运行。要达到这个目的，正确地确定其流量和扬程至关重要。

1. 流量的确定

在生活（生产）给水系统中，当无水箱（罐）调节时，其流量均应按设计秒流量确定；有水箱调节时，水泵流量应按最大时流量确定；当调节水箱容积较大，且用水量均匀，水泵流量可按平均小时流量确定。

消防水泵的流量应按室内消防设计水量确定。

2. 扬程的确定

水泵的扬程应根据水泵的用途、与室外给水管网连接的方式确定。

当水泵从贮水池吸水向室内管网输水时，其扬程由下式确定：

$$H_b = H_z + H_s + H_c \tag{1-3}$$

当水泵从贮水池吸水向室内管网中的高位水箱输水时，其扬程由下式确定：

$$H_b = H_{zl} + H_s + H_v \tag{1-4}$$

当水泵直接由室外管网吸水向室内管网输水时，其扬程由下式确定

$$H_b = H_z + H_s + H_c - H_0 \tag{1-5}$$

式中 $H_b$——水泵扬程（kPa）；

$H_z$——水泵吸入端最低水位至室内管网中最不利点所要求的静水压（kPa）；

$H_s$——水泵吸入口至室内最不利点的总水头损失（含水表的水头损失，kPa）；

$H_c$——室内管网最不利点处用水设备的最低工作压力（kPa）；

$H_{zl}$——水泵吸入端最低水位至水箱最高水位要求的静水压（kPa）；

$H_v$——水泵出水管末端的流速水头（kPa）；

$H_0$——室外给水管网所能提供的最小压力（kPa）。

如遇式（1-5）所限定的情况，计算出 $H_b$ 选定水泵后，还应以室外给水管网的最大压力校核水泵的工作效率和超压情况。如果超压过大，会损坏管道或附件，则应采取设置水泵回流管、管网泄压管等保护性措施。

3. 水泵的设置

水泵机组一般设置在水泵房内，泵房应远离需要安静、要求防振防噪声的房间，并有良好的通风、采光、防冻和排水的条件；泵房的条件和水泵的布置要便于起吊设备的操作，其间距要保证检修时能拆卸、放置泵体和电机，并能进行维修操作，如图1-15所示，每台水泵一般应设独立的吸水管，如必须设置成几台水泵共用吸水管时，吸水管应管顶平接；水泵装置宜设计成自动控制运行方式，间歇抽水的水泵应尽可能设计成自灌式（特别是消防泵），自灌式水泵的吸水管上应装设阀门。在不可能时才设计成吸上式，吸上式的水泵均应设置引水装置；每台水泵的出水管上应装设阀门、止回阀和压力表，并宜有防水击措施（但水泵直接从室外管网吸水时，应在吸水管上装设阀门、倒流防止器和压力表，并应绕水泵设装有阀门和止回阀的旁通管）。与水泵连接的管道力求短、直；水泵基础应高出地面0.1~0.3m；水泵吸水管内的流速宜控制在1.0~1.2m/s以内，出水管内的流速宜控制在1.5~2.0m/s以内。为减少水泵运行时振动产生的噪声，应尽量选用低噪声水泵，也可在水泵基座下安装橡胶、弹簧减振器或橡胶隔振器（垫），在吸水管、出水管上装设可曲挠橡胶接头，采用弹性吊（拖）架以及其他新型的隔振技术措施等。当有条件和必要时，建筑上还可采取隔振和吸声措施，如图1-16所示。

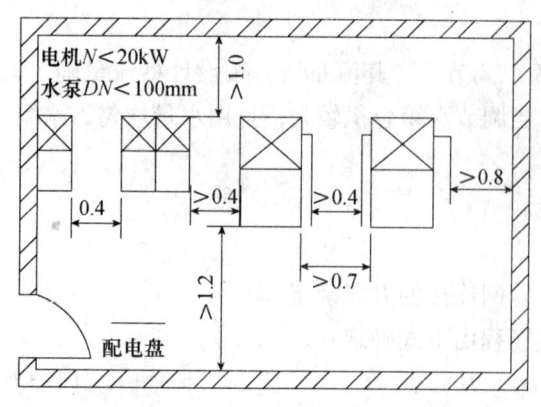
图1-15 水泵机组的布置间距

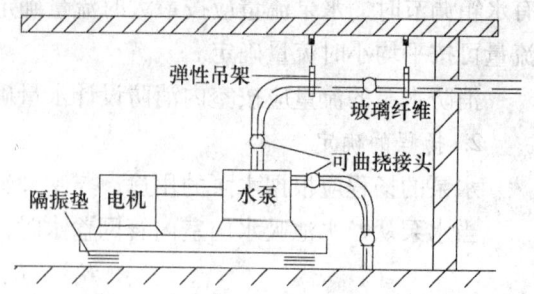
图1-16 水泵隔振安装结构示意图

生活和消防水泵应设备用泵,生产用水泵可根据工艺要求确定是否设置备用泵。

## 二、贮水池

贮水池是贮存和调节水量的构筑物。当一幢(特别是高层建筑)或数幢相邻建筑所需的水量、水压明显不足,或者是用水量很不均匀(在短时间内特别大),城市供水管网难以满足时,应当设置贮水池。

贮水池可设置成生活用水贮水池、生产用水贮水池、消防用水贮水池等。贮水池的形状有圆形、方形、矩形和因地制宜的异形。小型贮水池可以是砖石结构、混凝土抹面,大型贮水池应该是钢筋混凝土结构。不管是哪种结构,必须牢固,保证不漏(渗)水。

### (一)贮水池的容积

贮水池的容积与水源供水能力、生活(生产)调节水量、消防贮备水量和生产事故备用水量有关,可根据具体情况加以确定:消防贮水池的有效容积应按消防的要求确定;生产用水的有效容积应按生产工艺、生产调节水量和生产事故用水量等情况确定;生活用水贮水池有效容积应按进水量与用水量变化曲线经计算确定。当资料不足时,宜按建筑最高日用水量的20%~25%确定。

### (二)贮水池的设置

贮水池可布置在室内地下室或室外泵房附近,不宜毗邻电气用房或在其上方。生活贮水池不得兼作它用,消防和生产事故贮水池可兼作喷泉池、水景镜池和游泳池等,但不得少于两格;消防贮水池中包括室外消防用水量时,应在室外设有供消防车取水用的吸水口;昼夜用水的建筑物贮水池和贮水池容积大于500m³时应分成两格,以便清洗、检修。

贮水池外壁与建筑本体结构墙面或其他池壁之间的净距,应满足施工或装配的需要;无管道的侧面,其净距不宜小于0.6m;设有人孔的池顶顶板面与上面建筑本体板底的净空不应小于0.8m。

贮水池的设置高度应利于水泵自灌式吸水,且宜设置高度≥1.0m的集(吸)水坑,以保证水泵的正常运行和水池的有效容积;贮水池应设进水管、出(吸)水管、溢流管、泄水管、人孔、通气管和水位信号装置。溢流管应比进水管大一号,溢流管出口应高出地坪0.10m;通气管直径应为200mm,其设置高度应距覆盖层0.5m以上;水位信号应反映到泵房和操作室;必须保证污水、尘土、杂物不得通过人孔、通气管、溢流管进入池内;贮水池进水管和出水管应布置在相对位置，以便贮水经常流动，避免滞留和死角，以防池水腐化变质。

### 三、吸水井

当室外给水管网水压不足但能够满足建筑内所需水量，可不需设置贮水池，若室外管网不允许直接抽水时，即可设置仅满足水泵吸水要求的吸水井。

吸水井的容积应大于最大一台水泵3min的出水量。

吸水井可设在室内底层或地下室，也可设在室外地下或地上，对于生活用吸水井，应有防污染的措施。

吸水井的尺寸应满足吸水管的布置、安装和水泵正常工作的要求，吸水管在井内布置的最小尺寸如图1-17所示。

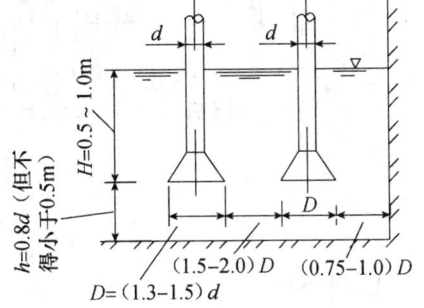

图1-17 吸水管在吸水池中布置的最小尺寸

### 四、水箱

按不同用途，水箱可分为高位水箱、减压水箱、冲洗水箱、断流水箱等多种类型。其形状多为矩形和圆形，制作材料有钢板（包括普通、搪瓷、镀锌、复合与不锈钢板等）、钢筋混凝土、玻璃钢和塑料等。这里主要介绍在给水系统中使用较广的起到保证水压和贮存、调节水量的高位水箱。

#### （一）水箱的有效容积

水箱的有效容积，在理论上应根据用水和进水流量变化曲线确定。但变化曲线难以获得，故常按经验确定。

对于生活用水的调节水量，由水泵联动提升进水时，可按不小于最大小时用水量的50%计；仅在夜间由城镇给水管网直接进水的水箱，生活用水贮水量应按用水人数和最高日用水定额确定；生产事故备用水量应按工艺要求确定；当生活和生产调节水箱兼作消防用水贮备时，水箱的有效容积除生活或生产调节水量外，还应包括10min的室内消防设计流量（这部分水量平时不能动用）。

水箱内的有效水深一般采用0.70~2.50m。水箱的保护高度一般为200mm。

#### （二）水箱设置高度

水箱的设置高度可由下式计算：

$$H \geqslant H_s + H_c \tag{1-6}$$

式中　$H$——水箱最低水位至配水最不利点位置所需的静水压（kPa）；

$H_s$——水箱出口至最不利点管路的总水头损失（kPa）；

$H_c$——最不利点用水设备的最低工作压力（kPa）。

贮备消防水量的水箱，满足消防设备所需压力有困难时，应采取设置增压泵等措施。

#### （三）水箱的配管与附件

水箱的配管与附件如图1-18所示。

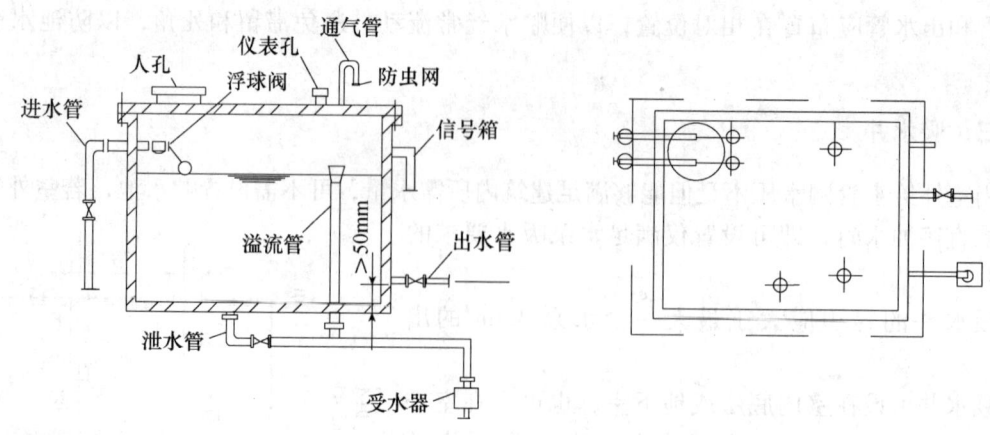

图 1-18 水箱配管、附件示意图

1. 进水管

进水管一般由水箱侧壁接入，也可从顶部或底部接入。进水管的管径可按水泵出水量或管网设计秒流量计算确定。

当水箱直接利用室外管网压力进水时，进水管出口应装设液压水位控制阀（优先采用，控制阀的直径应与进水管管径相同）或浮球阀，进水管上还应装设检修用的阀门，当管径≥50mm 时，控制阀（或浮球阀）不少于 2 个。从侧壁进入的进水管其中心距箱顶应有 150～200mm 的距离。

当水箱由水泵供水，并利用水位升降自动控制水泵运行时，不得装水位控制阀。

2. 出水管

出水管可从侧壁或底部接出，出水管内底或管口应高出水箱内底且应大于 50mm；出水管管径应按设计秒流量计算；出水管不宜与进水管在同一侧面；为便于维修和减少阻力，出水管上应装设阻力较小的闸阀，不允许安装阻力大的截止阀；水箱进、出管宜分别设置；如进水、出水合用一根管道，则应在出水管上装设阻力较小的旋启式止回阀，止回阀的标高应低于水箱最低水位 1.0m 以上；消防和生活合用的水箱除了确保消防贮备水量不作它用的技术措施外，还应尽量避免产生死水区。

3. 溢流管

水箱溢流管可从底部或从侧壁接出，溢流管的进水口宜采用水平喇叭口集水（若溢流管从侧壁接出，喇叭口下的垂直距离不宜小于溢流管管径的 4 倍）并应高出水箱最高水位 50mm，溢流管上不允许设置阀门，溢流管出口应设网罩，管径应比进水管大一级。

4. 泄水管

水箱泄水管应自底部接出，管上应安装设闸阀，其出口可与溢水管相接，但不得与排水系统直接相连，其管径应≥50mm。

5. 水位信号装置

该装置是反映水位控制阀失灵报警的装置。可在溢流管管口（或内底）齐平处设信号管，一般自水箱侧壁接出，常用管径为 15mm，其出口接至经常有人值班房间内的洗涤盆上。

若水箱液位与水泵连锁，则应在水箱侧壁或顶盖上安装液位继电器或信号器，并应保持一定的安全容积：最高电控水位应低于溢流水位 100mm；最低电控水位应高于最低设计水位200mm以上。

为了就地指示水位，应在观察方便、光线充足的水箱侧壁上安装玻璃液位计。

6. 通气管

供生活饮用水的水箱，当储量较大时，宜在箱盖上设通气管，以使箱内空气流通。其管径一般≥50mm，管口应朝下并设网罩。

7. 人孔

为便于清洗、检修，箱盖上应设人孔。

（四）水箱的布置与安装

1. 水箱间

水箱间的位置应结合建筑、结构条件和便于管道布置来考虑，能使管线尽量简短，同时应有良好的通风、采光和防蚊蝇条件，室内最低气温不得低于5℃。水箱间的净高不得低于2.20m，并能满足布管要求。水箱间的承重结构应为非燃烧材料。

2. 水箱的布置

水箱布置间距要求见表1-10，对于大型公共建筑和高层建筑，为保证供水安全，宜将水箱分成两格或设置两个水箱。

3. 金属水箱的安装

用槽钢（工字钢）梁或钢筋混凝土支墩支撑。为防水箱与支撑接触面发生腐蚀，应在它们之间垫以石棉橡胶板、橡胶板或塑料板等绝缘材料。

有些建筑对抗震和隔声减振有要求时，水箱的安装方法参见《给水排水设计手册》[①]。

表1-10　水箱布置间距　　　　　　　　　　（m）

| 箱外壁至墙面的距离 | | 水箱之间的距离 | 箱顶至建筑最低点的距离 |
| --- | --- | --- | --- |
| 有阀一侧 | 无阀一侧 | | |
| 1.0 | 0.7 | 0.7 | 0.8 |

### 五、气压给水设备

气压给水设备是利用密闭贮罐内空气的可压缩性，进行贮存、调节、压送水量和保持水压的装置，其作用相当于高位水箱或水塔。

（一）分类与组成

气压给水设备按罐内水位、气压接触方式，可分为补气式和隔膜式两类。按输水压力的稳定状况，可分为变压式和定压式两类。

1. 补气变压式气压给水设备，如图1-19所示。

当罐内压力较小（如为$P_1$）时水泵向室内给水系统加压供水，水泵出水除供用户外，多余部分进入气压罐，罐内水位上升，空气被压缩。当压力达到较大（如$P_2$）时，水泵停止工作，用户所需的水由气压罐提供。随着罐内水量的减少，空气体积膨胀，压力将逐渐降低，当压力降至$P_1$时，水泵再次启动。如此往复，实现供水的目的。用户对水压允许有一定波动时，常采用这种方式。

---

① 核工业第二研究院. 给水排水设计手册（第二册）. 中国建筑工业出版社，2001.

**2. 补气定压式气压给设备**，如图 1-20 所示。

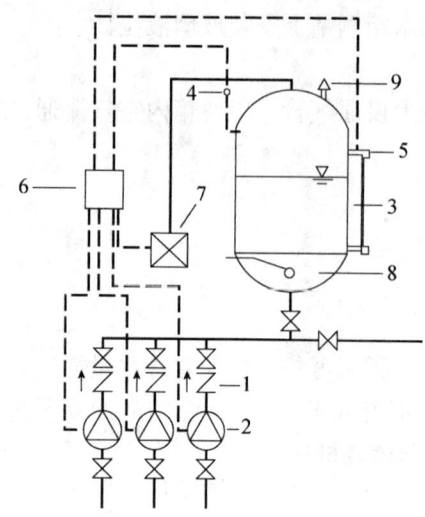
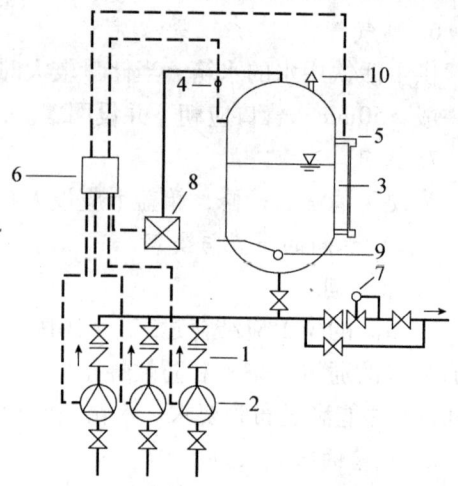

图 1-19　单罐变压式气压给水设备

1—止回阀；2—水泵；3—气压水罐；4—压力信号器；5—液位信号器；6—控制器；7—补气装置；8—排气阀；9—安全阀

图 1-20　定压式气压给水设备

1—水泵；2—止回阀；3—气压水罐；4—压力信号器；5—液位信号器；6—控制器；7—压力调节器；8—补气装置；9—排气阀；10—安全阀

目前常见的做法是在上述变压式供水管道上安装压力调节阀 7，将调节阀出口水压控制在要求范围内，使供水压力稳定。当用户要求供水压力稳定时，宜采用这种方式。

上述两种方式的气压罐内设有排气阀，其作用是防止罐内水位下降至最低水位以下后，罐内空气随水流泄入管网。这种气压给水设备，罐中水、气直接接触，在运行过程中，部分气体会溶于水中，气体将逐渐减少，罐内压力随之下降，时间稍长，就不能满足设计要求。为保证系统正常工作，需要补气装置。补气的方法很多（如采用空气压缩机补气，在水泵吸水管上安装补气阀，在水泵出水管上安装水射器或补气罐等），这里介绍设补气罐的补气方式，如图 1-21 所示。

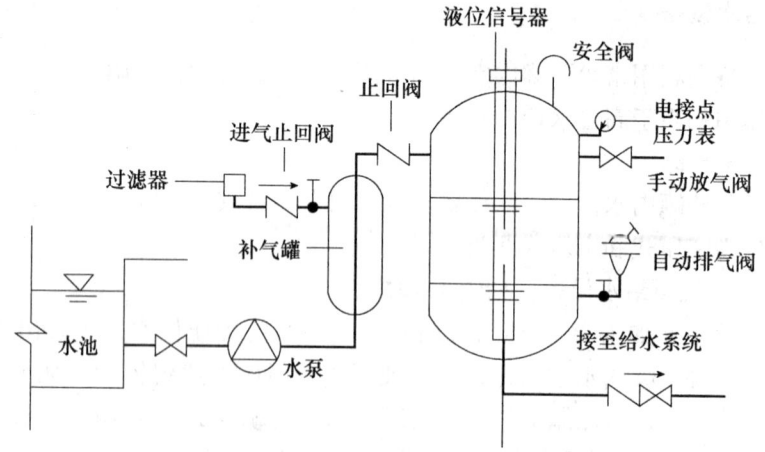

图 1-21　设补气罐的补气方法

当气压罐中压力达到 $P_2$ 时，电接点压力表指示水泵停止工作，补气罐内水位下降，形成负压，进气止回阀自动开启进气。当气压罐内水位下降使压力降至 $P_1$ 时，电接点压力表指示水泵开启，补气罐中水位上升，压力升高，进气止回阀自动关闭，补气罐中的空气随着水流进入压水管。当补入空气过量时，可通过自动排气阀排除部分空气。

3. 隔膜式气压给水设备。在气压罐中设置帽形或胆囊形（胆囊形优于帽形）弹性隔膜，将气水分离，既使气体不会溶于水中，又使水质不易被污染，补气装置也就不需设置，图1-22为胆囊形隔膜式气压给水设备示意图。

生活给水系统中的气压给水设备，必须注意水质防护措施。如气压水罐和补气罐内壁应涂无毒防腐涂料，隔膜应用无毒橡胶制作，补气装置的进气口都要设空气过滤装置，采用无油润滑型空气压缩机等。

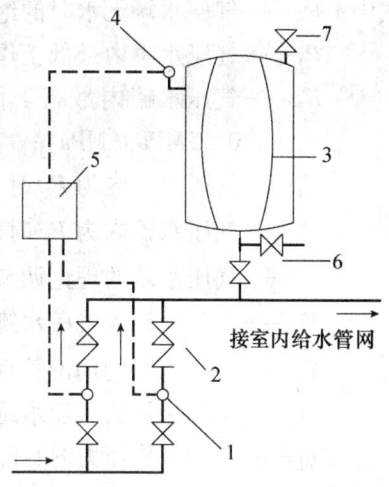

图1-22 隔膜式气压给水设备示意图
1—水泵；2—止回阀；3—隔膜式隔膜水罐；
4—压力信号器；5—控制器；6—泄水阀；
7—安全阀

（二）气压给水设备的特点

1. 气压给水设备与高位水箱相比，有如下优点：灵活性大，设置位置限制条件少，便于隐藏；便于安装、拆卸、搬迁、扩建、改造，便于维护管理；占地面积少，施工速度快，土建费用低；水在密闭罐之中，水质不易被污染；具有消除管网系统中水击的作用。

2. 气压给水设备的缺点

贮水量少，调节容积小，一般调节水量为总容积的15%～35%；给水压力不太稳定，变压式气压给水压力变化较大，可能影响给水配件的使用寿命；供水可靠性较差。由于有效容积较小，一旦因故停电或自控失灵，断水的几率较大；与其容积相对照，钢材耗量较大；因是压力容器，对用材、加工条件、检验手段均有严格要求；耗电较多，水泵启动频繁，启动电流大；水泵不是都在高效区工作，平均效率低；水泵扬程要额外增加 $P_1 = P_2$ 的电耗，这部分是无用功但又是必需的，一般增加15%～25%的电耗（因此，推荐采用两台以上水泵并联工作的气压给水系统）。

（三）气压给水设备的计算

计算内容主要是：确定气压水罐的总容积和调节容积，确定配套水泵的流量和扬程。

1. 气压罐容积的计算

计算的前提是：已知气压罐最低工作压力 $P_1$（即供水管网最不利点所需压力——用式1-15算出的数值）。

计算的依据是波义耳-马略特定律。由图1-23可得出：

$$V_z P_0 = V_1 P_1 = V_2 P_2 \quad (1-7)$$

$$V_t = V_1 - V_2 = \frac{q_b}{4n}（此处推导不详述）$$

$$(1-8)$$

气压罐总容积可按下式计算：

$$V_x = a_a V_t = \frac{a_a q_b}{4n} \quad (1-9)$$

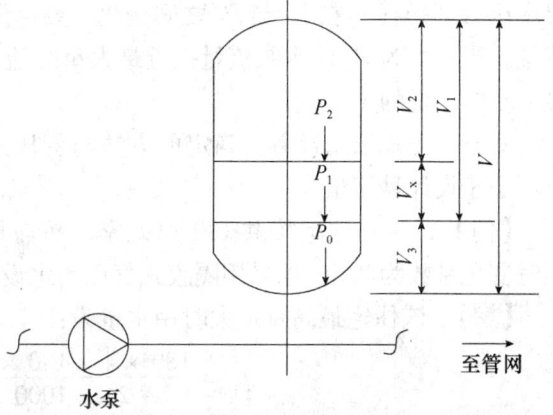

图1-23 气压水罐容积计算

$$V = \frac{\beta V_x}{1 - a_b} \tag{1-10}$$

式中 $P_0$——气压水罐无水时的绝对压力（MPa）；

$P_1$——气压水罐内最低工作压力（绝对压力，MPa）；

$P_2$——气压水罐内最高工作压力（绝对压力，其值不得使管网配水点的水压大于 0.55MPa（MPa）；

$V_1$——气压水罐内为 $P_1$ 时，气体的体积（m³）；

$V_2$——气压水罐内为 $P_2$ 时，气体的体积（m³）；

$V_t$——气压水罐的理论调节容积（m³）；

$V_x$——实际采用的气压水罐调节容积（m³）；

$V_z$——气压水罐的理论总容积（m³）；

$V$——实际采用的气压水罐总容积；

$q_b$——平均工作压力时，配套水泵的计算流量，其值不应小于管网最大时流量的 1~2 倍；当由几台水泵并联运行时，为最大一台水泵的流量；

$n$——水泵 1h 内最大启动次数，一般采用 6~8 次；

$a_a$——安全系数，宜采用 1.0~1.3；

$a_b$——最高工作压力与最低工作压力的比值，即 $P_2$ 与 $P_1$ 之比，宜采用 0.65~0.85，在有特殊要求（如农村给水、消防给水）时，也可在 1.0~1.3；

$\beta$——容积附加系数，$\beta = \dfrac{V}{V_1}$，隔膜式气压水罐宜采用 1.05，补气式立式水罐宜采用 1.10；补气式卧式水罐宜采用 1.25。

图 1-23 中 $V_3$ 为水的保护容积，即设计最低工作压力时水罐内水容积，$V_3 = V - V_1$，m³。

2. 水泵的选型

在气压给水系统中，为尽量提高水泵的平均工作效率，一般应选择流量-扬程特性曲线较陡的 W 型漩涡泵、DA 型多级离心泵或 MS 型离心泵。

对于变压式气压给水设备，应根据 $P_1$（给水系统所需压力）和采用的 $a$ 值确定 $P_2$，其出水压力（扬程）在 $P_1$ 与 $P_2$ 之间变化。要尽量使水泵在压力为 $P_1$ 时，其流量接近设计秒流量；当压力为 $P_2$ 时水泵流量接近最大小时流量；罐内为平均压力时，水泵流量应不小于最大小时流量的 1~2 倍。

对于定压式给水设备，确定的方法与变压式相同，但水泵的扬程应根据 $P$ 选择，流量应不小于设计秒流量。

【例 1-1】 一住宅楼共 180 户人家，平均每户 4 口人，用水量定额为 180L/(人·d)，小时变化系数为 2.5，拟采用隔膜式气压给水设备供水，试计算气压水罐总容积。

【解】 该住宅最高日最大时用水量为：

$$q_h = \frac{180 \times 4 \times 180 \times 2.5}{24 \times 1000} = 13.50 \text{m}^3/\text{h}$$

水泵的流量为：$q_b = 1.2 q_h = 1.2 \times 13.50 = 16.2 \text{m}^3/\text{h}$

取 $a_a = 1.3$，$n = 6$，则气压罐的调节容积为：

$$V_x = a_a \cdot V_t = \frac{a_a q_b}{4n} = 1.3 \times \frac{16.2}{4 \times 6} = 0.88 \text{m}^3$$

取 $\beta = 1.05$，$a_b = 0.75$，据式（1-9），气压罐的总容积为：

$$V = \frac{\beta V_x}{1 - a_b} = \frac{1.05 \times 0.88}{1 - 0.75} = 3.70 \text{m}^3$$

### 六、变频调速供水设备

在实际给水系统中，为提高供水的可靠性，用于增压的水泵都是根据管网最不利工况下的流量、扬程而选定的，但管网中高峰用水量时间不长，用水量在大多数时间里都小于最不利工况时的流量，其扬程将随流量的下降而上升，使水泵经常处于扬程过剩的情况下运行。因此，势必形成水泵能耗增高、效率降低的运行工况。为了解决供需不相吻合的矛盾，提高水泵的运行效率，又由于现代电子技术、自动化控制技术的快速发展，变频调速供水设备应运而生，它能够根据管网中的实际用水量及水压，通过自动调节水泵的转速而达到供需平衡。

就一台变频调速水泵而言，它只能在一定的转速范围内变化，才能保持高效率运行。为了扩大应用范围，变频调速供水设备一般都采用变频调速与恒速泵组合供水方式。在用水极不均匀的情况下，为避免在给水系统小流量用水时降低水泵机组效率，还可并联配备小型水泵或小型气压罐与变频调速装置共同工作，在小流量用水时，大型水泵均停止工作，仅利用小泵或小气压罐向系统供水。

变频调速供水设备的主要优点：效率高、耗能低；运行稳定可靠，自动化程度高；设备紧凑，占地面积少（省去了水箱、大气压罐）；对管网系统中用水量变化适应能力强。适用于不变设置其他水量调节设备的给水系统。但造价高，所需管理水平亦高些，且要求电源可靠。

#### （一）工作原理和节能分析

**1. 工作原理**（如图 1-24 所示）

供水系统中扬程发生变化时，压力传感器即向微机控制器输入水泵出水管压力的信号，若出水管压力之大与系统中设计供水量对应的压力时，微机控制器即向变频调速器发出降低电源频率的信号，水泵转速随即降低，使水泵出水量减少，水泵出水管的压力降低，反之亦然。

**2. 节能分析**

目前变频调速设备中水泵的运行方式，按水泵出口工况常分为两种：水泵变频调速恒压变流量运行和水泵变频调速变压变流量运行。两种方式的能量消耗与水泵恒速运行时能量消耗的比较，可用图 1-25 水泵耗能分析图解释。

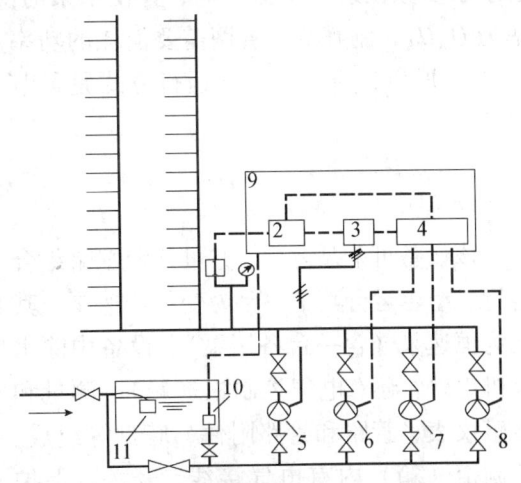

图 1-24 变频调速给水装置原理图
1—压力传感器；2—微机控制器；3—变频调速器；
4—恒速泵控制器；5—变频调速泵；6、7、8—恒速泵；
9—电控柜；10—水位传感器；11—液位自动控制阀

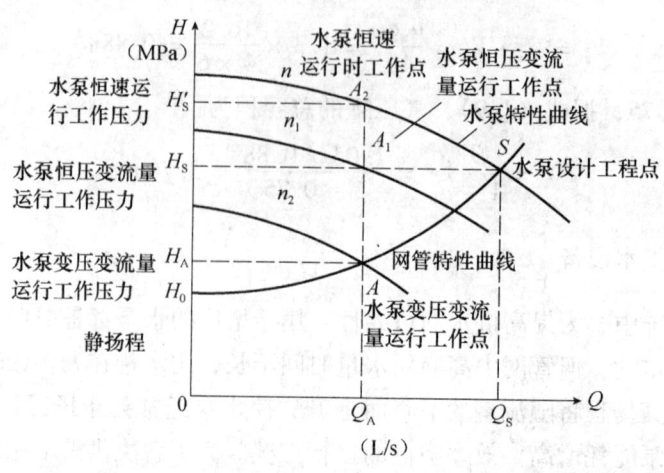

图 1-25 水泵耗能分析图

从图 1-25 可以看出，水泵在恒速运行时，当管网中流量 $Q_S$ 降为 $Q_A$ 时，根据水泵恒速（转速为 $n$）运行特性曲线，则此时水泵的供水压力将从设计供水压力 $H_S$ 升高至 $H_S'$，理论上水泵此时需要输出功率 $Q_A H_S'$(再乘以 $\gamma$，下同)。但从图上管网特性曲线分析，此时管网需要消耗的功率则只为 $Q_A H_A$，水泵多消耗的功率 $Q_A H_S' - Q_A H_A$ 实际上是无效地消耗于管网之中。如果采用水泵变频调速出口恒压（压力为 $H$）运行，当管网中流量从设计流量 $Q_S$ 降为 $Q_A$ 时，由于水泵变频调速使转速从 $n$ 变为 $n_A$，水泵的供水压力仍维持在 $H_S$，理论上水泵此时要输出功率 $Q_A H_S$，此功率将小于恒速运行时消耗的功率 $Q_A H_S'$，但仍大于观望需要消耗的功率 $Q_A H_A$。同理，多消耗的功率 $Q_A H_S - Q_A H_A$ 仍然是无效消耗于管网之中。

如果采用变频调速变压变流量运行，当管网中的流量从设计流量 $Q_S$ 降为 $Q_A$ 时，由于水泵变频调速使 $n$ 变为 $n_2$，并使水泵的供水压力刚好等于 $H_A$，此时理论上水泵输出功率为 $Q_A H_A$，刚好等于管网需要消耗的功率 $Q_A H_A$。所以，应该说这种运行方式是最节能的。

（二）设备分类与构造

1. 恒压变流量供水设备

该设备可单泵运行，亦可几台水泵组合运行，组合运行其中一台为变频调速泵，其他为恒速泵（含一台备用泵）。设备中除水泵机组外，还有电气控制柜（箱）、测量和传感仪表、管路和管路附件、底盘等组成。控制柜（箱）内有电气接线、开关、保护系统、变频调速系统和信息处理自动闭合控制系统等。该设备（4 台泵）示意图如图 1-26 所示。

运行图（3 台泵）见图 1-27。

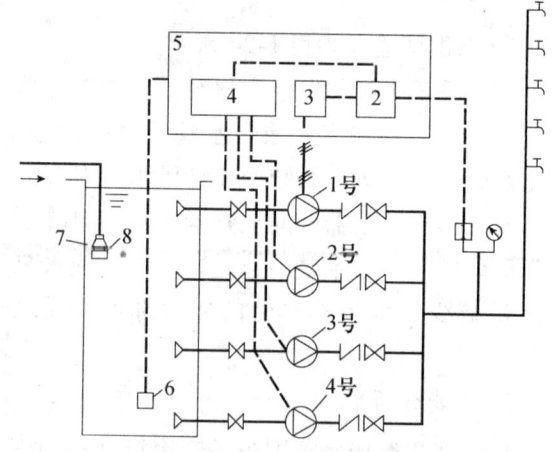

图 1-26 恒压变流量供水系统示意图
1—压力传感器；2—可编程序控制器；3—变频调节器；4—恒速泵控制器；5—电控柜；6—水位传感器；7—水池；8—液位自动控制阀

恒压变流量供水设备，它的控制参数的设定一般设置为设备出口恒压，所以，自动控制系统比较简单，容易实现，运行调试工作量少。当给水管网中动扬程比静扬程占比例较小时，可以采用恒压变流量供水设备。

2. 变压变流量供水设备

变压变流量供水设备是指设备的出口按给水管网运行要求变压变流量供水。设备的构造和恒压变流量供水设备基本相同，只是在控制信号的采集和处理及传感系统与恒压变流量设备不一致。

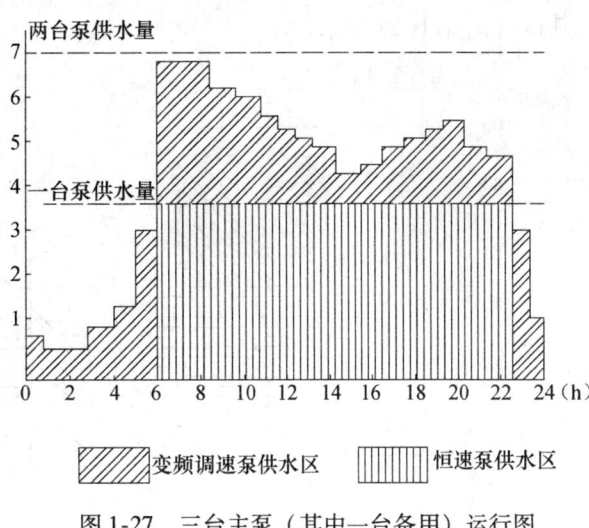

图1-27 三台主泵（其中一台备用）运行图

变压变流量供水设备的控制参数的设定，可以在给水管网最不利点（控制点）恒压控制，亦可以在设备出口按时段恒压控制，还可在设备出口按设定的观望运行特性曲线变压控制。所以，变压变流量供水设备关键是解决好控制参数的设定和传感问题。

变压变流量供水设备节能效果好，同时可改善给水管网对流量变化的适应性，提高了管网的供水安全可靠性。并且，管道和设备的保养、维修工作量与费用大大减少。但这种设备控制信号的采集和传感系统比较复杂，调试工作量大，设计时必须有一定的观望基本技术资料。

3. 带有小水泵或小气压罐的变频调速变压（恒压）变流量供水设备

该设备是为了解决小流量或零流量供水情况下耗电量大的问题，在系统中加设了小流量供水小泵或小型气压罐（也可以不加设气压罐），由流量传感器或可编号程序控制器进行控制，可以进一步降低耗电量。该装置示意图如图1-28所示。

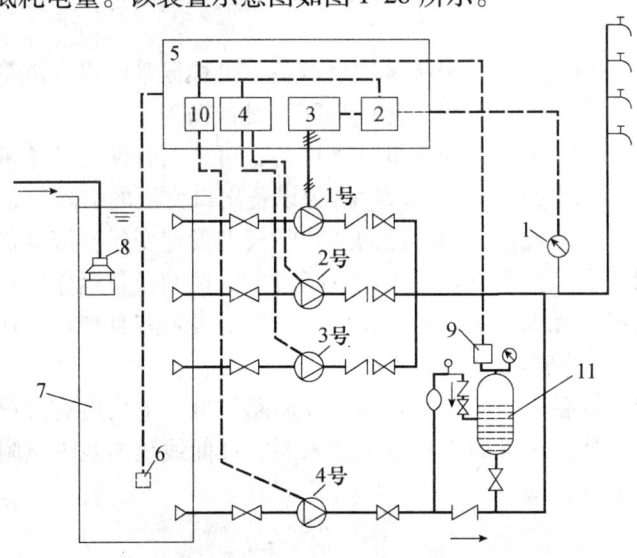

图1-28 带有小水泵或小气压罐的变频调速变压（恒压）变流量供水设备示意图

1—压力传感器；2—可编程序控制器；3—变频调节器；4—恒速泵控制器；5—电控柜；
6—水位传感器；7—水池；8—液位自动控制阀；9—压力开关；10—小泵控制器；11—小气压罐

29

其运行图如 1-29 所示。

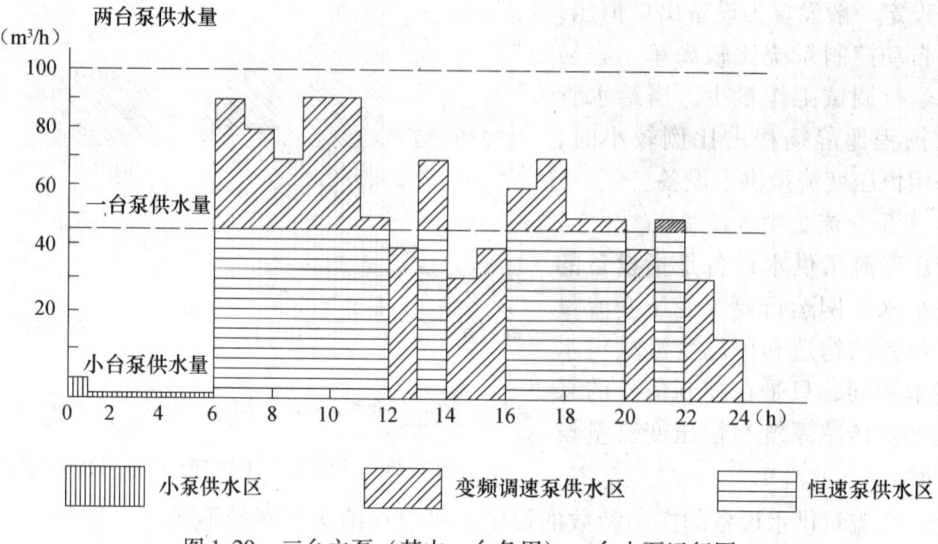

图 1-29 三台主泵（其中一台备用）一台小泵运行图

（三）设计计算与设备的选型

变频调速供水设备电气控制柜一般是定型标准系列产品，设备选型时，只要根据给水管网系统提出的设计流量和扬程，确定设备的类型（恒压与变压），选择合适的控制柜，选泵组装即可。

1. 设计流量的计算

设备如用于建筑内，其出水量应按管网无调节装置的设计秒流量为设计流量。

设备如用于建筑小区内，其出水量应与给水管网的设计流量相同（如果加压的服务范围为居住小区干管网，应取小区最大小时流量作为设计流量；如果加压服务范围为居住组团管网，应按其担负的卫生器具当量总数计算得出的设计秒流量作为设计流量）。

2. 设计扬程的计算

如果设备确定为变频调速恒压变流量供水设备，可根据管网设计流量时管网中最不利供水点的要求，计算出设备的供水扬程，此扬程即为设计扬程。

如果设备确定为变频调速变压变流量供水设备，可根据管网设计流量时管网中最不利点的要求，计算出设备的供水扬程 $H_s$，以 $H_s$ 作为设备出口变压的上限值，再根据管网运行的特性设定出口分时段变压，或按管网特性曲线数学模型设定变压变流量供水。变压变流量供水设备也可用管网最不利点恒压供水压力，进行设定，控制设备运作运行。

变频调速供水设备尚无国家统一标准，生产厂家的设备各具特点，选用时需认真查阅厂家的产品样本，按其产品说明书选定。

采用变频调速供水设备时，应有双电源或双回路供电；电机应有过载、短路、过压、缺相、欠压过热等保护功能；水泵的工作点应在水泵特性曲线最高效率点附近，水泵最不利工况点尽量靠近水泵高效区右端。

## 第五节 给水管道布置和敷设

给水管道的布置与敷设，受建筑的结构、用水要求、实用功能、配水点及室外给水管道的位置，以及建筑设备（电气、采暖、空调、通风、燃气、通信等）的因素影响，兼顾消防给水、热水供应、建筑中水、建筑排水等系统，进行综合考虑。

### 一、给水管道的布置

室内给水管道的布置一般应符合下列原则。

1. 满足良好的水力条件，确保供水的安全，力求经济合理

引入管布置在用水量最大处或尽量靠近不允许间断供水处，给水干管的布置也是如此。给水管道的布置应力求短而直，尽可能与墙、梁、柱、桁架平行。不允许间断供水的建筑，应从室外环状管网不同管段接出两条或两条以上引入管，在室内将管道连成环状或贯通枝状双向供水，若条件达不到，可采取设贮水池（箱）或增设第二水源等安全供水设施。

2. 保证建筑物的使用功能和生产安全

给水管道不能妨碍生产操作、生产安全、交通运输和建筑物的使用。故管道不应穿越配电间，以免因渗漏造成电气设备故障或短路；不应穿越电梯机房、通信机房、大中型计算机房、计算机网络中心和音像库房等房间；不能布置在遇水易引起燃烧、爆炸、损坏的设备、产品和原料上方，还应避免在生产设备上面布置管道。

3. 保证给水管道的正常使用

生活给水引入管与污水排出管管道外壁的水平净距不小于1.0m，室内给水管与排水管之间的最小净距，平行埋设时，应为0.5m；交叉埋设时，应为0.15m，且给水管应在排水管的上面。埋地给水管道应避免布置在可能被重物压坏处；为防止振动，管道不得穿越生产设备基础，如必须穿越时，应与有关专业人员协商处理并采取保护措施；管道不宜穿过伸缩缝、沉降缝，如必须穿过，应采取保护措施，常用的措施有：软接头法即用橡胶软管或金属波纹管连接沉降缝、伸缩缝两边管道；丝扣弯头法，在建筑沉降过程中，两边的沉降差由丝扣弯头的旋转来补偿，适用于小管井的管道；活动支架法，在沉降缝两侧设立支架，使管道只能垂直位移，不能水平横向位移，以适应沉降、伸缩之应力。管道穿沉降缝、伸缩缝做法如图1-30所示。为防止管道腐蚀，管道不得设在烟道、风道、电梯井和排水沟内，不宜穿越橱窗、壁柜，不得穿过大小便槽，给水立管距大、小便槽端部不得小于0.5m。

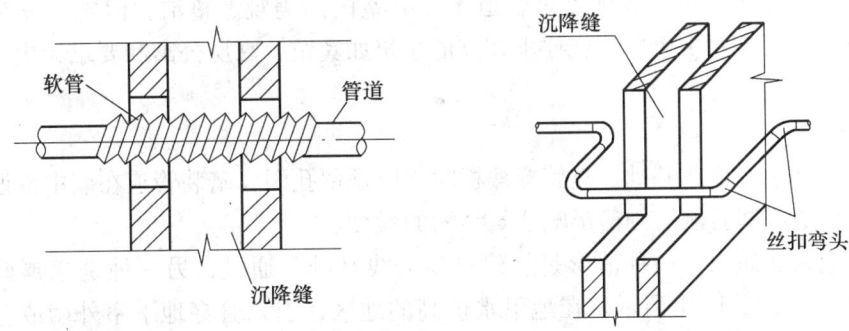

图1-30　管道穿沉降缝、伸缩缝做法示意图

塑料给水管应远离热源，立管距灶边不得小于0.4m，与供暖管道、燃气热水器边缘的净距不得小于0.2m，且不得因热辐射使管外壁温度大于40℃；塑料给水管道不得与水加热器或热水炉直接连接，应有不小于0.4m的金属管段过渡；塑料管与其他管道交叉敷设时，

应采取保护措施或用金属套管保护，建筑物内塑料立管穿越楼板和屋面处应为固定支承点；给水管道的伸缩补偿装置，应按直线长度、管材的线膨胀系数、环境温度和管内水温的变化、管道节点的允许位移量等因素经计算确定，应尽量利用管道自身的折角补偿温度变形。

4. 便于管道的安装与维修

布置管道时，其周围要留有一定的空间，在管道井中布置管道要排列有序，以满足安装维修的要求。需进入检修的管道井，其通道不宜小于 0.6m。管道井每层应设检修设施，每两层应有横向隔断。检修易开向走廊。给水管道与其他管道和建筑结构的最小净距应满足安装操作需要且不宜小于 0.3m。

5. 管道布置形式

给水管道的布置按供水可靠程度要求可分为枝状和环状两种形式。前者单向供水，供水安全可靠性差，但节省管材，造价低；后者管道互相连通，双向供水，安全可靠，但管线长，造价高。一般底层或多层建筑内给水管网宜采用枝状布置。高层建筑、重要建筑宜采用环状布置。

按水平干管的敷设位置又可分为上行下给、下行上给和中分式三种形式。干管设在顶层顶棚下、吊顶内或技术夹层中，由上向下供水的为上行下给式。适用于设置高位水箱的居住与公共建筑和地下管线较多的工业厂房；干管埋地、设在底层或地下室中，由下向上供水的为下行上给式。适用于利用室外给水管网水压直接供水的工业与民用建筑；水平干管设在中间技术层内或中间某层垫层内，由中间向上、下两个方向供水的为中分式，适用于屋顶用作露天茶座、舞厅或设有中间技术层的高层建筑。

## 二、给水管道的敷设

1. 敷设形式

给水管道的敷设有明装和暗装两种形式。明装即管道外露，其优点是安装维修方便，造价低。但外露的管道影响美观，表面易结露、积尘。一般用于对卫生、美观没有特殊要求的建筑。暗装即管道隐蔽，如敷设在管道井、技术层、管沟、墙槽、顶棚或夹壁墙中，或直接埋地或埋在楼板的垫层里，其优点是管道不影响室内的美观、整洁，但施工复杂，维修困难，造价高。适用于对卫生、美观要求较高的建筑如宾馆、高层公寓和要求无尘、洁净的车间、实验室、无菌室等。

2. 敷设要求

给水横管穿承重墙或基础、立管穿楼板时均应预留孔洞，暗装管道在墙中敷设时，也应预留墙槽，以免临时打洞、刨槽影响建筑结构的强度。

引入管进入建筑内，一种情形是从建筑物的浅基础下通过，另一种是穿越承重墙或基础。其敷设方法如图 1-31 所示。在地下水位高的地区，引入管穿地下室外墙或基础时，应采取防水措施，如设防水管套等。

室外埋地引入管要防止地面活荷载和冰冻的影响，车行道下管顶覆土厚度不宜小于 0.7m，并应敷设在冰冻线以下 0.2m。建筑内埋地管在无活荷载和冰冻影响时，其管顶离地面高度不宜小于 0.3m。当将交联聚乙烯管或聚丁烯管用作埋地管时，应将其设在管套内，其分支处宜采用分水器。

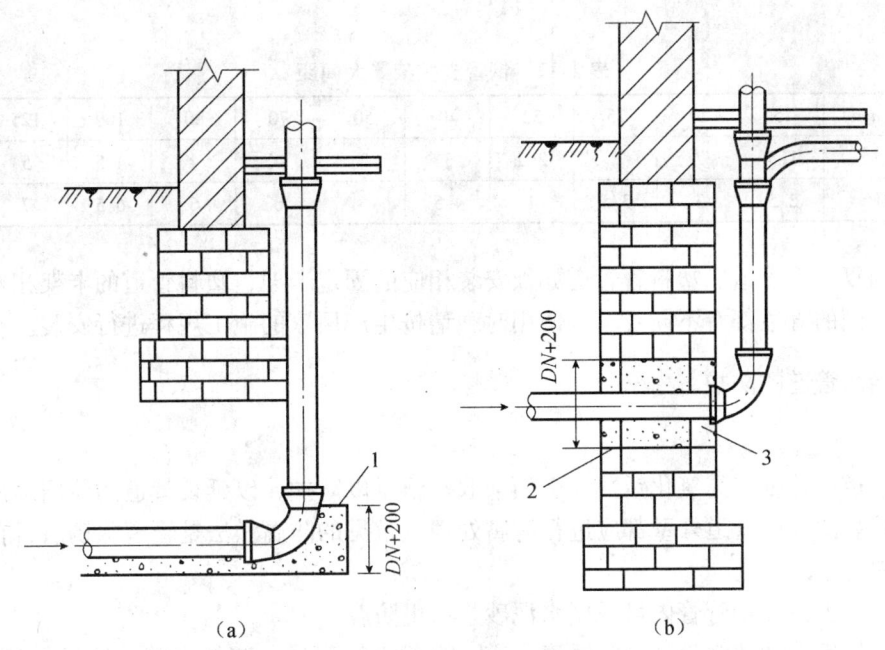

图 1-31 引入管进建筑常见做法
(a) 从浅基础下通过；(b) 穿基础
1—C5.5 混凝土支座；2—黏土；3—M5 水泥砂浆封口

给水横管穿承重墙或基础、立管穿楼板时均应预留孔洞。暗装管道在墙中敷设时，也应预留墙槽，以免临时打洞、刨槽影响建筑结构的强度。管道预留孔洞和墙槽的尺寸，详见表 1-11。横管穿过预留洞时，管顶上部净空不得小于建筑物的沉降量，以保护管道不致因建筑沉降而损坏，其净空一般不小于 0.10m。

表 1-11 给水管预留孔洞、墙槽尺寸

| 管道名称 | 管径（mm） | 明管留孔尺寸（mm）长（高）×宽 | 暗管墙槽尺寸（mm）宽×深 |
|---|---|---|---|
| 立管 | ≤25 | 100×100 | 130×130 |
|  | 32~50 | 150×150 | 150×130 |
|  | 70~100 | 200×200 | 200×200 |
| 2 根立管 | ≤32 | 150×100 | 200×130 |
| 横立管 | ≤25 | 100×100 | 60×60 |
|  | 32~40 | 150×130 | 150×100 |
| 引入管 | ≤100 | 300×200 |  |

给水横干管宜敷设在地下室、技术层、吊顶或管沟内，宜有 0.002~0.005 的坡度坡向泄水装置；立管可敷设在管道井内，冷水管应在热水管右侧；给水管道与其他管道同沟或共架敷设时，宜敷设在排水管、冷冻管的上面或热水管、蒸汽管的下面；给水管不宜与输送易燃、可燃或有害的液体或气体的管道同沟敷设；通过铁路或地下构筑物下面的给水管道，宜敷设在套管内。

管道在空间敷设时，必须采取固定措施，以保施工方便与安全供水。给水钢质立管一般每层需安装 1 个管卡，当层高大于 5.0m 时，每层须安装 2 个。水平钢管支托架最大间距见

表1-12。

表1-12  钢管支托架最大间距

| 公称直径（mm） | 15 | 20 | 25 | 32 | 40 | 50 | 70 | 80 | 100 | 125 | 150 |
|---|---|---|---|---|---|---|---|---|---|---|---|
| 保温管 | 1.5 | 2 | 2 | 2.5 | 3 | 3 | 4 | 4 | 4.5 | 5 | 6 |
| 非保温管 | 2.5 | 3 | 3.5 | 4 | 4.5 | 5 | 6 | 6 | 6.5 | 7 | 8 |

明装的复合管管道、塑料管管道亦须安装相应的固定卡架，塑料管道的卡架相对密集一些。各种不同的管道都有不同要求，使用时，请按生产厂家的施工规程进行安装。

### 三、给水管道的防护

1. 防腐

金属管道的外壁容易氧化锈蚀，必须采取措施予以防护，以延长管道的使用寿命。通常明装的、暗装的金属管道外壁都应进行防腐处理。常见的防腐做法是管道除锈后，在外壁涂刷防腐涂料。

铸铁管及大口径钢管管内可采用水泥砂浆衬里防腐。

明装焊接钢管和铸铁管外刷防锈漆一道，银粉面漆两道；镀锌钢管外刷银粉面漆两道；暗装和埋地管道均刷沥青漆两道。

管道外壁所做的防腐层数，应根据防腐的要求确定。当给水管道及配件设在含有腐蚀性气体房间内时，应采用耐腐蚀管材或在管外壁采取防腐措施。

2. 防冻、防结露

当管道及其配件设置在温度低于0℃以下的环境时，为保证使用安全，应当采取保温措施。

在湿热的气候条件下，或在空气湿度较高的房间内，给水管道内的水温较低，空气中的水分会凝结成水附着在管道表面，严重时会产生滴水。这种管道结露现象，一方面会加速管道的腐蚀，另外还会影响建筑物的使用，如使墙面受潮、粉刷层脱落，影响墙体质量和建筑美观，有时还可能造成地面少量积水或影响地面上的某些设备、设施的使用等。因此，在这种场所就应当采取防露措施（具体做法与保温相同）。

3. 防漏

如果管道布置不当，或者是管材质量和敷设施工质量低劣，都可能导致管道漏水。这不仅浪费水量、影响正常供水，严重时还会损坏建筑，特别是湿陷性黄土地区，埋地管漏水将会造成土壤湿陷，影响建筑基础的稳定。防漏的办法：一是避免将管道布置在易受外力损坏的位置，或采取必要且有效的保护措施，免其直接承受外力；二是要健全管理制度，加强管材质量和施工质量的检查监督；三是在湿陷性黄土地区，可将埋地管道设在防水性能良好的简陋管沟内，一旦漏水，水可沿沟排至检漏井内，便于及时发现和检修（管径较小的管道，也可敷设在检漏套管内）。

4. 防振

当管道中水流速度过大，关闭水嘴、阀门时，易出现水击现象，会引起管道、附件的振动，不仅会损坏管道、附件造成漏水，还会产生噪声。为防止管道的损坏和噪声的污染，在设计时应控制管道的水流速度，尽量减少使用电磁阀或速闭型阀门、水嘴。住宅建筑进户支管阀门后，应装设一个家用可曲挠橡胶接头进行隔振，并可在管道支架、吊架内衬垫减振材料，以减小噪声的扩散。

# 第六节 建筑给水管道设计计算

## 一、设计秒流量计算

### (一) 最高日用水量

建筑内生活用水的最高日用水量可按式（1-11）计算。

$$Q_d = mq_d \tag{1-11}$$

式中 $Q_d$——最高日用水量（L/d）；

　　$m$——用水单位数，人、床位数等；

　　$q_d$——最高日生活用水定额，L/(人·d)、L/(床·d) 等（见表 1-2～表 1-4）。

### (二) 最大小时用水量

根据最高日用水量，进而可算出最大小时用水量：

$$\begin{aligned} Q_h &= K_h Q_p \\ K_h &= \frac{Q_h}{Q_p} \\ Q_p &= \frac{Q_d}{T} \end{aligned} \tag{1-12}$$

式中 $Q_h$——最大小时用水量（m³/h）；

　　$K_h$——小时变化系数；

　　$Q_p$——最高日平均小时用水量（m³/h）；

　　$T$——建筑物内每天用水时间（h）。

### (三) 生活给水设计秒流量

给水管道的设计流量是确定各管段管径、计算管路水头损失，进而确定给水系统所需压力的主要依据。因此，设计流量的确定应符合建筑内的用水规律。建筑内的生活用水量在一定时间段（如 1 昼夜，1 小时）里是不均匀的，为了使建筑内瞬时高峰的用水都得到保证，其设计流量应为建筑内卫生器具配水最不利情况组合出流时的最大瞬时流量，此流量又称设计秒流量。

1. 建筑内给水管道设计流量的确定方法

（1）经验法

按卫生器具数量确定管径，或以卫生器具全部给水流量与假定设计流量间的经验数据确定给水管道的设计流量。经验法简捷方便，但不精确，不能区分建筑物的类型、不同标准、不同用途和卫生器具种类、使用情况、所在层次和位置。

（2）平方根法

此法计算给水管道的设计流量的基本形式是设计流量与卫生器具给水当量总数的平方根成正比，但计算结果偏小。

（3）概率法

运用数学概率理论确定建筑给水管道的设计流量。方法为：影响建筑给水流量的主要参数即任一幢建筑给水系统中的卫生器具总数量（$n$）和放水使用概率（$p$），在一定条件下有多少个同时使用，应遵循概率随机事件数量规律性。

该方法理论正确、符合实际，是发展趋势；目前一些发达国家主要采用概率法建立设计秒流量公式，再结合一些经验数据，制成图表供设计者使用。

2. 我国生活给水管网设计秒流量的计算方法

根据用水特点和计算方法分为以下三种：

（1）住宅建筑

对于住宅、集体宿舍、旅馆、宾馆、医院、疗养院、办公楼、幼儿园、养老院、商场、客运站、会展中心、中小学教学楼、公共厕所等建筑，由于用水设备使用不集中，用水时间长，同时给水百分数随卫生器具数量增加而减少。为简化计算，将1个直径为15mm的配水水嘴的额定流量0.2L/s作为一个当量，其他卫生器具的给水额定流量与它的比值，即为该卫生器具的当量。这样，便可把某一管段上不同类型卫生器具的流量换算成当量值。

2003年9月实施的《建筑给水排水设计规范》，开始采用以概率法为基础的计算方法，具体步骤为：

1）根据住宅配置的卫生器具给水当量、使用人数、用水定额、使用时数及小时变化系数，按式（1-13）计算出最大用水时卫生器具给水当量平均出流概率：

$$U_0 = \frac{q_0 m K_h}{0.2 N_g T 3600} \tag{1-13}$$

式中 $U_0$——生活给水管道的最大用水时卫生器具给水当量平均出流概率（%）；

$q_0$——最高用水日的用水定额，按表1-1取用；

$m$——每户用水人数；

$K_h$——小时变化系数，按表1-1取用；

$N_g$——每户设置的卫生器具给水当量数，按表1-5选用；

$T$——用水小时数（h）；

0.2——一个卫生器具给水当量的额定流量（L/s）。

2）根据计算管段上的卫生器具给水当量总数，按式（1-14）计算得出该管段的卫生器具给水当量的同时出流概率：

$$U = \frac{1 + \alpha_c (N_g - 1)^{0.49}}{\sqrt{N_g}} \tag{1-14}$$

式中 $U$——计算管段的卫生器具给水当量同时出流概率（%）；

$\alpha_c$——对应于 $U_0$ 的系数，按表1-13查用；

$N_g$——计算管段的卫生器具给水当量总数。

表1-13 $U_0$-$\alpha_c$ 对应值

| $U_0$（%） | $\alpha_c$ | $U_0$（%） | $\alpha_c$ | $U_0$（%） | $\alpha_c$ |
| --- | --- | --- | --- | --- | --- |
| 1.0 | 0.00323 | 3.0 | 0.01939 | 5.0 | 0.03715 |
| 1.5 | 0.00697 | 3.5 | 0.02374 | 6.0 | 0.04629 |
| 2.0 | 0.01097 | 4.0 | 0.02816 | 7.0 | 0.05555 |
| 2.5 | 0.01512 | 4.5 | 0.03263 | 8.0 | 0.06489 |

3）根据计算管段上的卫生器具给水当量同时出流概率，按式（1-15）计算得计算管段的设计秒流量：

$$q_g = 0.2 U N_g \tag{1-15}$$

式中 $q_g$——计算管段的设计秒流量（L/s）。

应用公式时应注意以下问题：

① 当计算管段上的卫生器具给水当量总数足够大时 $U=U_0$，其流量应取最大用水时平均秒流量 $q_g=0.2U_0N_g$。

② 有两条或两条以上具有不同最大用水时卫生器具给水当量平均出流概率的给水支管时，则该给水干管管段的最大时卫生器具给水当量平均出流概率按式（1-16）计算：

$$\overline{U_0} = \frac{\sum U_{0i}N_{gi}}{\sum N_{gi}} \tag{1-16}$$

式中 $\overline{U_0}$——给水干管的卫生器具给水当量平均出流概率（%）；

$U_{0i}$——支管的最大用水时卫生器具给水当量平均出流概率（%）；

$N_{gi}$——相应支管的卫生器具给水当量总数。

为了计算快速、方便，在计算出 $\overline{U_0}$ 后，即可根据计算管段的 $N_g$ 值从表1-14（摘录）中直接查得给水设计秒流量。该表可用内插法。

表1-14 给水管段设计秒流量计算表（摘录）

| $U_0$ | 1.0 | | 1.5 | | 2.0 | | 2.5 | |
|---|---|---|---|---|---|---|---|---|
| $N_g$ | $U$（%）| $q_g$（L/s）| $U$（%）| $q_g$（L/s）| $U$（%）| $q_g$（L/s）| $U$（%）| $q_g$（L/s）|
| 1 | 100.00 | 0.20 | 100.00 | 0.20 | 100.00 | 0.20 | 100.00 | 0.20 |
| 2 | 70.94 | 0.28 | 71.20 | 0.28 | 71.49 | 0.29 | 71.78 | 0.29 |
| 3 | 58.00 | 0.35 | 58.30 | 0.35 | 58.62 | 0.35 | 58.96 | 0.35 |
| 4 | 50.28 | 0.40 | 50.60 | 0.40 | 50.94 | 0.41 | 51.30 | 0.41 |
| 5 | 45.01 | 0.45 | 45.34 | 0.45 | 45.69 | 0.46 | 46.06 | 0.46 |
| 6 | 41.12 | 0.49 | 41.45 | 0.50 | 41.81 | 0.50 | 42.18 | 0.51 |
| 7 | 38.09 | 0.53 | 38.43 | 0.54 | 38.79 | 0.54 | 39.17 | 0.55 |
| 8 | 35.65 | 0.57 | 35.99 | 0.58 | 36.36 | 0.58 | 36.74 | 0.59 |
| 9 | 33.63 | 0.61 | 33.98 | 0.61 | 34.35 | 0.62 | 34.73 | 0.63 |
| 10 | 31.92 | 0.64 | 32.27 | 0.65 | 32.64 | 0.65 | 33.03 | 0.66 |
| 11 | 30.45 | 0.67 | 30.80 | 0.68 | 31.17 | 0.69 | 31.56 | 0.69 |
| 12 | 29.17 | 0.70 | 29.52 | 0.71 | 29.89 | 0.72 | 30.28 | 0.73 |
| 13 | 28.04 | 0.73 | 28.39 | 0.74 | 28.76 | 0.75 | 29.15 | 0.76 |
| 14 | 27.03 | 0.76 | 27.38 | 0.77 | 27.76 | 0.78 | 28.15 | 0.79 |
| 15 | 26.12 | 0.78 | 26.48 | 0.79 | 26.85 | 0.81 | 27.24 | 0.82 |
| 16 | 25.30 | 0.81 | 25.66 | 0.82 | 26.03 | 0.83 | 26.42 | 0.85 |
| 17 | 24.56 | 0.83 | 24.91 | 0.85 | 25.29 | 0.86 | 25.68 | 0.87 |
| 18 | 23.88 | 0.86 | 24.23 | 0.87 | 24.61 | 0.89 | 25.00 | 0.90 |
| 19 | 23.25 | 0.88 | 23.60 | 0.90 | 23.98 | 0.91 | 24.37 | 0.93 |
| 20 | 22.67 | 0.91 | 23.02 | 0.92 | 23.40 | 0.94 | 23.79 | 0.95 |
| 22 | 21.63 | 0.95 | 21.98 | 0.97 | 22.36 | 0.98 | 22.75 | 1.00 |
| 24 | 20.72 | 0.99 | 21.07 | 1.01 | 21.45 | 1.03 | 21.85 | 1.05 |
| 26 | 19.92 | 1.04 | 20.27 | 1.05 | 20.65 | 1.07 | 21.05 | 1.09 |
| 28 | 19.21 | 1.08 | 19.56 | 1.10 | 19.94 | 1.12 | 20.33 | 1.14 |
| 30 | 18.56 | 1.11 | 18.92 | 1.14 | 19.30 | 1.16 | 19.69 | 1.18 |
| 32 | 17.99 | 1.15 | 18.34 | 1.17 | 18.72 | 1.20 | 19.12 | 1.22 |

续表

| $U_0$ | 1.0 | | 1.5 | | 2.0 | | 2.5 | |
| --- | --- | --- | --- | --- | --- | --- | --- | --- |
| $N_g$ | $U$ (%) | $q_g$ (L/s) | $U$ (%) | $q_g$ (L/s) | $U$ (%) | $q_g$ (L/s) | $U$ (%) | $q_g$ (L/s) |
| 34 | 17.16 | 1.19 | 17.81 | 1.21 | 18.19 | 1.24 | 18.59 | 1.26 |
| 36 | 16.97 | 1.22 | 17.33 | 1.25 | 17.71 | 1.28 | 18.11 | 1.30 |
| 38 | 16.53 | 1.26 | 16.89 | 1.28 | 17.27 | 1.31 | 17.66 | 1.34 |
| 40 | 16.12 | 1.29 | 16.48 | 1.32 | 16.86 | 1.35 | 17.25 | 1.38 |
| 42 | 15.74 | 1.32 | 16.09 | 1.35 | 16.47 | 1.38 | 16.87 | 1.42 |
| 44 | 15.38 | 1.35 | 15.74 | 1.39 | 16.12 | 1.42 | 16.52 | 1.45 |
| 46 | 15.05 | 1.38 | 15.41 | 1.42 | 15.79 | 1.45 | 16.18 | 1.49 |
| 48 | 14.74 | 1.42 | 15.10 | 1.45 | 15.48 | 1.49 | 15.87 | 1.52 |
| 50 | 14.45 | 1.45 | 14.81 | 1.48 | 15.19 | 1.52 | 15.58 | 1.56 |
| 55 | 13.79 | 1.52 | 14.15 | 1.56 | 14.53 | 1.60 | 14.92 | 1.64 |
| 60 | 13.22 | 1.59 | 13.57 | 1.63 | 13.95 | 1.67 | 14.35 | 1.72 |

（2）集体宿舍、旅馆、宾馆、医院、疗养院、幼儿园、养老院、办公楼、商场、客运站、会展中心、中小学教学楼、公共厕所等建筑。

这些建筑的生活给水设计秒流量，按公式（1-17）计算：

$$q_g = 0.2\alpha \sqrt{N_g} \tag{1-17}$$

式中 $q_g$——计算管段的给水设计秒流量（L/s）；

$N_g$——计算管段的卫生器具给水当量总数；

$\alpha$——根据建筑物用途而定的系数，应按表1-15采用。

表1-15 根据建筑物用途而定的系数值

| 建筑物名称 | $\alpha$ 值 | 建筑物名称 | $\alpha$ 值 |
| --- | --- | --- | --- |
| 幼儿园、托儿所、养老院 | 1.2 | 医院、疗养院、休养所 | 2.0 |
| 门诊部、诊疗所 | 1.4 | 集体宿舍 | 2.5 |
| 办公楼、商场 | 1.5 | 旅馆、招待所、宾馆 | 2.5 |
| 学校 | 1.8 | 客运站、会展中心、公共厕所 | 3.0 |

公式应用应注意问题：

①当计算值小于该管段上一个最大卫生器具给水额定流量时，应采用一个最大的卫生器具给水额定流量作为设计秒流量；

②当计算值大于该管段上按卫生器具给水额定流量累加所得流量值时，应按卫生器具给水额定流量累加所得流量值采用。

③有大便器延时自闭冲洗阀的给水管段，大便器延时自闭冲洗阀的给水当量均按0.5计，计算得到的 $q_g$ 附加1.10L/s的流量后，为该管段的给水设计秒流量。

④综合楼建筑的 $\alpha$ 值应按加权平均法计算：

$$\alpha = \frac{\alpha_1 N_{g1} + \alpha_2 N_{g2} + \cdots + \alpha_n N_{gn}}{N_{g1} + N_{g2} + \cdots + N_{gn}}$$

式中 $N_{g1} N_{g2} \cdots N_{gn}$——综合性建筑内各类建筑物的卫生器具的给水当量数；

$\alpha_1 \alpha_2 \cdots \alpha_n$——相当于 $N_{g1} N_{g2} \cdots N_{gn}$ 时的设计秒流量系数。

(3) 工业企业的生活间、公共浴室、职工食堂或营业餐馆的厨房、体育场馆运动员休息室、剧院的化妆间、普通理化实验室等建筑。

这些建筑的生活给水管道的设计秒流量，按公式（1-18）计算：

$$q_g = \Sigma q_0 n_0 b \tag{1-18}$$

式中 $q_g$——计算管段的给水设计秒流量（L/s）；

$q_0$——同类型的一个卫生器具给水额定流量（L/s）；

$n_0$——同类型卫生器具数；

$b$——卫生器具的同时给水百分数，应按表1-16~表1-18选用。

公式应用时注意问题：

①当计算值小于该管段上一个最大卫生器具给水额定流量时，应采用一个最大的卫生器具给水额定流量作为设计秒流量。

②大便器自闭式冲洗阀应单列计算，当单列计算值小于1.2L/s时，以1.2L/s计；大于1.2L/s时，以计算值计。

**表1-16　工业企业生活间、公共浴室、剧院化妆间、体育场馆运动员休息室等卫生器具同时给水百分数**

| 卫生器具名称 | 同时给水百分数（%） | | | |
|---|---|---|---|---|
| | 工业企业生活间 | 公共浴室 | 剧院化妆间 | 体育场馆运动员休息室 |
| 洗涤盆（池） | 33 | 15 | 15 | 15 |
| 洗手盆 | 50 | 50 | 50 | 50 |
| 洗脸盆、盥洗槽水嘴 | 60~100 | 60~100 | 50 | 80 |
| 浴盆 | — | 50 | — | — |
| 无间隔淋浴器 | 100 | 100 | — | 100 |
| 有间隔淋浴器 | 80 | 60~80 | 80~80 | 60~100 |
| 大便器冲洗水箱 | 30 | 20 | 20 | 20 |
| 大便器自闭式冲洗阀 | 2 | 2 | 2 | 2 |
| 小便器自闭式冲洗阀 | 10 | 10 | 10 | 10 |
| 小便器（槽）自动冲洗水箱 | 100 | 100 | 100 | 100 |
| 净身盆 | 33 | — | — | — |
| 饮水器 | 30~60 | 30 | 30 | 30 |
| 小卖部洗涤盆 | — | 50 | — | 50 |

注：健身中心的卫生间，可采用本表体育场馆运动员休息室的同时给水百分率。

**表1-17　职工食堂、营业餐馆厨房设备同时给水百分数**

| 厨房设备名称 | 同时给水百分数（%） | 厨房设备名称 | 同时给水百分数（%） |
|---|---|---|---|
| 污水盆（池） | 50 | 器皿洗涤机 | 90 |
| 洗涤盆（池） | 70 | 开水器 | 50 |
| 煮锅 | 60 | 蒸气发生器 | 100 |
| 生产性洗涤机 | 40 | 灶台水嘴 | 30 |

注：职工或学生饭堂的洗碗台水嘴，按100%同时给水，但不与厨房用水叠加。

表1-18 实验室化验水嘴同时给水百分数

| 卫生器具名称 | 同时给水百分数（%） | |
|---|---|---|
| | 科学研究实验室 | 生产实验室 |
| 单联化验水嘴 | 20 | 30 |
| 双联或三联化验水嘴 | 30 | 50 |

## 二、管网水力计算

室内给水管网的水力计算是在满足各配水点用水要求的前提下，确定给水管道的直径和管路的水头损失，校核室外给水管网是否满足所需压力，计算设置升压设备和高位水箱的参数，选择设备型号和确定水箱安装高度。

（一）确定管径

在求得各管段的设计流量后，根据式（1-19）计算管道直径：

$$d_j = \sqrt{\frac{4q_g}{\pi v}} \tag{1-19}$$

式中 $d_j$——计算管段的管内径（m）；

$q_g$——计算管段的设计秒流量（m³/s）；

$v$——管道水流速（m/s）。

管道的流量确定后，流速的大小直接影响管道系统技术、经济的合理性。流速过大易产生水锤，引起噪声，损坏管道或附件，并增加管道的水头损失，提高建筑内给水系统所需压力和增压设备的运行费用；流速过小，会使管道直径过大，增加工程投资。综合考虑以上因素，建筑内给水管道流速最大不要超过2m/s，一般可按表1-19选取。

表1-19 生活给水管道水流速度

| 公称直径（mm） | 15~20 | 25~40 | 50~70 | ≥80 |
|---|---|---|---|---|
| 水流速度（m/s） | ≤1.0 | ≤1.2 | ≤1.5 | ≤1.8 |

工程设计中可采用以下数值：$DN15 \sim DN20$，$v = 0.6 \sim 1.0$m/s；$DN25 \sim DN40$，$v = 0.8 \sim 1.2$m/s；$DN50 \sim DN70$，$v \leq 1.5$m/s；$DN80$ 及以上管径，$v \leq 1.8$m/s。

（二）沿程水头损失

给水管道沿程水头损失按式（1-20）计算：

$$h_i = i \cdot L \tag{1-20}$$

式中 $h_i$——沿程水头损失（kPa）；

$i$——单位长度管道上的水头损失（kPa/m）；

$L$——管道计算长度（m）。

$$i = 105 C_h^{-1.85} d_j^{-4.87} q_g^{1.85} \tag{1-21}$$

式中 $d_j$——管道计算内径（m）；

$q_g$——给水设计流量（m³/s）；

$C_h$——海澄·威廉系数，按表1-20选取。

表1-20 各种管材的海澄·威廉系数

| 管道类别<br>海澄·威廉系数 | 塑料管、内衬（涂）塑管 | 铜管、不锈钢管 | 衬水泥、树脂的铸铁管 | 普通钢管、铸铁管 |
|---|---|---|---|---|
| $C_h$ | 140 | 130 | 130 | 100 |

设计计算时，也可直接使用由以上公式编制的计算表格，由管段的设计秒流量 $q_g$，控制流速 $v$ 在正常范围内，查出管径和单位长度的水头损失。"给水铸铁管水力计算表"、"钢管水力计算表"、"给水塑料管水力计算表"分别见附录1、附录2、附录3。

（三）局部水头损失

管道的局部水头损失计算公式：

$$h_j = \Sigma \zeta \frac{v^2}{2g} \tag{1-22}$$

式中　$h_j$——管段的局部水头损失之和（kPa）；
　　　$\zeta$——管段局部阻力系数；
　　　$v$——沿水流方向局部管件下游的流速（m/s）。

实际工程中，由于管道局部阻力构件如三通、弯头等很多，计算 $\zeta$ 值较繁锁，为简化计算，常采用管件当量长度计算法和按管网沿程水头损失百分数的估算法两种。

1. 管件当量长度计算法

该方法是将管件产生的局部水头损失大小与铜管径长度管道产生的沿程水头损失相等，则该长度即为该管件的当量长度。管件的当量长度可查有关手册。特殊的管件可估算。

水表的局部水头：住宅引入管上的水表，宜取 0.01MPa；建筑物或小区引入管上水表，宜取 0.03MPa；在校核消防时宜取 0.05MPa。

比例式减压阀阀后动水压宜按阀后静水压的 80%～90% 选用；管道倒流防止器水头损失一般宜取 0.025～0.04MPa；管道过滤器水头损失一般宜按 0.01MPa。

2. 管网沿程水头损失的百分数估算法

不同材质管道的局部水头损失估算值见表1-21。

表1-21　不同材质管道的局部水头损失估算值

| 管材质 | | 局部损失占沿程损失的百分数（%） | |
|---|---|---|---|
| PVC-C | | 25～30 | |
| PP-R | | | |
| 铜管 | | | |
| PEX | | 25～45 | |
| PVP | 三通配水 | 25～45 | |
| | 分水器配水 | 30 | |
| 钢塑复合管 | 螺纹连接内衬塑铸铁管件管道 | 30～40 | 生活给水系统 |
| | | 25～30 | 生活、生产给水系统 |
| | 法兰、沟槽式连接内涂塑钢管件管道 | 10～20 | |
| 热镀锌钢管 | 生活给水管道 | 25～30 | |
| | 生产、消防给水管道 | 15 | |
| | 其他生活、生产、消防共用系统管道 | 20 | |
| | 自动喷水管道 | 20 | |
| | 消火栓管道 | 10 | |

（四）水力计算的方法和步骤

（1）根据建筑平面图初定给水方式，绘制给水管道平面布置图和轴测图，列出水力计算表，以便进行下一步骤的计算。

(2) 根据轴测图选择最不利配水点，确定计算管路。若在轴测图中难以判断最不利配水点，则应同时选择几条计算管路，分别计算各管路所需压力，压力的最大值即为建筑内给水系统所需压力。

(3) 根据建筑性质选用计算秒流量公式，计算各管段的设计秒流量。

(4) 以流量变化处为节点，从配水最不利点开始，进行节点编号，将计算管路划分成计算管段，并标出两节点间计算管段的长度。

(5) 确定各管段直径。

(6) 计算沿程水头损失、局部水头损失、管路总水头损失。

(7) 确定给水系统所需压力、选择升压设备、确定水箱设置高度。

(8) 确定非计算管路各管段的直径。

当最不利计算管路的管径和水头损失计算完毕后，给水系统所需水压 $H$ 根据式（1-1）也就确定出来，这样可以校核初定给水方式的合理性。若初定为外网直接给水方式，当室外给水管网可利用水压 $H_0 \geq H$ 时，原方案可行；当 $H$ 略大于 $H_0$ 时，可适当放大部分管段的管径，减小管道系统的水头损失，以满足 $H_0 \geq H$ 的条件；若 $H$ 比 $H_0$ 大很多，应修订原方案，在给水系统中增设升压设备。对采用水箱上行下给布置形式的给水系统，应校核水箱的安装高度，若水箱不能满足供水要求，可采用提高水箱安装高度、放大管径、设置管道泵或选用其他给水方式来解决。

### 三、计算例题[①]

【例1-2】 某5层10户住宅，每户卫生间内有低水箱坐式大便器1套，洗脸盆、浴盆各1个，厨房内有洗涤盆各1个，该建筑物有局部热水供应。图1-32为该住宅系统轴测图，管材为PR-R塑料管。引入管与室外给水管网连接点到最不利配水点的高差为17.1m，室外给水管网所能提供的最小压力 $H_0 = 270 \text{kPa}$。试进行给水系统的水力计算。

【解】 由图1-32确定配水最不利为低水箱坐便器，故计算管段为0，1，2，3，…，9，节点编号如图1-32所示。该建筑为普通住宅X类，选用公式（1-15）计算各管段设计秒流量。由表1-1查用水定额 $q_0 = 200/(人 \cdot d)$，小时变化系数 $K_h = 2.5$，每户按3.5人计。

查表1-1得：坐便器 $N = 0.5$，浴盆龙头 $N = 1.0$，洗脸盆龙头 $N = 0.75$，洗涤龙头 $N = 1.0$。根据公式（1-13）先求出平均出流率概率 $U_0$，查表1-14找出对应的 $\alpha_c$ 值代入公式（1-14）求出同时出流概率 $U$，再代入公式（1-15）就可求得该管段的设计秒流量 $q_g$，重复

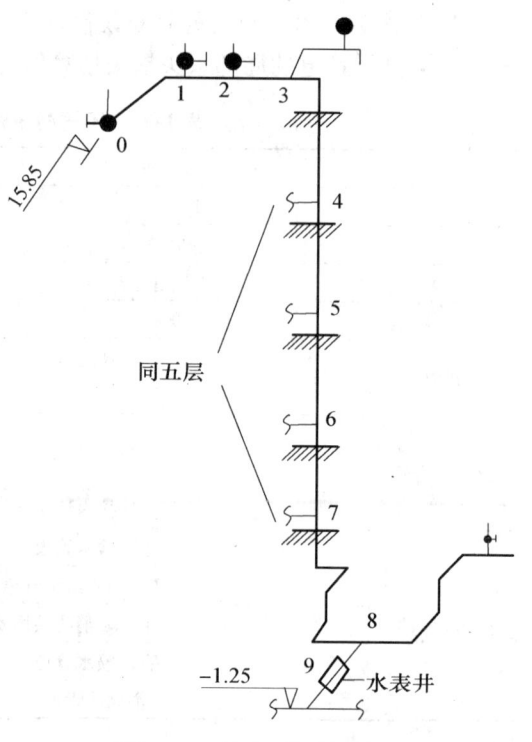

图1-32 给水系统轴测图

---

[①] 本例题引自《建筑给水排水工程》（第五版），王增长主编，中国建筑工业出版社2005年出版。

上述步骤求出所有管段的设计秒流量。流速应控制在允许的范围内,查附录3可得塑料管径$DN$和单位长度沿程水头损失$i$,由$h_i = iL$计算出管路的沿程水头损失$\Sigma h_i$。各项计算结果均列入表1-22中。

计算局部水头损失$\Sigma h_j$:

$$\Sigma h_j = 30\% \Sigma h_i = 0.3 \times 11.45 = 3.5 \text{kPa}$$

得计算管路的损失为:$H_2 = \Sigma (h_j + h_i) = 11.45 + 3.5 = 14.89 \text{kPa}$

表1-22　给水管网水力计算表

| 计算管段编号 | 当量总数 $N_g$ | 同时出流概率 $U$（%） | 设计秒流量 $q_g$（L/s） | 管径$DN$（mm） | 流速$v$（m/s） | 每米管长沿程水头损失$i$（kPa/m） | 管段长度$L$（m） | 管段沿程水头损失 $h_i = iL$（kPa） | 管段沿程水头损失累计$\Sigma h_i$（kPa） |
|---|---|---|---|---|---|---|---|---|---|
| 0—1 | 0.5 | 100 | 0.1 | 15 | 0.50 | 0.275 | 0.9 | 0.25 | 0.25 |
| 1—2 | 1.5 | 85 | 0.25 | 20 | 0.66 | 0.31 | 0.9 | 0.28 | 0.53 |
| 2—3 | 2.75 | 62 | 0.34 | 20 | 0.89 | 0.53 | 4.0 | 2.14 | 2.67 |
| 3—4 | 3.25 | 57 | 0.37 | 25 | 0.97 | 0.62 | 5.0 | 3.09 | 5.76 |
| 4—5 | 6.5 | 40 | 0.54 | 25 | 0.82 | 0.32 | 3.0 | 0.97 | 6.73 |
| 5—6 | 9.75 | 34 | 0.66 | 25 | 1.00 | 0.46 | 3.0 | 1.38 | 8.11 |
| 6—7 | 13.0 | 30 | 0.77 | 32 | 0.76 | 0.21 | 3.0 | 0.64 | 8.75 |
| 7—8 | 16.25 | 27 | 0.87 | 32 | 0.85 | 0.27 | 7.7 | 2.05 | 10.80 |
| 8—9 | 32.5 | 20 | 1.26 | 40 | 0.76 | 0.16 | 4.0 | 0.65 | 11.45 |

计算水表水头损失:

因住宅建筑用水量较小,总水表及分户水表均选用LXS湿试水表,分户水表和总水表分别安装在3—4和8—9管上,$q_{3-4} = 0.37 \text{L/s} = 1.32 \text{m}^3/\text{h}$,$q_{8-9} = 1.26 \text{L/s} = 4.54 \text{m}^3/\text{h}$。查表1-9水表技术参数,选15mm分户水表,其常用流量为$1.5 \text{m}^3/\text{h} > q_{3-4}$,过载流量为$3 \text{m}^3/\text{h}$。所以分户水表的水头损失:

$$h_d = \frac{q_g^2}{K_b} = \frac{q_g^2}{\frac{Q_{max}^2}{100}} = \frac{1.32^2}{\frac{3^2}{100}} = 19.36 \text{kPa}$$

选口径32mm的总水表,其常用流量为$6 \text{m}^3/\text{h} > q_{8-9}$,过载流量为$12 \text{m}^3/\text{h}$。所以总水表的水头损失为:

$$H_d' = \frac{q_g^2}{K_b} = \frac{4.54^2}{\frac{12^2}{100}} = 14.31 \text{kPa}$$

水表的总水头损失为:

$$H_3 = h_d + H_d' = 19.36 + 14.31 = 33.67 \text{kPa}$$

住宅建筑用水不均匀,因此水表口径可按设计秒流量不大于水表过载流量确定,选口径32mm的总水表即可。

计算给水系统所需压力 $H$：

$$H = H_1 + H_2 + H_3 + H_4$$
$$= 17.1 \times 10 + 14.89 + 33.67 + 20$$
$$= 239.56 < 270\text{kPa}$$

满足要求

## 本章小节

1. 系统的分类和组成，了解给水管材、阀门和水表等附件的功能和选型、特点和作用。
2. 给水方式：主要介绍非高层建筑的几种常用给水方式。
   重点：所需压力构成、所需压力估算、给水方式的确定。
3. 给水管道的布置与敷设：包括布置形式与要求和敷设形式与要求等。
   重点：管道的布置原则与敷设要求及其优缺点比较。
   难点：管道的布置。
4. 卫生器具与管材：主要介绍各种卫生器具的工作原理、应用场所及其附配件的安装位置。
   重点：卫生器具的分类、配水点的位置、排水方式、使用方法。
   难点：工作原理，用水力学原理解释卫生器具的工作过程。
5. 建筑内部给水所需水压的确定：建筑内部给水所需水量的确定，最高日用水量和最大小时用水量等。
   重点：最大日用水量、最大时用水量、平均时用水量、设计秒流量的计算。
   难点：设计秒流量的计算。
6. 增压、贮水设备：介绍水箱、水池、其他容器的构造、技术要求及相关专业条件；建筑内部给水系统的各种加压设备的特点及选用。
   重点：水箱、水池的构造、技术要求及相关专业条件；各种水泵的优缺点、控制方式及工作原理。
   难点：水箱、水池的配管、水泵选型计算。
7. 给水管网的水力计算：包括管径的确定和水头损失的计算，列水力计算表，求定给水系统所需的压力。
   重点：求管径、求管段水头损失的计算方法。

## 复习思考题

1. 建筑给水系统根据其用途分有哪些类别？
2. 建筑给水系统一般由哪些部分组成？
3. 建筑给水系统的给水方式有哪些？每种方式各有什么特点？各种方式适用怎样的条件？
4. 有一幢8层住宅建筑，试估算其所需水压为多少 kPa？
5. 常用建筑给水管材有哪些？各有什么特点？如何选用？
6. 不同材质的管道各有哪些连接方式？
7. 不同类型的阀门各有什么特点？如何选用？
8. 一幢综合性建筑，给水设置为生活、生产、消防共用系统，引入管上需安装一总水表，经计算，总水表通过的生活、生产用水设计流量200m³/h，消防用水设计流量为30L/s，试选定水表口径、进行复核并计算其水头损失。
9. 建筑给水管道的布置形式有哪些？布置管道时主要考虑哪些因素？
10. 建筑给水管道的敷设形式有哪些？敷设管道时主要考虑哪些因素？
11. 应当如何防止建筑给水系统的水质被二次污染？
12. 建筑给水管网为何要用设计秒流量公式计算设计流量？常用的公式有哪几种？各适用什么建筑？
13. 给水管网水力计算的目的是什么？
14. 给水管网水力计算时，为计算简便（或资料不足时），各种给水系统的局部水头损失如何取值？
15. 建筑给水系统所需压力包括哪几部分？
16. 如何确定贮水池、水箱的容积？水箱应当如何配管？
17. 水泵吸水管、压水管的布置应注意哪些问题？
18. 气压给水设备有什么特点？其工作原理是怎么样的？
19. 变频调速供水设备有什么特点？
20. 有2幢19层的住宅建筑，每层4个单元，每个单元2家住户，平均每户4口人。该2幢建筑为一个给水系统，用水定额为180L/(人·d)，小时变化系统为2.5。给水系统中拟设置隔膜式气压给水设备。试计算气压水罐的总容积。

# 第二章 建筑消火栓给水系统

【知识目标】

本章要求掌握室外消火栓给水系统、低层建筑室内消火栓给水系统和高层建筑室内消火栓系统的组成、布置要求和设计计算。

【能力目标】

通过本章的学习，学生能够进行建筑消火栓给水系统的初步设计。

工业与民用建筑物，尽管其功能复杂程度、建筑物内可燃烧的材料和存放物品数量、使用人员的防火意识、居住人口密度和疏散难易等方面都存在差别，但都存在一定程度的火灾险情。为此，应采取多方面的灭火对策，以尽量减少火灾损失，保证人民生命财产安全。火灾统计资料表明，绝大多数的火灾是用水扑灭的，因此设置可靠完备的建筑消防给水系统（消火栓给水系统、自动喷水灭火系统、水喷雾系统）是十分必要的。

消防给水和灭火设施的设计应根据建筑用途及其重要性、火灾特性和火灾危险性等综合因素进行。在城市、居住区、工厂、仓库等的规划和建筑设计时，必须同时设计消防给水系统。城市、居住区应设市政消火栓。民用建筑、厂房（仓库）、储罐（区）、堆场应设室外消火栓。民用建筑、厂房（仓库）应按规定设室内消火栓。高层建筑必须设置室内、室外消火栓给水系统。耐火等级不低于二级，且建筑物体积小于等于 3000$m^3$ 的戊类厂房或居住区人数不超过 500 人且建筑物层数不超过两层的居住区，可不设置消防给水。

## 第一节 建筑消火栓给水系统布置和组成

### 一、消火栓给水系统的组成

（一）室外消火栓给水系统

室外消火栓给水系统由水源、室外消防给水管道和室外消火栓组成，灭火时，消防车从水源吸水加压，从室外进行灭火或向室内消火栓给水系统加压供水。

1. 室外消防水源

（1）市政给水管网

为了维护管理方便和节约投资，城市中通常将生活、生产和消防给水管道合并使用，通称为市政给水管网。当市政给水管网能满足消防用水的水量与水压，且由两路不同市政给水干管供水时，可直接采用市政给水管网作为消防水源。当市政给水管网能满足消防用水的水量，但不满足水压，且由两条方向不同的城市给水干管供水时，可征求当地自来水有关部门的同意，采用消防泵直接从管网中抽取。

（2）天然水源

建筑物紧靠天然水源具有可靠的取水措施时，可采用天然水源作为消防用水水源。这里所说的天然水源一般指海洋、河流、湖泊等自然形成的水体，在利用天然水源作为消防用水时，其保证几率不应小于97%，同时应考虑枯水期和气候对保证率的影响，应收集相关的水文及气象资料。同时，也应考虑水源水质（如浊度、污染状况）对消防的影响。

在城市改建、扩建过程中，若原设计消防用的天然水源及其取水设施需要或可能被填埋或受到影响，应采取相应的措施（如敷设管道、建造消防水池）保证消防用水。

(3) 消防水池

储有消防用水的水池均称为消防水池。以下情况应设置消防水池：

①当生产、生活用水量达到最大时，市政给水管道、进水管或天然水源不能满足室内外消防用水量；

②市政给水管道为枝状或只有1条进水管，且室内外消防用水量之和大于25L/s（二类居住建筑室内外消防用水量之和为25L/s时，可不设消防水池）。

消防水池可设于室外地下或地面上，也可设在室内地下室，或与室内游泳池、水景水池兼用。在采用游泳池或水景水池兼作消防水池时，应考虑游泳池使用的季节性及换水时的消防用水。消防水池应设装有水位控制阀的进水管和溢水管、通气管、泄水管、出水管及水位指示器等附属装置。根据各种用水系统的供水水质要求是否一致，可将消防水池与生活或生产储水池合用，也可单独设置。根据二次供水设施卫生规范要求，生活饮用储水池应专用，故消防水池应和生活饮用的贮水池分开设置。近年来，由于城镇高层建筑和大型公共建筑在迅速发展和增多，市政给水作为消防水源已远远不能满足要求，于是每幢建筑自建消防水池，并且这种仅为自用、自管的模式似乎成为不容置疑的定式，于是出现了容积相当大、数量相当多的消防水池储存了大量消防用水，储存总量大大超过规范要求，为防止污染，对贮存水定期更换等方面带来一定困难。为此，推荐使用区域集中消防供水系统或者将市政给水管径增至不小于200mm来满足生活、生产和消防用水量，以实现消防泵可直接从市政给水管网中吸水。

1）消防水池的容量

消防水池的容量应为消防水池的有效容积，即能够储存消防用水供扑灭火灾使用的有效水容积。有效容积应为水池溢流口以下且不包括水池底部无法取水的部分以及隔墙、柱所占的体积。

消防用水量应按火灾延续时间（消防车到火场开始出水时起到火灾基本被扑灭止的时间）和消防流量计算确定。消防水池的有效容积应根据室外给水管网是否能保证室外消防用水量来确定。

①当室外给水管网能保证室外消防用水量时，消防水池的有效容量应满足在火灾延续时间内室内消防用水量的要求。

②当室外给水管网不能保证室外消防用水量时，消防水池的有效容量应满足在火灾延续时间内室内消防用水量与室外消防用水量不足部分之和的要求。

③当室外给水管网供水充足且在火灾情况下能保证连续补水时，消防水池的容量可减去火灾延续时间内补充的水量。

消防水池的有效容积可用下式计算：

$$V = (Q_f - Q_L)T_x \tag{2-1}$$

式中　$V$——消防水池有效容积（$m^3$）；

　　　$Q_f$——室内消防用水量与室外给水管网不能保证的室外消防用水量之和（$m^3/h$）；

　　　$Q_L$——市政给水管网可连续补充的水量（$m^3/h$）；

　　　$T_x$——火灾延续时间（h）。

不同场所的火灾延续时间不应小于表2-1的规定。设计时,应根据各种因素综合考虑确定。

表2-1 不同场所的火灾延续时间 （h）

| 建筑类别 | 场所名称 | 火灾延续时间 |
| --- | --- | --- |
| 甲、乙、丙类液体储罐 | 浮顶罐 | 4.0 |
| | 地下和半地下固定顶立式罐、覆土储罐 | |
| | 直径小于等于20.0m的地上固定顶立式罐 | |
| | 直径大于20.0m的地上固定顶立式罐 | 6.0 |
| 液化石油气储罐 | 总容积大于220m³的储罐区或单罐容积大于50m³的储罐 | |
| | 总容积小于等于220m³的储罐区且单罐容积小于等于50m³的储罐 | 3.0 |
| 可燃气体储罐 | 湿式储罐 | |
| | 干式储罐 | |
| | 固定容积储罐 | |
| 可燃材料堆场 | 煤、焦炭露天堆场 | |
| | 其他可燃材料露天、半露天堆场 | 6.0 |
| 仓库 | 甲、乙、丙类仓库 | 3.0 |
| | 丁、戊类仓库 | 2.0 |
| 厂房 | 甲、乙、丙类厂房 | 3.0 |
| | 丁、戊类厂房 | |
| 民用建筑 | 公共建筑 | 2.0 |
| | 居住建筑 | |
| 灭火系统 | 自动喷水灭火系统 | 应按相应现行国家标准确定 |
| | 泡沫灭火系统 | |
| | 防火分隔水幕 | |

2）消防水池的其他规定

①考虑第二次火灾扑救需要,消防水池的补水时间不宜超过48h;对于缺水地区或独立的石油库区,不应超过96h。

②容量大于500m³的消防水池,应分设成两个能独立使用的消防水池,以便水池检修、清洗时仍能保证消防用水。2个水池都应具备独立使用的功能,各配有水泵吸水管、补水进水管、泄水管、溢水管等,2个水池之间还应设置连通管和控制阀门。

③供消防车取水的消防水池应设置取水口或取水井,且吸水高度不应大于6.0m。取水口或取水井与建筑物（水泵房除外）的距离不宜小于15m;与甲、乙、丙类液体储罐的距离不宜小于40m;与液化石油气储罐的距离不宜小于60m,如采取防止辐射热的保护措施时,可减为40m。

④消防水池的保护半径不应大于150.0m。

⑤消防用水与生产、生活用水合并的水池,应采取确保消防用水不作他用的技术措施（如生产、生活用水的出水管设在消防水面之上）。

⑥严寒和寒冷地区的消防水池应采取防冻保护设施。

⑦补水管的设计流速不宜大于2.5m/s,以1~1.5m/s为宜,补水管上应设有倒流防止器。

⑧溢流水位应高出最高设计水位50mm,溢流管的喇叭口应与溢流水位平齐。溢流管比进水管大两号。

⑨溢流管与泄水管不能直接与下水管道连通。

2. 室外消防给水管道

室外消防给水管道系指从市政给水干管接出或从其他消防水源取水后通往居住小区、工厂区和公共建筑物室外的消防给水管道。室外消防给水管道可采用高压、临时高压和低压管道。

(1) 低压给水管网

管网内平时水压较低,火场上水枪的压力是通过消防车或其他移动消防泵加压形成的。消防车从低压给水管网消火栓内取水,一是直接用吸水管从消火栓上吸水;二是用水带接上消火栓往消防车水罐内放水。为满足消防车吸水的需要,低压给水管网最不利点处消火栓的压力不应小于0.1MPa。

建筑的低压室外消防给水系统可与生产、生活给水管道系统合并。合并的给水管道系统,当生产、生活用水达到最大小时用水量时(淋浴用水量可按15%计算,浇洒及洗刷用水量可不计算在内),仍应能保证全部消防用水量。如不引起生产事故,生产用水可作为消防用水,但生产用水转为消防用水的阀门不应超过2个。该阀门应设置在易于操作的场所,并应有明显标志。

(2) 高压给水管网

管网内经常保持足够的压力,火场上不需使用消防车或其他移动式水泵加压,而直接由消火栓接出水带、水枪灭火。在有可能利用地势设置高位水池或设置集中高压水泵房时,可以采用高压给水管网。当建筑物高度小于等于24m时,室外高压给水管道的压力应保证生产、生活、消防用水量达到最大,且水枪布置在保护范围内任何建筑物的最高处时,水枪的充实水柱不小于10m。为保障消防供水安全,火场应有两条高压消防供水干管。

(3) 临时高压给水管网

在临时高压给水管道内,平时水压不高,当接到火警时,高压消防水泵启动加压,使管网内的压力达到高压给水管道的压力要求。

当城镇、居住区或企事业单位内有高层建筑时,一般情况下,采用室外高压或临时高压消防给水系统难以实现。因此常采用区域(数幢或十几幢建筑物)合用泵房加压的临时高压给水系统,确保各幢建筑物的室内消火栓(室内其他消防设备)的水压和水量要求,或独立加压(即每幢建筑物设加压泵房)确保一幢建筑物的室内消火栓(室内其他消防设备)的水压和水量要求。

区域高压或临时高压的消防给水系统,可以采用室外或室内均为高压或临时高压的消防给水系统;也可以采用室内为高压或临时高压,而室外为低压消防给水系统。气压给水装置只能算临时高压消防给水系统。

高压或临时高压给水管道为确保供水安全,应与生产、生活给水管道分开,设置独立的消防给水管道。

设计时应根据水源和工程的具体情况决定消防供水管网的形式。

3. 室外消火栓

室外消火栓是设置在室外消防给水管网上的供水设施,主要供消防车从市政给水管网或室外消防给水管网取水实施灭火,也可以直接连接水带、水枪出水灭火,是扑救火灾的重要消防设施之一。室外消火栓分为地上式与地下式两种。室外地上式消火栓应有一个直径为150mm或100mm和两个直径为65mm的栓口。室外地下式消火栓应有一个直径为100mm和65mm的栓口各一个。室外消火栓宜采用地上式,当采用地下式消火栓时,应有明显标志。

(二) 室内消火栓给水系统

建筑消火栓给水系统一般由水枪、水带、消火栓、消防管道(给水干管、立管、横干管、支管等)、消防水池、高位水箱、水泵接合器及增压水泵等组成。

1. 消火栓设备

消火栓设备由消火栓、水带、水枪和有玻璃门的消火栓箱组成。

室内消火栓是设置在建筑物内消防管网上的内扣式球形阀式接口,用于向火场供水。室内消火栓有单阀和双阀之分,单阀消火栓又分单出口和双出口,双阀消火栓为双出口。一般情况下推荐使用单出口消火栓。单阀双出口消火栓一般情况下不用,特别在高层建筑中,双阀双出口消火栓除用在塔式住宅外,一般不宜采用。栓口直径有 $DN50$ 和 $DN65$ 两种,前者用于每支水枪最小流量为 2.5~5.0L/s,后者用于每支水枪最小流量大于 5.0L/s 的情况。

室内单出口消火栓可分为普通型和减压稳压型两类:普通型自身不具备减压功能,当栓口压力超过规定值时,需在栓前配置减压孔板或其他减压附件。减压稳压型自身具备减压功能,当栓口压力超过规定值时,靠自身的配置功能,尽管栓前压力过高,出口压力却能自动调节到需求值的特定范围内。

水带有麻质水带、帆布水带和衬胶水带之分,口径有 $DN50$ 和 $DN65$ 两种,长度有 15m、20m、25m 三种。

水枪一般采用直流式,喷嘴口径有 13mm、16mm、19mm 三种。喷嘴口径 13mm 水枪配 $DN50$ 水带,16mm 水枪可配 $DN50$ 和 $DN65$ 水带,用于低层建筑内。19mm 水枪配 $DN65$ 水带,用于高层建筑中。

设置消防水泵的系统,其消火栓箱(图2-1)应设启动水泵的消防按钮。

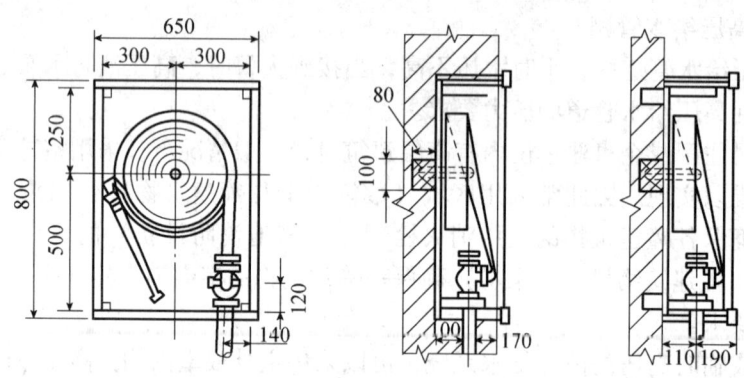

图2-1 消火栓箱安装图

2. 消防卷盘(消防水喉设备)

它由 $DN25$ 的小口径消火栓,内径 19mm 的胶带和口径不小于 6mm 的消防卷盘喷嘴组成。

通常将消火栓水枪和水带按要求配套置于消火栓箱内,需要设置消防卷盘时,可按要求配套单独装入一箱内或将以上几种组件装于一个箱内。

3. 水泵接合器

除了从水源通过固定管道向室内消防给水系统供应消防用水以外,当火灾发生,而室内消防用水量不足或消防水泵发生故障时,为取得外援,由消防车供水,此时应提供成套外援消防水的入口设备，即水泵接合器。水泵接合器一端与室内消防给水管道连接，另一端可供消防车加压向室内管网供水。水泵接合器有地上、地下和墙壁式三种，如图2-2所示。

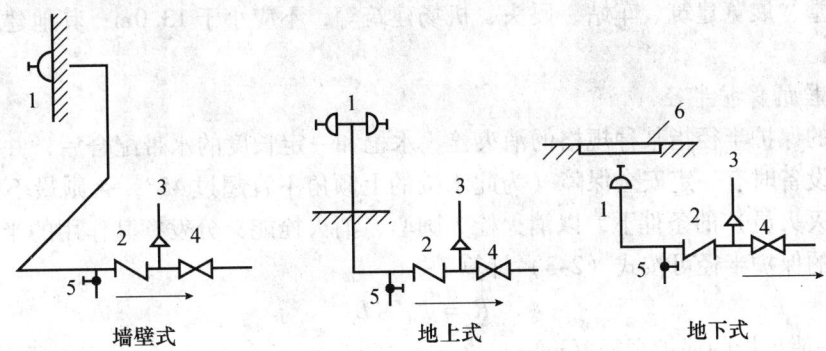

图 2-2 水泵接合器类型
1—消防接口；2—止回阀；3—安全阀；4—阀门；5—放水阀；6—井盖

## 二、消火栓给水系统设置原则和布置要求

（一）相关术语

1. 水枪充实水柱长度

根据防火要求，从水枪射出的水流应具有射击到着火点和足够冲击力从扑灭火焰的能力。充实水柱长度是指从水枪喷口射出的水流，为保证一定的强度而需要的密集射流长度，如图2-3所示。

火灾发生时，火场能见度低，要使水柱能喷到着火点、防止火焰的热辐射和着火物下落烧伤消防人员，消防员必须距着火点有一定的距离，因此要求水枪的充实水柱应有一定长度。但水枪充实水柱长度过长，其压力大、作用力大，致使使用不便。水枪的充实水柱长度应用式（2-2）计算确定（图2-4）。

$$S_k = \frac{H_1 - H_2}{\sin \alpha} \tag{2-2}$$

式中 $S_k$——水枪充实水柱（m）；
$H_1$——室内最高着火点离地面高度（m）；
$H_2$——水枪喷嘴离地面的高度（m），一般取1m；
$\alpha$——水枪射流的上倾角，$\alpha = 45° \sim 60°$。

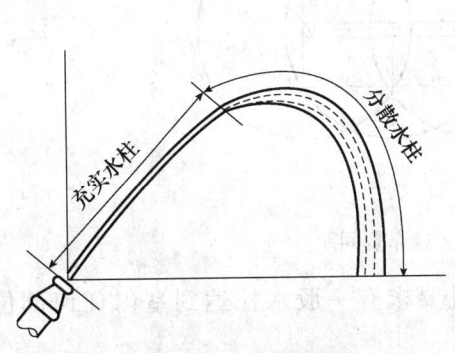

图 2-3 直流水枪的密集射流

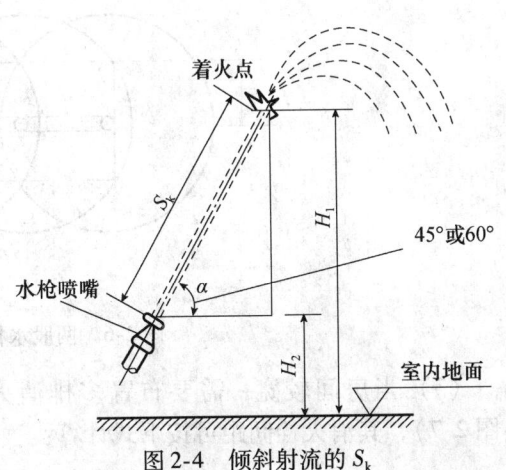

图 2-4 倾斜射流的 $S_k$

甲、乙类厂房，层数超过6层的公共建筑和层数超过4层的厂房（仓库），水枪充实水柱长度不应小于10.0m；高层厂房（仓库）、高架仓库和体积大于25000m³的商店、体育馆、影剧院、会堂、展览建筑、车站、码头、机场建筑等，不应小于13.0m；其他建筑，不宜小于7.0m。

2. 消火栓的保护半径

消火栓的保护半径指某种规格的消火栓、水枪和一定长度的水带配合后，并考虑当消防人员使用该设备时有一定安全保障（为此水枪的上倾角不宜超过45°，否则最不利着火物下落时会伤及灭火员）的条件下，以消火栓为圆心，消火栓能充分发挥其作用的半径。

消火栓的保护半径可按式（2-3）计算

$$R = L_d + L_s \tag{2-3}$$

式中　$R$——消火栓的保护半径（m）；

　　　$L_d$——水带敷设长度（m），等于水带长度乘以折减系数0.8~0.9；

　　　$L_s$——水枪充实水柱在平面上的投影长度，$L_s = S_k \cos\alpha$。

3. 消火栓的间距

（1）当室内宽度较小只有一排消火栓，并且要求有一股水柱达到室内任何部位时（图2-5），消火栓的间距按下式计算：

$$S_1 = 2\sqrt{R^2 - b^2} \tag{2-4}$$

式中　$S_1$——一股水柱时消火栓的布置间距（m）；

　　　$R$——消火栓的保护半径（m）；

　　　$b$——消火栓最大保护宽度（m），外廊式建筑 $b$ = 建筑物宽度，内廊式建筑 $b$ = 走道两侧中较大一边的宽度，内廊式建筑无明确说明取建筑物宽度的一半。

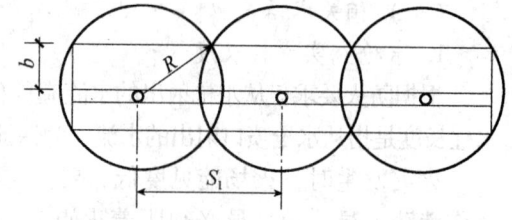

图2-5　一股水柱时的消火栓布置间距

（2）当室内只有一排消火栓，且要求有两股水柱同时达到室内任何部位时（图2-6），消火栓的间距按下式计算：

$$S_2 = \sqrt{R^2 - b^2} \tag{2-5}$$

式中　$S_2$——两股水柱时消火栓的布置间距（m）；

　　　$R$, $b$——同上式。

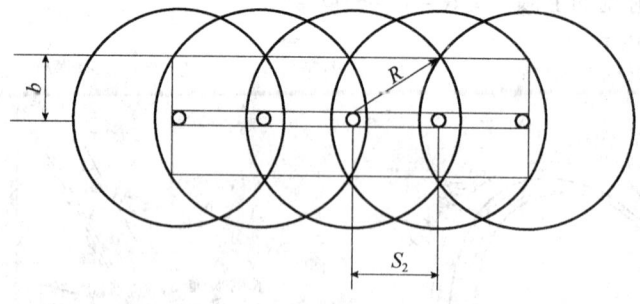

图2-6　两股水柱时的消火栓布置间距

（3）当房间较宽，需要布置多排消火栓，且要求有一股水柱达到室内任何部位时（图2-7），其消火栓间距可按下式计算：

$$S_n = \sqrt{2}R = 1.41R \qquad (2-6)$$

式中 $S_n$——多排消火栓一股水柱同时到达室内任意点时的消火栓间距（m）；

$R$——同上。

(4) 当室内需要布置多排消火栓，且要求有两股水柱达到室内任何部位时，可按图2-8布置。

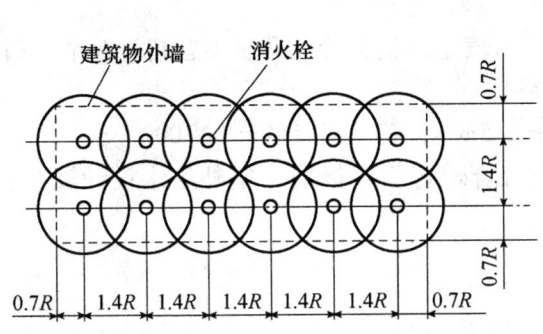

图2-7 多排消火栓一股水柱时的消火栓布置间距

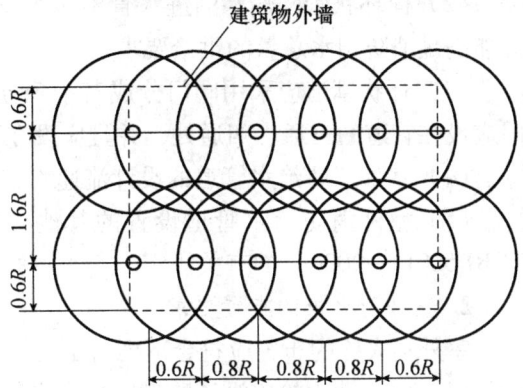

图2-8 多排消火栓两股水柱时的消火栓布置间距

（二）室内消火栓给水系统的设置原则

(1) 按照我国现行的《建筑设计防火规范》（GB 50016）的规定，下列建筑应设置 $DN65$ 室内消火栓：

1) 建筑占地面积大于300m²的厂房（仓库）；

2) 体积大于5000m³的车站、码头、机场的候车（船、机）楼、展览建筑、商店、旅馆建筑、病房楼、门诊楼、图书馆建筑等；

3) 特等、甲等剧场，超过800个座位的其他等级的剧场和电影院等，超过1200个座位的礼堂、体育馆等；

4) 超过5层或体积大于10000m³的办公楼、教学楼、非住宅类居住建筑等其他民用建筑；

5) 超过7层的住宅应设置室内消火栓系统，当确有困难时，可只设置干式消防竖管和不带消火栓箱的 $DN65$ 的室内消火栓。消防竖管的直径不应小于 $DN65$。

(2) 国家级文物保护单位的重点砖木或木结构的古建筑，宜设置室内消火栓。

(3) 设有室内消火栓的人员密集公共建筑以及低于第1条规定规模的其他公共建筑宜设置消防软管卷盘；建筑面积大于200m²的商业服务网点应设置消防软管卷盘或轻便消防水龙。

(4) 下列建筑物可不设室内消火栓给水系统：

1) 耐火等级为一、二级且可燃物较少的单层，多层丁、戊类厂房，库房，耐火等级为三、四级且建筑体积不超过3000m³的丁类厂房和建筑体积不超过5000m³的戊类厂房，粮食仓库，金库；

2) 室内没有生产、生活给水管道，室外消防用水取自储水池且建筑体积不超过5000m³的建筑物。

3) 存有与水接触能引起燃烧爆炸物品的建筑物。

（三）室外消火栓给水系统的布置要求

1. 室外消防给水管道的布置要求

室外消防给水管道的布置应符合下列规定：

（1）室外消防给水管网应布置成环状，以增加供水的可靠性，当室外消防用水量小于等于15L/s时，可布置成枝状。

（2）向环状管网输水的进水管不应少于两条，当其中一条发生故障时，其余的进水管应能满足消防用水总量的供给要求。

（3）环状管道应采用阀门分成若干独立段，每段室外消火栓的数量不宜超过5个，阀门应设在管道的三通、四通处，并且应设在下游侧。

（4）室外消防给水管道的设计流速不宜大于2.5m/s，管径不应小于$DN$100。

（5）室外消防给水管道设置的其他要求应符合现行国家标准《室外给水设计规范》（GBJ 50013—2006）的有关规定。

2. 室外消火栓的布置要求

室外消火栓的布置应符合下列规定：

（1）室外消火栓应沿道路设置。当道路宽度大于60.0m时，宜在道路两边设置消火栓，并宜靠近十字路口。

（2）甲、乙、丙类液体储罐区和液化石油气储罐区的消火栓应设置在防火堤或防护墙外。距罐壁15m范围内的消火栓，不应计算在该罐可使用的数量内。

（3）室外消火栓的间距不应大于120.0m。

（4）室外消火栓的保护半径不应大于150.0m；在市政消火栓保护半径150.0m以内，当室外消防用水量小于等于15L/s时，可不设置室外消火栓。

（5）室外消火栓的数量应按其保护半径和室外消防用水量等综合计算确定，每个室外消火栓的用水量应按10～15L/s计算；与保护对象的距离在5～40m范围内的市政消火栓，可计入室外消火栓的数量内。

（6）消火栓距路边不应大于2.0m，距房屋外墙不宜小于5.0m。

（7）工艺装置区内的消火栓应设置在工艺装置的周围，其间距不宜大于60.0m。当工艺装置区宽度大于120.0m时，宜在该装置区内的道路边设置消火栓。

寒冷地区设置市政消火栓、室外消火栓确有困难的，可设置消防水鹤等为消防车加水的设施，其保护范围可根据需要确定。

（四）室内消火栓给水系统的布置要求

1. 室内消防给水管道的布置

室内消防给水管道的布置应符合下列规定：

（1）室内消火栓超过10个且室外消防用水量大于15L/s时，其消防给水管道应连成环状，且至少应有两条进水管与室外管网或消防水泵连接。当其中一条进水管发生事故时，其余的进水管应仍能供应全部消防用水量。

（2）高层厂房（仓库）应设置独立的消防给水系统。室内消防竖管应连成环状。

（3）室内消防竖管直径不应小于$DN$100。

（4）室内消火栓给水管网宜与自动喷水灭火系统的管网分开设置；当合用消防泵时，供水管路应在报警阀前分开设置。

（5）室内消防给水管道应采用阀门分成若干独立段。对于单层厂房（仓库）和公共建筑，检修停止使用的消火栓不应超过5个。对于多层民用建筑和其他厂房（仓库），室内消防给水管道上阀门的布置应保证检修管道时关闭的竖管不超过1根，但设置的竖管超过3根时，可关闭2根。

阀门应保持常开，并应有明显的启闭标志或信号。

（6）消防用水与其他用水合用的室内管道，当其他用水达到最大小时流量时，应仍能保证供应全部消防用水量。

（7）允许直接吸水的市政给水管网，当生产、生活用水量达到最大且仍能满足室内外消防用水量时，消防泵宜直接从市政给水管网吸水。

（8）严寒和寒冷地区非采暖的厂房（仓库）及其他建筑的室内消火栓系统，可采用干式系统，但在进水管上应设置快速启闭装置，管道最高处应设置自动排气阀。

2. 室内消火栓的布置

室内消火栓的布置应符合下列规定：

（1）除无可燃物的设备层外，设置室内消火栓的建筑物，其各层均应设置消火栓。单元式、塔式住宅的消火栓宜设置在楼梯间的首层和各楼层休息平台上，当设2根消防竖管确有困难时，可设1根消防竖管，但必须采用双口双阀型消火栓。干式消火栓竖管应在首层靠出口部位设置，便于消防车供水的快速接口和止回阀设置。

（2）消防电梯间前室内应设置消火栓。

（3）室内消火栓应设置在楼梯间、走道等明显和易于取用处，以及便于火灾扑救的地点；住宅和整体设有自动喷水灭火系统的建筑物，室内消火栓应设在楼梯间或楼梯间休息平台处；多功能厅等大空间其室内消火栓应首先设置在疏散门等便于取用和火灾扑救的位置；在楼梯间或其附近的消火栓位置不宜变动。

（4）消火栓栓口离地面或操作基面高度宜为1.1m，同一建筑的高度宜一致。其出水方向宜向下或与设置消火栓的墙面成90°角；栓口与消火栓箱内边缘的距离不应影响消防水带的连接。对在大空间场所消火栓安装位置确有困难时，经与当地消防监督机构协商，可设置在便于消防队员使用的合适地点。

（5）冷库内的消火栓应设置在常温穿堂或楼梯间内。

（6）室内消火栓的间距应根据两股水柱同时到达和行走距离计算确定。高层厂房（仓库），高架仓库和甲、乙类厂房中室内消火栓的间距不应大于30.0m；其他单层和多层建筑中室内消火栓的间距不应大于50.0m。

（7）同一建筑物内应采用统一规格的消火栓、水枪和水带。每条水带的长度不应大于25.0m。

（8）室内消火栓的布置应保证每一个防火分区同层有两支水枪的充实水柱同时到达任何部位。建筑高度小于等于24.0m且体积小于等于5000$m^3$的多层仓库，可采用1支水枪充实水柱到达室内任何部位。

（9）高层厂房（仓库）和高位消防水箱静压不能满足最不利点消火栓水压要求的其他建筑，应在每个室内消火栓处设置直接启动消防水泵的按钮，并应有保护设施。

（10）室内消火栓栓口处的出水压力大于0.5MPa时，水枪的后坐力使得消火栓难以操作，故需进行减压。减压采用减压稳压消火栓和减压孔板两种方式。减压稳压消火栓可减动压和静压，而孔板则只能减动压。

（11）当静水压力大于 1.0MPa 时，应采用竖向分区给水系统。在竖向分区中，下部分区需进行减压，一般可采用减压阀减压。减压阀通常有可调式减压阀和比例式减压阀两种，减压阀前应设过滤器，阀前后均应设置压力表。可调式减压阀前后最大压差不应大于 0.40MPa；比例式减压阀的减压比不宜大于 3:1。减压阀的设置应按现行《建筑给水排水设计规范》（GB 50015）中的有关规定执行。

（12）当给水管网出现短时超压导致系统不安全时，系统内则应设置泄压装置，泄压阀的设置应按《建筑给水排水设计规范》（GB 50015）中的有关规定执行。

（13）设有室内消火栓的建筑，如为平屋顶时，宜在平屋顶上设置试验和检查用的消火栓。

3. 消防水箱的设置

设置常高压给水系统并能保证最不利点消火栓和自动喷水灭火系统等的水量和水压的建筑物，或设置干式消防竖管的建筑物，可不设消防水箱。

设置临时高压给水系统的建筑物应设置消防水箱（包括气压水罐、水塔、分区给水系统的分区水箱）。

消防水箱的设置应符合下列规定：

（1）重力自流的消防水箱应设置在建筑的最高部位，一般设在水箱间，应通风良好并防冻，和墙壁之间应有合适间距便于安装及维修。

（2）消防水箱应储存 10min 的消防用水量。当室内消防用水量小于等于 25L/s，经计算消防水箱所需消防储水量大于 12m$^3$ 时，仍可采用 12m$^3$；当室内消防用水量大于 25L/s，经计算消防水箱所需消防储水量大于 18m$^3$ 时，仍可采用 18m$^3$。

（3）进水管管径不小于 50mm 同时应满足 8h 充水要求，进水管设置液位控制阀。进水管进水高度应高于溢流管位置，若为淹没出流，则应采取防倒流措施。

（4）出水管应满足设计流量要求并且管径不应小于 100mm，出水管应设止回阀防止消防加压水进入水箱，止回阀的阻力不应影响水箱出水的最低压力要求，出水管口应高于水箱底板（50~100mm）。

（5）溢流管和放空管应间接排水。

（6）水箱所有与外界相通的孔洞及管道均须防虫。

（7）不推荐消防高位水箱与其他用水合用，若合用，则水箱应采取消防用水不作它用的技术措施。

（8）发生火灾后，由消防水泵供给的消防用水不应进入消防水箱。

（9）消防水箱可分区设置。

4. 消防水泵的设置

消防水泵是消火栓系统的主要设备。

（1）独立建造的消防水泵房，其耐火等级不应低于二级。附设在建筑中的消防水泵房应按规范规定与其他部位隔开。

消防水泵房设置在首层时，其疏散门宜直通室外；设置在地下层或楼层上时，其疏散门应靠近安全出口。消防水泵房的门应采用甲级防火门。

（2）消防水泵房应有不少于两条的出水管直接与消防给水管网连接。当其中一条出水管关闭时，其余的出水管应仍能通过全部用水量。

出水管上应设置试验和检查用的压力表和 DN65 的放水阀门。当存在超压可能时，出水管上应设置防超压设施。

（3）一组消防水泵的吸水管不应少于2条。当其中一条关闭时，其余的吸水管应仍能通过全部用水量。消防水泵应采用自灌式吸水，并应在吸水管上设置检修阀门。

（4）临时高压消防给水系统的消防泵应一用一备，当消防流量大于40L/s时二用一备，备用泵的能力不应小于消防泵中最大一台的能力。当工厂、仓库、堆场和储罐的室外消防用水量小于等于25L/s或建筑物的室内消防用水量小于等于10L/s时，可不设置备用泵。当采用多用一备时，应考虑多台消防泵并联时因扬程不同、流量叠加而引起的对消防泵出口压力的影响。

（5）消防水泵应保证在火警后30s内启动。消防水泵与动力机械应直接连接。

5. 水泵接合器的设置

室内消火栓给水系统和自动喷水灭火系统应设水泵接合器，并应符合下列规定：

（1）高层厂房（仓库）、设置室内消火栓且层数超过4层的厂房（仓库）、设置室内消火栓且层数超过5层的公共建筑，其室内消火栓给水系统应设置消防水泵接合器。

（2）水泵接合器的数量应按室内消防用水量经计算确定。每个水泵接合器的流量应按 10~15L/s 计算。

（3）消防给水为竖向分区供水时，在消防车供水压力范围内的分区，应分别设置水泵接合器。

（4）水泵接合器应设在室外便于消防车使用的地点，距室外消火栓或消防水池的距离宜为 15~40m。

（5）水泵接合器宜采用地上式；当采用地下式水泵接合器时，应有明显标志。

## 第二节　建筑消火栓给水系统设计计算

**一、消防用水量**

建筑的全部消防用水量应为其室内、室外消防用水量之和。

（一）室外消防用水量

室外消防用水量应为民用建筑、厂房（仓库）、储罐（区）、堆场室外设置的消火栓、水喷雾、水幕、泡沫等灭火、冷却系统等需要同时开启的用水量之和。

（1）城市、居住区的室外消防用水量应按同一时间内的火灾次数和一次灭火用水量确定。所谓同一时间内火灾次数是指消防队出动去甲地灭火还未归队，乙地又发生火灾，则认为同一时间发生了两次火灾。同一时间内的火灾次数和一次灭火用水量不应小于表2-2的规定。表中同一时间内的火灾次数是根据我国不同人口规模的城市进行多年统计的结果。消防用水量与城市人口数量、建筑密度、建筑物的规模有关。随着城市人口的增加，而相应增大一次消防用水量正是建筑密度、建筑规模的增加和灭火难度增加所致。我国大多数城市消防队第一次出动到达火场，带出两支19mm水枪扑救初期火灾，每支水枪的平均出水量在5L/s以上。因此室外消防用水量的起点流量不应小于10L/s，并以10L/s作为一次消防用水量的下限值，基本能满足城镇要求。其室外消防用水量为同一时间内的火灾次数和一次灭火用水量的乘积,一般情况下由市政管网供应,超出上述下限用水量时,采用储水池解决。

表 2-2 城市、居住区同一时间内的火灾次数和一次灭火用水量

| 人数 N（万人） | 同一时间内的火灾次数（次） | 一次灭火用水量（L/s） |
| --- | --- | --- |
| $N \leqslant 1.0$ | 1 | 10 |
| $1.0 < N \leqslant 2.5$ | 1 | 15 |
| $2.5 < N \leqslant 5.0$ | 2 | 25 |
| $5.0 < N \leqslant 10.0$ | 2 | 35 |
| $10.0 < N \leqslant 20.0$ | 2 | 45 |
| $20.0 < N \leqslant 30.0$ | 2 | 55 |
| $30.0 < N \leqslant 40.0$ | 2 | 65 |
| $40.0 < N \leqslant 50.0$ | 3 | 75 |
| $50.0 < N \leqslant 60.0$ | 3 | 85 |
| $60.0 < N \leqslant 70.0$ | 3 | 90 |
| $70.0 < N \leqslant 80.0$ | 3 | 95 |
| $80.0 < N \leqslant 100.0$ | 3 | 100 |

注:1. 城市的室外消防用水量应包括居住区、工厂、仓库、堆场、储罐(区)和民用建筑的室外消火栓用水量。所指居住区、工厂、仓库(包括堆场、储罐)和民用建筑必须处于规模较小、消防标准较低的情况下。
2. 当工厂、仓库和民用建筑的室外消火栓用水量按本规范表2-4的规定计算,其值与按本表计算不一致时,应取较大值。

（2）工厂、仓库、堆场、储罐（区）和民用建筑的室外消防用水量,应按同一时间内的火灾次数和一次灭火用水量确定。其中:

1）工厂、仓库、堆场、储罐（区）和民用建筑在同一时间内的火灾次数不应小于表2-3的规定。

表 2-3 工厂、仓库、堆场、储罐（区）和民用建筑在同一时间内的火灾次数

| 名称 | 基地面积（ha） | 附有居住区人数（万人） | 同一时间内的火灾次数（次） | 备注 |
| --- | --- | --- | --- | --- |
| 工厂 | ≤100 | ≤1.5 | 1 | 按需水量最大的一座建筑物（或堆场、储罐）计算 |
| | | >1.5 | 2 | 工厂、居住区各一次 |
| | >100 | 不限 | 2 | 按需水量最大的两座建筑物（或堆场、储罐）之和计算 |
| 仓库、民用建筑 | 不限 | 不限 | 1 | 按需水量最大的一座建筑物（或堆场、储罐）计算 |

注:采矿、选矿等工业企业当各分散基地有单独的消防给水系统时,可分别计算。

2）工厂、仓库和民用建筑一次灭火的室外消火栓用水量不应小于表2-4的规定。

表 2-4 工厂、仓库和民用建筑一次灭火的室外消火栓用水量　　　　　　　　　　　　（L/s）

| 耐火等级 | 建筑物类别 | | 建筑物的体积 $V$（$m^3$） | | | | | |
|---|---|---|---|---|---|---|---|---|
| | | | $V \leqslant 1500$ | $1500 < V \leqslant 3000$ | $3000 < V \leqslant 5000$ | $5000 < V \leqslant 20000$ | $20000 < V \leqslant 50000$ | $V > 50000$ |
| 一、二级 | 厂房 | 甲、乙类 | 10 | 15 | 20 | 25 | 30 | 35 |
| | | 丙类 | 10 | 15 | 20 | 25 | 30 | 40 |
| | | 丁、戊类 | 10 | 10 | 10 | 15 | 15 | 20 |
| | 仓库 | 甲、乙类 | 15 | 15 | 25 | 25 | — | — |
| | | 丙类 | 15 | 15 | 25 | 25 | 35 | 45 |
| | | 丁、戊类 | 10 | 10 | 10 | 15 | 15 | 20 |
| | 民用建筑 | | 10 | 15 | 15 | 20 | 25 | 30 |
| 三级 | 厂房（仓库） | 乙、丙类 | 15 | 20 | 30 | 40 | 45 | — |
| | | 丁、戊类 | 10 | 10 | 15 | 20 | 25 | 35 |
| | 民用建筑 | | 10 | 15 | 20 | 25 | 30 | — |
| 四级 | 丁、戊类厂房（仓库） | | 10 | 15 | 20 | 25 | — | — |
| | 民用建筑 | | 10 | 15 | 20 | 25 | — | — |

注：1. 室外消火栓用水量应按消防用水量最大的一座建筑物计算。成组布置的建筑物应按消防用水量较大的相邻两座计算。
　　2. 国家级文物保护单位的重点砖木或木结构建筑物，其室外消火栓用水量应按三级耐火等级民用建筑的消防用水量确定。
　　3. 铁路车站、码头和机场的中转仓库其室外消火栓用水量可按丙类仓库确定。

表 2-3 中同一时间的火灾次数和表 2-4 中建筑物的室外消火栓用水量系对工业企业（在规定的基地面积范围内有一定人口数量的居住建筑和工业建筑）、仓库和民用建筑（实指公共建筑）的外部，经过长时间的统计得出的。

3）一个单位内有泡沫灭火设备、带架水枪、自动喷水灭火系统以及其他室外消防用水设备时，其室外消防用水量应按上述同时使用的设备所需的全部消防用水量加上表 2-4 规定的室外消火栓用水量的 50% 计算确定，且不应小于表 2-4 的规定。

（3）可燃材料堆场、可燃气体储罐（区）的室外消防用水量，不应小于表 2-5 的规定。

表 2-5 可燃材料堆场、可燃气体储罐（区）的室外消防用水量　　　　　　　　　　　　（L/s）

| 名称 | | 总储量或总容量 | 消防用水量 |
|---|---|---|---|
| 粮食 $W$（t） | 土圆囤 | $30 < W \leqslant 500$ | 15 |
| | | $500 < W \leqslant 5000$ | 25 |
| | | $5000 < W \leqslant 20000$ | 40 |
| | | $W > 20000$ | 45 |
| | 席穴囤 | $30 < W \leqslant 500$ | 20 |
| | | $500 < W \leqslant 5000$ | 35 |
| | | $5000 < W \leqslant 20000$ | 50 |
| 棉、麻、毛、化纤百货 $W$（t） | | $10 < W \leqslant 500$ | 20 |
| | | $500 < W \leqslant 1000$ | 35 |
| | | $1000 < W \leqslant 5000$ | 50 |
| 稻草、麦秸、芦苇等易燃材料 $W$（t） | | $50 < W \leqslant 500$ | 20 |
| | | $500 < W \leqslant 5000$ | 35 |
| | | $5000 < W \leqslant 10000$ | 50 |
| | | $W > 10000$ | 60 |

续表

| 名称 | 总储量或总容量 | 消防用水量 |
|---|---|---|
| 木材等可燃材料 $V$（m³） | $50 < V \leq 1000$ | 20 |
| | $1000 < V \leq 5000$ | 30 |
| | $5000 < V \leq 10000$ | 45 |
| | $V > 10000$ | 55 |
| 煤和焦炭 $W$（t） | $100 < W \leq 5000$ | 15 |
| | $W > 5000$ | 20 |
| 可燃气体储罐（区）$V$（m³） | $500 < V \leq 10000$ | 15 |
| | $10000 < V \leq 50000$ | 20 |
| | $50000 < V \leq 100000$ | 25 |
| | $100000 < V \leq 200000$ | 30 |
| | $V > 200000$ | 35 |

注：固定容积的可燃气体储罐的总容积按其几何容积（m³）和设计工作压力（绝对压力，$10^5$Pa）的乘积计算。

（4）甲、乙、丙类液体储罐（区）的室外消防用水量应按灭火用水量和冷却用水量之和计算。

1）灭火用水量应按罐区内最大罐泡沫灭火系统、泡沫炮和泡沫管枪灭火所需的灭火用水量之和确定，并应按现行国家标准《低倍数泡沫灭火系统设计规范》（GB 50151）、《高倍数、中倍数泡沫灭火系统设计规范》（GB 50196）或《固定消防炮灭火系统设计规范》（GB 50338）的有关规定计算。

2）冷却用水量应按储罐区一次灭火最大需水量计算。距离储罐罐壁1.5倍直径范围内的相邻储罐应进行冷却，其冷却水的供给范围和供给强度不应小于表2-6的规定。

表2-6 甲、乙、丙类液体储罐冷却水的供给范围和供给强度

| 设备类型 | 储罐名称 | | 供给范围 | 供给强度 |
|---|---|---|---|---|
| 移动式水枪 | 着火罐 | 固定顶立式罐（包括保温罐） | 罐周长 | 0.60 [L/(s·m)] |
| | | 浮顶罐（包括保温罐） | 罐周长 | 0.45 [L/(s·m)] |
| | | 卧式罐 | 罐壁表面积 | 0.10 [L/(s·m²)] |
| | | 地下立式罐、半地下和地下卧式罐 | 无覆土罐壁表面积 | 0.10 [L/(s·m²)] |
| | 相邻罐 | 固定顶立式罐 不保温罐 | 罐周长的一半 | 0.35 [L/(s·m)] |
| | | 固定顶立式罐 保温罐 | 罐周长的一半 | 0.20 [L/(s·m)] |
| | | 卧式罐 | 罐壁表面积的一半 | 0.10 [L/(s·m²)] |
| | | 半地下、地下罐 | 无覆土罐壁表面积的一半 | 0.10 [L/(s·m²)] |
| 固定式设备 | 着火罐 | 立式罐 | 罐周长 | 0.50 [L/(s·m)] |
| | | 卧式罐 | 罐壁表面积 | 0.10 [L/(s·m²)] |
| | 相邻罐 | 立式罐 | 罐周长的一半 | 0.50 [L/(s·m)] |
| | | 卧式罐 | 罐壁表面积的一半 | 0.10 [L/(s·m²)] |

注：1. 冷却水的供给强度还应根据实地灭火战术所使用的消防设备进行校核。
2. 当相邻罐采用不燃材料作绝热层时，其冷却水供给强度可按本表减少50%。
3. 储罐可采用移动式水枪或固定设备进行冷却。当采用移动式水枪进行冷却时，无覆土保护的卧式罐的消防用水量，当计算出的水量小于15L/s时，仍应采用15L/s。
4. 地上储罐的高度大于15m或单罐容积大于2000m³时，宜采用固定式冷却水设施。
5. 当相邻储罐超过4个时，冷却用水量可按4个计算。

3）覆土保护的地下油罐应设置冷却用水设施。冷却用水量应按最大着火罐罐顶的表面积（卧式罐按其投影面积）和冷却水供给强度等计算确定。冷却水的供给强度不应小于0.10L/(s·m²)。当计算水量小于15L/s时，仍应采用15L/s。

（5）液化石油气储罐（区）的消防用水量应按储罐固定喷水冷却装置用水量和水枪用水量之和计算，其设计应符合下列规定：

1）总容积大于50m³的储罐区或单罐容积大于20m³的储罐应设置固定喷水冷却装置。

固定喷水冷却装置的用水量应按储罐的保护面积与冷却水的供水强度等经计算确定。冷却水的供水强度不应小于0.15L/(s·m²)，着火罐的保护面积按其全表面积计算，距着火罐直径（卧式罐按其直径和长度之和的一半）1.5倍范围内的相邻储罐的保护面积按其表面积的一半计算。

2）水枪用水量不应小于表2-7的规定。

表2-7 液化石油气储罐（区）的水枪用水量

| 总容积 $V$ (m³) | $V \leq 500$ | $500 < V \leq 2500$ | $V > 2500$ |
|---|---|---|---|
| 单罐容积 $V$ (m³) | $V \leq 100$ | $V \leq 400$ | $V > 400$ |
| 水枪用水量（L/s） | 20 | 30 | 45 |

注：1. 水枪用水量应按本表总容积和单罐容积较大者确定。
　　2. 总容积小于50m³的储罐或单罐容积小于等于20m³的储罐，可单独设置固定喷水冷却装置或移动式水枪，其消防用水量应按水枪用水量计算。

3）埋地的液化石油气储罐可不设固定喷水冷却装置。

（6）室外油浸电力变压器设置水喷雾灭火系统保护时，其消防用水量应按现行国家标准《水喷雾灭火系统设计规范》（GB 50219）的有关规定确定。

（二）室内消防用水量

（1）建筑物内同时设置室内消火栓系统、自动喷水灭火系统、水喷雾灭火系统、泡沫灭火系统或固定消防炮灭火系统时，其室内消防用水量应按需要同时开启的上述系统用水量之和计算。当上述多种消防系统需要同时开启时，室内消火栓用水量可减少50%，但不得小于10L/s。消防用水量按下式计算：

$$Q = (q_1 h_1 + q_2 h_2 + \cdots + q_n h_n) \times 3.6 \tag{2-7}$$

（2）室内消火栓用水量应根据建筑物的名称、用途、规模体积、建筑高度、耐火极限、火灾危险性和火灾荷载的大小等综合因素确定，且不应小于表2-8的规定。

表2-8 室内消火栓用水量

| 建筑物名称 | | 高度 $h$(m)、层数、体积 $V$(m³) 或座位数 $n$(个) | | 消火栓用水量（L/s） | 同时使用水枪数量（支） | 每支水枪最小流量（L/s） | 每根竖管最小流量（L/s） |
|---|---|---|---|---|---|---|---|
| 工业建筑 | 厂房 | $h \leq 24$ | $V \leq 10000$ | 5 | 2 | 2.5 | 5 |
| | | | $V > 10000$ | 10 | 2 | 5 | 10 |
| | | $24 < h \leq 50$ | | 25 | 5 | 5 | 15 |
| | | $h > 50$ | | 30 | 6 | 5 | 15 |
| | 仓库 | $h \leq 24$ | $V \leq 5000$ | 5 | 1 | 5 | 5 |
| | | | $V > 5000$ | 10 | 2 | 5 | 10 |
| | | $24 < h \leq 50$ | | 30 | 6 | 5 | 15 |
| | | $h > 50$ | | 40 | 8 | 5 | 15 |

续表

| 建筑物名称 | | 高度 $h$(m)、层数、体积 $V$(m³) 或座位数 $n$(个) | 消火栓用水量 (L/s) | 同时使用水枪数量 (支) | 每支水枪最小流量 (L/s) | 每根竖管最小流量 (L/s) |
|---|---|---|---|---|---|---|
| 多层民用建筑 | 科研楼、试验楼 | $H \leq 24$, $V \leq 10000$ | 10 | 2 | 5 | 10 |
| | | $H \leq 24$, $V > 10000$ | 15 | 3 | 5 | 10 |
| | 车站、码头、机场的候车（船、机）楼和展览建筑 | $5000 < V \leq 25000$ | 10 | 2 | 5 | 10 |
| | | $25000 < V \leq 50000$ | 15 | 3 | 5 | 10 |
| | | $V > 50000$ | 20 | 4 | 5 | 15 |
| | 剧院、电影院、会堂、礼堂、体育馆等 | $800 < n \leq 1200$ | 10 | 2 | 5 | 10 |
| | | $1200 < n \leq 5000$ | 15 | 3 | 5 | 10 |
| | | $5000 < n \leq 10000$ | 20 | 4 | 5 | 15 |
| | | $n > 10000$ | 30 | 6 | 5 | 15 |
| | 商店、旅馆等 | $5000 < V \leq 10000$ | 10 | 2 | 5 | 10 |
| | | $10000 < V \leq 25000$ | 15 | 3 | 5 | 10 |
| | | $V > 25000$ | 20 | 4 | 5 | 15 |
| | 病房楼、门诊楼等 | $5000 < V \leq 10000$ | 5 | 2 | 2.5 | 5 |
| | | $10000 < V \leq 25000$ | 10 | 2 | 5 | 10 |
| | | $V > 25000$ | 15 | 3 | 5 | 10 |
| | 办公楼、教学楼等其他民用建筑 | 层数≥5 层或 $V > 10000$ | 15 | 3 | 5 | 10 |
| | 住宅 | 层数≥8 | 5 | 2 | 2.5 | 5 |
| 国家级文物保护单位的重点砖木或木结构的古建筑 | | $V \leq 10000$ | 20 | 4 | 5 | 10 |
| | | $V > 10000$ | 25 | 5 | 5 | 15 |

注：1. 丁、戊类高层厂房（仓库）室内消火栓的用水量可按本表减少 10L/s，同时使用水枪数量可按本表减少 2 支。
2. 消防软管卷盘或轻便消防水龙及住宅楼梯间中的干式消防竖管上设置的消火栓，其消防用水量可不计入室内消防用水量。

（3）水喷雾灭火系统的用水量应按现行国家标准《水喷雾灭火系统设计规范》（GB 50219）的有关规定确定；自动喷水灭火系统的用水量应按现行国家标准《自动喷水灭火系统设计规范》（GB 50084）的有关规定确定；泡沫灭火系统的用水量应按现行国家标准《低倍数泡沫灭火系统设计规范》（GB 50151）、《高倍数、中倍数泡沫灭火系统设计规范》（GB 50196）的有关规定确定；固定消防炮灭火系统的用水量应按现行国家标准《固定消防炮灭火系统设计规范》（GB 50338）的有关规定确定。

## 二、设计计算

（一）消火栓出口所需压力的确定

1. 水枪喷嘴处的压力 $H_q$ 的确定

$$H_q = \frac{10\alpha S_k}{1 - \phi \alpha S_k} \tag{2-8}$$

式中　$H_q$——水枪喷嘴造成规定充实水柱所需的压力（kPa）；
　　　$\phi$——与水枪喷嘴直径 $d$ 有关的实验系数，其取值见表 2-9；
　　　$S_k$——规范中要求的最小充实水柱长度（m）；
　　　$\alpha$——和充实水柱有关的实验系数，其取值见表 2-10 或式（2-9）。

$$\alpha = 1.19 + 80(0.01S_k)^4 \tag{2-9}$$

表 2-9　系数 $\phi$ 值

| $d$ (mm) | 13 | 16 | 19 |
|---|---|---|---|
| $\phi$ | 0.0165 | 0.0124 | 0.0097 |

表 2-10　系数 $\alpha$ 值

| $S_k$ (m) | 6 | 8 | 10 | 12 | 16 |
|---|---|---|---|---|---|
| $\alpha$ | 1.19 | 1.19 | 1.20 | 1.21 | 1.24 |

2. 水枪喷嘴射出的流量与喷嘴压力的关系

$$q_{xh}^2 = BH_q \tag{2-10}$$

式中　$q_{xh}$——水枪喷嘴的射流量（其值不小于表 2-8 规定的每支水枪最小流量）（L/s）；
　　　$H_q$——水枪喷嘴造成规定充实水柱所需的压力（kPa）；
　　　$B$——水流特性系数，与水枪喷嘴直径有关，取值见表 2-11。

表 2-11　水流特性系数 $B$ 值

| 喷嘴直径 (mm) | 13 | 16 | 19 |
|---|---|---|---|
| $B$ | 0.0346 | 0.0793 | 0.1577 |

采用式 2-15 计算出的水枪喷嘴流量若小于表 2-8 规定的每支水枪最小流量，则按表 2-8 取 $q_{xh}$，取完后重新按 $H_q = \frac{1}{B}q_{xh}^2$ 修订水枪喷嘴压力。

为了使用方便、简化计算，将式（2-8）、式（2-10）制成 $S_k - H_q - q_{xh}$ 计算成果表格，设计时可以根据不同的水枪喷嘴口径和不同的水枪充实水柱长度，查出水枪喷嘴处压力值以及水枪射流的实际流量值。

表 2-12　$S_k - H_q - q_{xh}$ 表

| 水枪充实水柱 $S_k$ (m) | 水枪各种口径的压力和流量 | | | | | |
|---|---|---|---|---|---|---|
| | 13 (mm) | | 16 (mm) | | 19 (mm) | |
| | 压力 $H_q$ (kPa) | 流量 $q_{xh}$ (L/s) | 压力 $H_q$ (kPa) | 流量 $q_{xh}$ (L/s) | 压力 $H_q$ (kPa) | 流量 $q_{xh}$ (L/s) |
| 6 | 81 | 1.7 | 80 | 2.5 | 75 | 3.5 |
| 7 | 96 | 1.8 | 92 | 2.7 | 90 | 3.8 |
| 8 | 112 | 2.0 | 105 | 2.9 | 105 | 4.1 |
| 9 | 130 | 2.1 | 125 | 3.1 | 120 | 4.3 |
| 10 | 150 | 2.3 | 140 | 3.3 | 135 | 4.6 |
| 11 | 170 | 2.4 | 160 | 3.5 | 150 | 4.9 |
| 12 | 190 | 2.6 | 175 | 3.8 | 170 | 5.2 |
| 13 | 240 | 2.9 | 220 | 4.2 | 205 | 5.7 |
| 14 | 296 | 3.2 | 265 | 4.6 | 245 | 6.2 |
| 15 | 330 | 3.4 | 290 | 4.8 | 270 | 6.5 |
| 16 | 415 | 3.8 | 355 | 5.3 | 325 | 7.1 |
| 17 | 470 | 4.0 | 395 | 5.6 | 335 | 7.5 |

3. 水带水头损失 $h_d$ 的确定

$$h_d = A_z L_d q_{xh}^2 \tag{2-11}$$

式中  $h_d$——水带沿程损失（kPa）；
   $L_d$——水带长度（m）；
   $A_z$——水带比阻，见表2-13；
   $q_{xh}$——水枪喷嘴的射流量，其值不小于表2-8规定的每支水枪最小流量（L/s）。

表2-13  水带比阻 $A_z$ 值

| 水带口径（mm） | 比阻 $A_z$ 值 | |
| --- | --- | --- |
|  | 帆布的、麻织的水带 | 衬胶的水带 |
| 50 | 0.1501 | 0.0677 |
| 65 | 0.0430 | 0.0172 |
| 80 | 0.0150 | 0.0075 |

4. 消火栓栓口所需压力的确定

$$H_{xh} = H_q + h_d + H_k \tag{2-12}$$

式中  $H_{xh}$——消火栓栓口所需水压（kPa）；
   $H_q$——水枪喷嘴处的压力（kPa）；
   $h_d$——水带水头损失（kPa）；
   $H_k$——消火栓栓口的水头损失（kPa），取20kPa。

5. 最不利点消火栓栓口压力

当最不利点消火栓栓口压力满足下式时，系统中任一消火栓栓口压力均能满足设计要求：

$$H_{xh0} \geq H_{xh} \tag{2-13}$$

$H_{xh0}$——最不利点消火栓栓口水压（kPa）。

（二）系统所需水压的确定

1. 给水管网水头损失

室内消火栓给水系统给水管网的水头损失包括沿程水头损失和局部水头损失部分，按下式计算：

$$H_w = H_y + H_j \tag{2-14}$$

式中  $H_w$——给水管网水头损失（kPa）；
   $H_y$——沿程水头损失（kPa）；
   $H_j$——局部水头损失（kPa）。

（1）沿程水头损失

沿程水头损失按下式计算：

$$H_y = i \cdot L \tag{2-15}$$

式中  $i$——单位长度沿程水头损失（kPa/m）；
   $L$——计算管段的管线长度（m）。

钢管、铸铁管的单位长度沿程水头损失可按下式计算，也可查表确定：

① 当 $v < 1.2$ m/s 时：

$$i = 0.00912 \frac{v^2}{d_j^{1.3}} \left(1 + \frac{0.867}{v}\right)^{0.03} \tag{2-16}$$

②当 $v \geq 1.2 \text{m/s}$ 时：

$$i = 0.0107 \frac{v^2}{d_j^{1.3}} \quad (2-17)$$

式中 $v$——计算管段内的平均水流速度（m/s）；
$d_j$——管段计算内径（m）。

(2) 局部水头损失

由于给水管网中局部零件甚多，随着构造不同，其局部阻力系数也不尽相同，要详细计算相当繁琐且意义不大，因此，在实际工作中局部水头损失按管道沿程损失的 10%~20% 计算。

$$H_j = (0.1 \sim 0.2) H_y \quad (2-18)$$

2. 系统所需水压

系统所需水压应为克服室内给水管网起始点到最不利点消火栓栓口的静水压力和管网水头损失之和后，仍能满足最不利点消火栓栓口所需压力，按下式计算：

$$H = H_{xh0} + H_z + H_w \quad (2-19)$$

式中 $H$——系统所需水压（kPa）；
$H_z$——室内给水管网起始点到最不利点消火栓栓口处高差引起的静水压力（kPa）。

(三) 消防竖管的计算流量及直径校核

消防竖管直径应按灭火时最不利点消火栓（离水泵最远、标高最高的消火栓，但不包括屋顶消火栓）出水进行计算。

1. 计算原则

(1) 当每根竖管最小流量为 5L/s 时，按最不利点消火栓出水进行计算。

(2) 当每根竖管最小流量为 10L/s 时，按最不利点消火栓及其相邻下层消火栓出水进行计算。

(3) 当每根竖管最小流量为 15L/s 时，按最不利点消火栓及其相邻下两层的消火栓出水进行计算。

(4) 当出 2 支水枪的竖管设置双出口消火栓时，最上一层按双出口消火栓进行计算。

(5) 当出 3 支水枪的竖管设置双出口消火栓时，按最上一层双出口消火栓加相邻下一层一支水枪进行计算。

2. 最不利点及其相邻下层消火栓栓口处的流量计算

(1) 最不利点消火栓栓口流量

最不利点消火栓栓口流量即为最不利点处的水枪喷射流量，按下式计算：

$$q_{xh0} = q_{xh} \quad (2-20)$$

式中 $q_{xh0}$——最不利点消火栓栓口流量（L/s）。

(2) 最不利点相邻下层消火栓栓口流量

最不利点相邻下层消火栓栓口流量按下式计算：

$$q_{xh1} = \sqrt{\frac{H_{xh1}}{A_z L_d + 1/B}} \quad (2-21)$$

式中 $q_{xh1}$——最不利点相邻下层消火栓栓口流量（L/s）；
$H_{xh1}$——最不利点相邻下层消火栓栓口压力（kPa），可用下式进行计算：

$$H_{xh1} = H_{xh0} + 10 H_{z0-1} + H_{w0-1} \quad (2-22)$$

式中 $H_{z0-1}$——楼层高（m）；
$H_{w0-1}$——最不利点与其相邻下层间管路水头损失（kPa）。

依此类推，由式（2-21）、式（2-22）即可计算出最上第三层及以下各层消火栓栓口压力和流量。

3. 消防竖管计算流量及流量分配
（1）消防竖管计算流量
消防竖管流量按下式计算：

$$q_s = q_{xh0} + q_{xh1} + q_{xh2} \tag{2-23}$$

式中　$q_s$——消防竖管计算流量（L/s）；
　　　$q_{xh2}$——最上第三层消火栓栓口流量（L/s）。

（2）流量分配
当计算室内消防用水量小于表2-8规定的最小消防用水量时，每根竖管的流量应按每根竖管的计算流量比例，以表2-8规定的最小室内消防用水量重新进行分配。

4. 消防竖管直径校核
消防竖管直径按下式进行校核：

$$v = \frac{4q_s}{\pi d_j^2} \tag{2-24}$$

式中　$v$——消防竖管平均水流速度，m/s，以 1.4~1.8m/s 为宜，当 $v \leqslant 2.5$m/s 时，则该设计符合要求；当 $v < 2.5$m/s 时，应调整放大消防竖管直径，重新计算直至 $v \leqslant 2.5$m/s。

（四）室内消火栓给水系统的水压核算
若配水管网水压满足

$$H_0 \geqslant H_{xh0} + H_z + H_w \tag{2-25}$$

选用无加压泵的室内消火栓系统，否则选用其他形式。

（五）消防水箱设置高度确定
消防水箱设置高度应能保证室内最不利点消火栓的水压，按下式计算：

$$H = (H_q + h_d + H_w)/10 \tag{2-26}$$

式中　$H$——消防水箱与最不利点消火栓之间的高差（m）；
　　　$H_w$——从消防水箱到最不利点消火栓之间管道的水头损失（kPa）。

当消防水箱实际设置高度不能满足设计要求时，应设增压设施和远程启动消防泵按钮。

（六）消防水泵的计算及选型
1. 流量
消防水泵的流量和工作泵的台数有关，其计算公式为：

$$Q_b = \frac{Q_{xh}}{N} \tag{2-27}$$

式中　$Q_b$——消防水泵流量（L/s）；
　　　$Q_{xh}$——消火栓用水量（L/s）；
　　　$N$——消防工作泵台数。

2. 扬程
根据消防水泵与室外管网连接方式的不同，其扬程按以下不同的公式计算：
（1）当市政给水环形干管允许直接吸水时，消防水泵应从室外给水管网直接吸水，其扬程按下式计算：

$$H_b = H_{xh0} + H_w + H_z - H_0 \tag{2-28}$$

式中　$H_b$——消防水泵扬程（$mH_2O$）；
　　　$H_z$——室外引入管至最不利消火栓栓口高差产生的静水压（$mH_2O$）；
　　　$H_0$——室外给水管网提供的最低水压（$mH_2O$）。

(2) 当从消防蓄水池抽水时，其扬程按下式计算：

$$H_b = H_{xh0} + H_w + H_z \tag{2-29}$$

式中　$H_z$——蓄水池最低水位到最不利消火栓栓口高差产生的静水压（$mH_2O$）。
其余符号意义同上。

3. 选型

根据计算的消防泵流量和扬程在产品样本中选出消防泵型号，查出相应的配套电机功率，必要时还应查出水泵的重量。

一些水泵生产厂商生产出专用的消防水泵供选用。选定的水泵 $Q-H$ 性能曲线应无"驼峰"，以免发生喘振，并应具备消防泵零流量时的压力不应超过系统设计额定压力的 140%，当水泵流量为额定流量的 150% 时，消防水泵的压力不应低于额定压力的 65%。

根据式 (2-33) 计算选定消防水泵后，应以室外给水管网提供的最高水压校核泵的工作效率和超压情况，当室外给水管网出现最大压力，使水泵扬程过大时，为避免管道、附件等损坏，应采取多台扬程不同的消防泵并联工作或设水泵回流管、管网泄压管等保护措施。

对消防水泵配套电机转速没有特殊要求。

4. 消防水泵扬程的快速确定

理论上，消防水泵扬程应进行各参数计算，然后叠加。另一方面，给水排水工程师们在多年的设计实践中，总结出了快速确定消防水泵的方法，即高差加 30~35m 水头可作为选用的消防水泵扬程。

（七）消火栓减压设施的确定

当消火栓的水压力超过 0.5MPa 时需进行减压。此处主要介绍减压孔板的选择。

当由消防水泵由下向上供水时，消火栓孔板的减压数值等于该消火栓到最高消火栓的垂直距离及该消火栓和最高消火栓间管道内的水头损失之和。当由水箱由上向下供水时，消火栓孔板的减压数值等于该消火栓距最高消火栓的垂直距离减去该消火栓和最高消火栓间管道内的水头损失。

在各层消火栓设置不同孔径的孔板，以消耗每层栓口处的不同过剩压力，使各层消火栓都保持 5L/s 消防水量和栓口处的必保水压以满足要求。以设置孔板后消火栓的动水压力不超过 0.5MPa 和不小于 0.25MPa 为限，确定必须减压的楼层和孔板型号。

选择孔板减压计算中，需要求出消火栓栓口前的实际流速，来修正剩余水头。

消火栓栓口前的实际流量可用下式计算：

$$H/H_i = (1/B + A_z L_d) q^2 / (1/B + A_z L_d) q_{xh-i}^2 = q^2/q_{xh-i}^2 \tag{2-30}$$

式中　$q, H$——按要求的 $S_k$ 值计算出的每支水枪喷嘴的射流量和栓口压力；
　　　$H_i$——各楼层消火栓口的水压，按要求 ≤0.5MPa；
　　　$q_{xh-i}$——各楼层水枪喷嘴的射流量，即消火栓支管流量（L/s）。

由式 (2-35) 求出各消火栓支管的流量，由于高层民用建筑各层消火栓支管一般采用 $DN65$，由此可计算出消火栓支管的流速。以下式修正剩余水头。

$$H' = \frac{H}{V^2} \times 1 \tag{2-31}$$

式中　$H'$——流速 1m/s 时的剩余水头（kPa）；

$V$——水流通过孔板后的实际流速（m/s）；

$H$——设计剩余水头，即必须减去的多余水头（kPa）。

根据上式计算结果查《建筑给水排水设计手册》（第二版）[①] 选择孔板。

## 第三节 高层建筑消火栓给水系统简介

我国规定 10 层及 10 层以上的住宅建筑（包括底层设置服务网点的住宅）和建筑高度为 24m 以上的其他民用和工业建筑为高层建筑，其余建筑物为低层建筑。其中建筑高度为建筑物室外地面到其檐口或女儿墙的高度。屋顶上的瞭望塔、水箱间、电梯机房、排烟机房和楼梯出口小间等不计入建筑高度和楼层数，住宅建筑的地下室、半地下室的顶板面高出室外地面不超过 1.5m 者，不计入楼层数。

高层建筑由于层数多，建筑高度高。与低层和多层建筑相比，高层建筑火灾隐患多，一旦着火，火势猛、蔓延快、人员疏散困难、扑救难度大。所以不论何种形式的高层民用建筑，也无论何种情况（不能用水扑救的建筑部位除外）都必须按规定设置室内、室外消火栓给水系统，在此基础上，还应按建筑类别和使用功能，再设置其他灭火系统，增加灭火的可靠性和完备性。

### 一、高层建筑消火栓用水量

高层建筑消火栓用水量，只能满足扑灭火灾的最低要求。根据我国《高层民用建筑防火规范》（GB 50045），高层建筑消火栓给水系统室内外用水量见表 2-14，不应低于表中规定［室内部分，应采用式（2-8）、式（2-9）和式（2-10）计算 $q_{xh}$，当每支水枪的计算结果 $q_{xh}$ 小于表 2-14 中的规定值时，采用表中规定值］。

表 2-14 消火栓给水系统的用水量

| 高层建筑类别 | 建筑高度（m） | 消火栓用水量（L/s） | | 每根竖管最小流量（L/s） | 每支水枪最小流量（L/s） |
|---|---|---|---|---|---|
| | | 室外 | 室内 | | |
| 普通住宅 | 层数 10~18 层 | 15 | 10 | 10 | 5 |
| | 层数大于 18 层 | 15 | 20 | 10 | 5 |
| 二类建筑 | ≤50 | 20 | 20 | 10 | 5 |
| | >50 | 20 | 30 | 15 | 5 |
| 一类建筑 | ≤50 | 30 | 30 | 15 | 5 |
| | >50 | 30 | 40 | 15 | 5 |

注：1. 一类高层民用建筑：医院，高级旅馆，建筑高度超过 50m 或每层建筑面积超过 1000m² 的商业楼、展览楼、综合楼、财贸金融楼、电信楼，建筑高度超过 50m 或每层建筑面积超过 1500m² 的商住楼，中央和省级（含计划单列市）广播电视楼，网局级和省级（含计划单列市）电力调度楼，省级（含计划单列市）邮政楼、防灾指挥调度楼，藏书超过 100 万册的图书馆、书库，重要的办公楼、科研楼、档案楼，建筑高度超过 50m 的教学楼和普通的旅馆、办公楼、科研楼、档案楼等。

2. 二类高层民用建筑：除一类建筑以外商业楼、展览楼、综合楼、电信楼、财贸金融楼、商住楼、图书馆、书库，省级以下的邮政楼、防灾指挥调度楼、广播电视楼、电力调度楼，建筑高度不超过 50m 的教学楼和普通的旅馆、办公楼、科研楼、档案楼等。

3. 建筑高度不超过 50m，室内消火栓用水量超过 20L/s，且设有自动喷水灭火系统的建筑物，其室内、外消防用水量可按本表减少 5L/s。

---

① 中国建筑设计研究院主编. 北京：中国建筑工业出版社，2008.

高层建筑的消火栓用水量，包括室内和室外用水量。室内用水量，供室内消火栓用来扑救建筑物初中期火灾的用水量，是保证建筑物消防安全所必须的最小水量；而室外用水量是供室外消防车支援室内扑救火灾时的用水量，控制和扑救高度 50m 以下部分的火灾。

高层建筑内设有消火栓、自动喷水、水幕、泡沫等灭火系统时，其室内消防用水量应按需要同时开启的灭火系统用水量之和计算。消防卷盘用水量可不计入消防用水总量。在扑救火灾时，不同的灭火系统作用不同，如高层建筑中的消火栓、自动喷水灭火系统，应予叠加计算，但有些系统作用是相同的，如高层建筑内自动喷水、大空间智能型主动灭火系统和水喷雾系统，均属于自动喷水灭火系统的范畴，在计算消防用水量时，取用水量较大系统的值就可以了。

在按表 2-14 计算高层建筑消火栓给水系统用水量时，凡是距离建筑物外墙 40m 以内已有的市政消火栓和小区内消火栓，每一个消火栓都能为该系统提供 10L/s 的室外用消火栓用水量，对照表 2-14 中要求用水量室外部分，仍有差额的，才由室内补足。

### 二、高层建筑消火栓给水系统的分类

1. 按管网的服务范围分

（1）独立分散的室内消防给水系统：即每幢高层建筑含有自建并且自用消防储水池的室内消防给水系统。这种系统安全性高，但分散建设和分散管理，投资和经常性管理费用都较大，适用于地震区消防要求较高的建筑物以及重要建筑物。

（2）区域集中的室内消防给水系统：即数栋建筑共用一套消防供水设施集中供水，该系统便于管理，节省投资。适用于集中建设的高层建筑。

2. 按建筑高度分

（1）不分区室内消防给水系统

建筑内最低消火栓处静水压力不超过 1.00MPa 时，整个建筑物组成一个消防给水系统。火灾时，可采用不分区给水系统，如图 2-9 所示。消防队使用消防车，从室外消火栓或消防水池取水，通过水泵接合器往室内管网供水，协助室内消火栓给水系统扑灭火灾。

（2）分区室内消防给水系统

室内消火栓栓口处的静水压力如超过 1.00MPa 时，应采用分区供水方式，这主要是考虑管网的耐压能力。室内消火栓在扑灭火灾过程中，形成水锤的机会较多，当水枪手转移阵地需关闭水枪的瞬时以及灭火过程中其他情况下水枪进行启闭的瞬时，消防水车需通过水泵接合器向室内管网供水过程中都会形成较高的水锤压力使管网不能承受。

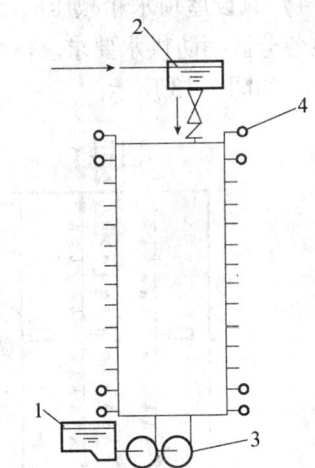

图 2-9 不分区的消火栓给水系统
1—自建消防储水池；2—高位水箱；
3—消防水泵；4—消火栓

1）每个分区分设高位水箱的水泵并联供水方式：其特点是水泵集中布置，分设消防水泵进行分区供水，便于管理。它适用于建筑高度不超过 100m 的情况，如图 2-10 所示。

2）每个分区分设高位水箱的水泵串联供水方式：其特点是系统内设中转水箱（池），中转水箱的蓄水由生活给水补给，消防时生活给水补给流量不能满足消防要求，随水箱水位降低，形成的信号使下一层的消防水泵自动开泵补给，如图 2-11 所示。

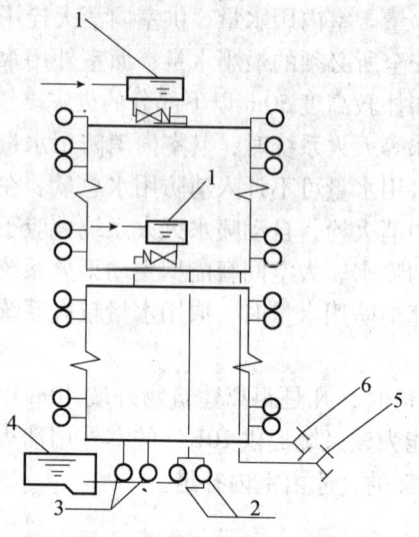
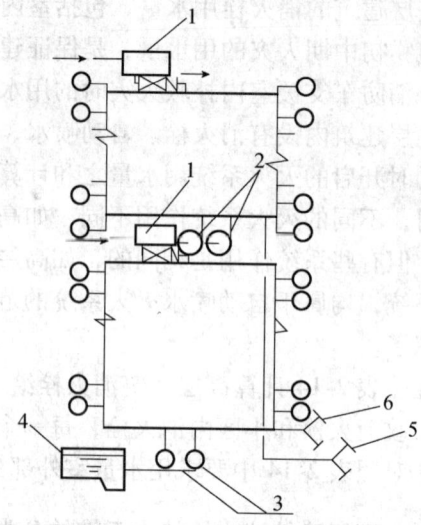

图 2-10 分区并联消火栓给水系统
1—水箱；2—水泵（供高区用）；3—水泵（供低区用）；
4—水池；5—高区用水泵接合器；6—低区用水泵接合器

图 2-11 分区串联消火栓给水系统
1—水箱；2—水泵（供高区用）；3—水泵（供低区用）；
4—水池；5—高区用水泵接合器；6—低区用水泵接合器

3）只设屋顶水箱减压阀并联供水方式：其特点是只设屋顶水箱，按最高区选择各分区的公用水泵，用于最高区以外的各分区的减压阀进行并联，来满足各分区消防供水要求，如图 2-12 所示。

4）只设屋顶水箱减压阀串联供水方式：用于最高区以外的分区的减压阀进行串联，来满足各分区消防供水要求。注意减压阀串联个数不宜超过 2 个，即最多也只限 3 个分区的情况下，如图 2-13 所示。

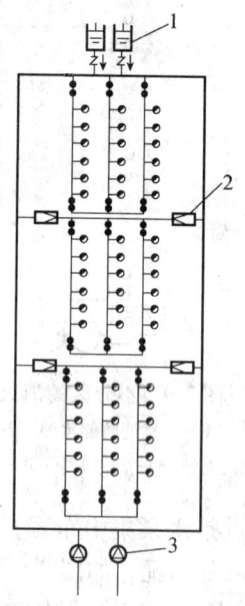
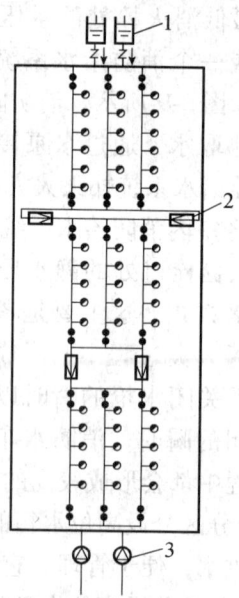

图 2-12 减压阀并联消火栓给水系统
1—屋顶水箱；2—减压阀；3—共用水泵

图 2-13 减压阀串联消火栓给水系统
1—屋顶水箱；2—减压阀；3—共用水泵

### 三、高层建筑室内消火栓给水系统的布置及要求

1. 室内消防给水管道

(1) 室内消防给水系统应与生活、生产给水系统分开独立设置。

(2) 消防管道宜采用非镀锌钢。

(3) 室内消防给水管道应布置成环状。

(4) 室内消防给水环状管网的进水管和区域高压或临时高压给水系统的引入管不应少于两根，当其中一根发生故障时，其余的进水管或引入管应能保证消防用水量和水压的要求。

(5) 室内消火栓给水系统应与自动喷水灭火系统分开设置，有困难时，可合用消防泵，但在自动喷水灭火系统的报警阀前（沿水流方向）必须分开设置。

(6) 室内消防给水管道应采用阀门分成若干独立段。阀门的布置，应保证检修管道时关闭停用的竖管不超过一根。当竖管超过四根时，可关闭不相邻的两根。裙房内消防给水管道的阀门布置可按现行的国家标准《建筑设计防火规范》（GB 50045）的有关规定执行。阀门应有明显的启闭标志。

(7) 消防竖管的布置，应保证同层相邻两个消火栓的水枪的充实水柱同时达到被保护范围内的任何部位。每根消防竖管的直径应按通过的流量经计算确定，但不应小于100mm，以保证消防车通过水泵接合器向室内管网顺利供水。对于建筑高度不超过18层及18层以下，每层不超过8户且面积不超过650m²的普通塔式住宅，如设两条竖管有困难时，可设一条，但必须采用双阀双出口的消火栓。

(8) 泵站内设有两台或两台以上的消防泵与室内消防管网连接时，应采用单独直接连接法，不宜共用一条总的出水管与室内消防管网相连接，如图2-14所示。

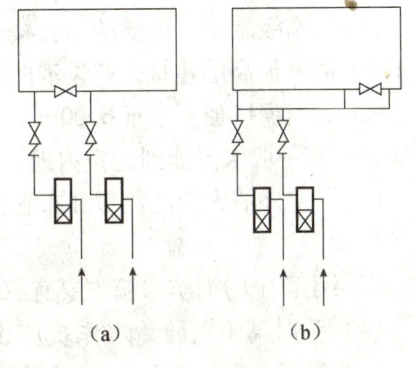

图 2-14 消防水泵与室内管网的连接方法
(a) 正确布置方法；(b) 不正确布置方法

2. 消火栓的设置

(1) 除无可燃物的设备层外，高层建筑和裙房的各层均应设室内消火栓，消火栓应设在走道、楼梯附近等明显易于取用的地点。

(2) 消火栓栓口离地面高度宜为1.10m，栓口出水方向宜向下或与设置消火栓的墙面相垂直，以便于操作和创造良好的水力条件。

(3) 消火栓的间距应保证同层任何部位有两股由水枪形成的充实水柱同时到达的前提下计算确定，并满足下列要求：

1) 高层建筑的消火栓间距不应大于30m，个别地方须采用双阀双出口消火栓时，其间距可适当增大，但必须征得当地消防主管部门的同意。高层建筑的裙房及多层建筑的消火栓间距不应大于50m。

2) 消火栓的作用半径可按式（2-3）计算。

3) 布置消火栓时，其作用半径应按消防队员手握水龙带实际行走路线来计算。

4) 消火栓应按建筑防火分区分开布置。

(4) 消火栓的水枪充实水柱应通过水力计算确定，且建筑高度不超过100m的高层建筑

不应小于10m；建筑高度超过100m的高层建筑不应小于13m。

（5）一幢建筑内，要求主体建筑和与其相连的附属建筑采用同一型号、规格的消火栓和与其配套的水带及水枪，否则上述三者无法配套使用。高层建筑室内消火栓栓口直径应采用消防队通用直径为65mm的水带配套，配备的水带长度不应超过25m，水枪喷嘴口径不应小于19mm，其目的是使水带、水枪与消防常用的规格一致，便于扑救火灾。

（6）当消火栓处的静水压力大于1.00MPa时，应采取分区给水；消火栓栓口出水压力大于0.5MPa时，消火栓应设减压装置。

（7）临时高压给水系统的每个消火栓处应设直接启动消防水泵的按钮，并应设有保护按钮的设施。

（8）消防电梯间前室应设消火栓。该消火栓按以下两种情况设计：

1）当该消火栓仅供消防队员打开消防通道和保证前室安全专用（即不计入同层消火栓数量）时，其水带长度宜小于20m。

2）当该消火栓计入同层消火栓总数时，其布置及栓体等要求与其他消火栓一致，且应向暖通专业提出前室加强正压送风和防、排烟的措施。

（9）高层建筑的屋顶应设一个装有压力显示装置的检查用的消火栓，采暖地区可设在顶层出口处或水箱间内。

（10）高级旅馆、重要的办公楼、一类建筑的商业楼、展览楼、综合楼等和建筑高度超过100m的其他高层建筑，应设消防卷盘（消防卷盘的栓口直径宜为25mm，胶带内径不小于19mm，喷嘴口径不小于6.00mm），以便于一般工作人员来扑灭初期火灾。消防卷盘的间距应保证有一股水流能到达室内地面任何部位，消防卷盘的安装高度应便于取用。

（11）室外消火栓的数量和布置同本章第一节中室外消火栓布置要求。

3. 消防水箱的设置

高层建筑中的消防水箱主要有三种：高位水箱、减压水箱和传输水箱。

（1）临时高压消防给水系统应设高位消防水箱，采用高压给水系统可不设该种水箱。一类公共建筑不应小于18m³，二类公共建筑和一类居住建筑不应小于12m³，二类居住建筑不应小于6m³。为确保初期火灾用水的可靠性，应采用重力自流的水箱。

（2）消防水箱不能与生活饮用水水箱合用。

（3）高位水箱出水管应设止回阀。应以水箱在最低水位能自动开启止回阀为前提，确定止回阀安装高度。

（4）高位消防水箱的设置高度应保证最不利点消火栓静水压力。当建筑高度不超过100m时，高层建筑最不利点消火栓静水压力不应低于0.07MPa；当建筑高度超过100m时，高层建筑最不利点消火栓静水压力不应低于0.15MPa。当高位消防水箱不能满足上述静压要求时，应设增压设施。

（5）并联给水方式的分区消防水箱容量应与高位消防水箱相同。

（6）消防用水与其他用水合用的水箱，应采取确保消防用水不作他用的技术措施。

（7）除串联消防给水系统外，发生火灾时由消防水泵供给的消防用水不应进入高位消防水箱。

（8）有些超高层建筑采用减压水箱降低系统超压，其容积不应小于10min消防用水量，减压水箱进口处应设减压阀以控制过高的自由水头，减压水箱进出水管流量不应小于设计的消防用水量。

(9) 有些超高层建筑采用转输水箱作为提高消防给水系统安全度的措施,转输水箱的容积宜为10min消防用水量,并不应小于5min消防用水量,转输水箱的进出水应考虑上下区的联运启停。

4. 增压设备的设置

增压设备的作用是对已能出流的消火栓和喷头,在主消防泵尚未启动前对于消防给水系统自身漏水,引起水压不足,进行增压和补充水量。增压方式有:单设增压泵的方式和气压给水增压方式。前者水泵启动频繁、磨损加快,管网内水击严重,往往和主消防泵同步启动,不能提前增压,现在很少采用。目前常用的方式是气压给水增压。

消防气压给水设备由消防水泵、备用消防水泵、增(稳)压水泵、气压水罐、电控系统及管路系统等组成。补气式气压给水设备还应设有气体调节控制系统。

(1) 气压水罐的工作原理

气压罐的主要作用是提供足够的消防水压,而贮存少量的消防用水,室内10min的消防水量仍然贮存在屋顶水箱中,因此,消防气压罐的容积较小,这是与其他气压给水系统的不同之处。

消防气压水罐的消防水总容积分为三个部分,即消防储水容积(调节容积)、缓冲水容积和稳压水容积。补气式气压水罐还应有不动水容积,上述各水容积相应的压力和水位如图2-15、图2-16所示。

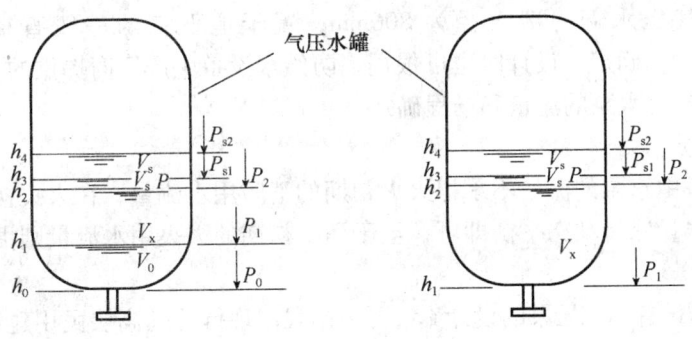

图 2-15 补气式气压水罐　　图 2-16 隔膜式气压水罐

图中,$V_x$—调节水(储水)容积($m^3$);$V_0$—不动水容积($m^3$);$V_s$—稳压水容积($m^3$);$V_{sp}$—缓冲水容积($m^3$);$P_0$—起始压力(MPa);$P_1$—最低工作压力(MPa);$P_2$—最高工作压力(消防加压水泵启泵压力,MPa);$P_{s1}$—稳压水容积下限压力,增(稳)压水泵开泵压力(MPa);$P_{s2}$—稳压水容积上限压力,增(稳)压水泵停泵压力(MPa)。

调节水(储水)容积指气压给水设备运行过程中相应于最高工作压力和最低工作压力时气压水罐内水容积的差值。消火栓给水系统消防气压水罐储水容积不得少于300L;自动喷水灭火系统消防气压水罐储水容积不得少于100L;消火栓给水系统与自动喷水灭火系统合用的消防气压水罐储水容积不得少于450L。

稳压水容积指消防气压给水设备运行过程中相应于稳压工作压力的上限压力(稳压水泵停止压力)和稳压工作压力的下限压力(稳压水泵启动压力)时气压水罐内水容积的差值。消防气压水罐稳压水容积不得少于50L。

缓冲水容积指消防气压给水设备运行过程中相应于稳压工作压力的下限压力(稳压水泵启动压力)和最高工作压力(消防水泵启动压力)时气压水罐内水容积的差值,亦即防止消防水泵误启动起缓冲作用的水容积。消火栓给水系统消防气压水罐缓冲水容积取50L;

自动喷水灭火系统消防气压水罐缓冲水容积取30L；消火栓给水系统与自动喷水灭火系统合用的消防气压水罐缓冲水容积取65L。

不动水容积指补气式气压水罐内相应于最低工作压力和起始压力时水容积的差值，亦即气压给水设备在运行过程中气压水罐内不予动用的水容积。

系统平时的压力由稳压泵提供，当压力升高，达到稳压水容积的高水位时，稳压泵自动停止运行；当压力降低，达到稳压水容积的低水位时，稳压泵自动开启，将稳压水容积提升到最高水位。如此循环以保持系统的高压状态。当发生火灾时，随着消火栓的投入使用，系统压力开始下降，当降至消防储水容积的最低水位时，停止稳压泵，自动开启消防泵灭火。

(2) 气压水罐几何尺寸的确定

消防气压水罐总容积可用下式计算：

$$V = \frac{\beta V_{xf}}{1-\alpha} \tag{2-32}$$

式中 $V$——消防气压水罐总容积；

$V_{xf}$——消防水总容积，等于消防储水容积$V_x$、稳压水容积$V_s$、缓冲水容积$V_{sp}$之和，补气式气压水罐还应有不动水容积$V_0$；

$\beta$——气压水罐的容积系数，其值如下：补气式卧式水罐宜为1.25，补气式立式水罐宜为1.10，隔膜式水罐宜为1.05；

$\alpha$——工作压力比，宜在0.5~0.9范围内取值，一般取0.65~0.85。

置于屋顶的气压水罐一般直径为800mm，置于地下室的一般直径为800mm或者1000mm，由具体计算确定。设计时也可根据消防给水设备生产厂商提供的产品样本选型。

(3) 增（稳）压水泵的流量和扬程确定

1) 流量的确定

消防气压设备中水泵的流量不承担灭火初期的消防用水流量，在火灾初期仅和消防给水系统某分区的漏水量保持动态平衡即可，至于消防初期的灭火用水流量则由气压水罐中的储水容积$V_x$提供。

作为消防气压设备的稳压泵的设计流量可根据我国现行的《高层民用建筑设计防火规范》(GB 50045)确定为：消火栓给水系统应不大于5L/s，自动喷水灭火系统应不大于1L/s，消火栓给水系统与自动喷水灭火系统合用的应不大于3L/s。

2) 水泵的扬程

增（稳）压水泵放置方式有两种。

下置式：即带气压水罐的增（稳）压泵设在建筑物的首层或地下室消防水泵房。这种设置方法的优点是：设备布置紧凑，电气控制系统所需线路短；缺点是：增（稳）压泵的扬程较高（一般比消防主泵扬程高0.05~0.1MPa），需配置的电机功率较大，气压罐有效容积小。此种放置方式适用于建筑高度低于50m的场合。

上置式：即带气压水罐的增（稳）压泵设在建筑物的高位水箱间。此种设置方法的优点是：增压泵所需扬程低，配置电机功率小，气压罐有效容积大；缺点是：电机控制线路长。此种放置方式适用于建筑高度大于50m的场合。

消火栓给水系统专用时，按能保证消火栓栓口需求压力计算。

$$H = (Z + \Sigma h)/100 + H_{xh}/1000 \tag{2-33}$$

自动喷水灭火系统专用时，按能保证喷水系统最高位置喷水需求压力计算。

$$H = (Z + \Sigma h + H_{JF} + 5)/100 \tag{2-34}$$

以上两式中 $H$——增（稳）压泵的扬程（MPa）；

$Z$——消火栓栓口或喷水系统最高位置喷头和储水池最低水位（高位水箱最低水位）标高之差（m）；下置式 $Z$ 为正值；上置式 $Z$ 为负值；

$\Sigma h$——灭火给水系统的沿程和局部水头损失之和，应按增（稳）压泵选泵流量在流经的管路上计算，其值在消火栓给水系统一般为 2m 左右；在自动喷水灭火系统一般小于 5m；

$H_{xh}$——消火栓栓口压力，可根据需求的充实水柱和配置的水带种类按表 2-12 查出（kPa）；

$H_{JF}$——自动喷水灭火系统的报警阀水头损失（m），其值很小，提示计算该项值时，计算管路必须经过报警阀。

消火栓给水、自动喷水灭火系统合用时，按保证消火栓栓口需求压力和喷头压力两者最大者考虑。但是在一般情况下消火栓栓口需求压力比自动喷水系统的喷头需用压力大，计算水泵扬程的其他项之和大体相当，故按消火栓给水系统需求，即式（2-39）的计算结果作为选择合用增（稳）压水泵的初始条件。

气压水罐的最低工作压力 $P_1$ 应保证最不利处消火栓水枪的充实水柱或自动喷水灭火喷头所需水压的要求，所以应按管网最不利处配水点所需水压计算确定

$$P_1 = (H_1 + H_2 + H_3 + H_4)/100 \tag{2-35}$$

式中 $P_1$——气压水罐最低工作压力（表压，MPa）；

$H_1$——气压水罐最低水位至管网最不利配水点的高差（m）；

$H_2$——由气压水罐最低水位至管网最不利配水点的管路沿程水头损失（m）；

$H_3$——由气压水罐最低水位至管网最不利配水点的管路局部水头损失（m）；

$H_4$——最不利配水点用水设备的流出水头（m）。

气压水罐最高工作压力可采用下式计算：

$$P_2 = \frac{P_1 + 0.1}{\alpha} - 0.1 \tag{2-36}$$

$P_2$ 和稳压水容积下限压力 $P_{s1}$ 的压差主要取决于该设备配置的压力继电器或电接点压力表的精度或表的最小分刻度。如取值太小不仅调试困难也容易产生误动作，一般此压差取 0.02~0.03MPa，故有：

$$P_{s1} = P_2 + (0.02 \sim 0.03 \text{MPa}) \tag{2-37}$$

稳压水上限压力 $P_{s2}$ 和 $P_{s1}$ 的压差主要取决于该加压泵所供系统的漏水量的大小，在管道试压完全合格的情况下其漏水量极小，但在实际工程中，由于种种原因致使止回阀关闭不严，一般 $P_{s2}$ 和 $P_{s1}$ 的压差取 0.05~0.06MPa，故有：

$$P_{s2} = P_{s1} + (0.05 \sim 0.06 \text{MPa}) \tag{2-38}$$

稳压泵的扬程应按 $P_{s1}$ 和 $P_{s2}$ 的相对压力的区间值确定。

规范上对增（稳）压水泵是否设置备用泵无明确要求，工程上习惯设置备用泵。

(4) 气压水罐的设置

临时高压消火栓给水系统设置高位水箱有困难时，可选用气压水罐代替高位消防水箱。气压水罐的有效容积必须和高位消防水箱的有效容积相等。

1) 对于 24m 以下的设有中危险等级自动喷水灭火系统的建筑物，气压水罐的有效容积

为 $3m^3$。

2) 当室内消防水量不超过 25L/s，气压水罐的有效容积为 $12m^3$。
3) 当室内消防水量超过 25L/s，气压水罐的有效容积为 $18m^3$。

由于气压水罐的有效容积必须和高位消防水箱的有效容积相等，故气压水罐的容积较大，目前较少采用。

### 四、水力计算

高层建筑消火栓给水系统水力计算应包括下面内容：
（1）确定竖管的管径及最不利点消火栓的流量。
（2）求出消火栓出口所需水压力及流量。
（3）计算消火栓给水管道的总水头损失。

详细计算过程参照低层建筑室内消火栓给水系统。

【**例 2-1**】 室内消火栓给水系统设计举例[①]

一幢 13 层普通办公楼，建筑高度为 47.5m，其室内消防给水系统如图 2-17 所示。

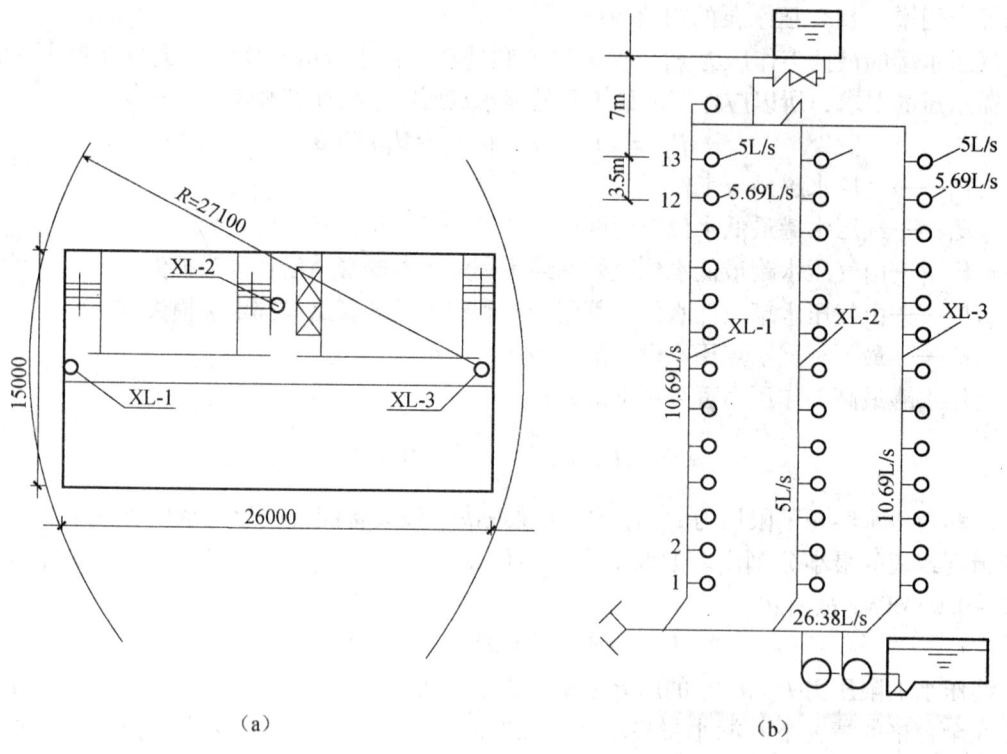

图 2-17 室内消火栓给水系统计算图
(a) 平面布置图；(b) 轴测图

1. 消火栓给水方式的选择

由于本建筑高度小于 50m，所有消火栓处的压力都小于 1.00MPa，故选择不分区的供水方式。

---

① 选自郎嘉辉编著的《建筑给水排水工程》（2004 版），内容有所修改。

## 2. 消火栓的设置

根据建筑物的宽度可设一排消火栓，两股水柱同时能到达室内任何部位。室内消火栓栓口直径采用消防队通用直径 65mm，配备麻织水龙带长度 25m，水枪喷嘴口径 19mm。水枪充实水柱取 10m。

（1）确定消火栓的保护半径

$$R = L_d + L_s = 25 \times 0.8 + 10\cos 45° = 27.10 \text{(m)}$$

（2）确定消火栓布置的间距

$$S = \sqrt{R^2 - b^2} = \sqrt{27.10^2 - 7.5^2} = 26.04 \text{(m)}$$

## 3. 消防管道的布置

竖管的布置见图 2-17 平面图中的 XL-1、XL-2、XL-3。电梯间前室设的 XL-2 及其消火栓仅供消防队员打开消防通道和保证前室安全专用，不计入同层消火栓总数。因此，消防给水竖管 XL-1 和 XL-3 间距应不小于 30m。消防竖管与上下水平管组成环网。

## 4. 高位水箱的设置高度及消防储水量

此建筑属二类公共建筑，根据规范，建筑高度不超过 100m 时高层建筑最不利点消火栓的静水压力不应低于 0.07MPa（检查消火栓除外）。在每个消火栓处设直接启动消防水泵的按钮（一般设在消火栓内），迅速形成临时高压给水。

根据规范，二类公共建筑消防水箱储水容积不应小于 12m³。

## 5. 消火栓给水系统水力计算

（1）最不利点水枪喷射压力和出水流量确定

此建筑在发生火灾时室内需 4 支水枪同时工作，且每根消防竖管上需 2 支水枪同时工作，图 2-17 中 XL-1 竖管上的 12 层和 13 层消火栓离消防泵最高最远，处于最不利位置，13 层消火栓处所需压力 $H_{13}$ 需通过计算求解。

查表 2-9，当 $d = 19$mm 时，$\phi = 0.0097$；查表 2-10，当 $S_k = 10$m 时，$\alpha = 1.20$。

则最不利点水枪喷嘴压力 $H_q = \dfrac{10\alpha S_k}{1 - \phi\alpha S_k} = \dfrac{1.20 \times 10 \times 10}{1 - 0.0097 \times 1.20 \times 10} = 135.81 \text{(kPa)}$

查表 2-11，当 $d = 19$mm 时，$B = 0.1577$

则最不利点水枪喷射流量 $q_{xh} = \sqrt{0.1577 \times 135.81} = 4.63 \text{(L/s)} < 5\text{L/s}$

上述计算结果小于表 2-14 中关于建筑高度小于 50m 的二类公共建筑每支水枪最小流量为 5L/s 的规定，故需按 $q_{xh} = 5$L/s 求 $H_q$

$$H_q = q_{xh}^2/B = 5^2/0.1577 = 158.53 \text{(kPa)}$$

将 $H_q = 158.53$kPa 代入式（2-13）得 $S_k = 11.4$m

查表 2-13，麻织水带口径 65mm 时的比阻 $A_z$ 为 0.0430，则

水龙带水头损失 $H_d = A_z L_d q_{xh}^2 = 0.0430 \times 25 \times 5^2 = 26.88 \text{(kPa)}$

13 层消火栓栓口所需压力为：

$$H_{13} = H_q + H_d + H_k = 158.53 + 26.88 + 20 = 205.41 \text{(kPa)}$$

上述求解过程如果查表 2-12 可以简化计算工作量。

（2）竖管直径确定

查表 2-14 知该建筑每根竖管最小流量为 10L/s，根据规范，竖管流量按最上两层（即12 层、13 层）消火栓出水进行计算，确定竖管管径。当竖管流量取 10L/s，$v = 1.8$m/s 时，

消防竖管的管径 $D = \sqrt{\dfrac{4 \times 10 \times 10^{-3}}{\pi \times 1.8}} = 84(\text{mm})$，根据消防竖管管径规格要求选择直径为 100mm 的竖管，则实际流速为 1.27m/s。

（3）最不利管路（即 12～13 层消防竖管）的水头损失计算

管段 12～13：$Q = 5\text{L/s}$，$L = 3.5\text{m}$（层高），$DN100\text{mm}$

$$v = \dfrac{4 \times 5 \times 10^{-3}}{\pi \times 0.1^2} = 0.637(\text{m/s}) < 1.2\text{m/s}$$

则

$$i = 0.00912 \dfrac{v^2}{d_j^{1.3}} \left(1 + \dfrac{0.867}{v}\right)^{0.03} = 0.076(\text{kPa/m})$$

$H_w = H_y + H_j = (1 + 10\%) H_y = 1.1 i \cdot L = 1.1 \times 0.076 \times 3.5 = 0.29 (\text{mH}_2\text{O})$（局部水头损失按沿程水头损失的10%计）

（4）12 层消火栓栓口处的压力

$H_{12} = H_{13} + $（层高3.5）$+$（12～13层消防竖管的水头损失）
$= 205.41 + 35 + 0.29 = 240.7(\text{kPa})$

（5）12 层消火栓的配套水枪出口流量

$$q_{12} = \sqrt{\dfrac{H_{12}}{A_z L_d + 1/B}} = \sqrt{\dfrac{240.7}{0.043 \times 25 + 1/0.1577}} = 5.69(\text{L/s})$$

（6）消防竖管计算流量及流量分配

消防竖管计算流量 $q_s = q_{12} + q_{13} = 5 + 5.69 = 10.69(\text{L/s})$

其流量分配情况如图 2-17 所示。经过验证消防竖管所采用的口径是正确的。

严格来讲，XL-3 竖管上的 12 层和 13 层消火栓离消防水泵近，其消防出水量应比 XL-1 上的消火栓稍大，但差别很小，为简化计算，可采用和 XL-1 相同流量。

（7）消防水泵的选定

消防水泵流量为

$q_b = q_{\text{XL-1}} + q_{\text{XL-2}} + q_{\text{XL-3}} = 2 \times 10.69 + 5 = 26.38(\text{L/s})$（电梯前室消防用水量以5L/s计）。

消防水泵从消防水池中抽水，则消防水泵的扬程为：

$$H_b = H_{xho} + H_w + H_z$$

将计算得到的从消防水泵吸水管到消防管道最不利点的总水头损失 $H_w$、水池中最低水位至最不利点的标高差 $H_z$ 及最不利点消火栓所需压力 $H_{xho}$ 代入上式即可计算出水泵扬程。此处为简化过程，$H_w$ 取 9m，$H_z$ 取 47.5m，则消防水泵扬程为：$H_b = 20.54 + 9 + 47.5 = 77.04(\text{m})$，故选用 2 台 XBD8/40－150×4 多级水泵，一用一备。

（8）水泵接合器的选定

水泵接合器可按规范中规定的室内消防流量计算。本题室内消防流量为 26.38L/s，而一个 100mm 管径水泵接合器的负荷流量为 10L/s，所以选用三个 100mm 管径的地面式水泵接合器。

（9）室外消火栓的选定

本题室外消防用水量为 20L/s，设置两个 100mm 室外地面式消火栓，一个利用室外道路上的市政消火栓，一个设在建筑基地内。

（10）消火栓减压

消火栓前减压孔板的选择见表 2-15。

表 2-15　水泵工作时消火栓前的压力及减压孔板选择

| 消火栓编号 | 栓前水压（kPa） | 过剩压力（kPa） | | 可选用孔板直径（mm） | 选用孔板直径（mm） |
| --- | --- | --- | --- | --- | --- |
| | | 减至 0.5MPa | 减至 0.25MPa | | |
| 1 | 642.42 | 142.42 | 392.42 | 35~28 | 30 |
| 2 | 605.90 | 105.9 | 355.90 | 37~28 | 30 |
| 3 | 569.38 | 69.38 | 319.38 | 41~29 | 30 |
| 4 | 532.86 | 32.86 | 282.86 | 48~30 | 30 |
| 5 | 496.34 | | | | |
| 6 | 459.82 | | | | |
| 7 | 423.30 | | | | |
| 8 | 386.78 | | | | |
| 9 | 350.26 | | | | |
| 10 | 313.74 | | | | |
| 11 | 277.22 | | | | |
| 12 | 240.70 | | | | |
| 13 | 205.41 | | | | |

## 本章小结

1. 消火栓给水系统的组成
2. 消火栓给水系统的设置原则和布置要求

水枪充实水柱长度、消火栓保护半径、消火栓间距等术语的概念、确定方法；消火栓给水系统的设置原则；室外消火栓给水系统的布置要求；室内消火栓给水系统的布置要求。

3. 建筑消火栓给水系统设计计算

（1）建筑消防用水量确定。

（2）水力计算。

消火栓出口所需压力确定；消火栓给水系统所需水压确定；消防竖管的计算流量及直径校核；室内消火栓给水系统的水压核算；消防水箱设置高度的确定；消防水泵扬程计算与校核；减压设施的确定。

4. 高层建筑消火栓给水系统简介

高层建筑室内消防用水量的确定；高层建筑消火栓给水系统的分类；高层建筑室内消火栓给水系统的布置及要求；消防气压水罐的计算；水泵接合器的设置。

## 复习思考题

1. 室外消火栓给水系统有何作用？如何布置？
2. 什么情况下应该设置消防水池？消防水池的有效容积如何确定？
3. 室内消火栓给水系统由哪几部分组成？消火栓的布置原则是什么？
4. 何谓充实水柱？它与建筑物的等级有何关系？
5. 某建筑室内消火栓系统采用 $DN65\text{mm}$ 的消火栓，水龙带长度 25m，若水带弯曲折减系数为 0.80 的水枪，水枪充实水柱长度为 10m，则消火栓的保护半径为多少米？

6. 某9层住宅楼，每层建筑面积1200m²，层高2.9m，耐火等级二级，试求其室外消防用水量。

7. 某省政府办公楼，建筑高度47.80m，总建筑面积33510.8m²，建筑内部设有消火栓灭火系统和自动喷水灭火系统。经计算，自动喷水灭火系统用水量为27L/s、5L/s，设在地下室的消防水池仅储存室内消防用水。已知消防水池补水可靠，其补水量为70m³/h，则消防水池的有效容积为多少？

8. 某二类高层建筑内消火栓箱配备 $DN$65mm 的消火栓，25m长衬胶水龙带和喷嘴直径为19mm的水枪，若水枪充实水柱长度为10m时，水枪出流量为5.7L/s，水枪水流特性系数为0.1577，则水枪喷嘴处压力为多少千帕？

9. 某高级宾馆，建筑高度110m，采用消火栓灭火系统，设计采用19mm口径的水枪，水枪喷嘴的实际射出流量约为多少L/s？

10. 某超高层建筑，消火栓采用衬胶水龙带（水带长度 $L=25$m），则最不利点消火栓栓口处所需水压为多少？

11. 水泵接合器的作用？如何确定水泵接合器的数量？

12. 高位消防水箱的容积和设置高度应满足什么要求？

13. 室内消火栓给水系统什么情况下需进行分区设置？什么情况下需进行减压？

14. 消防竖管流量依据什么原则确定？

15. 某建筑内只设消火栓给水系统，拟采用隔膜式气压给水设备供水方式，气压水罐设计最低工作压力为250kPa（表压），最高工作压力为400kPa（表压），试求气压水罐总容积。

# 第三章 自动喷水灭火系统

**【知识目标】**

本章要求熟悉各类自动喷水灭火系统的设置原则；理解自动喷水灭火系统的工作原理；掌握自动灭火系统的设计与计算；了解其他灭火系统的工作原理和系统组成。

**【能力目标】**

通过本章的学习，学生能根据建筑物、构筑物的危险等级选择合适的自动喷水灭火系统；能合理地选择自动喷水灭火系统的主要组件，如：喷头、报警阀、延迟器、火灾探测器等；能进行闭式自动喷水灭火系统的设计及计算。

## 第一节 自动喷水灭火系统

自动喷水系统是能在发生火灾时自动喷水灭火，并同时发出火警信号的灭火系统，具有工作性能稳定、适应范围广、安全可靠、控火灭火成功率高（扑灭初期火灾成功率在95%以上）、维护简便等优点，是当今世界上传统公认的最有效的自救灭火设施，也是应用最广泛的自动灭火系统。

自动喷水灭火系统应在人员密集、不易疏散、外部增援灭火与救生较困难的场所或火灾危险性较大的场所中设置。

### 一、闭式自动喷水灭火系统的设置原则

根据我国现行《建筑设计防火规范》和《高层民用建筑设计防火规范》规定，下列场所应设置闭式自动喷水灭火系统：

(1) 等于或大于50000纱锭的棉纺厂的开包、清花车间，等于或大于50000锭的麻纺厂的分组、梳麻车间，服装、针织高层厂房，面积超过1500$m^2$的木器厂房，火柴厂的烤梗、筛选部位，泡沫塑料厂预发、成型、切片、压花部位。

(2) 每座占地面积超过1000$m^2$的棉、麻、毛、丝、化纤、毛皮及其制品库房，每座占地面积超过600$m^2$的火柴库房，建筑面积超过500$m^2$的可燃物品地下库房，可燃、难燃物品的高架库房（冷库、高层卷烟成品库除外），省级以上或藏书超过100万册图书馆的书库。

(3) 超过1500个座位的剧院观众厅、舞台上部（屋顶采用金属构件时）、化妆室、道具室、贵宾室，超过2000个座位的会堂或礼堂的观众厅、舞台上部、储藏室、贵宾室，超过3000个座位的体育馆、观众厅的吊顶上部、贵宾室、器材间、运动员休息室。

(4) 省级邮政楼的邮袋库。

(5) 每层面积超过3000$m^2$的或建筑面积超过9000$m^2$的百货大楼、展览大厅。

(6) 设有空气调节系统的旅馆和综合办公楼内的走道、办公室、餐厅、商店、库房和无楼层服务台的客房。

(7) 飞机发动机试验台的准备部分。

(8) 国家级文物保护单位的重点砖木或木结构建筑。

(9) 建筑面积超过500$m^2$的地上商店。

(10) 设置在地下、半地下建筑的4层及4层以上歌舞娱乐放映游艺场所，设置在建筑的首层、2层和3层且建筑面积超过300m²的歌舞娱乐放映游艺场所。

(11) 建筑高度超过100m的高层建筑，除面积小于5m²的卫生间、厕所和不宜用水扑救的部位外的其他场所。

(12) 建筑高度不超过100m的一类高层建筑及裙房的下列部位：公共活动用房、走道、办公室和旅馆的客房，高级住宅的居住用房，自动扶梯底部和垃圾道顶部。

(13) 二类高层民用建筑中的商场工业厅、展览厅等公共活动用房和超过200m²的可燃物品库房。

(14) 高层建筑中经常有人停留或可燃物较多的地下室房间、歌舞娱乐放映游艺场所等。

(15) 1、2、3类地上汽车库、停车数超过10辆的地下汽车库、机械式立体汽车库或复式汽车库及采用升降梯作汽车疏散出口的汽车库，1类修车库。

(16) 人防工程的下列部位：使用面积超过1000m²的商场、医院、旅馆、餐厅、展览厅、舞厅、旱冰场、体育场、电子游艺场、丙类生产车间、丙类和丁类物品库房等；超过800个座位的电影院、礼堂的观众厅，且吊顶下表面至观众席地面的高度小于等于8m时，舞台面积超过200m²时。

## 二、开式自动喷水灭火系统的设置原则

（一）雨淋喷水灭火系统

(1) 火柴厂的氯酸钾压碾厂房，建筑面积超过100m²的生产、使用硝化棉、喷漆棉、火胶棉、赛璐珞胶片、硝化纤维的厂房。

(2) 建筑面积超过60m²或储存量超过2t的硝化棉、喷漆棉、火胶棉、赛璐珞胶片、硝化纤维的库房。

(3) 日装瓶数量超过3000瓶的液化石油气储配站的灌瓶间、实瓶库。

(4) 超过1500个座位的剧院和超过2000个座位的会堂、礼堂的舞台口以及与舞台相连的侧台、后台的门窗洞口。

(5) 建筑面积超过400m²的演播室，建筑面积超过500m²的电影摄影棚。

(6) 乒乓球厂的轧坯、切片、磨球、分球检验部位。

（二）水幕系统

(1) 超过1500个座位的剧院和超过2000个座位的会堂、礼堂的舞台口以及与舞台相连的侧台、后台的门窗洞口。

(2) 应设防火墙等防火分隔物而无法设置的开口部位。

(3) 防火卷帘或防火幕的上部。

(4) 高层民用建筑物内超过800个座位的剧院、礼堂的舞台口。

（三）水喷雾灭火系统

(1) 单台容量在40MW及以上的厂矿企业可燃油浸电力变压器、单台容量在90MW及以上的可燃油浸电厂电力变压器或单台容量在125MW及以上的独立变电所可燃油浸变压器。

(2) 飞机发动机试验台的试车部分。

(3) 高层建筑内的燃油、燃气锅炉房，可燃油浸电力变压器，充可燃油的高压电容器和多油开关室，自备发电机房。

## 三、不适用自动喷水灭火系统的场所

(1) 遇水发生爆炸或加速燃烧的物品。

(2) 遇水发生剧烈化学反应或产生有毒有害物质的物品。
(3) 洒水将导致喷溅或沸溢的液体。

## 第二节 自动喷水灭火系统分类工作原理及组件

### 一、自动喷水灭火系统的分类

自动喷水灭火系统按喷头的开启形式可分为闭式系统和开式系统;按报警阀的形式可分为湿式系统、干式系统、干湿两用系统、预作用系统和雨淋系统等;按对保护对象的功能又可分为暴露防护型(水幕或冷却等)和控制灭火型;按喷头形式又可分为传统型(普通型)喷头和洒水型喷头、大水滴型喷头和快速响应早期抑制型喷头等。

### 二、自动喷水灭火系统的工作原理

(一) 闭式自动喷水灭火系统

闭式自动喷水灭火系统是指在自动喷水灭火系统中采用闭式喷头,平时系统为封闭系统,火灾发生时喷头打开,使得系统为敞开式系统喷水。

闭式自动喷水灭火系统一般由水源、加压蓄水设备、喷头、管网、报警装置等组成。

1. 湿式自动喷水灭火系统工作原理

湿式自动喷水灭火系统为喷头常闭的灭火系统,如图 3-1 所示,管网中充满有压水,当建筑物发生火灾,火点温度达到开启闭式喷头时,喷头出水灭火。

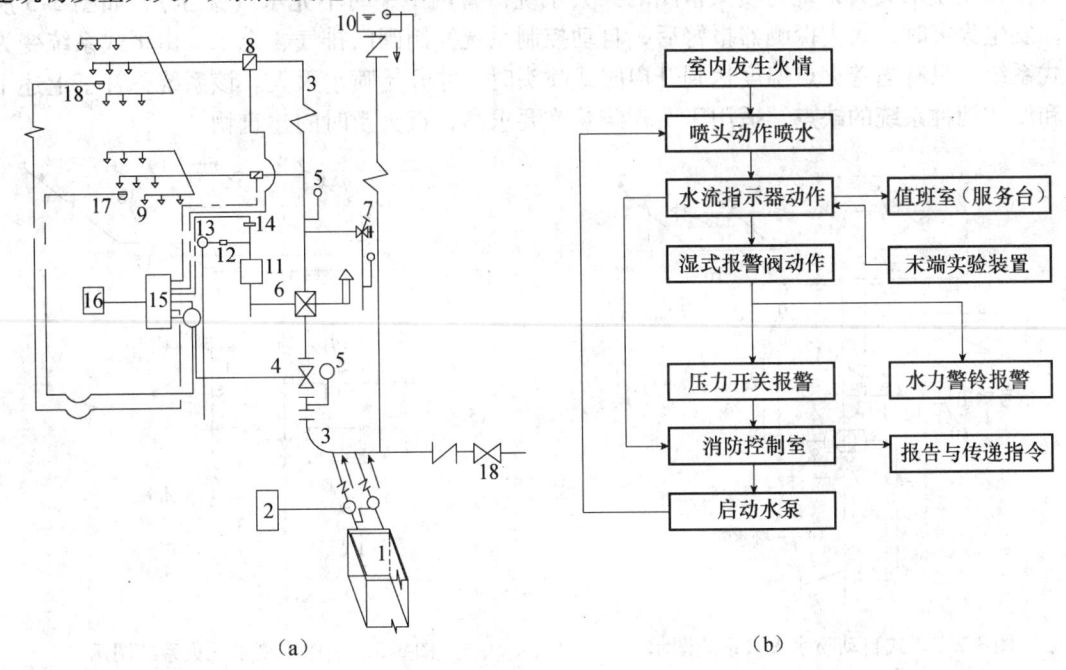

图 3-1 湿式自动喷水灭火系统
(a) 组成示意图;(b) 工作原理流程图
1—消防水池;2—消防泵;3—管网;4—控制阀;5—压力表;6—湿式报警阀;7—泄放试验阀;8—水流指示器;
9—喷头;10—高位水箱、稳压泵或气压给水设备;11—延时器;12—过滤器;13—水力警铃;14—压力开关;
15—报警控制器;16—非标控制箱;17—探测器;18—水泵接合器

此时管网中有压水流动，水流指示器被感应送出电信号，在报警控制器上指示，某一区域已在喷水。持续喷水造成报警阀的上部水压低于下部水压，其压力差值达到一定值时，原来处于关闭的报警阀就会自动开启。同时，消防水通过湿式报警阀，流向自动喷洒管网供水灭火。另一部分水进入延迟器、压力开关及水力警铃发出火警信号。另外，根据水流指示器和压力开关的信号或消防水箱的水位信号，控制箱内控制器能自动开启消防泵，以达到持续供水的目的。该系统有灭火及时扑救效率高的优点，但由于管网中充有有压水，当渗漏时会损坏建筑装饰和影响建筑的使用。该系统适用于环境温度 $4℃<T<70℃$ 的建筑物。

2. 干式自动喷水灭火系统工作原理

为喷头常闭的灭火系统，管网中平时不充水，充有有压空气（或氮气），如图3-2所示，当建筑物发生火灾点温度达到开启闭式喷头时，喷头开启。排气、充水、灭火。

该系统在灭火时，需先排除管网中的空气，此喷头出水不如湿式系统及时，但管网中平时不充水，对建筑装饰无影响，对环境温度也无要求，适用于采暖期长而建筑物内无采暖的场所。为减少排气时间，一般要求管网的容积不大于3000L。

3. 干、湿交替自动喷水灭火系统工作原理

在环境温度满足湿式自动喷水灭火系统设置条件（$4℃<T<70℃$）时，报警阀后的管段充以有压水，系统形成湿式自动喷水灭火系统；当环境温度不满足湿式自动喷水灭火系统设置条件（$T<4℃$，$T>70℃$）时，报警阀后的管段充以有压空气（或氮气），系统形成干式自动喷水灭火系统，该系统适合于环境温度周期变化较大的地区。

4. 预作用喷水灭火系统工作原理

预作用喷水灭火系统为喷头常闭的灭火系统，管网中平时不充水（无压），如图3-3所示。发生火灾时，火灾探测器报警后，自动控制系统控制阀门排气、充水，由干式系统变为湿式系统。只有当着火点温度达到开启闭式喷头时，才开始喷水灭火。该系统弥补了上述干式和湿式两种系统的缺点，适用于对建筑装饰要求高，灭火及时的建筑物。

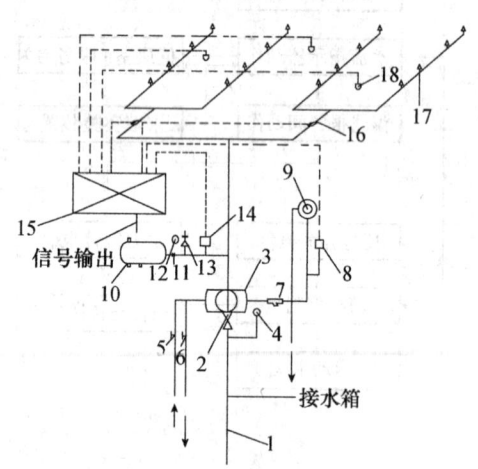

图3-2 干式自动喷水灭火系统图示

1—供水管；2—闸阀；3—干式阀；4—压力表；5、6—截止阀；7—过滤器；8—压力开关；9—水力警铃；10—空压机；11—止回阀；12—压力表；13—安全阀；14—压力开关；15—火灾报警控制箱；16—水流指示器；17—闭式喷头；18—火灾探测器

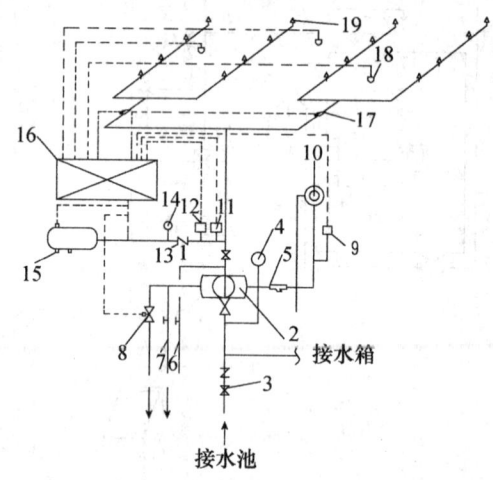

图3-3 预作用喷水灭火系统图示

1—总控制阀；2—预作用阀；3—检修闸阀；4—压力表；5—过滤器；6—截止阀；7—手动开启截止阀；8—电磁阀；9—压力开关；10—水力警铃；11—压力开关（启闭空压机）；12—低气压报警压力开关；13—止回阀；14—压力表；15—空压机；16—火灾报警控制箱；17—水流指示器；18—火灾探测器；19—闭式喷头

## （二）开式自动喷水灭火系统

开式自动喷水灭火系统是指在自动喷水灭火系统中采用开式喷头，平时系统为敞开状态，报警阀处于关闭状态，管网中无水，火灾发生时报警阀开启，管网充水，喷头布水灭火。

开式自动喷水灭火系统中分为三种形式即：雨淋自动喷水灭火系统、水幕自动喷水灭火系统、水喷雾自动喷水灭火系统。

1. 雨淋自动喷水灭火系统工作原理

为喷头常开的灭火系统，当建筑物发生火灾时，由自动控制装置打开集中控制阀门，使整个保护区域所有喷头喷水灭火，如图3-4所示。该系统具有出水量大，灭火及时的优点。适用于火灾蔓延快、危险性大的建筑或部位。

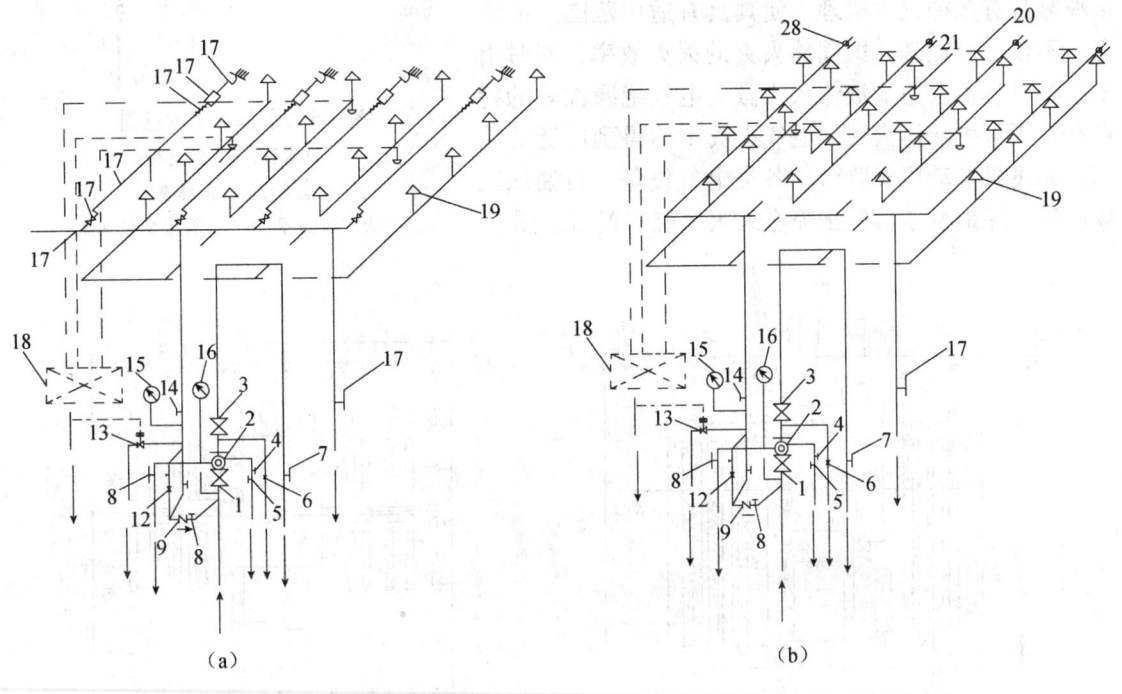

图3-4 自动喷水雨淋系统图示
(a) 易熔合金锁封控制雨淋系统；(b) 感温喷头控制雨淋系统

1，3，6—闸阀；2—雨淋阀；4，5，7，8，10，12，14，28—截止阀；9—止回阀；10—带φ3小孔闸阀；13—电磁阀；15，16—压力表；17—手动旋塞；18—火灾报警控制箱；19—开式喷头；20—闭式喷头；21—火灾探测器；22—钢丝绳

平时，雨淋阀后的管网无水，雨淋阀由于传动系统中的水压作用而紧紧关闭着。火灾发生时，火灾探测器感受到火灾因素，便立即向控制器送出火灾信号，控制器将信号作声光显示并相应输出控制信号，打开传动管网上的传动阀门，自动地释放掉传动管网中有压水，使雨淋阀上传动水压骤然降低，雨淋阀启动，消防水便立即充满管网经过开式喷头同时喷水。该系统提供了一种整体保护作用，实现对保护区的整体灭火或控火。同时，压力开关和水力警铃以声光报警，作反馈指示，消防人员在控制中心便可确认系统是否及时开启。

2. 水幕自动喷水灭火系统工作原理

该系统工作原理与雨淋系统不同的是：雨淋系统中使用开式喷头，将水喷洒成锥体状扩散射流，而水幕系统中使用开式水幕喷头，将水喷洒成水帘幕状。因此，它不能直接用来扑灭火灾，而是与防火卷帘、防火幕配合使用，对它们进行冷却和提高它们的耐火性能，阻止火势扩大和蔓延。它也可单独使用，用来保护建筑物的门、窗、洞口或在大空间造成防火水帘起防火分隔作用，如图3-5所示。

3. 水喷雾自动喷水灭火系统工作原理

水喷雾自动喷水灭火系统用喷雾喷头把水粉碎成细小的水雾滴之后喷射到正在燃烧的物质表面，通过表面冷却、窒息以及乳化的同时作用实现灭火。由于水喷雾具有多种灭火机理，使其具有适用范围广的优点，不仅可以提高扑灭固体火灾的灭火效率，同时由于水雾具有不会造成液体火飞溅、电气绝缘性好的特点在扑灭可燃液体火灾、电气火灾中均得到广泛的应用，如飞机发动机实验台、各类电气设备、石油加工场所等。保护变压器的水喷雾灭火系统布置示意图。

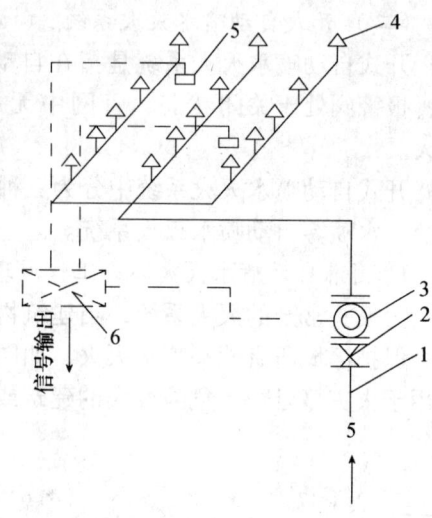

图3-5 水幕系统示意图
1—供水管；2—总闸阀；
3—控制阀；4—水幕喷头；
5—火灾探测器；6—火灾报警控制器

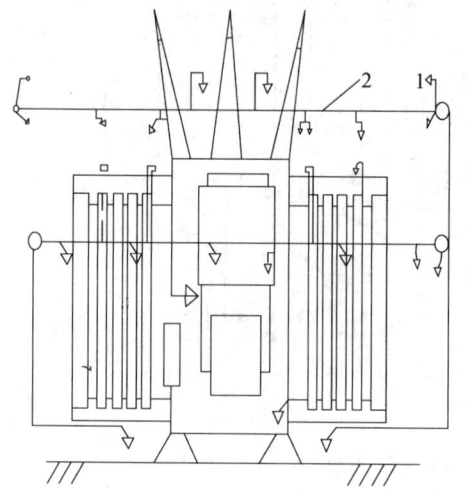

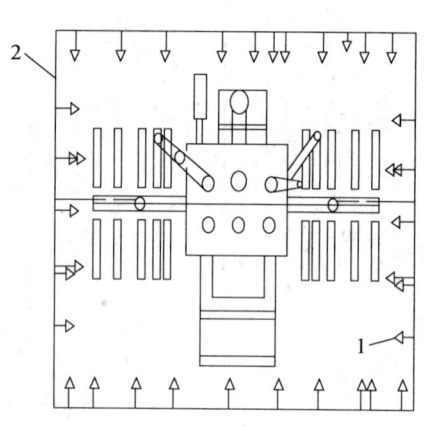

图3-6 保护变压器的水喷雾灭火系统示意图
1—水喷雾喷头；2—管路

## 三、自动喷水灭火系统的主要组件

（一）闭式自动喷水灭火系统的主要组件

1. 喷头

闭式喷头的喷口用热敏元件组成的释放机构封闭，当达到一定温度时能自动开启，如玻璃球爆炸、易熔合金脱离。其构造按溅水盘的形式和安装位置有直立型、下垂型、边墙型、普通型、吊顶型和干式下垂型喷头之分，如图3-7所示。各种喷头的适用场所见表3-1。各种喷头的技术性能和色标见表3-2。

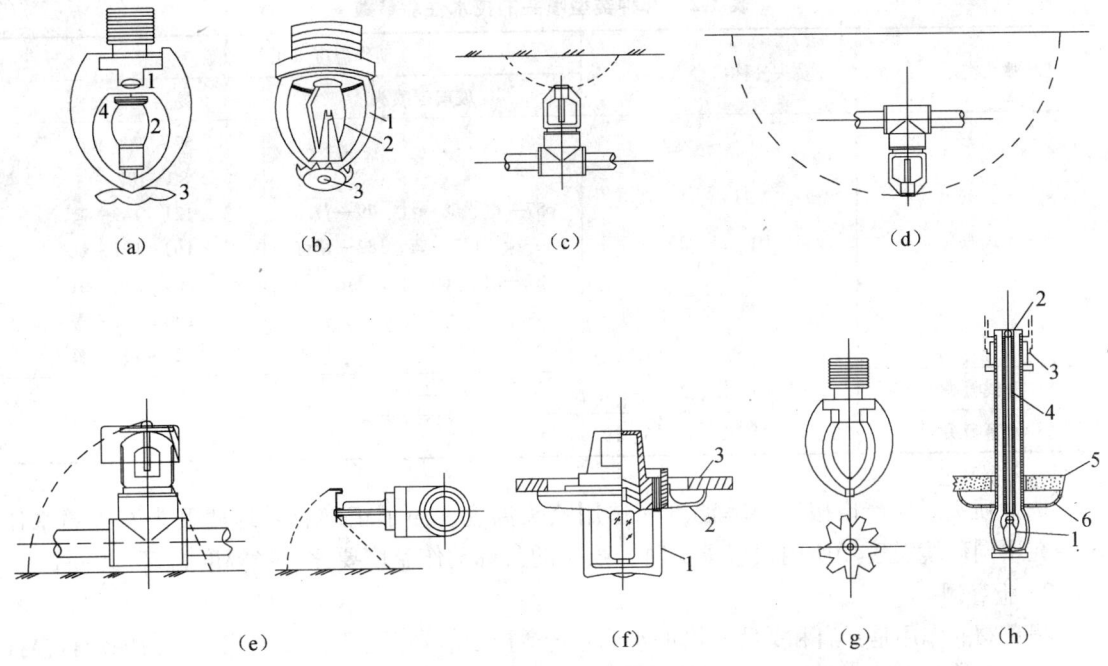

图 3-7　闭式喷头构造示意图

(a) 玻璃球洒水喷头：1—支架；2—玻璃球；3—溅水盘；4—喷水口；
(b) 易熔合金洒水喷头：1、3 同 (a)；2—合金锁片；
(c) 直立型；(d) 下垂型；(e) 边墙型（立式、水平式）；
(f) 吊顶型：1—同上；2—装饰罩；3—吊顶；(g) 普通型；
(h) 干式下垂型：1—热敏原件；2—铜球；3—铜球密封圈；4—套筒；5—吊顶；6—装饰罩

表 3-1　各种类型喷头适用场所

| | 喷头类别 | 适用场所 |
|---|---|---|
| 闭式喷头 | 玻璃球洒水喷头 | 因其有外形美观、体积小、重量轻、耐腐蚀。适用于宾馆等美观要求高和具有腐蚀性场所 |
| | 易熔合金洒水喷头 | 适用于外观要求不高、腐蚀性不大的工厂、仓库和民用建筑 |
| | 直立型洒水喷头 | 适用于安装在管路下经常有移动物体场所，在尘埃较多的场所 |
| | 下垂型洒水喷头 | 适用于各种保护场所 |
| | 边墙型洒水喷头 | 安装空间狭窄、通道状建筑适用此种喷头 |
| | 吊顶型喷头 | 属装饰型喷头，可安装于旅馆、客厅、餐厅、办公室等建筑 |
| | 普通型洒水喷头 | 可直立、下垂安装，适用于有可燃吊顶的房间 |
| | 干式下垂型洒水喷头 | 可用于干式喷水灭火系统的下垂型喷头 |
| 特殊喷头 | 自动启闭洒水喷头 | 这种喷头具有自动启闭功能，凡需降低水渍损失的场所均适用 |
| | 快速反应洒水喷头 | 这种喷头具有短时启动效果，凡要求启动时间短的场所均适用 |
| | 大水滴洒水喷头 | 适用于高架库房等火灾危险等级高的场所 |
| | 扩大覆盖面洒水喷头 | 喷水保护面积可达 $30 \sim 36 m^2$，可降低系统造价 |

表3-2　几种类型喷头的技术性能参数

| 喷头类别 | 喷头公称口径（mm） | 动作温度（℃）和颜色 | |
| --- | --- | --- | --- |
| | | 玻璃球喷头 | 易熔元件喷头 |
| 闭式喷头 | 10、15、20 | 57—橙、68—红、79—黄、93—绿、141—蓝、182—紫红、227—黑、260—黑、343—黑 | 57~77—本色<br>80~107—白<br>121~149—蓝<br>163~191—红<br>204~246—绿<br>260~320—橙<br>320~343—黑 |
| 开式喷头 | 10、15、20 | — | — |
| 水幕喷头 | 6、8、10、12、7、16、19 | | |

选择喷头时应严格按照环境温度来选用喷头温度。为了正确有效地使喷头发挥喷水作用，在不同环境温度场所内设置喷头时，喷头的公称动作温度要比环境温度高30℃左右。

2. 报警阀

报警阀的作用是开启和关闭管网的水流，传递控制信号至控制系统并启动水力警铃直接报警。报警阀又分为湿式报警阀、干式报警阀、干湿式报警阀3种类型。报警阀构造如图3-8所示。

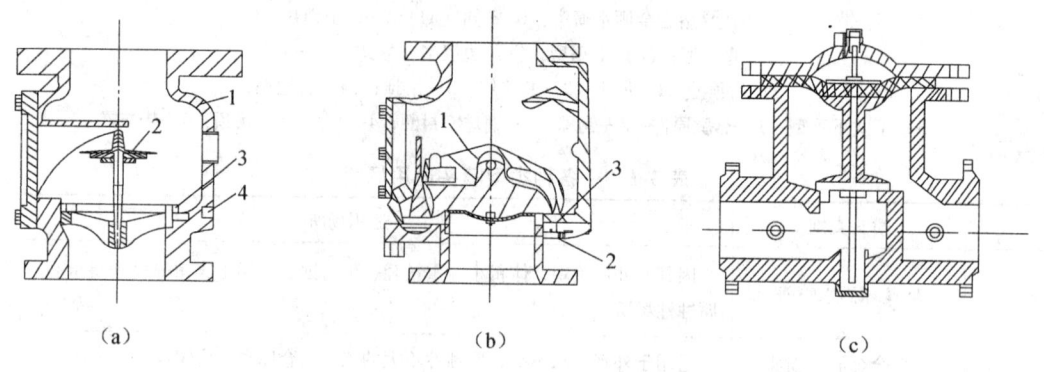

图3-8　报警阀构造示意图
(a) 座圈型湿式阀：1—阀体；2—阀瓣；3—沟槽；4—水力警铃接口；
(b) 差动式干式阀：1—阀瓣；2—水力警铃接口；3—弹性隔膜；
(c) 雨淋阀

（1）湿式报警阀

主要用于湿式自动喷水灭火系统上，在其立管上安装。其工作原理：湿式报警阀平时阀芯前后水压相等（水通过导向管中的水压平衡小孔，保持阀板前后水压平衡）。由于阀芯的自重和阀芯前后所受水的总压力不同，阀芯处于关闭状态（阀芯上面的总压力大于阀芯下面的总压力）。发生火灾时，闭式喷头喷水，由于水压平衡小孔来不及补水，报警阀上面水压下降，此时阀下水压大于阀上水压，于是阀板开启，向立管及管网供水，同时发出火警信号并启动消防泵。

（2）干式报警阀

主要用于干式自动喷水灭火系统上，在其立管上安装。其工作原理与湿式报警阀基本相同。其不同之处在于湿式报警阀阀板上面的总压力为管网中的有压水的压强引起，而干式报警阀则由阀前水压和阀后管中的有压气体的压强引起。因此，干式报警阀的阀板上面受压面积要比阀板下面积大8倍。

（3）干湿式报警阀

这种阀用于干、湿交替式喷水灭火系统，既适合湿式喷水灭火系统，又适合干式喷水灭火系统的双重作用阀门，它是由湿式报警阀与干式报警阀依次连接而成。在温暖季节用湿式装置，在寒冷季节则用干式装置。

当装置转为湿式喷水灭火系统时，差动阀板从干式报警阀中取出，全部闭式喷水管网、干式和湿式报警阀中均充满水。当闭式喷头开启时，喷水管网中的压力下降，湿式报警阀的盘形板升起，水经喷水管网由喷头喷出，同时水流经过环形槽、截止阀和管道进入信号设施。

当装置转为干式喷水灭火系统时，干式报警阀的上室和闭式喷水管网充满压缩空气，干式报警阀的下室和湿式报警阀充满水，当闭式喷头开启时，压缩空气从喷水管网中喷出，使管网中的压力下降，当气压降到供水压力的1/8以下时，作用在阀板上的力平衡受到破坏，阀板被举起，水进入喷水管网，为便于操作，距地面高度宜为1.2m，报警阀地面应有排水措施。

（4）水流报警装置

水流报警装置主要有水力警铃、水流指示器和压力开关。

1）水力警铃主要用于湿式自动喷水灭火系统，宜装在报警阀附近（其连接管不宜超过6m）。当报警阀打开消防水源后，具有一定压力的水流冲动叶轮打铃报警。水力警铃不得由电动报警装置取代。

2）水流指示器用于湿式自动喷水灭火系统中。通常安装在各楼层配水干管或支管上，其功能是当喷头开启喷水时，水流指示器中桨片摆动而接通电信号送至报警控制器报警，并指示火灾楼层。

3）压力开关垂直安装于延迟器和报警阀之间的管道上。在水力警铃报警的同时，依靠警铃管内水压的升高自动接通电触点，完成电动警铃报警，向消防控制室传送电信号或启动消防水泵。

3. 延迟器

延迟器是一个罐式容器，安装于报警阀与水力警铃（或压力开关）之间。用于防止由于水压波动原因引起报警阀开启而导致的误报。报警阀开启后，水流需经30s左右充满延迟器后方可冲打水力警铃。

4. 火灾探测器

火灾探测器是自动喷水灭火系统的重要组成部分。目前常用的有感烟、感温探测器。感烟探测器是利用火灾发生地点的烟雾浓度进行探测，感温探测器是通过火灾引起的温升进行探测。火灾探测器布置在房间或走道的顶棚下面，其数量应根据探测器的保护面积和探测区的面积计算确定。

5. 末端检试装置

末端检试装置是指在自动喷水灭火系统中，每个水流指示器作用范围内供水量不利处，设置一检验水压、检测水流指示器以及报警阀和自动喷水灭火系统的消防水泵联动装置可靠性检测装置。该装置由控制阀、压力表以及排水管组成，排水管可单独设置，也可利用雨水管，但必须间接排除。

（二）开式自动喷水灭火系统的主要组件（表3-3）

表3-3 主要组件说明

| 编号 | 名称 | 用途 | 工作状态 | |
|---|---|---|---|---|
| | | | 平时 | 失火时 |
| 1 | 2 | 3 | 4 | 5 |
| 1 | 闸阀 | 进水总阀 | 常开 | 开 |
| 2 | 雨淋阀 | 自动控制消防供水 | 常闭 | 自动开启 |
| 3 | 闸阀 | 系统检修用 | 常开 | 开 |
| 4 | 截止阀 | 雨淋管网充水 | 微开 | 微开 |
| 5 | 截止阀 | 系统放水 | 常闭 | 闭 |
| 6 | 闸阀 | 系统试水 | 常闭 | 闭 |
| 7 | 截止阀 | 系统溢水 | 微开 | 微开 |
| 8 | 截止阀 | 检修 | 常开 | 开 |
| 9 | 止回阀 | 传动系统稳压 | 开 | 开 |
| 10 | 截止阀 | 传动管注水 | 常闭 | 闭 |
| 11 | 带 $\phi 3$ 小孔闸阀 | 传动管补水 | 阀闭孔开 | 阀闭孔开 |
| 12 | 截止阀 | 试水 | 常闭 | 常闭 |
| 13 | 电磁阀 | 电动控制系统动作 | 常闭 | 开 |
| 14 | 截止阀 | 传动管网检修 | 常开 | 开 |
| 15 | 压力表 | 测传动管水压 | | 水压小 |
| 16 | 压力表 | 测供水管水压 | 两表相等 | 水压大 |
| 17 | 手动旋塞 | 人工控制泄压 | 常闭 | 人工开启 |
| 18 | 火灾报警控制箱 | 接收电信号发出指令 | | |
| 19 | 开式喷头 | 雨淋灭火 | 不出水 | 喷水灭火 |
| 20 | 闭式喷头 | 探测火灾，控制传动管网动作 | 闭 | 开 |
| 21 | 火灾探测器 | 发出火灾信号 | | |
| 22 | 钢丝绳 | | | |
| 23 | 易熔锁封 | 探测火灾 | 闭锁 | 熔断 |
| 24 | 拉紧弹簧 | 保持易熔锁封受拉力250N | 拉力250N | 拉力为0 |
| 25 | 拉紧连接器 | | | |
| 26 | 固定挂钩 | | | |
| 27 | 传动阀门 | 传动管网泄压 | 常闭 | 开启 |
| 28 | 截止阀 | 放气 | 常闭 | 常闭 |

开式自动喷水灭火系统中分为三种形式即：雨淋自动喷水灭火系统、水幕自动喷水灭火系统、水喷雾自动喷水灭火系统。

1. 雨淋自动喷水灭火系统

该系统由开式喷头、管道系统、雨淋阀、火灾探测器、报警控制装置、控制组件和供水设备组成。

（1）开式洒水喷头

开式洒水喷头与闭式喷头的区别仅在于缺少有热敏感元件组成的释放机构。它是由本体、支架、溅水盘等组成。按安装形式分为双臂下垂型、单臂下垂型、双臂直立型和双臂边墙型四种，如图3-9所示。

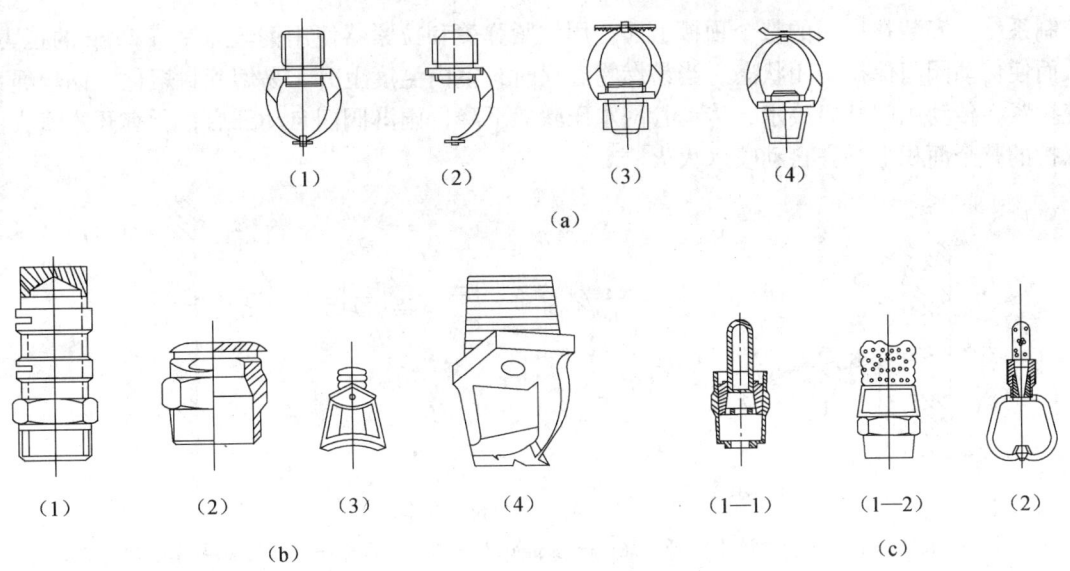

图 3-9 开式喷头构造示意图
(a) 开启式洒水喷头：1—双臂下垂型；2—单臂下垂型；3—双臂直立型；4—双臂边墙型
(b) 水幕喷头：1—双隙式；2—单隙式；3—窗口式；4—檐口式
(c) 喷雾喷头：(1—1, 1—2) 高速喷雾式；(2) 中速喷雾式

(2) 雨淋阀（成组作用阀）

主要用于雨淋、预作用、水幕、水喷雾自动喷水灭火系统，在其立管上安装。其工作原理为用一隔膜阀板将雨淋阀阀体分为三个小室 A、B、C；A 室与供水干管相连；B 室与管网立管相连；C 室与传动管相连。未失火时，A、B、C 小室的水压使得隔膜阀平衡（水通过导向管中的水压平衡小孔，保持阀板前后水压平衡），此时隔膜阀关闭，消防水不能进入自喷管网（即 B 室不能通水）。当发生火灾时，传动管中有压水流失，使得 C 室水压降低而水压平衡点小孔来不及供水补压，从而使隔膜阀阀板上、下压力不平衡，在压力差的作用下阀体向上移动（即阀门开启），此时 B 室与 A 室相通，即供水干管与供水立管相通，消防水得以持续供应。同时发出火警信号并启动消防泵（图 3-10）。

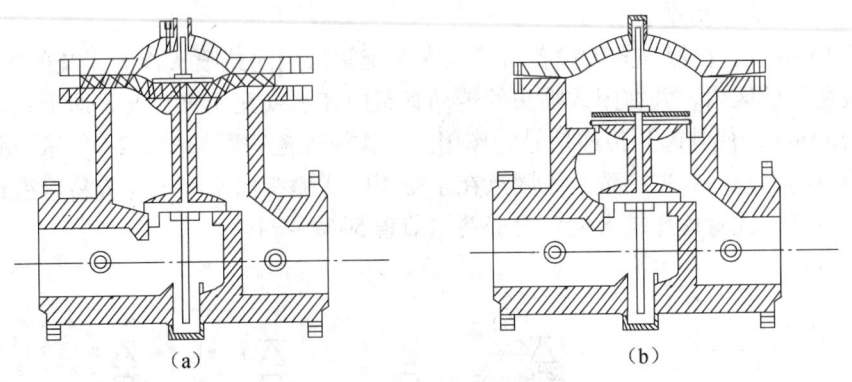

图 3-10 雨淋阀
(a) 隔膜型雨淋阀；(b) 双圆盘型雨淋阀

雨淋阀的传动设备有如下几种：
1) 带易熔锁封的钢丝绳装置
如图 3-11 所示，其工作原理流程图（图 3-12）。工作原理：带易熔锁封的钢丝绳传动

控制系统，安装在房间的整个顶棚下面。用拉紧弹簧和拉紧器使用钢丝绳保持25kg的拉力，从而使传动阀门保持密闭状态。当易燃物着火时，室内温度上升，易熔锁封熔化，钢丝绳系统拉紧，传动阀门开启放水，传动管网水压骤然下降，雨淋阀门自动开启，所有开式喷头向保护的整个面积上一齐自动喷水灭火。

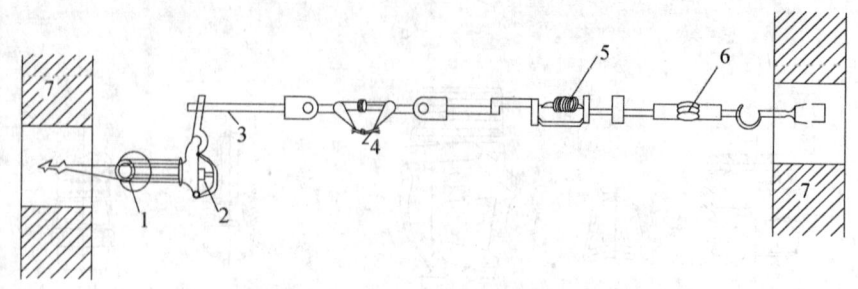

图 3-11 易熔锁封传动装置

1—传动管网；2—传动阀门 3—钢丝绳；4—易熔锁封 5—拉紧弹簧；6—拉紧连接器；7—墙壁

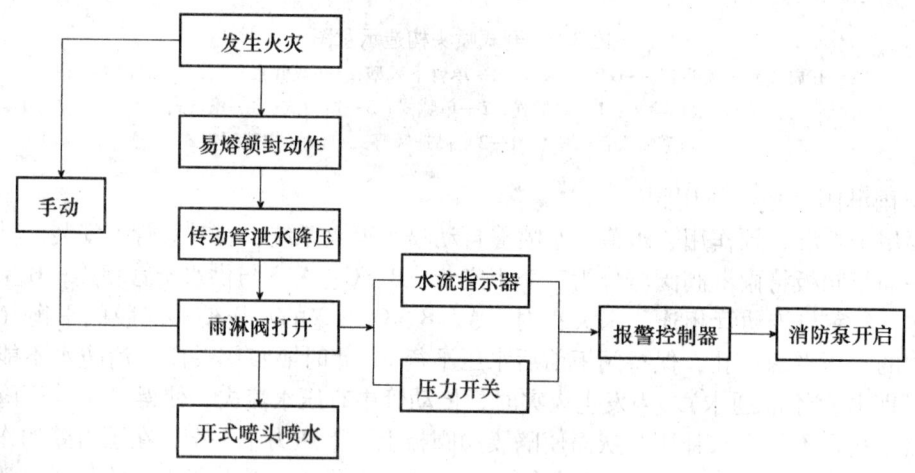

图 3-12 钢丝绳装置工作原理图

2）带闭式喷头的传动管装置

如图 3-13 所示，在保护露天设备时，雨淋系统常采用闭式喷头作为系统的火灾探测器，把它们安装在保护区内，并在闭式喷头的传动管路内充水或充压缩空气，即干式。干式传动管的管径为15mm，使其起到传递信号的作用。工作原理流程图如图 3-14 所示。其工作原理与带易熔锁封的钢丝绳装置一致，不同点在于使用闭式喷头出水泄压与带易熔锁封的钢丝绳装置相比，该种方式管理比较方便，投资费用节省 50%~74%。

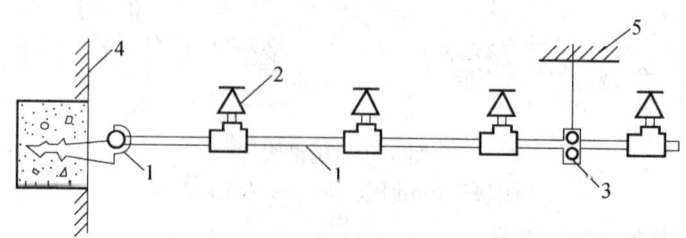

图 3-13 闭式喷头传动管网

1—传动管网；2—闭式喷头；3—管道吊架；4—墙壁；5—顶棚

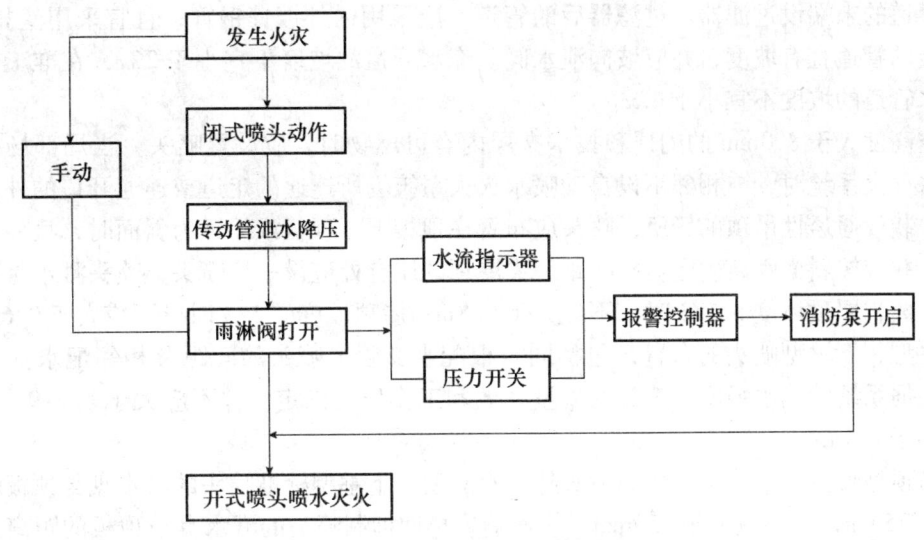

图 3-14　传动管装置工作原理图

3) 手动旋塞传动控制系统

手动旋塞传动控制系统是在传动管上设置快启阀门。一旦发生火灾时，可人工开启快启阀门，使传动管网放水泄压，启动雨淋阀喷水灭火。手动旋塞开关旋转90°即可开启阀门放水，因此实际工程中常采用手动旋塞阀作为快启阀。

在设计时，采用何种传动系统，或把哪几种传动控制系统联合使用，要视具体情况定。但设置自动控制系统时，必须同时设置手动控制装置。

其他有关组件同闭式系统。

2. 水幕自动喷水灭火系统

水幕自动喷水灭火系统是由水幕喷水头、控制阀（雨淋阀或干式报警阀等）、探测器、报警系统和管道等组成阻火、冷却、隔离作用的自动喷水灭火系统。该系统适用于需防火隔离的开口部位，如舞台与观众之间的隔离水帘、消防防火卷帘的冷却等。

（1）水幕喷头。水幕喷头的形式和适用范围参见表3-1。

（2）控制阀。该系统的控制阀可采用雨淋阀、干式报警阀或手动控制阀，设置要求与雨淋系统相同。

（3）其他组件完全与雨淋系统相同。

3. 水喷雾自动喷水灭火系统

（1）水雾喷头。水雾喷头的类型及适用范围见表3-1。

（2）雨淋阀。雨淋阀的设置与雨淋系统一致。

**四、自动喷水灭火系统的设置规定**

（一）闭式自动喷水灭火系统的设置规定

自动喷水灭火系统应设有洒水喷头、水流指示器、报警阀组、压力开关、末端试水装置、管道和供水设施；控制管道静压的区段宜分区供水或设减压阀，控制管道动压的区段宜设减压孔板或节流管；系统应设有泄水阀（或泄水口）、排气阀（或排气口）和排污口；干式系统和预作用系统的配水管道应设快速排气阀，有压充气管道的快速排气阀入口前应设电动阀。

配水管道应采用内外壁热镀锌钢管，当报警阀入口前管道采用内壁不防腐的钢管时，应在该段管道的末端设过滤器。过滤器后的管道,应采用内外镀锌钢管,且宜采用丝扣连接。水平安装的管道宜有坡度,并应坡向泄水阀。充水管道的坡度不宜小于2‰,在准工作状态下不充水管道的坡度不宜小于4‰。

净空高度大于800mm的闷顶和技术夹层内有可燃物时,应设置喷头。当局部场所设置自动喷水灭火系统时,与相邻不设自动喷水灭火系统场所连通的走道或连通开口的外侧,应设喷头。装设通透性吊顶的场所,喷头应布置在顶板下。顶板或吊顶为斜面时,喷头应垂直于斜面,并应按斜面距离确定喷头间距。尖屋顶的屋脊处应设一排喷头,喷头溅水盘至屋脊的垂直距离,屋顶坡度>1/3时,不应大于0.8m;屋顶坡度<1/3时,不应大于0.6m。

直立型、下垂型喷头的布置,包括同一根配水支管上喷头的间距及相邻配水支管的间距,应根据系统的喷水强度、喷头的流量系数和工作压力确定,并不应大于表3-9的规定,且不宜小于2.4m。

除吊顶型喷头及吊顶下安装的喷头外,直立型、下垂型标准喷头的溅水盘与顶板的距离不应小于75mm,且不应大于150mm。快速响应早期抑制喷头的溅水盘与顶板的距离,应符合表3-4的规定。

表3-4  快速响应早期抑制喷头溅水盘与顶板的距离 (mm)

| 喷头安装方式 | 直立型 | | 下垂型 | |
| --- | --- | --- | --- | --- |
| 溅水盘与顶板的距离 | ≥100 | ≤150 | ≥150 | ≤300 |

图书馆、档案馆、商场、仓库中的通道上方宜设有喷头。喷头与被保护对象的水平距离,应不小于0.3m 标准喷头溅水盘与保护对象的最小垂直距离不小于0.45m,其他喷头溅水盘与保护对象的最小垂直距离不应小于0.90m。

货架内喷头宜与顶板下喷头交错布置,其溅水盘与上方层板之间的距离不应小于7mm,且不应大于150mm,与其下方货品顶面的垂直距离不应小于150mm。货架内喷头上方的货架层板,应为封闭层板,货架内喷头上方如有孔洞、缝隙,应在喷头的上方设置集热挡水板。集热挡水板应为正方形圆形金属板,其平面面积不宜小于0.12m²,周围弯边的下沿,宜与喷头的溅水盘平齐。

边墙型标准喷头的最大保护跨度与间距,应符合表3-5的规定。直立边墙喷头溅水盘与顶板的距离不应小于100mm,且不宜大于150mm,与背墙的距离不应小于50mm,且不宜大于100mm;水平边墙型喷头溅水盘与顶板的距离不应小于150mm,且不应大于300mm。

表3-5  边墙型标准喷头的最大保护跨度与距离 (m)

| 设置场所火灾危险等级 | 轻危险级 | 中危险级Ⅰ级 |
| --- | --- | --- |
| 配水支管上喷头的最大间距 | 3.6 | 3.0 |
| 单排喷头的最大保护跨度 | 3.6 | 3.0 |
| 两排相对喷头的最大保护跨度 | 7.2 | 6.0 |

喷头洒水时,应均匀分布,且不应受阻挡。当喷头附近有障碍物时,喷头与障碍物的间距应符合相关规定或增设补偿喷水强度的喷头。建筑物同一间隔内应采用相同热敏性能的喷头,喷头应布置在顶板或吊顶下易于接触到火灾热气流并有利于均匀布水的位置。闭式系统的喷头,其公称动作温度宜高于环境最高温度30℃,自动喷水灭火系统应有备用喷头,其

数量不应少于总数的 1%，且每种型号均不得少于 10 只。湿式系统、预作用系统中一个报警阀组控制的喷头数不宜超过 800 只；干式系统不宜超过 500 只。当配水支管同时安装保护吊顶下方和上方空间的喷头时；应只将数量较多一侧的喷头计入报警阀组控制的喷头总数。串联接入湿式系统配水干管的其他自动喷水灭火系统，应分别设置独立的报警阀组，且控制的喷头数计入湿式阀组控制的喷头总数。每个报警阀组供水的最高与最低位置喷头，其高程差不宜大于 50m。保护室内钢屋架等建筑构件的闭式系统，应设独立的报警阀组。

报警阀组宜设在安全且易于操作的地点，报警阀距地面的高度宜为 1.2m。安装报警阀的部位应设有排水设施。连接报警阀进出口的控制阀，宜采用信号阀。当不采用信号阀时，控制阀应设锁定阀位的锁具。当自动喷水灭火系统中设有 2 个及 2 个以上报警阀组时，报警阀组前宜设环状供水管道。

水力警铃的工作压力不应小于 0.05MPa，并应设在有人值班的地点附近，与报警阀连接的管道的管径应为 20mm，总长不宜大于 20m。

除报警阀组控制的喷头只保护不超过防火分区的同层场所外，每个防火分区、每个楼层均应设水流指示器。仓库内顶板下喷头与货架内喷头应分别设置水流指示器。当水流指示器入口前设置控制阀时，应采用信号阀。

减压孔板应设在直径不小于 50mm 的水平直管段上，前后管段的长度均不宜小于 5 倍该管段直径；孔口应采用不锈钢板制作，直径不应小于设置管段直径的 30%，且不应小于 20mm。节流管直径宜按上游管段直径的 1/2 确定；长度不宜小于 1m，节流管内水的平均流速不应大于 20m/s。减压阀应设在报警阀组入口前；其前应设过滤器；当连接 2 个及 2 个以上报警阀组时，应设置备用减压阀。垂直安装的减压阀，水流方向宜向下。

系统应设独立的供水泵，并应按一运一备或两运一备比例设置备用泵。每组供水泵的吸水管不应少于 2 根。报警阀入口前设置环状管道的系统，每组供水泵的出水管不应少于 2 根。系统的供水泵、稳压泵应采用自灌式吸水方式。供水泵的吸水管应设控制阀；出水管应设控制阀、止回阀、压力表和直径不小于 65mm 的试水阀。必要时，应采取控制供水泵出口压力的措施。稳压泵应采用压力开关控制，并应能调节启停压力。

采用临时高压给水系统的自动喷水灭火系统，应设高位消防水箱，其储水量应符合现行有关国家标准的规定。消防水箱的供水，应满足系统最不利点处喷头的最低工作压力和喷水强度。建筑高度不超过 24m、并按轻危险级或中危险级场所设置湿式系统、干式系统或预作用系统时，如设置高位消防水箱确有困难，应用 5L/s 流量的气压给水设备供给 10min 初期用水量。消防水箱的出水管上应设止回阀，并应与报警阀入口前管道连接；轻危险级、中危险级场所的系统，管径不应小于 80mm，严重危险级和仓库危险级不应小于 100mm。

系统应设水泵接合器，其数量应按系统的设计流量确定，每个水泵接合器的流量宜按 10~15L/s 计算。当水泵接合器的供水能力不能满足最不利点处作用面积的流量和压力要求时，应采取增压措施。

（二）开式自动喷水灭火系统的设置规定

开式自动喷水灭火系统中供水设施、减压装置、管路系统等，均应满足与闭式自动喷水灭火系统相同的规定。

雨淋系统的防护区内应采用的喷头，每个雨淋阀控制的喷水面积不宜大于表 3-7 和表 3-8 规定的作用面积。采用多组雨淋阀联合分区，联动控制设备应能准确地启动火源区上方喷头所属的雨淋阀组。并联设置雨淋阀组的雨淋系统，其雨淋阀控制腔的入口应设止回阀。雨淋系统每根配水支管上装设的喷头不宜多于6个,每根配水干管的一侧担负的配水支管数量不应多于6根。管网系统在任何时间的压力波动不应超过工作压力的10%～20%,以免系统误动作。

防护冷却水幕应采用水幕喷头,喷头成排设置在被保护对象的上方,直接将水喷向被保护对象。门、窗的冷却防护水幕,喷头应布置在火灾危险性小的一侧,采用窗口式喷头时,喷水方向应指向窗扇,喷头距窗扇顶的垂直距离为50mm,离窗扇的水平距离不应小于300mm,也不宜大于450mm。冷却保护防火卷帘时,喷头仅布置在火灾危险性小的一侧,喷头距卷帘箱或结构底的垂直距离为50mm,与卷帘的水平距离不应小于300m,也不宜大于450mm。冷却保护舞台前部的钢防火幕时,宜采用下垂时缝隙喷头,喷头设在舞台内侧,喷头的水流应以30°～40°的交角射向幕的顶部,以减少喷溅损失,喷头距钢防火幕平面的距离应不小于300mm,也不宜大于450mm。

设在单一的防火卷帘或防火门处、由小型感温雨淋阀或感温释放阀控制的冷却水幕系统,配置的喷头数不超过8只,进水总管管径不大于50mm,一组感温雨淋阀只保护一处分隔设施。由手动快开阀控制的小型冷却幕系统,一般只设在火灾时能够有足够时间有人工启动的场所,给水总管直径不大于50mm。

防护冷却水幕一般采用如图3-15所示的两组雨淋阀并联控制的水幕系统,但每组雨淋阀的出口应设密封性能好的止回阀,防止由于一组雨淋阀动作,而另一组雨淋阀不能同步开启时,水流进入雨淋阀的出口立管,使雨淋阀的阀板承受反向水压,导致雨淋阀的脱口压力改变造成不能开启。

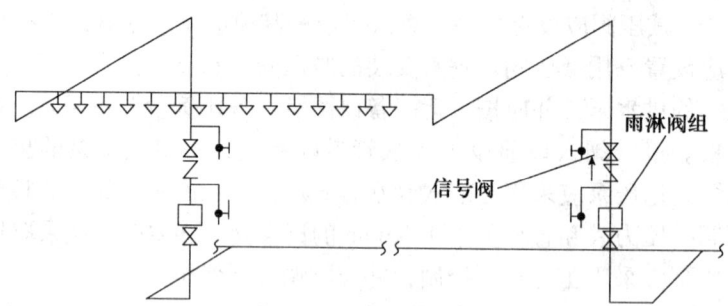

图3-15 双雨淋阀并联控制的冷却型水幕系统

防火分隔水幕用于尺寸不超过15m×8m的开口(舞台口除外),喷头布置应保证水幕的宽度不小于6m。防火分隔水幕可采用开式洒水喷头或水幕喷头,采用水幕喷头时,喷头不少于3排;采用开式洒水喷头时,喷头不少于2排。喷头的布置间距根据规定的喷水强度和喷头特性系数经过计算确定,并满足均匀布水和不出现空白点的要求。一组雨淋阀控制的水幕喷头应采用同一规格,且等距布置。相邻两排管道上的喷头应交叉布置。

保护对象的水雾喷头数量应根据设计喷雾强度、保护面积和水雾喷头特性计算确定,其布置应使水雾直接喷射和覆盖保护对象,当不能满足要求时应增加水雾喷头的数量。水雾喷头与保护对象之间的距离不得大于水雾喷射的有效射程。扑救电气火灾应选用离心雾化型水雾喷头;腐蚀性环境应选用防腐型的水雾喷头;粉尘场所设置的水雾喷头应有防尘罩。

水雾喷头的平面布置方式可为矩形或菱形。当按矩形布置时,喷头间距不应大于1.4倍水雾锥底圆半径;当按菱形布置时,喷头间距应不大于1.7倍水雾锥底圆半径。水雾锥底圆半径应按式(3-1)计算:

$$R = B\tan\frac{\theta}{2} \tag{3-1}$$

式中　$R$——水雾锥底圆半径（m）；

　　　$B$——水雾喷头的喷口与保护对象之间的距离（m）；

　　　$\theta$——水雾喷头的雾化角，取值范围为30°、45°、60°、90°、120°。

当保护对象为油浸式电力变压器时，水雾喷头应布置在变压器周围，而不宜布置在变压器顶部；保护变压器顶部的水雾不应直接喷向高压套管；水雾喷头之间的水平距离与垂直距离应满足水雾锥相交的要求；油枕、冷却器、集油坑应设水雾喷头保护。

当保护对象为可燃气体和甲、乙、丙类液体储罐时，水雾喷头与储罐外壁间的水平距离不应大于0.7m。当保护对象为电缆时，喷雾应完全包围电缆。当保护对象为输送机皮带时，喷雾应完全包围输送机的机头、机尾和上下行皮带。

当保护对象为球罐时，水雾喷头的喷口应面向球心；水雾锥沿纬线方向应相交，沿经线方向宜相接，但赤道以上环管之间的距离不应大于3.6m；无防护层的球罐钢支柱和罐体液位计、阀门等处应设水雾喷头的保护。

当保护对象的保护面积较大或保护对象的数量较多时，水喷雾灭火系统宜设置多台雨淋阀，并利用雨淋阀控制同时喷雾的水雾喷头数量。保护液化气储罐的水喷雾灭火系统的控制，除应能启动直接受火罐的雨淋阀外，尚能启动直接受火罐1.5倍罐径范围内邻近罐的雨淋阀。分段保护皮带输送机的水喷雾灭火系统，除应能启动起火区段的雨淋阀外，尚应能启动起火区段下游相邻区段的雨淋阀，并应能同时切断皮带输送机的电源。

水幕系统应设独立的报警阀组或感温雨淋阀。雨淋系统和防火分隔水幕的水流报警阀宜采用压力开关控制。雨淋系统、制动控制的水幕系统和水喷雾灭火系统，应同时具备自动控制、消防控制室（盘）手动远控和水泵房现场应急操作三种启动供水泵和开启雨淋阀的控制方式，应能在火灾系统报警后，立即自动向配水管道供水。响应时间大于60s的水喷雾灭火系统，可采用手动控制和应急操作两种控制方式。雨淋阀的自动控制方式，可采用电动、液（水）动或气动。当雨淋阀采用充液（水）传动管自动控制时，闭式喷头与雨淋阀之间的高程差，应根据雨淋阀的性能确定。

雨淋阀组应设在环境温度不低于4℃并有排水设施的室内，其安装位置宜在靠近保护对象并便于操作的地点。雨淋阀组的电磁阀，其入口应设过滤器。雨淋阀前的管道应设置过滤器，当水雾喷头无滤网时，雨淋阀后的管道亦应设滤网孔径为4.0~4.7目/cm²的过滤器。在雨淋阀后的管道上不应设置其他用水设施。

火灾探测器可采用缆式线性定温火灾探测器、空气管式感温火灾探测器或闭式喷头。当采用闭式喷头时，应采用传动管传输火灾信号。传动管的长度不宜大于300m，公称直径为15~25mm。传动管上闭式喷头之间的距离，水喷雾系统不宜大于2.5m，雨淋系统宜为3m。

## 第三节　闭式自动喷水灭火系统设计及计算

### 一、建筑物、构筑物的危险等级

现行的《自动喷水灭火系统设计规范》（附条文说明）（GB 50084—2001）将建筑物划分为四级七类：轻、中、严重与仓库四种危险等级；其中，中危险级与严重危险级又各自为两类，仓库危险级分为三类，可参见表3-6。

表 3-6  设置场所危险等级

| 危险等级 | | 设置场所 |
|---|---|---|
| 轻危险级 | | 旅馆、科研实验楼、办公楼、教学楼、医院、疗养院、博物馆、美术馆、健身场所、计算机房、洁净厂房、影剧院和音乐厅及礼堂（舞台除外）、住宅等 |
| 中危险级 | Ⅰ级 | 高层民用建筑中的宾馆、办公楼、综合楼、邮政楼、金融电信楼、指挥调度楼、广播电视楼（塔）、娱乐场所、木结构古建筑、国家文物保护单位、图书馆（书库除外）、档案馆、展览馆（厅）、建筑面积小于10000m²的商场、小于2000m²的地下商场、食品、家用电器、玻璃制品厂等备料与生产车间，宜室内净空不超过4m |
| | Ⅱ级 | 舞台（葡萄架除外）、书库、建筑面积10000m²及以上的商场、2000m²及以上的地下商场、汽车库及修理厂、棉毛麻丝及化纤的纺织、织物及制品厂生产车间、谷物加工、烟草及制品、饮用酒（啤酒除外）、皮革及制品、造纸及纸制品、制药厂等的备料与生产车间、室内净空超过4m的中Ⅰ级场所；钢屋架 |
| 严重危险级 | Ⅰ级 | 棉毛麻丝及化纤厂备料车间、木材木器及胶合板厂、印刷厂、酒精制品厂等备料与生产车间、使用可燃液体车间等 |
| | Ⅱ级 | 固体易燃物品备料及生产车间、喷雾操作易燃液体的车间、可燃的气溶胶制品、溶剂、油漆、塑料及制品、橡胶及物品、沥青制品厂等备料及生产车间、摄影棚、舞台葡萄架下部及易燃材料制作的景观展厅等 |
| 仓库（含货棚） | Ⅰ级 | 木箱、纸箱包装的不燃物品、一般化学物品等 |
| | Ⅱ级 | 食品、烟酒、木材、纸、谷物及制品、棉毛麻丝化纤及制品、家用电器、电缆、钢塑混合材料制品、各种塑料瓶盒包装的不燃物品及各类物品混杂储存的仓库等 |
| | Ⅲ级 | 塑料、橡胶及制品、沥青制品等 |

## 二、系统设计数据的基本规定

闭式系统自动喷水灭火系统的设计参数见表3-7和表3-8。

表 3-7  民用建筑和厂房自动喷水灭火系统的设计基本系数

| 设置场所危险等级 | | 喷水强度 [L/(min·m²)] | 系统作用面积（m²） | 持续喷水时间（min） |
|---|---|---|---|---|
| 轻危险级 | | 4 | 160 | 60 |
| 中危险级 | Ⅰ级 | 6 | 160 | 60 |
| | Ⅱ级 | 8 | 160 | 60 |
| 严重危险级 | Ⅰ级 | 12 | 240 | 60 |
| | Ⅱ级 | 16 | 240 | 60 |

表 3-8  堆垛与货架储物仓库自动喷水灭火系统的设计基本参数

| 仓库的危险等级 | 货品最大堆积高度（m） | 室内最大净空高度（m） | 喷水强度 [L/(min·m²)] | 系统作用面积（m²） | 持续喷水时间（min） |
|---|---|---|---|---|---|
| Ⅰ级 | 4.5 | 9.0 | 10 | 200 | 60 |
| Ⅱ级 | 4.5 | 9.0 | 16 | 200 | 60 |
| Ⅲ级 | 3.5 | 9.0 | 20 | 240 | 60 |

雨淋系统的设计参数应按闭式自动喷水灭火系统中严重危险级的标准确定。

水幕喷水灭火系统的设计参数与系统的作用有关，当水幕喷水灭火系统用于起隔断作用时，应不小于0.5L/s·m；当水幕灭火系统用于舞台或大于3m²有孔洞部位时，其水量不应小于2L/s·m。

### 三、喷头的布设和管网系统设计

#### （一）喷头布设和管网系统设计

喷头的布置形式应根据顶棚、吊顶的装饰要求布置成正方形、矩形、平行四边形三种形式（如图3-16所示）。同一根配水支管上喷头的间距及相邻配水支管的间距应根据系统的喷水强度、喷头的流量系数、工作压力确定。度不应小于表3-9的规定。

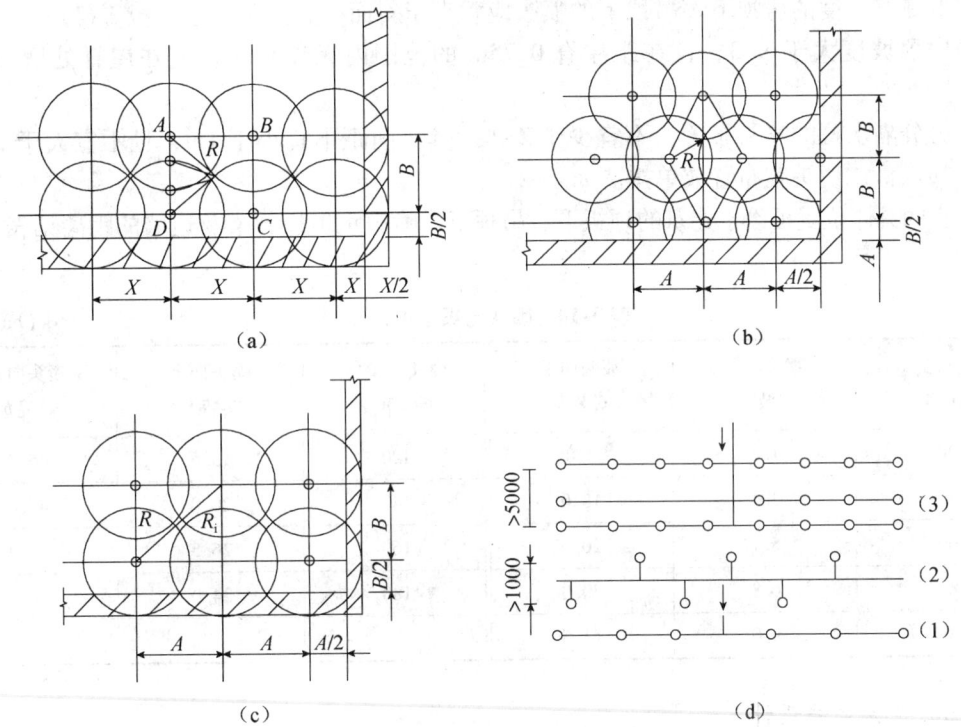

图3-16 喷头布置几种形式
(a) 喷头正方形布置：$X$—喷头间距；$R$—喷头计算喷水半径；
(b) 喷头长方形布置：$A$—长边喷头间距；$B$—短边喷头间距；
(c) 喷头菱柱形布置；
(d) 双排及水幕防火平面布置：(1) 单排；(2) 双排；(3) 防火带

表3-9 同一根配水管支管上喷头或相邻配水支管的最大间距

| 喷水强度<br>[L/(min·m²)] | 正方形布置的边长<br>(m) | 矩形或平行四边形布置的长边边长 (m) | 一只喷头的最大保护面积<br>(m²) |
| --- | --- | --- | --- |
| 4 | 4.4 | 4.5 | 20.0 |
| 6 | 3.6 | 4.0 | 12.5 |
| 5~12 | 3.4 | 3.6 | 11.5 |
| 12~20 | 3.0 | 3.6 | 9.0 |

### (二) 喷头布置要求

标准喷头溅水板与顶板的距离，应不小于75mm且不应大于150mm（吊顶型、吊顶下安装的喷头除外）。

喷头上方有开口、缝隙或在敞开式吊顶中埋设喷头时，其上方应设集热板。集热板宜采用直径或边长不小于300mm的金属板。

设置自动喷水灭火系统的建筑，当吊顶上闷顶、技术夹层内的净空高度大于800mm，且内部有可燃物（进行防火处理并符合相关标准的除外）时，应在闷顶或技术夹层内设置喷头。

当建筑物局部设置自动喷水灭火系统时，连通不设喷头场所的门窗等开口的外侧，应设保护连通开口的喷头。

布置在有坡度的房顶下、吊顶下的喷头应垂直于斜面，其间距按水平投影确定。

当房顶坡度大于1:3，且在距屋脊0.75m的范围内无喷头时，应在屋脊处增设一排喷头。

防火分隔水幕的喷头布置，不宜少于2排。其排间距不宜小于1m，且不宜大于2.5m。防护冷却水幕，喷头宜布置成单排。

喷头的具体位置可设于建筑的顶板下、吊顶下，喷头距顶板、梁及边墙的距离见表3-10、图3-17。

**表3-10 喷头与梁边的距离** (cm)

| 喷头与梁边的距离 $a$ | 喷头向上安装 $b_1$ | 喷头向下安装 $b_2$ | 喷头与梁边的距离 $a$ | 喷头向上安装 $b_1$ | 喷头向下安装 $b_2$ |
|---|---|---|---|---|---|
| 20 | 1.7 | 4.0 | 120 | 13.5 | 46.0 |
| 40 | 304 | 10.0 | 140 | 20.0 | 46.0 |
| 60 | 5.1 | 20.0 | 160 | 26.5 | 46.0 |
| 80 | 6.8 | 30.0 | 180 | 34.0 | 46.0 |
| 100 | 9.0 | 41.5 | | | |

### (三) 管网系统设计

自动喷水灭火系统的管网组成包括有：管道系统，报警装置，减压节流装置，末端试水装置等。

自动喷水灭火管网的布置，应根据建筑平面的具体情况布置成侧边式和中央式两种形式，如图3-18所示。一般情况轻危险级和中危险级系统每根支管上设置的喷头不宜多于8个，严重危险级系统每根支管上设置的喷头不宜多于6个，以控制配水

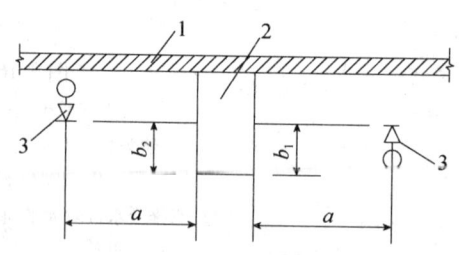

图3-17 喷头与梁的距离
1—顶棚；2—梁；3—喷头

支管管径不要过大，支管不要过长，喷头出水不均衡和系统中压力过高。由于管道因锈蚀等因素引起过流面缩小，要求配水支管最小管径不小于25mm。

报警阀后的管道，应采用内外镀锌钢管。当报警阀前采用未经防腐处理的钢管时，其末端应设过滤器。地上民用建筑中设置的轻、中Ⅰ危险级系统，或采用性能等效于内外镀锌管的其他金属管材。

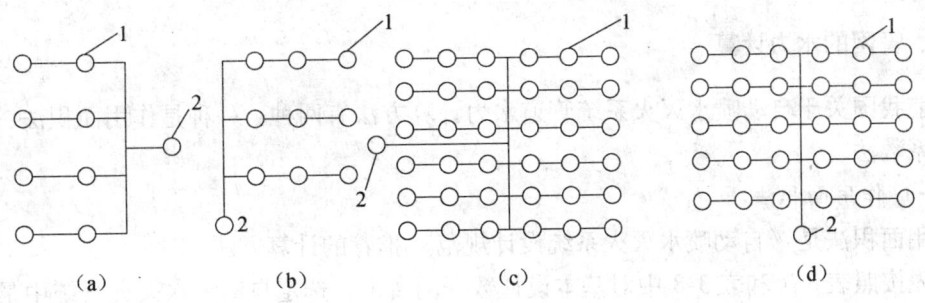

图 3-18 管网布置方式
(a) 侧边中心方式;(b) 侧边末端方式;(c) 中央中心方式;(d) 中央末端方式

管道的连接,报警阀后应采用丝扣、卡箍或法兰连接,报警阀前可采用焊接。

管道敷设应有 0.003 的坡度,坡向报警排水管,以便系统泄空,并在管网末端设充水时用的排气措施。

配水支管相邻喷头间应设支吊架,配水立管、配水干管与配水支管上应再附加防晃支架。

自动喷水灭火系统管网内工作压力不应大于 1.2MPa。

水源的要求同消火栓系统,来自消防水箱的初期灭火用水必须经过输水管接至报警阀前。

报警阀应设在距地面高度 0.8~1.5m 范围内,没有冰冻危险,易于排水,管理维修方便而明显的地点。

分隔阀门应设在便于维修的地方,分隔阀门应经常处于开启状态,一般用锁链锁住。分隔阀门最好采用明杆阀门。

自动喷水灭火系统报警阀后的管道上不应设置其他用水设施。

自动喷水灭火系统应设消防水泵接合器,一般不少于两个,每个按 10~15L/s 计算。

闭式自动喷水灭火系统的每个报警阀控制的喷头数:湿式和预作用喷水灭火系统为 800 个,有排气装置的干式喷水灭火系统为 500 个,无排气装置的干式喷水灭火系统为 250 个。

轻、中危险级系统中配水支管、配水管控制的标准喷头数,不宜超过表 3-11 的规定。

表 3-11 配水支管、配水管控制的标准喷头数

| 公称直径(mm) | 控制的标准喷头数(只) | | 公称直径(mm) | 控制的标准喷头数(只) | |
|---|---|---|---|---|---|
| | 轻级 | 中级 | | 轻级 | 中级 |
| 25 | 1 | 1 | 65 | 18 | 12 |
| 32 | 3 | 3 | 80 | 48 | 32 |
| 40 | 5 | 4 | 100 | — | 64 |
| 50 | 10 | 8 | 125 | — | — |

自动喷水灭火系统水压应按最不利点喷头的水压确定,闭式自动喷水灭火系统最不利点喷头水压应为 980kPa,最小不应小于 490kPa。

雨淋系统最不利点压力应为 980kPa;水幕系统最不利点的压力应不小于 490kPa。

### 四、管网的水力计算

目前我国关于自动喷水灭火系统管道水力计算方法有两种：一种是作用面积法；另一种是特性系数法。

#### （一）作用面积法

作用面积法是《自动喷水灭火系统设计规范》推荐的计算方法。

首先按照表 3-7 和表 3-8 中对基本设计数据的要求，选定自动喷水灭火系统中最不利工作作用面积（以 $F$ 表示）的位置，此作用面积的形式宜采用正方形或长方形，当采用长方形布置时其边长应平行于配水支管，当长边过长时取 $1.2\sqrt{F}$。

在计算喷水量时，仅包括作用面积的喷头，作用面积选定后，从最不利点喷头开始，依次计算各管段的流量和水关头损失，直至作用面积内最末一个喷头为止。且应保证作用面积内的平均喷水强度不小于表 3-7 和表 3-8 中的规定，对于严重危险级建、构筑物和自动喷水灭火系统，在作用面积内每只喷头的喷水量应按喷头处的实际水压计算确定，以保证作用面积内任意 4 个喷头的实际保护面积内的平均喷水强度不小于表 3-7 和表 3-8 中的规定。对于轻、中危险级不应低于表 3-7 中规定值的 85%。

对仅在过道内布置一排喷头的情形，其水力计算不需按作用面积法进行，无论此排管道上布置有多少个喷头，计算动作喷头数每层最多按 5 个计算。

对于雨淋喷水灭火系统和水幕系统，其喷水量应按每个设计喷水区内的全部喷头同时开启喷水计算。

#### （二）特性系数法

特性系数法是从系统设计最不利点喷头开始，沿程计算各喷头的压力、喷水量和管段的累积流量、水头损失，直至某管段累计流量达到设计流量为止。此后的管段流量不再累计，仅计算水头损失。

（1）喷头的出流量和管段的水头损失应按下式计算：

$$q = \sqrt{KH} \quad (3-2)$$
$$h = 10ALQ^2 \quad (3-3)$$

式中　$q$——喷头处节点流量（L/s）；

　　　$K$——喷头流量系数，玻璃球喷头 $K=0.133$，或水压 $H$ 用 $mH_2O$ 时，$K=0.42$；

　　　$H$——喷头处水压（kPa）；

　　　$h$——计算管段沿程水头损失（kPa）；

　　　$L$——计算管段长度（m）；

　　　$Q$——管段中流量（L/s）；

　　　$A$——比阻值（$s^2/m^6$）。

（2）选定管网中最不利计算管路后，管段的流量或按下列方法计算：

图 3-19 为其系统计算管路中最不利喷水工作区的管段，设喷头 1、2、3、4 为 Ⅰ 管段，喷头 a、b、c、d 为 Ⅱ 管段，管段 Ⅰ 的水力计算列于表 3-12。

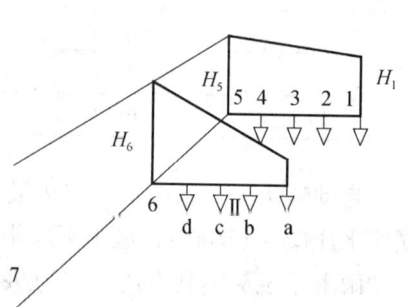

图 3-19　喷水灭火管网计算用图

表3-12 管段Ⅰ的水力计算结果

| 节点编号 | 管段编号 | 喷头流量系数 | 喷头处水压（kPa） | 喷头出流量（L/s） | 管段流量（L/s） |
| --- | --- | --- | --- | --- | --- |
| 1 | | $K$ | $H_1$ | $q_1 = K\sqrt{H_1}$ | |
| | 1-2 | | | | $q_1$ |
| 2 | | $K$ | $H_2 = H_1 + h_{1-2}$ | $q_2 = K\sqrt{H_2}$ | |
| | 2-3 | | | | $q_1 + q_2$ |
| 3 | | $K$ | $H_3 = H_2 + h_{2-3}$ | $q_3 = K\sqrt{H_3}$ | |
| | 3-4 | | | | $q_1 + q_2 + q_3$ |
| 4 | | $K$ | $H_4 = H_3 + h_{3-4}$ | $q_4 = K\sqrt{H_4}$ | |
| | 4-5 | | | | $q_1 + q_2 + q_3 + q_4$ |

Ⅰ管段在节点5只有转输流量，无支出流量，则：

$$Q_{6-5} = Q_{5-4} \tag{1}$$

$$\Delta H_{5-4} = H_5 - H_4 = A_{5-4} L_{5-4} \cdot Q_{5-4}^2 \tag{2}$$

与Ⅰ管段计算方法相同，Ⅱ管段可得：

$$\Delta H_{6-d} = H_6 - H_d = A_{6-d} L_{6-d} \cdot Q_{6-d}^2 \tag{3}$$

式（2）与式（3）相除（设Ⅰ、Ⅱ管段布置条件相同），可得：

$$Q_{6-d} = Q_{5-4}(\Delta H_{6-d}/\Delta H_{5-4})^{1/2} \tag{4}$$

管段6-7的转输流量为：

$$Q_{6-7} = Q_{6-d} + Q_{5-4} \tag{5}$$

将式（4）代入式（5）得：

$$Q_{6-7} = Q_{5-4}\{1 + (\Delta H_{6-d}/\Delta H_{5-4})^{1/2}\} \tag{6}$$

将式（1）代入式（6）得：

$$Q_{6-7} = Q_{6-5}\{1 + (\Delta H_{6-d}/\Delta H_{5-4})^{1/2}\} \tag{7}$$

将式（2）和式（3）代入，得：

$$Q_{6-7} = Q_{6-5}\{1 + [(H_6 - H_d)/(H_5 - H_4)]^{1/2}\} \tag{8}$$

为了简化计算，认为$[(H_6 - H_d)/(H_5 - H_4)]^{1/2} \approx H_6/H_5$可得：

$$Q_{6-7} = Q_{6-5}\{1 + (H_6/H_5)^{1/2}\} \tag{9}$$

式中 $Q_{6-7}$——管段6~7中的转输流量（L/s）；

$Q_{6-5}$——管段6~5中的转输流量（L/s）；

$H_6$——节点6的水压（kPa）；

$H_5$——节点5的水压（kPa）；

$(H_6/H_5)^{1/2}$——称为调整系数。

按上述方法简化计算各管段流量值，直至达到系统所要求的消防水量为止。这种计算方法偏于安全，在系统中除最不利点喷头外的任何喷头的喷水量和任意4个相邻喷头的平均喷水量均高于设计要求。该方法适用于严重危险级建、构筑物的自动喷水灭火系统以及雨淋、水幕系统。

(3) 自动喷水灭火系统设计秒流量宜按下式计算：

$$Q_s = (1.15 \sim 1.13)Q_t \tag{3-4}$$

式中 $Q_s$——系统设计秒流量（L/s）；

$Q_t$——喷水强度与作用面积的乘积,即理论秒流量(L/s)。

自动喷水灭火系统管道内的水流速度不宜超过5m/s,在个别情况下配水支管内的水流速度不应大于10m/s。

自动喷水灭火系统分支管路多,同时作用的喷头数较多且喷头出流量各不相同,因而管道水力计算繁琐。在进行初步设计时可参考表3-11估算。

(4) 自动喷水灭火系统所需的水压按下式计算:

$$H = Z + h_0 + h_t + \sum h \tag{3-5}$$

式中 $H$——系统所需的水压(或消防水泵的扬程,kPa);

$Z$——最不利点喷头与给水管或消防水泵的中心之间的静水压(kPa);

$\sum h$——计算管路沿程水头损失与局部水头损失之和(kPa);

$h_0$——最不利点喷头的压力(kPa);

$h_t$——报警阀的局部水头损失(kPa)。

### 五、自动喷水灭火系统的减压

该种系统中,存在着高低层管道中水压不平衡;同一层中,当保护面积较大时,由于是按最不利工作面积计算,则系统中有大量的工作面积内喷头需求水压比管网实际水压小,所以应予以减压。常用的减压措施有设置减压阀、减压孔板、节流管等。

采用减压孔板的计算方法参照消火栓系统。但应注意以下三点:

(1) 减压孔板应设置在 $DN \geqslant 50mm$ 的水平管段上。

(2) 孔口直径≥设置安装管段直径的50%。

(3) 孔板应安装在水流转弯处下流一侧的直管段上,与弯管距离不应小于设置管段的两倍。

### 六、开式自动喷水灭火系统设计计算

(一) 设计基本参数

雨淋系统的设计基本参数与闭式自动喷水灭火系统相同,每个雨淋阀控制的喷水面积不宜大于表3-7和表3-8中的作用面积。水幕系统的设计基本参数应符合表3-13的规定。

表3-13 水幕系统的设计基本参数

| 水幕类别 | 喷水点高度(m) | 喷水强度[L/(s·m)] | 喷头工作压力(MPa) |
|---|---|---|---|
| 防火分隔水幕 | ≤12 | 2 | 0.1 |
| 防护冷却水幕 | ≤4 | 0.5 | |

注:防护冷却水幕的喷水点高度每增加1m,喷水强度应增加0.1L/(s·m),但超过9m时喷水强度仍采用1L/(s·m)。

水喷雾灭火系统的设计基本参数应根据防护目的和保护对象确定,设计喷雾强度和持续喷雾时间不应小于表3-14的规定。

水雾喷头的工作压力,用于灭火时不应小于0.35MPa;用于防护冷却时不应小于0.2MPa。水喷雾灭火系统的响应时间,用于灭火时不应大于45s;用于液化气生产、储存装置或装卸设施防护冷却时不应大于60s;用于其他设施防护冷却时不应大于300s。

表 3-14 水喷雾灭火系统的设计基本参数

| 防护目的 | 保护对象 | | 设计喷雾强度 [L/(min·m²)] | 持续喷雾时间 (h) |
|---|---|---|---|---|
| 灭火 | 固体火灾 | | 15 | 1 |
| | 液体火灾 | 闪点60~120℃的液体 | 20 | 0.5 |
| | | 闪点高于120℃的液体 | 13 | |
| | 电气火灾 | 油浸式电力变压器、油开关 | 20 | 0.4 |
| | | 油浸式电力变压器的集油坑 | 6 | |
| | | 电力电缆 | 13 | |
| 防护冷却 | 甲、乙、丙类液体生产、储存、装卸设施 | | 6 | 4 |
| | 甲、乙、丙类液体储罐 | 直径20m以下 | 6 | 4 |
| | | 直径20m以上 | | 6 |
| | 可燃气体生产、输送、装卸、储存设施和罐瓶间、瓶库 | | 9 | 6 |

水喷雾灭火系统保护对象的保护面积应按其外表面面积确定，当保护对象外形不规则时，应按包容保护对象最小规则形体的外表面面积确定。变压器的保护面积除应按扣除底面面积以外的变压器外表面面积确定外，还应包括油枕、冷却器的外表面面积和集油坑的投影面积。分层敷设的电缆保护面积按整体包容最小规则形体的外表面面积确定。可燃气体和甲、乙、丙液体的灌装间、装卸台、泵房、压缩机房等的保护面积按使用面积确定。输送机皮带的保护面积按上行皮带的上表面面积确定。开口容器的保护面积按液面面积确定。

（二）设计计算

雨淋系统的设计计算方法步骤与闭式系统完全相同，设计流量按雨淋阀控制的全部喷头同时开启喷水的流量之和确定；多个雨淋阀并联的雨淋系统，其系统设计流量，按同时启动的雨淋阀的流量之和的最大值确定。系统的工作压力应满足在设计流量下最不利喷头的喷水要求。

水幕喷头的流量计算公式较多，但都是由孔口出流的基本公式推导而得，由于单位制的不同，流量系数的取值不同，公式也应相应的变化，但在本质上与闭式喷头是一致的。目前水幕喷头的流量系数是由生产厂家给定的。

1. 水幕系统设计计算步骤

（1）按式（3-6）计算喷头流量

$$q = K\sqrt{10p} \tag{3-6}$$

式中 $q$——喷头出流量（L/min）；

$K$——流量系数；

$p$——喷头最小工作压力（MPa）。

（2）按式（3-7）确定每排喷头数量

$$N = \frac{60q_k L_1}{q} \tag{3-7}$$

式中 $N$——喷头数量（只）；

$q_k$——喷水强度[L/(s·m)]，按表3-13取值；

$L_1$——水幕的保护长度（m）；

$q$——按式（3-6）求出的喷头流量（L/min）。

（3）按式（3-8）确定防火分隔水幕的喷头排数

$$M = \frac{60q_k L_2}{q} \qquad (3-8)$$

式中 $M$——防火分隔水幕喷头排数，采用洒水喷头不少于 2 排，采用缝隙式喷头不少于 3 排；

$q_k$——喷水强度 [L/(s·m)]，按表 3-13 取值；

$L_2$——水幕的保护宽度，不得小于 6m；

$q$——按式（3-6）求出的喷头流量（L/min）。

（4）从最不利点喷头开始，依次计算各节点处的水压和喷头出流量，计算方法同闭式系统的水力计算。

（5）将全部喷头在实际工作压力的实际流量之和作为系统设计流量，计算管网水头损失。

（6）根据最不利喷头的实际工作压力、最不利喷头与贮水池最低工作水位的高程差、设计流量下管路的总水头损失三者之和确定泵扬程。

2. 水喷雾系统设计计算步骤

（1）按式（3-6）计算水雾喷头流量。

（2）按式（3-9）计算保护对象的水雾喷头数量。

$$N = \frac{S \cdot W}{q} \qquad (3-9)$$

式中 $N$——保护对象的水雾喷头数量（只）；

$S$——保护对象的保护面积（m²）；

$W$——保护对象的设计喷雾强度 [L/(min·m²)]；

$q$——按式（3-10）求出的喷水流量（L/min）。

（3）从最不利点喷头开始，依次计算各节点处的水压和喷头出流量，计算方法同闭式系统的水力计算。

（4）按式（3-10）确定系统计算流量：

$$Q_j = \frac{1}{60}\sum_{i=1}^{n} q_i \qquad (3-10)$$

式中 $Q_j$——系统设计流量（L/s）；

$q_i$——各水雾喷头的实际流量（L/min）；

$n$——系统启动后同时喷雾的水雾喷头的数量。

当采用雨淋阀控制同时喷雾的水雾喷头数量时，水喷雾灭火系统的计算流量应按系统中同时喷雾的水雾喷头的最大用水量确定。

（5）取计算流量的 1.05~1.10 倍作为系统设计流量，计算管网水头损失。

（6）根据最不利喷头的实际工作压力、最不利喷头与贮水池最低工作水位的高程差、设计流量下管路的总水头损失三者之和确定泵扬程。

## 第四节 其他固定灭火系统简介

在建筑物中，有些场所的火灾是不能用水扑救的，因为有的物质（如电石、碱金属等）

与水接触会引起燃烧或助长火焰蔓延；有些场所有易燃、可燃液体很难用水扑灭火灾；而有些场所（如电子计算机房、通信机房、文物资料、图书、档案馆等）用水扑救会造成严重的水渍损失。所以，在建筑物内除设置水消防系统外，还应根据其内部不同房间或部位的性质和要求采用其他的消防灭火装置，用以控制或扑灭初期火灾，减少火灾损失。

## 一、二氧化碳灭火系统

### （一）二氧化碳灭火系统（$CO_2$灭火系统）简介

二氧化碳灭火系统是一种物理的、没有化学变化的气体灭火系统。这种灭火系统具有不污损保护物、灭火快、空间淹没效果好等优点。由于二氧化碳灭火系统可以扑灭某些气体、固体表面、液体和电器火灾。一般可以使用卤代烷灭火系统场合均可以采用$CO_2$灭火系统，加之卤代烷灭火剂因氟氯施放可破坏地球的臭氧层，为了保护地球环境，$CO_2$灭火系统日益被重视，但这种灭火系统造价高，灭火时对人体有害。$CO_2$灭火系统不适用于扑灭含氧化剂的化学制品和硝酸纤维、赛璐珞、火药等物质燃烧，不适用扑灭活泼金属如锂、钠、钾、镁、铝锑、钛、镉、铀、钚火灾，也不适用于金属氧化物类物质的火灾。

$CO_2$灭火剂是液化气体型，以液相$CO_2$储存于高压（$p \geq 6MPa$）容器内。当$CO_2$以气体喷向某些燃烧物时，可产生对燃烧物窒息和冷却的作用。

图3-20为$CO_2$灭火系统一般由以下三部分组成：储存装置（一般由储存容器、容器阀、单向阀和集流管以及称重检漏装置组成）、管道及其附件、$CO_2$喷头及选择阀组成（图3-20）。

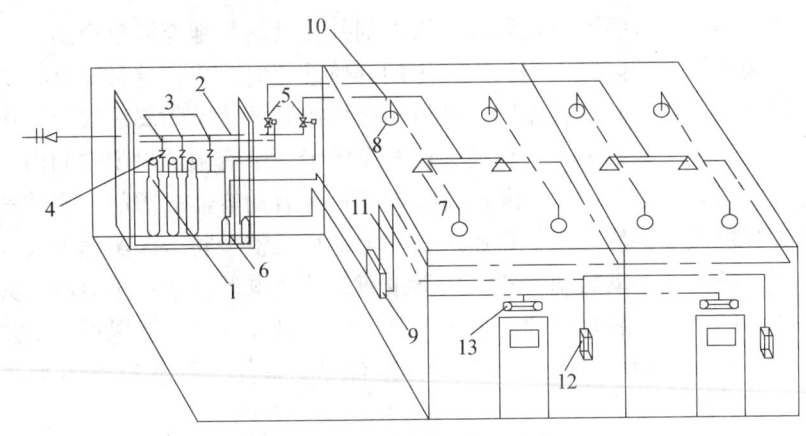

图3-20 二氧化碳灭火系统的组成

1—灭火剂储瓶（含瓶头阀和引升管）；2—汇流管，各储瓶口连接在它上面；3—汇流管与储瓶之间的连接软管；
4—防止灭火剂向储瓶倒流的止回阀；5—组合分配系统向各灭火作用区施放灭火剂的选择阀；
6—释放启动装置（包括自动控制、手动控制和机械应急操作三种启动方式）；7—灭火喷头；
8—灭火探测器，有感温、感烟、感光不同类型；9—灭火报警及灭火控制盘；10—灭火剂输送管道；
11—探测与控制线路（图中点划线表示）；12—紧急启动器；13—释放显示灯

$CO_2$灭火系统按灭火方式有全淹没系统，局部应用系统。全淹没系统应用于扑救封闭空间内的火灾；局部应用系统应用于扑灭不需要封闭空间条件的具体保护对象的非深位火灾。

### （二）二氧化碳灭火系统的应用状况

二氧化碳灭火系统在我国应用于20世纪70年代，后因80年代卤代烷灭火系统的应用，阻碍了二氧化碳灭火系统的推广使用。自从人类发现哈龙灭火剂中含有氯氟烃物质，对大气臭氧层损耗而使生存环境恶化的问题后，世界各国缔结了《蒙特利尔协定书》并在淘汰哈龙灭火剂的同时相继开发出众多哈龙替代物。到目前为止，具有可使用性并列入ISO14520国际标准草案的共有14种，二氧化碳灭火系统属于其中之一。

我国公安部和消防行业管理办公室以公消【1996】69号文，向各省、自治区、直辖市、公安厅（局）、消防局发出关于印发《哈龙替代的推广应用的规定》的通知中，明确规定对于应设置气体灭火系统的场所推荐使用二氧化碳灭火系统。在这种国际和国内环境下，二氧化碳灭火系统的应用越来越广泛。全国消防标准化技术委员会，1996年制定了《二氧化碳灭火系统及部件通用技术条件》的国家标准。

（三）二氧化碳的灭火机理

二氧化碳灭火剂主要通过窒息和冷却作用达到灭火目的，其中窒息作用为主导作用。

在常温常压条件下，二氧化碳的物态为气相。当储存于密封高压气瓶中，低于临界温度31.4℃时是以气、液两相共存的。灭火时，当灌装于钢瓶内的液态二氧化碳施放于灭火空间时，压力骤然下降，二氧化碳迅速蒸发成气体，体积扩大约500倍，隔绝空气、稀释和降低空气中的含氧量，达到控制和熄灭火灾的目的。二氧化碳由液体气化时，吸收大量的热，使喷筒内的温度降低，部分二氧化碳成为雪状的干冰粒子。干冰粒子从周围环境吸热迅速升华，可对燃烧物起到降温、冷却的辅助灭火作用。

（四）二氧化碳灭火系统分类

1. 按防护区特征和灭火方式分类

（1）全淹没灭火系统

在规定时间内向防护区喷射一定浓度的灭火剂并使其均匀地充满整个防护区的气体灭火系统。当事先无法预计防护区范围内火灾产生的具体部位时，采用这种灭火方式。

系统由二氧化碳储存容器、容器阀、管道、操作控制系统及附属装置等组成。操作控制系统有自动、手动两种。该系统将整套灭火设施设置于一个有限的封闭空间内，当发生火灾时，火灾探测器发出火灾报警信号，并通过控制盘打开启动容器的阀门，启动气体可打开选择阀及二氧化碳容器瓶阀，使二氧化碳迅速、均匀地喷入整个防护区实施灭火。如采用手动控制系统时，可直接打开手动启动装置，按下按钮，接通电源，使系统启动灭火。

全淹没系统可以用一套装置保护一个防护区，也可以有一套装置保护一组防护区，前者叫单元独立系统，图3-21为其原理图；后者称组合分配系统，图3-22为其原理图。采用组

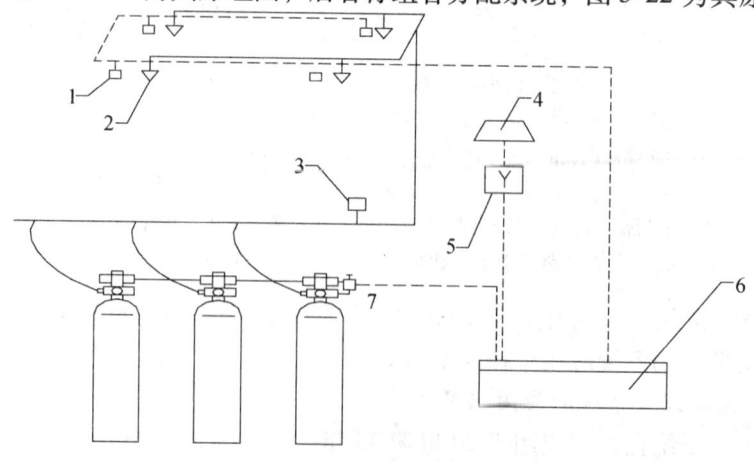

图3-21 全淹没单元独立型

1—探测器；2—喷嘴；3—压力继电器；4—报警器；5—手动启动装置；6—控制盘；7—电动启动头

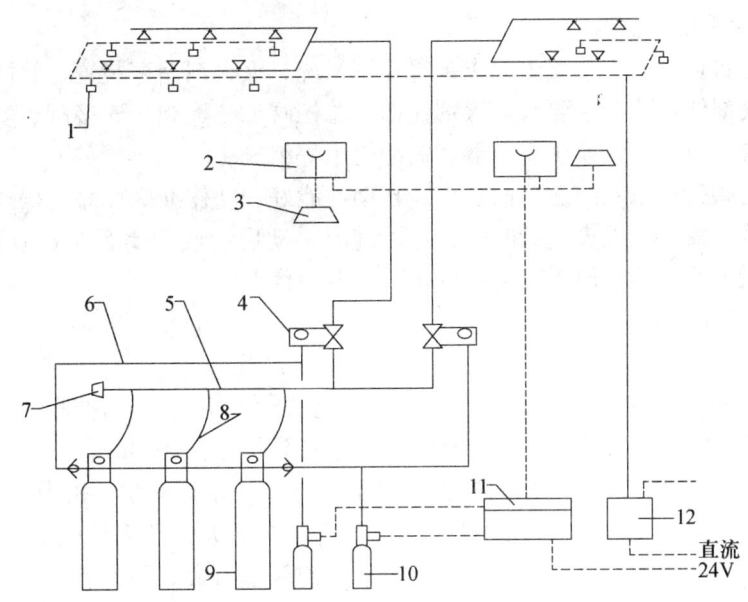

图 3-22 全淹没组合分配型

1—探测器；2—手动按钮启动装置；3—报警阀；4—选择阀；5—总管；6—操作管；
7—安全阀；8—连接管；9—储存容器；10—启动用气容器；11—报警控制装置；12—检测盘

合分配系统较为经济合理，但前提是同一组合中各个防护区不能同时着火，并且在火灾初期不能够形成蔓延趋势。

全淹没灭火系统的保护区应形成封闭空间，二氧化碳应达到灭火所要求的设计浓度并持续一段时间，使火灾彻底熄灭不再复燃。保护区内不能自动关闭的门窗等，其开口面积应小于防护区总面积的3%，并补充供给一定数量的二氧化碳灭火剂量。对于设置于防火门、窗以及排风道口上的防火阀均应在二氧化碳喷放前自动关闭，否则会影响二氧化碳的灭火效果。

（2）局部应用系统

直接向燃烧着的物体表面喷射灭火剂，使被保护物体完全被淹没，并维持灭火所必需的最短时间。在灭火过程中不能封闭，或是虽然能封闭但不符合全淹没系统要求的表面火灾采用。

系统由二氧化碳储备钢瓶、管道、喷嘴、操纵系统及附属装置等组成。

2. 按储存压力分类

（1）高压储存系统

采用加压方式将二氧化碳灭火剂以液态形式储存在容器内，其储存压力在21℃时为5.17MPa。为保证安全并维持系统正常工作，储存环境温度必须符合要求，对于局部应用系统，最高温度不得超过49℃，最低温度不得低于0℃；对于全淹没系统，最高温度不得超过54℃，最低温度不得低于 -18℃；高压储存系统的充装密度为0.6~0.68kg/L。

（2）低压储存系统

采用冷却与加压相结合的方式将二氧化碳灭火剂以液态形式储存在容器中，储存压力为2.07MPa。储存环境温度保持在 -18℃，充装密度为0.9~0.95kg/L。典型的低压储存装置是在压力容器外包一个密封金属壳，壳内有绝缘体，在一端安装一个标准的空气制冷机装置，把冷却蛇管装入容器内。

低压二氧化碳自动灭火系统由火灾报警控制系统、灭火剂储存装置、管网、喷头及控制柜等组成。灭火剂储存装置主要有灭火剂储槽、总控阀、分配阀、连接阀、安全阀、爆破片装置、测压装置、液位仪、差压变压器和制冷机组等组成。

低压二氧化碳灭火系统的占地面积小，自动性能好，动作准确可靠，操作方便，可以预先设定自动释放二氧化碳灭火剂的时间，还可随时手动启动或关闭系统控制灭火剂的喷放。低压二氧化碳灭火系统具有便于安装、维护、保养等优点。

（五）系统基本要求

1. 对防护区的要求

（1）设置全淹没系统的防护区，应是一个固定的封闭空间，以保证二氧化碳灭火浓度的建立。防护区的面积一般不宜大于 $500m^2$，总容积不宜大于 $2000m^3$。

（2）防护区四周围护结构的耐火极限不应小于0.5h，吊灯的耐火极限不应小于0.25h。

（3）防护区开口应能自动关闭。对气体、液体、电气火灾和固体表面火灾，在喷放二氧化碳前不能自动关闭的开口，其面积不应大于防护区总内表面积的3%，且开口不应设在底面。

（4）防护区设置的通风机和通风管道的防火阀，在喷放二氧化碳前应自动关闭。

（5）启动释放二氧化碳之前或同时，必须切断可燃、助燃气体的气源。

（6）防护区应根据围护结构的允许压强设置泄压口，防止灭火剂释放造成防护区内压力升高。允许压强的选取：标准建筑2.4kPa；高层建筑和轻型建筑1.2kPa；地下建筑2.4kPa。泄压口宜设在外墙上，其高度应大于防护区净高的2/3。有门窗的防护区一般通过门窗四周缝隙泄漏的二氧化碳防止空间压力过量升高，这种防护区可不需要再开泄压口。已设有防爆泄压口的防护区也不需要再设泄压口。泄压口的面积可按式（3-11）计算：

$$A_x = 0.45 \frac{q}{\sqrt{p}} \tag{3-11}$$

式中 $A_x$——泄压口面积（$m^2$）；

$q$——二氧化碳喷射强度（kg/s）；

$p$——围护结构的允许强度（Pa）。

（7）二氧化碳灭火剂属于气体灭火剂，易受风的影响，为保证灭火效果，保护对象周围的空气流动速度不宜大于3m/s。

（8）对于扑救易燃液体火灾的局部应用系统，流速很高的二氧化碳具有很大的动能，当二氧化碳射流喷到可燃液体表面时，除对射流速度加以限制外，还要求容器缘口到液面距离不得小于150mm。

2. 对储存容器的要求

（1）储存容器应符合现行国家标准《气瓶安全监察规程》和《压力容器安全监察规程》。

（2）高压储存装置应设泄压爆破膜片，其动作压力应为（19±0.95）MPa；低压储存装置应设泄压装置和超压报警器，泄压动作压力应为（2.4±0.012）MPa。

（3）低压储存系统应设置专用调温装置，二氧化碳温度应保持在 -20 ~ -18℃。

（4）储存装置宜设置在靠近防护区的专用储瓶间内。储瓶间出口应直接通向室外或疏散通道，房间的耐火等级不低于二级，室内应经常保持干燥和通风。储存容器应避免阳光直接照射，环境温度为 0~49℃。

储瓶间里的储存容器可以单排布置，也可双排布置，但要留有充足的操作空间。

3. 对系统设计要求

（1）全淹没系统二氧化碳灭火剂喷射时间，对于表面火灾不应大于 1min；对于深位火灾不应大于 7min，并应在前 2min 内达到 30% 浓度。

（2）二氧化碳灭火系统充装的灭火剂，应符合《二氧化碳灭火系统设计规范》（GB 50193—1993）的要求。

（3）高压储存系统储存环境温度与充装密度应符合表 3-15 的规定。

表 3-15　储存环境温度与充装密度的关系

| 最高环境温度（℃） | 充装密度（kg/L） | 最高环境温度（℃） | 充装密度（kg/L） |
| --- | --- | --- | --- |
| 40 | ≤0.74 | 49 | ≤0.68 |

（4）喷嘴最小工作压力，高压储存系统为 $1.4\times10^6$ Pa，低压储存系统为 $1.0\times10^6$ Pa。

（5）局部应用系统喷射时间一般不小于 0.5min。对于燃点温度低于沸点温度的可燃液体火灾，不小于 1.5min。

（6）局部应用系统的灭火剂覆盖面积应考虑临界部分或可能蔓延的部位。

4. 对灭火剂备用量的要求

对于比较重要的防护区，短期内不能重新灌装灭火剂恢复使用的二氧化碳灭火系统，以及一套装置保护 4 个以上防护区的二氧化碳灭火系统都应考虑设备备用量。灭火剂备用量不能小于一次灭火需要量，且备用量储存容器应与管道直接相连，以保证能切换使用。

5. 对系统控制启动的要求

（1）全淹没系统宜设自动控制和手动控制两种启动方式，经常有人的局部应用系统保护场所可设手动控制启动方式。

（2）为了避免探测器误报引起系统的误动作，通常设置两种类型或两组同一类型的探测器进行复合探测。自动控制应在接收两个以上独立火灾信号并延时 30s 后才启动。两个独立的火灾信号可以是烟感和温感信号，也可以是两个烟感报警信号。系统的动作控制程序方框图如图 3-23 所示。

（3）手动控制的操作装置应设在防护区外便于操作的地方，并能在一处完成系统启动的全部操作。

（4）启动系统的释放机构当采用电动和气动时必须保证有可靠的动力源。机械释放机构应传动灵活，操作省力。

（5）灭火系统启动释放之前或同时，应保证完成必须的联动与操作。

6. 对安全措施的要求

（1）防护区内应设火灾声报警器，若环境噪声在 80dB 以上，应设光报警器。光报警器应设在防护区入口处，报警时间不宜小于灭火过程所需的时间，并能手动切除报警信号。

（2）防护区应有 30s 内使该区人员疏散完毕的走道与出口。在疏散走道与出口处，应设火灾事故照明和疏散指示标志。

（3）防护区入口处应设置二氧化碳喷射指示灯。

（4）地下防护区和无窗或固定窗扇的地上防护区，应设机械排风装置。

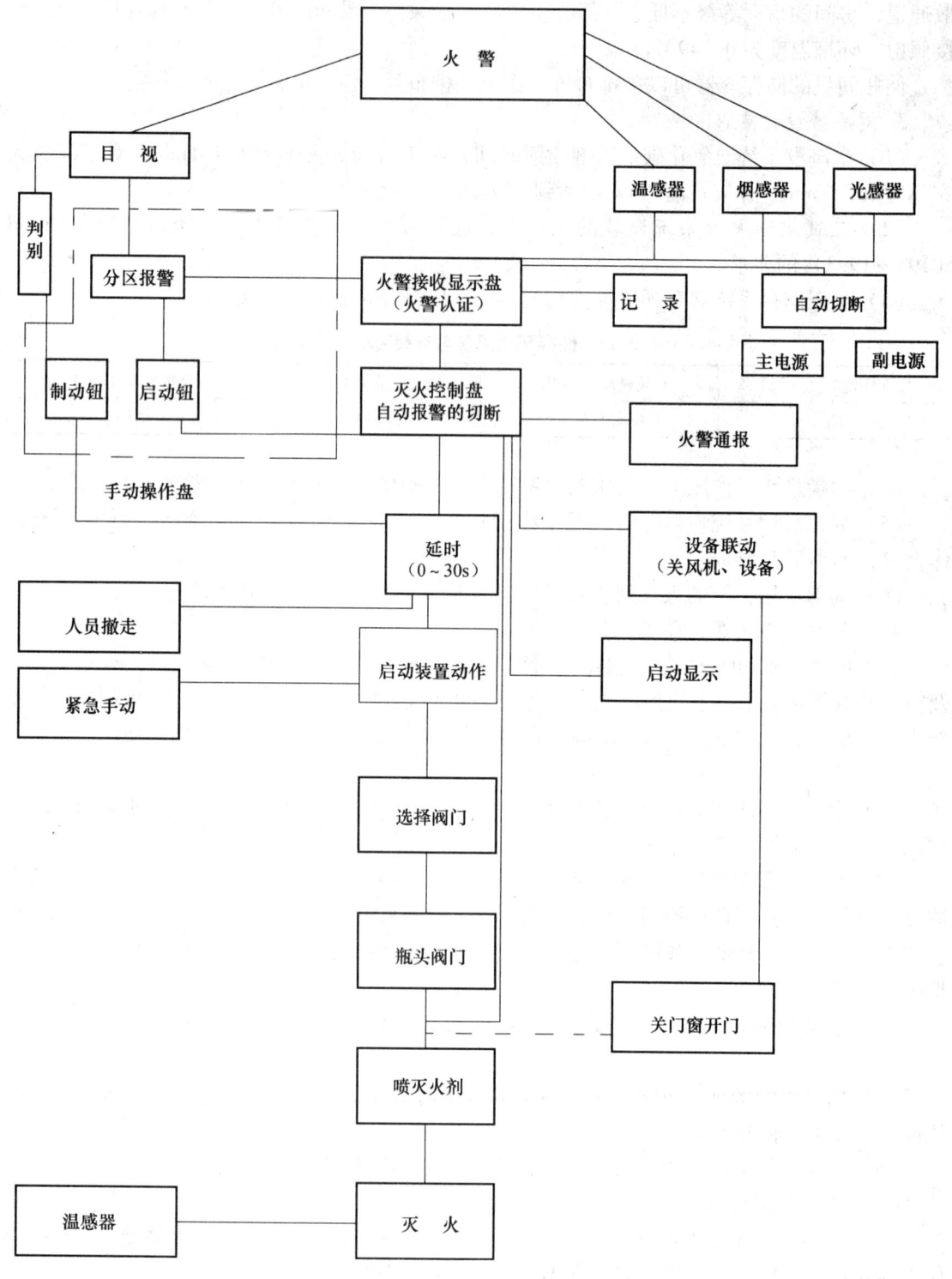

图 3-23 系统的动作控制程序方框图

(5) 防护区的门应向疏散方向开启,并能自行关闭,在任何情况下均能从防护区内打开。

(6) 设置灭火系统的场所应配专用的空气呼吸器或氧气呼吸器。

## 二、蒸汽灭火系统

蒸汽灭火工作原理是在火场燃烧区内,向其施放一定量的蒸汽时,可产生阻止空气进入燃烧区效应而使燃烧窒息。这种灭火系统只有在经常具备充足蒸汽源的条件下才能设置。蒸汽灭火系统适用于石油化工、炼油、火力发电等厂房,也适用于燃油锅炉房、重油油品等库房或扑灭高温设备。蒸汽灭火系统具有设备简单、造价低、淹没性好等优点,但不适用于体积大、面积大的火灾区,不适用扑灭电器设备、贵重仪表、文物档案等火灾。

蒸汽灭火系统组成如图 3-24 所示。

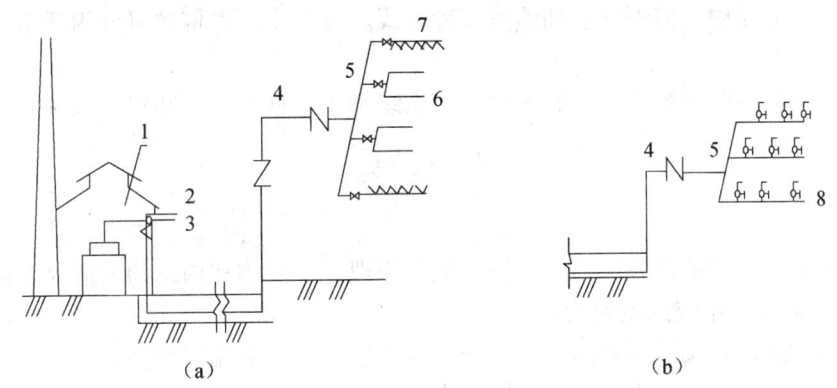

图 3-24 固定和半固定式蒸汽灭火系统
(a) 固定式;(b) 半固定式
1—蒸汽锅炉房;2—生活蒸汽管网;3—生产蒸汽管网;4—输汽干管;
5—配汽支管;6—配汽管;7—蒸汽幕;8—接蒸汽喷短管

蒸汽灭火系统也有固定式和半固定式两种类型。固定式蒸汽灭火系统为全淹没式灭火系统,保护空间的容积≤500m² 效果好。半固定式蒸汽灭火系统多用于扑救局部火灾。

蒸汽灭火系统宜采用高压饱和蒸汽($p \geq 0.49 \times 10^6 Pa$)不宜采用过热蒸汽。汽源与被保护区距离一般不大于 60m 为好,蒸汽喷射时间≤3min。配气管可沿保护区一侧四种墙面布置,距离宜短不宜太长。管线距地面宜在 200~300mm 范围。管线上干管上应设总控制阀,配管段上根据情况可设置选择阀,接口短管上应设短管手阀。

## 三、干粉灭火系统

以干粉作为灭火介质的灭火系统统称为干粉灭火系统。干粉灭火剂是一种干燥的、易于流动的细微粉末,平时储存于干粉灭火器或干粉灭火设备中,灭火时靠加压气体(二氧化碳或氮气)的压力将干粉从喷嘴射出,形成一股携夹着加压气体的雾状粉流射向燃烧物。

干粉灭火剂主要是对燃烧物质起到化学拟制、燃爆作用,使燃烧物熄灭。干粉灭火剂又分普通型干粉(BC 型)、多用途干粉(ABC 型)和金属专用灭火剂(D 类火灾专用干粉)。灭火剂的选择应根据燃烧物的性质确定。干粉灭火具有历时短、效率高、绝缘好、灭火后损失小、不怕冻、不用水、可长期储存等优点。

干粉灭火系统按其安装方式可分为固定式、半固定式。按其控制方法又可分为自动控制、手动控制;按其喷射干粉方式还可分为全淹没和局部淹没系统。

### 四、泡沫灭火系统

泡沫灭火工作原理是应用泡沫灭火剂，使其与水混溶后产生一种可漂浮、粘附在可燃、易燃液体或固体表面，或者充满某一着火场所的空间，起到隔绝、冷却作用，使燃烧熄灭。

泡沫灭火剂按其成分可分为：化学泡沫灭火剂、蛋白质泡沫灭火剂、合成型泡沫灭火剂三种类型。

泡沫火火系统广泛应用于油田、炼油厂、油库、发电厂、汽车库、飞机库、矿井坑道等场所。泡沫灭火系统按其使用方式可分为固定式、半固定式和移动式三种方式。按泡沫喷射方式又可分为液上喷射、液下喷射和喷淋三种方式。按泡沫发泡倍数可分为低倍、中倍和高倍三种。

除以上介绍的消防系统外，还有氮气灭火系统和小型移动灭火装置等系统。

## 本章小结

1. 基本概念

自动喷水灭火系统的设置原则、分类、工作原理、建筑物和构筑物的危险等级。

2. 自动喷水灭火系统的主要构件

闭式灭火系统：喷头、报警阀、延时器、火灾探测器、末端检测装置。
开式灭火系统：开式洒水喷头、水幕喷头、雨淋阀、控制阀。

3. 闭式灭火系统的设计

喷头的布置要求、管网系统设计。

4. 管网的水力计算

作用面积法、特性系数法。

5. 其他固定灭火系统

二氧化碳灭火系统、蒸汽灭火系统、干粉灭火系统、泡沫灭火系统。

## 复习思考题

1. 常用的自动喷水灭火系统有哪些种类？适用条件是什么？
2. 自动喷水灭火系统的主要组件有哪些？各自的作用是什么？
3. 常用的闭式喷头有哪几类？各自的特点和适用场合怎样？
4. 自动喷水灭火系统的作用面积法计算与特性系数法计算之间有何差别？
5. 报警阀分为哪几类？各自的工作原理是什么？
6. 自动喷水灭火系统的管道布置有何要求？
7. 自动喷水灭火系统的检测设备有哪些？如何使用？
8. 气体（二氧化碳）灭火系统有何特点？适用条件是什么？
9. 水喷雾灭火系统与自动喷水灭火系统有何差异？
10. 水喷雾灭火系统有何特点？适用条件是什么？

# 第四章 建筑内部排水系统

**【知识目标】**

了解建筑内部排水系统的分类和组成；了解污废水提升和局部处理构筑物；掌握建筑内部排水系统管材和附件；重点掌握流量计算和水力计算。

**【能力目标】**

通过本章的学习，学生能识读简单的建筑内部排水系统图纸；能完成简单的建筑内部排水系统设计；能说出建筑内部排水系统常用的管材和附件种类及简单的性能。

## 第一节 建筑内部排水系统的分类和组成

建筑内部排水系统的功能是将日常生活和工业生产中产生的污废水及落到屋面的降水（主要是雨、雪水）顺畅地排出到室外。

### 一、建筑内部排水系统的分类

（一）按污废水来源进行分类

1. 生活排水系统

生活排水系统排除居住建筑、公共建筑及工业企业生活间的污水与废水，有时，由于污废水处理、卫生条件或小区中水回用的需要，把生活排水系统又进一步分为排除冲洗便器的生活污水排水系统和排除盥洗、洗涤废水的生活废水排水系统。生活废水经过处理后，可作为杂用水，用来冲洗厕所、浇洒绿地和道路、冲洗汽车等。

2. 工业废水排水系统

工业废水排水系统排除工业企业在生产过程中产生的污废水。在工业生产中受到轻度污染的水：如机械设备冷却水，经过简单处理能做杂用水或回用或排放，这叫生产废水；相反在工业生产过程中受到严重污染的水：如印染厂排水、屠宰场排水，水质很差，必须进行严格处理才能排放，这叫生产污水。根据这种污废水分类，工业废水排水系统又分为生产废水排水系统和生产污水排水系统。

3. 屋面雨水排水系统

雨水是自然界中降水的主要来源，屋面雨水排水系统主要负责收集、排除落到大跨度屋面的雨水，防止雨水汇集屋面造成漏水。

（二）按污废水在排放过程中的关系

1. 污废合流排水系统

指生活污水和生活废水、工业生产污水和工业生产废水在建筑物内合流后再排放的排水系统。

2. 污废分流排水系统

指生活污水和生活废水或工业生产污水和工业生产废水分别在不同的管道系统内排放的

排水系统。

（三）排水系统的选择

（1）建筑物内生活排水系统的选择，应根据排水性质及污染程度，结合室外排水体制和有利于综合利用与处理要求确定。

1）当建筑采用中水系统时，所选用的原水排水系统的排水宜按排水水质分流排出。

2）当生活污水需经化粪池处理时，生活污水和生活废水宜采用分流排放。

3）当有污水处理厂时，生活污水与生活废水宜合流排出。

（2）下列情况下的建筑排水宜单独排至水处理或回收构筑物：

1）公共饮食业厨房洗涤废水。

2）洗车台冲洗水。

3）含有大量致病菌或放射性元素超标的医院污水。

4）水温超过40℃的锅炉、水加热器等加热设备排水。

5）用作中水水源的生活排水。

建筑雨水排水系统应单独设置，在缺水或严重缺水地区宜设雨水回收利用装置。

## 二、建筑内部排水系统的组成

建筑内部排水系统要求排水通畅、气压稳定噪声低、管线简短顺直，为满足这一功能，其组成包括卫生器具、排水管道、清通设备和通气管道等，如图4-1所示。

（一）卫生器具和生产设备受水器

卫生器具又称卫生设备或卫生洁具，是接收、排出人们在日常生活中产生的污废水或污物的容器或装置。洗脸盆、洗涤池、大便器等都属于卫生器具，它们是建筑内部排水系统的起点，其结构、材料和形式种类繁多。生产设备受水器是接收、排出工业企业在生产过程中产生的污废水或污物的容器或装置。

（二）排水管道

排水管道包括器具排水管（含存水弯）、横支管、立管、埋地干管和排出管。

（三）清通设备

污废水中含有固体杂物和油脂，容易在管内沉积、粘附，使管道过水断面减小甚至堵塞管道，因此需设清通设备。清通设备包括设在横支管顶端的清扫口，设在立管或较长横干管上的检查口和设在室内较长埋地横干管上的检查口。

（四）提升设备

标高较低的场所如：工业和民用建筑的地下室等产生的污废水，不能靠重力自流排

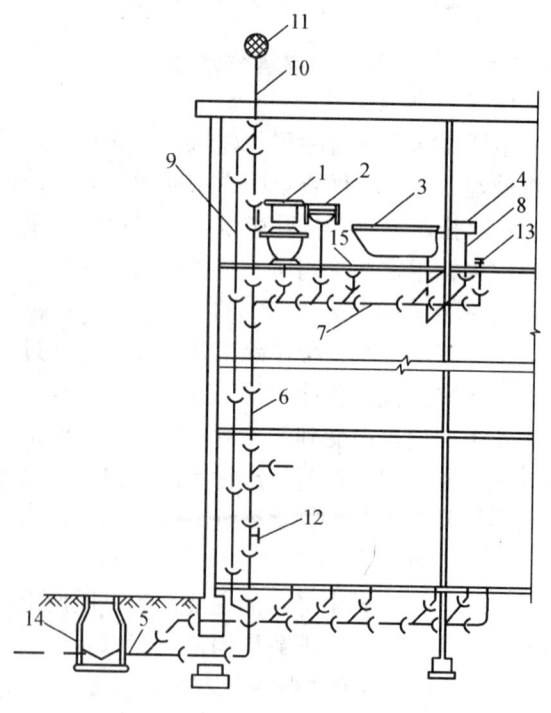

图4-1 室内排水系统基本组成示意图
1—大便器；2—洗脸盆；3—浴盆；4—洗涤盆；
5—排出管；6—立管；7—横支管；8—支管；
9—通气立管；10—伸顶通气管；11—网罩；
12—检查口；13—清扫口；14—检查井；15—楼板

到室外检查井，必须设污水泵等提升设备。

（五）污废水局部处理构筑物

当建筑内部污水未经处理不允许直接排入市政排水管网或水体时，需设污水局部处理构筑物，如处理民用建筑生活污水的化粪池，降低锅炉、加热设备排污水水温的降温池，去除含油污水油脂的隔油池，以及以消毒为主要目的的医院污水处理构筑物等。

（六）通气系统

建筑内部排水管道内是水气两相流，气体经常发生波动。为避免因管内压力波动使有毒有害气体进入室内和降低管道内噪声，需要设置与大气相通的通气管道系统。通气系统有排水立管延伸到屋面上的伸顶通气管、专用通气管以及专用附件。

### 三、建筑内部排水管道组合类型

建筑内部污废水排水管道按排水立管和通气立管的设置情况可分为三类，即单立管排水系统，双立管排水系统，三立管排水系统。

（一）单立管排水系统

单立管排水系统是指只有一根排水立管，没有专门通气立管的系统。单立管排水系统利用排水立管本身及其连接的横支管和附件进行气流交换，这种通气方式叫做内通气系统。根据建筑层数和卫生器具的多少，单立管排水系统又有三种类型。

1. 无通气管的单立管排水系统

这种单立管排水系统，立管顶部不与大气连通，适用于立管短，卫生器具少，排水量小，立管顶端不便伸出屋面的情况，如图 4-2（a）所示。

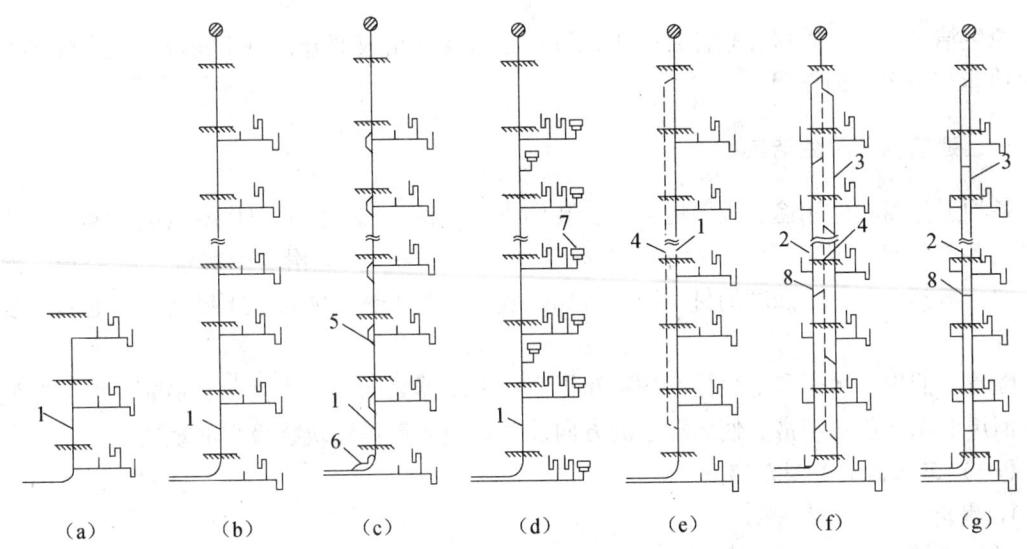

图 4-2 室内排水系统基本组成示意图
(a) 无通气管的单立管排水系统；(b) 普通单立管；(c) 特制配件单立管；
(d) 吸气阀单立管；(e) 双立管；(f) 三立管；(g) 污废水立管互为通气管；
1—排水立管；2—污水管；3—废水管；4—通气立管；
5—上部特制配件；6—下部特制配件；7—吸气阀；8—结合通气管

2. 有通气管的普通单立管排水系统

排水立管向上延伸，穿出屋顶与大气连通，适用于一般多层建筑，如图 4-2（b）所示。

3. 特制配件单立管排水系统

在横支管与立管连接处，在立管底部与横干管或排出管连接处均设置特制配件代替一般的弯头，在排水立管管径不变的情况下改善管内水流与通气状况，增大排水能力，所以也叫诱导式内通气方式，适用于各类多层、高层建筑，如图4-2（c）所示。

此外还有在排水管上装设吸气阀的单立管排水系统，如图4-2（d）所示。

单立管排水系统的详细讲述见本章第五节。

（二）双立管排水系统

双立管排水系统也叫双管制，由一根排水立管和一根通气立管组成。利用排水立管和通气立管两者之间的空气交换，所以叫外通气系统。适用于污废水合流的各类多层和高层建筑，如图4-2（e）所示。

（三）三立管排水系统

三立管排水系统也叫三管制，它是一根污水立管和一根废水立管共用一根通气立管构成。三立管排水系统也是外通气系统，适用于生活污水废水分流的多层和高层建筑，如图4-2（f）所示。

三立管排水系统还有一种变形系统，省掉专用通气立管，将废水立管和污水立管每隔两层互相连接，利用两立管的排水时间差，互为通气立管，这种外通气方式也叫湿式外通气系统，如图4-2（g）所示。

# 第二节　建筑内部卫生洁具、排水管材及附件

卫生洁具、排水管材和附件是排水系统中很重要的组成部分，对于完成建筑内部排水系统的功能有决定性的作用。

## 一、建筑内部卫生洁具

各种卫生器具的用途、设置地点、安装和维护条件不同，因此卫生器具的结构、形式和材料也各不相同。卫生器具一般采用不透水、无气孔、表面光滑、耐腐蚀、耐磨损、耐冷热、便于清扫、有一定强度的材料制造，如陶瓷、搪瓷生铁、塑料、不锈钢、水磨石和复合材料等。

随着人们生活水平和卫生标准的不断提高，卫生器具朝着材质优良、功能完善、造型美观、消声节水、色彩丰富、使用舒适的方向发展，成为衡量建筑物级别的重要标准。

（一）卫生器具类型介绍

1. 盥洗用卫生器具

（1）洗脸盆

洗脸盆是卫生器具中较常用的一种，一般用于洗脸、洗手、洗头。广泛用于旅馆、公寓卫生间，与浴盆配套设置，也用于公共洗手间、理发室内洗头、医院各治疗间洗器皿和医生洗手等。洗脸盆的高度及深度适宜、盥洗不用弯腰较省力，脸盆前沿设有防溅沿，使用时不溅水，可用流动水盥洗比较卫生，也可作为不流动水盥洗。

按洗脸盆的构造、外形和安装方式可分普通式洗脸盆、台式洗脸盆和立式洗脸盆，如图4-3所示。普通式洗脸盆亦称墙挂式洗脸盆，这类洗脸盆使用较广。其外形有圆角形、矩

形，有双眼、单眼之分，适合于设冷、热水龙头或只设冷水龙头时选用，一般需另配脸盆托架固定在墙上；立式洗脸盆又称立柱式洗脸盆，该盆附有色彩和款式与盆相配套的立柱，规格有大号和中号，排水存水弯暗装在立柱内，显得整洁大方，该盆体积虽大，但安装牢固，在盆靠墙的侧面有螺栓固定在墙上。台式洗脸盆一般为圆形或椭圆形。嵌装在大理石或瓷砖贴面的台板上，大型卫生间设置较多，兼作化妆台用。

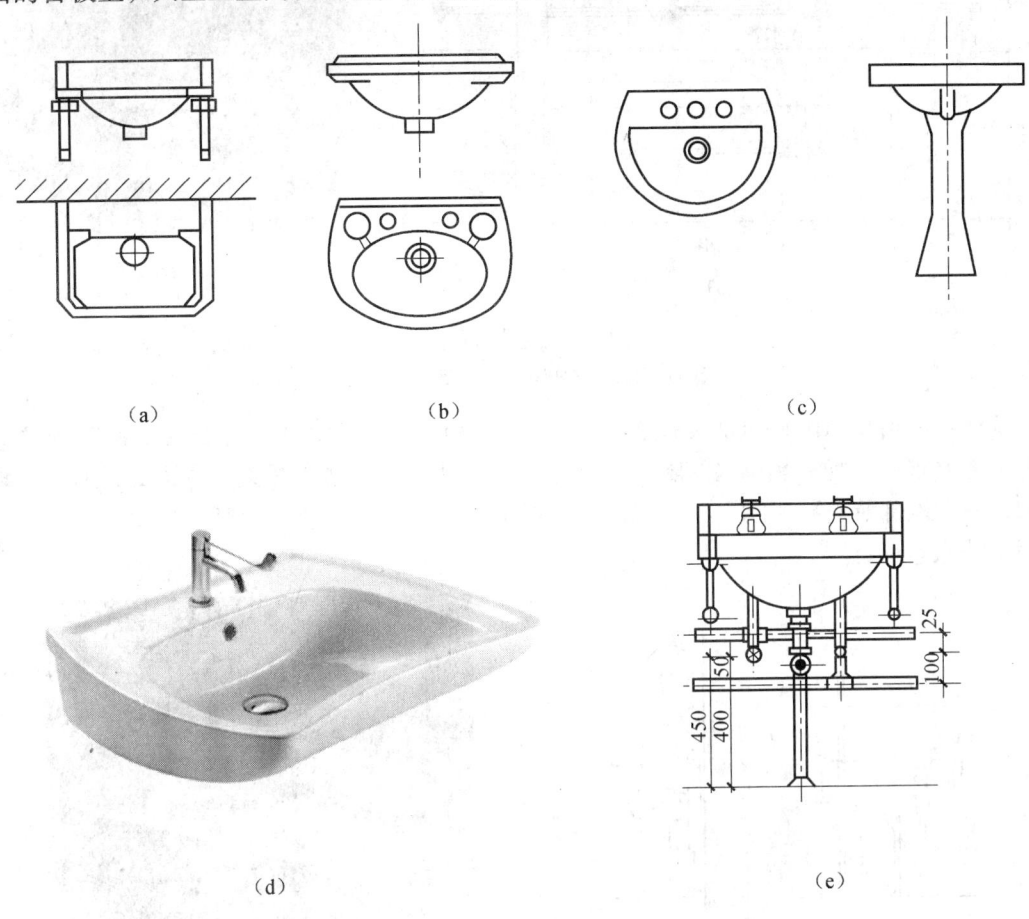

图4-3 洗脸盆示意图
(a) 普通型；(b) 台式；(c) 立柱式；(d) 普通式洗脸盆实物图；(e) 普通式洗脸盆管道图

洗脸盆的配件包括洗脸盆水嘴、排水栓和存水弯等；洗脸盆的附属设备包括洗脸盆靠墙上方的镜箱、旁边的肥皂液流出器和毛巾架、公共卫生间每2~3个洗脸盆还要配有一台干燥烘手器，洗脸盆附近还要有电插座，供刮胡子和卷发用。

(2) 盥洗槽

盥洗槽设在集体宿舍、车站候车室、工厂生活间等公共卫生间内，可供多人同时使用。多为长方形布置，有单面、双面两种，一般为钢筋混凝土现场浇筑，水磨石或瓷砖贴面，也有不锈钢、搪瓷、玻璃钢等制品，如图4-4所示。

2. 洗涤用卫生器具

洗涤用卫生器具包括厨房用洗涤盆、实验室用化验盆和污水盆等。洗涤盆是装设在住宅厨房内，供洗碗碟、蔬菜用的卫生器具。多为陶瓷、搪瓷、不锈钢和玻璃钢制品，有单格、双格和三格之分，有的还带搁板和背衬。双格洗涤盆的一格用来洗涤，另一格泄水。大型公共食堂内也有现场建造的洗涤池，如洗菜池、洗碗池、洗米池等。图4-5（b）为不锈钢双格洗涤盆示意图。

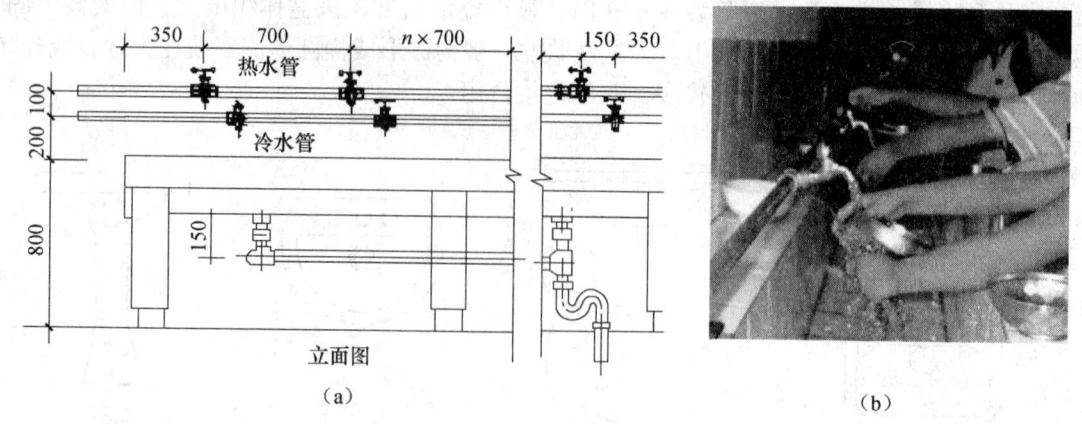

图4-4 盥洗槽示意图
（a）盥洗槽立面图；（b）盥洗槽实物图

洗涤盆的给排水配件包括长脖水嘴（住宅厨房）、皂液盒、上下水配件。医院的洗涤盆出于卫生要求一般配冷热调温阀随时调节合适的温度；设脚踏式开关，防止交叉感染；装设鹅颈龙头，端部装有减压滤网，使水流柔软松散、噪声小，不会产生溅水现象。图4-5（a）为医用洗涤盆示意图。

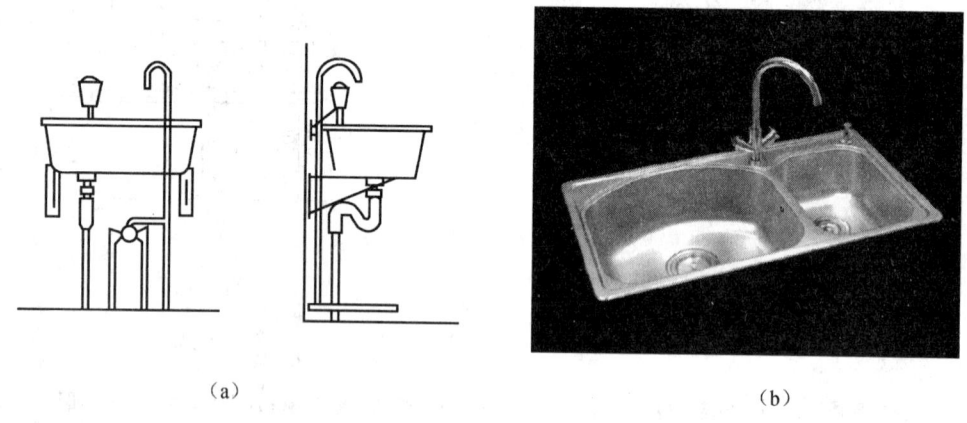

图4-5 厨房用洗涤盆示意图
（a）医用洗涤盆；（b）厨用不锈钢双格洗涤盆实物图

3. 沐浴用卫生器具

（1）浴盆

浴盆设在住宅、宾馆、医院住院部等卫生间或公共浴室。多为搪瓷制品，也有陶瓷、玻璃钢、人造大理石、亚克力（有机玻璃）、塑料等制品。按使用功能分为普通浴盆、坐浴盆和按摩浴盆三种，按摩浴盆装有水力按摩装置，有加强血液循环、松弛肌肉疲劳的作用；按形状分为方形、圆形、三角形和人体形；按有无裙边分为无裙边和有裙边两类；现在还出现了仿古木浴桶，外表古朴典雅，但一般价格较高。图4-6所示为木浴桶和浴盆实物图。

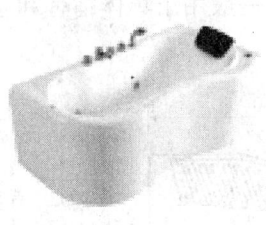

图 4-6 木浴桶和浴盆实物图

（2）淋浴器

淋浴器是一种由莲蓬头、出水管和控制阀组成，喷洒水流供人沐浴的卫生器具，如图 4-7 所示。成组的淋浴器多用于工厂、学校、机关、部队、集体宿舍、体育馆的公共浴室。与浴盆相比，淋浴器具有占地面积小，设备费用低，耗水量小，清洁卫生，避免疾病传染的优点。按供水方式，淋浴器有单管式和双管式两类；按出水管的形式有固定式和软管式；按控制阀的控制方式可分为手动式、脚踏式和自动式；莲蓬头有分流式、充气式和按摩式等几种。淋浴器有成品的，也有现场安装的。

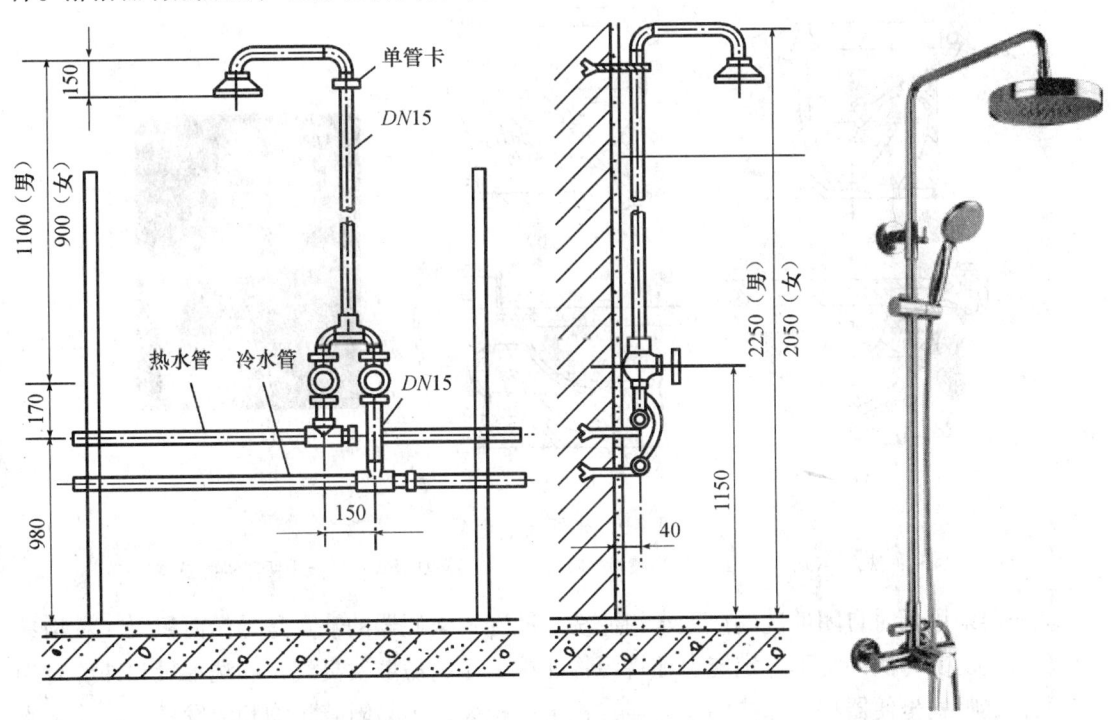

图 4-7 淋浴器安装图和实物图

4. 便溺用卫生器具

（1）便溺用器具介绍

1）蹲式大便器

蹲式大便器按污水排出口的位置分为前出口和后出口。蹲式大便器使用时不与人身体接触，防止疾病传染，但污物冲洗不彻底，会散发臭气。蹲式大便器采用高位水箱或延时自闭式冲洗阀冲洗。一般用于集体宿舍和公共建筑物的公用厕所及防止接触传染的医院厕所内，如图4-8所示。

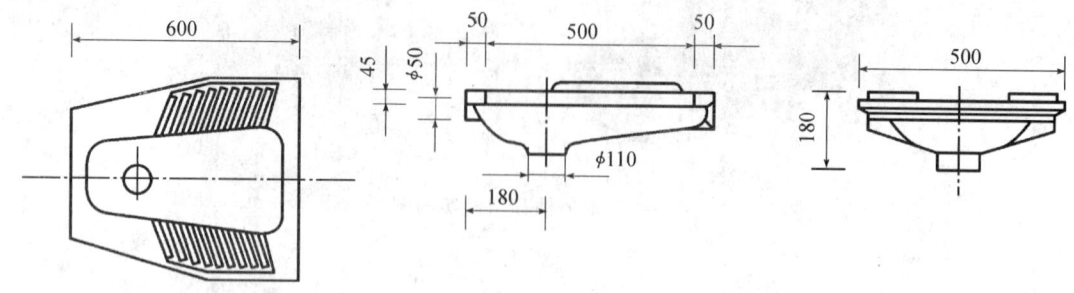

图4-8 蹲式大便器

2) 坐式大便器

坐式大便器简称坐便器，有多种类型。按安装方式分为落地式和悬挂式；按与冲洗水箱的关系分为分体式和连体式；按排出口的位置有下出口（底排水）和后出口（横排水）；按用水量分节水型和普通型；按冲洗水力原理分为冲洗式和虹吸式。如图4-9所示。

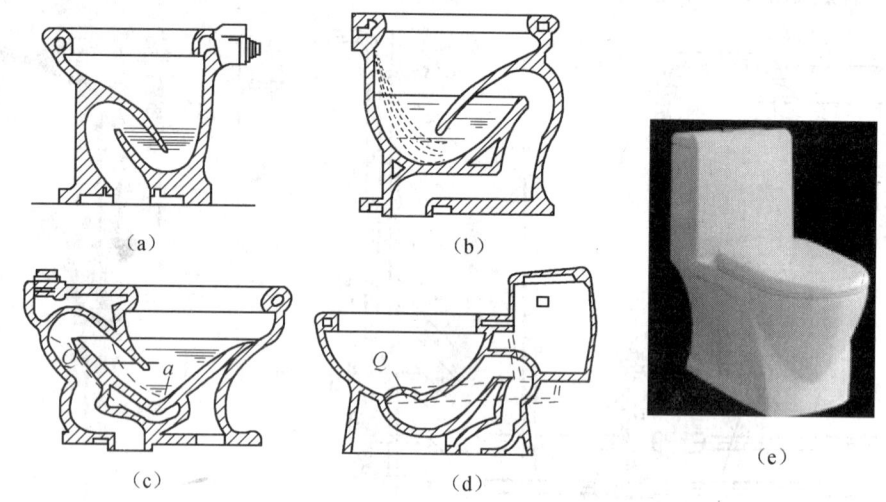

图4-9 坐便器示意图
(a) 冲洗式；(b) 虹吸式；(c) 喷射虹吸式；(d) 漩涡虹吸式；(e) 坐便器实物图

坐便器采用延时自闭冲洗阀或低水箱冲洗。冲洗式坐便器的缺点是受污面积大，污物易附着在器壁上，每次冲洗不一定能保证将污物冲洗干净，易散发臭气，冲洗水量和冲洗时噪声较大；虹吸式坐便器虹吸和排污能力强，积水面积大，不易附着污物和散发臭气，冲洗水量较小，冲洗噪声较低，冲洗性能较好。

3) 小便器

小便器是设置在公共建筑男厕所内，收集和排除小便的便溺用卫生器具，多为陶瓷制品，有立式和挂式两类。立式小便器又称落地小便器，用于标准高的建筑。挂式小便器，又称小便斗，安装在墙壁上，如图4-10所示。

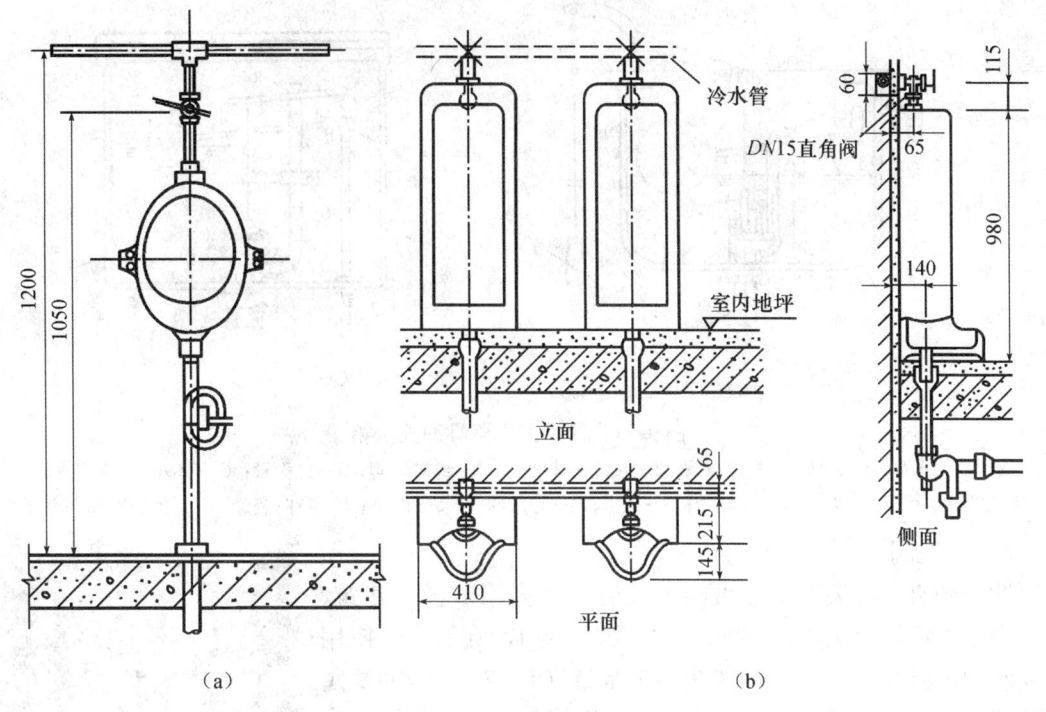

图 4-10 坐便器示意图
(a) 挂式小便器；(b) 立式小便器

4) 大便槽和小便槽

便溺用卫生器具除上述讲到的之外，还有大便槽和小便槽，都是用在公共场所供多人使用的水泥或瓷砖铺砌的有坡度的矩形槽，包括冲洗水箱、排水地漏、存水弯等附件。

除一些常用的便溺用卫生器外，还有用于特殊场所的不用水或少用水的新型大便器，如用于船舶、车辆、飞机上的真空排水坐便器；以压缩空气作动力的压缩空气排水坐便器；自带燃烧室和排风系统，利用瓶装燃气和电热器焚烧粪便，内排风机和风道排除燃烧废气的焚烧式大便器；带有可以封闭并低温冷冻粪便储存器的冷冻式大便器；利用化学药剂分解粪便，装有伸顶通气管的化学药剂大便器；在无条件用水冲洗的特殊场所下通过空气循环作用消除臭味，并将粪便脱水的干式大便器等。

(2) 冲洗设备介绍

便溺用卫生器具冲洗通常采用冲洗水箱和冲洗阀，冲洗水箱分为自动冲洗水箱、手动冲洗水箱；冲洗阀包括常用的延时自闭冲洗阀和红外自动冲洗阀及光控冲洗阀。

1) 冲洗水箱

图 4-11 为节水 60% 的双档冲洗水箱。水箱的开关分为两档，可供两种冲洗水量分别用于冲洗粪便和尿液。按操作方式分有杠杆式、按钮式和手拉式；自动冲洗水箱，不需人工操作，依靠流入水箱的水量自动作用，当水箱内水位达到一定高度时，形成虹吸造成压差，使自动冲洗阀开启，将水箱内存水迅速排出进行冲洗，因为不管有没有人使用洁具都要进行冲洗，所以对水造成了很大浪费；光电数控冲洗水箱可根据使用人数自动冲洗，在便器或便槽的入口附近布置一道光线，有人进出时便遮挡光线，每中断光线 2 次电控装置记录下 1 次人数，当人数达到预定数目时，水箱即放水冲洗，人数达不到时，延时 20~30min 自动冲洗一次，无人使用时则不放水，可节水 50%~40%。

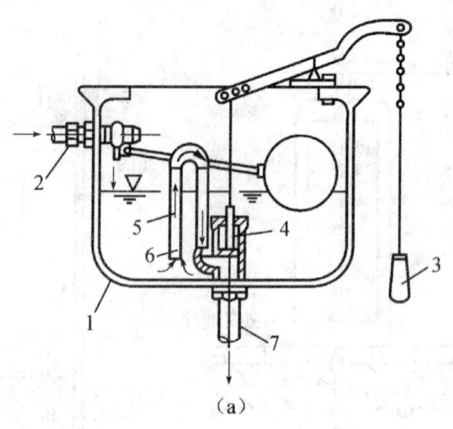 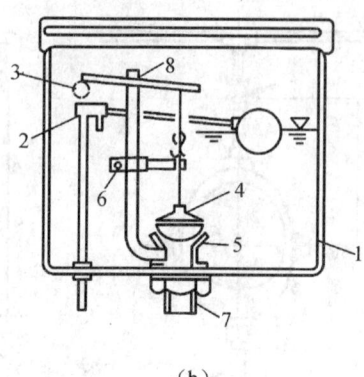

图4-11 便溺卫生器具冲洗水箱
(a) 高位水箱：1—水箱；2—浮球阀；3—拉链-弹簧阀；4—橡胶球阀；5—虹吸管；6—$\phi 5$小孔；7—冲洗管
(b) 低位水箱：1—水箱；2—浮球阀；3—扳手；4—橡胶球阀；5—阀座；6—导向装置；7—冲洗管；8—溢流管

2) 冲洗阀

冲洗阀直接安装在大小便器冲洗管上，多用于公共建筑、工业企业生活间及火车上的厕所内，如图4-12所示。由使用者控制冲洗时间（5~10s）和冲洗用水量（1~2L）的冲洗阀叫延时自闭式冲洗阀，可以用手、脚或光控开启冲洗阀。延时自闭式冲洗阀具有体积小，外观洁净美观、使用方便，节约水量、流出水头较小，可保证冲洗设备与大、小便器之间的空气隔断的特点。

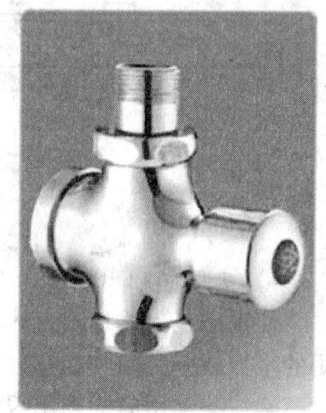

**二、建筑排水管道材料**

过去常用的建筑排水管材为砂模铸造的排水铸铁管，该种管材厚薄不均，砂眼，裂缝多，尺寸误差大，污水容易渗漏。

图4-12 延时自闭式冲洗阀

因此砂模铸造排水铸铁管正逐渐被柔性接口机制排水铸铁管和PVC-U塑料管取代。选用管材时，要综合考虑建筑物的高度、抗震要求、防火要求及当地的管材供应条件进行选用。

（一）柔性接口机制排水铸铁管

采用最先进的铸管工艺"冷水金属型离心铸造"。成型后的管道和管件无砂眼气孔，组织致密、壁厚均匀，内外壁光滑，弯曲度小，在壁厚相同的情况下，和砂型铸造的产品相比，抗压、抗拉的力学性能得到提高，管段长，经得起搬运和吊装过程中产生的应力。施工方便，可缩短工期。产品具有承压高、水流噪声低、接口不易漏水、耐高温、寿命长、可曲挠性强，用于解决高层建筑因大风等外力引起的层间位移。柔性接口，如图4-13所示，其抗震性能强，可用于地震设防较高的地区。

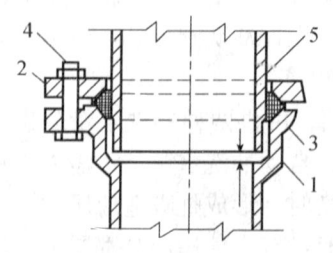

图4-13 柔性接口
1—承口；2—法兰压盖；
3—橡胶圈；4—螺栓；5—插口

承插式柔性排水铸铁管及管件，按标准公称口径分为 $DN50$、$DN75$、$DN100$、$DN125$、$DN150$、$DN200$ 五个档次。品种有承插口式直管、双承插口式套管、T三通、TY三通、45°弯头、90°弯头、P型存水弯、S型存水弯、立式检查口及其配件等，如图4-14所示。

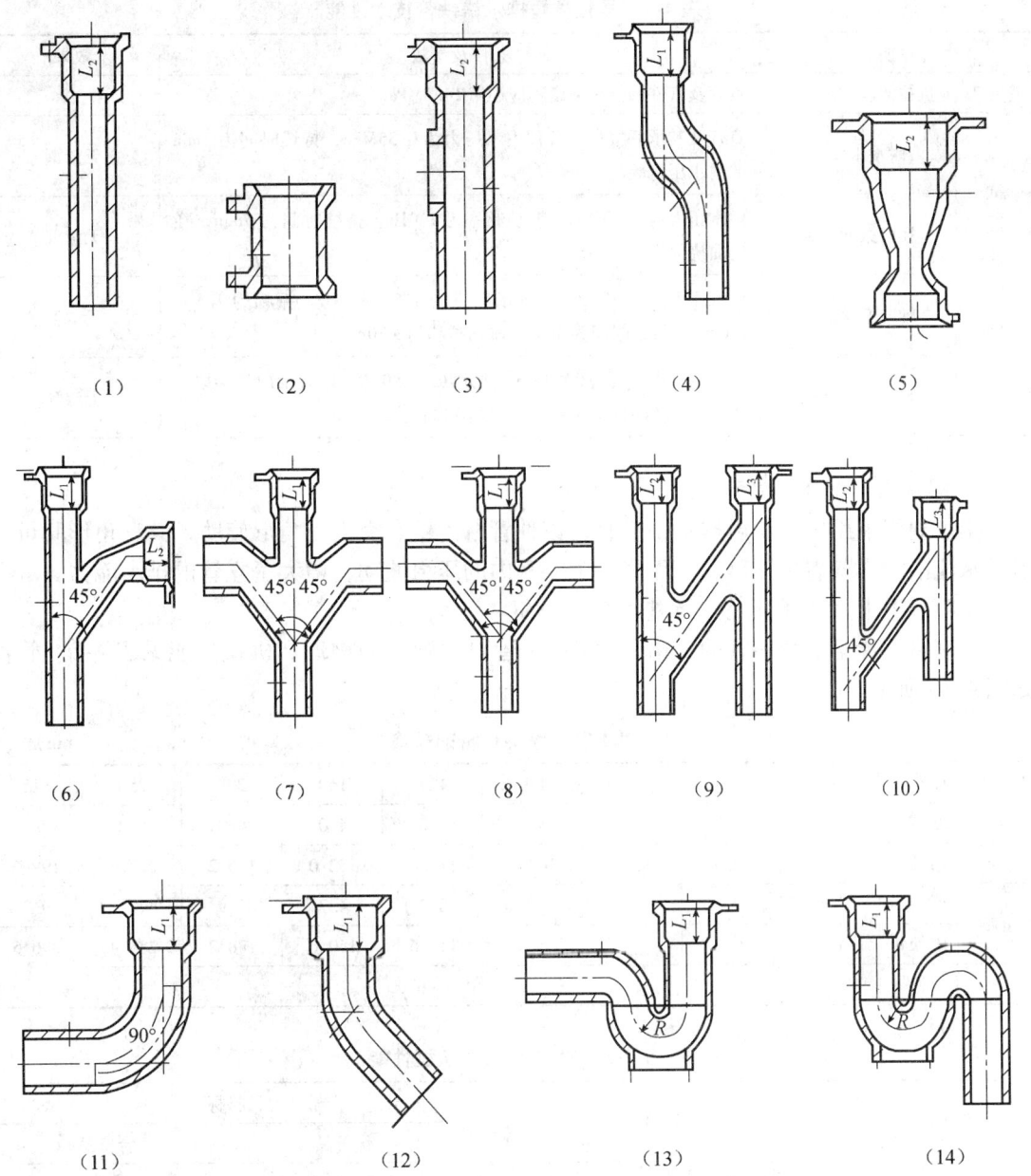

图4-14 柔性接口机制排水铸铁管管件

(1) 承插口式直管；(2) 双承插口式直管；(3) 双承插口式套管；(4) 立管检查口；(5) 弯曲管；
(6) TY异径三通；(7) TY四通；(8) TY异径四通；(9) H透气管；(10) H异径透气管；
(11) 90°弯头；(12) 45°弯头；(13) P型存水弯；(14) S型存水弯

### (二) 排水用 PVC-U 管材

目前，在建筑内部广泛使用的排水塑料管是硬聚氯乙烯塑料管（简称PVC-U管）。具有重量轻、不结垢、不腐蚀、外壁光滑、容易切割、便于安装、可制成各种颜色、投资省和节能的优点。但塑料管也有强度低、耐温性差（使用温度在 -5～50℃之间）、立管噪声大、暴露于阳光下的管道易老化、防火性能差等缺点。排水塑料管有普通排水塑料管、芯层发泡排水塑料管、拉毛排水塑料管和螺旋消声排水塑料管等几种。

表 4-1 柔性抗震排水铸铁管技术性能

| 性能 | | 条件及参数 | 效果 |
|---|---|---|---|
| 抗拉性能 | | 直管及管件的抗拉强度不应小于 14.7MPa | |
| 抗震性能试验 | 耐水压性能 | 直管及其承插接口、管件内水压力为 0.35MPa，持续时间为 3min 的耐水压试验 | 无渗漏 |
| | 径向振动试验 | 内水压力为 0.10MPa，振动频率为 1.0Hz，持续时间为 5min，径向曲挠值为 ±30mm | 无渗漏 |
| | 轴向振动试验 | 内水压力为 0.250MPa，振动频率为 1.5～2.2Hz，振幅为 1.5～2.0mm，持续时间为 3min，轴向位移为 ±30mm | 无渗漏 |
| | 轴向拔出试验 | 被测管支点距离为 2000mm，内水压力为 0.35MPa，轴向位移拔出 10mm，持续时间 3min，振动位移不小于 ±30mm | 无渗漏 |

1. 螺旋消声 PVC-U 管简介

排水立管采用螺旋消声排水塑料管，该种管材内壁有突出三角形旋肋，其三角形肋可以引导水流沿管内壁螺旋下落，从而降低了立管内的压力波动，增大了立管的排水能力。

2. PVC-U 排水管的规格、性能和管件介绍

硬聚氯乙烯排水塑料管的规格见表 4-2，管材和管件的物理和机械性能见表 4-3。管件如图 4-15 所示。

表 4-2 PVC-U 管的规格 （mm）

| 工程外径 $d_e$ | | 50 | 75 | 90 | 110 | 125 | 160 | 200 | 250 | 315 |
|---|---|---|---|---|---|---|---|---|---|---|
| Ⅰ型 | 壁厚 $e$ | 2.0 | 2.3 | 3.2 | 3.2 | 3.2 | 4.0 | 4.9 | 6.2 | 7.7 |
| | 内径 $d_j$ | 46 | 70.4 | 83.6 | 103.6 | 118.6 | 152.0 | 190.2 | 237.6 | 199.6 |
| Ⅱ型 | 壁厚 $e$ | | | | | 3.7 | 4.7 | 5.9 | 7.3 | 9.2 |
| | 内径 $d_j$ | | | | | 117.6 | 150.6 | 188.2 | 235.4 | 296.6 |
| 管 长 | | 4000～6000 | | | | | | | | |

表 4-3 PVC-U 管的机械性能 （mm）

| 类别 | 项目 | 指标 | |
|---|---|---|---|
| | | 优等品 | 合格品 |
| 管材 | 拉伸屈服强度（MPa） | ≥43 | ≥40 |
| | 断裂伸长率（%） | ≥80 | — |
| | 维卡软化温度（℃） | ≥79 | ≥79 |
| | 扁平试验 | 无破裂 | 无破裂 |
| | 落锤冲击试验 TIR[①] | | |
| | 20℃ | TIR≤10% | 9/10 通过 |
| | 或 0℃ | TIR≤5% | 9/10 通过 |
| | 纵向回缩率（%） | ≤5.0 | ≤9.0 |
| 管件 | 维卡软化温度（℃） | ≥77℃ | ≥70℃ |
| | 烘箱试验 | 无气泡分离现象 | 无气泡分离现象 |
| | 坠落试验 | 无破裂 | 无破裂 |

注：①TIR 为真实冲击率。

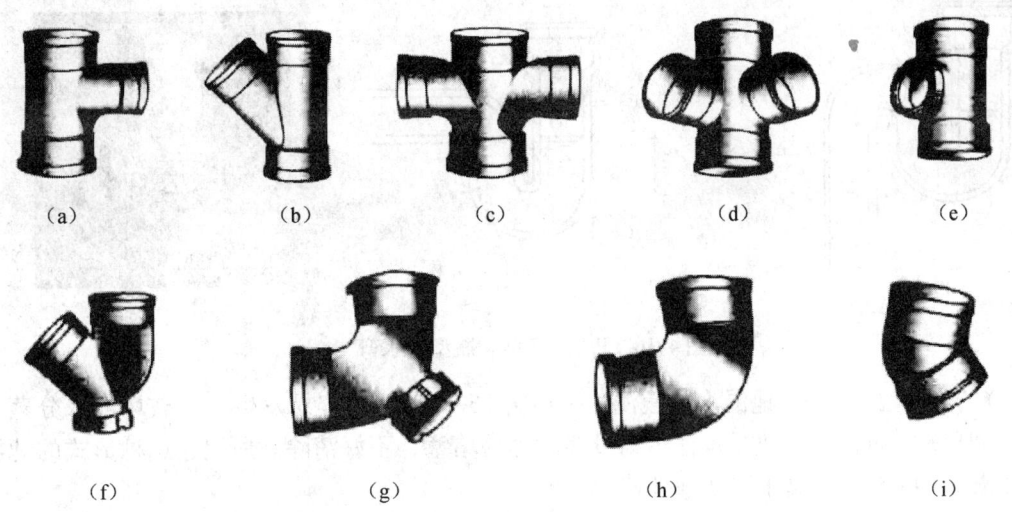

图 4-15 PVC-U 排水管件
(a) T 三通；(b) Y 三通；(c) T 平面四通；(d) T 直角四通；(e) 立管检查口；
(f) P 型存水弯；(g) 90°带检查口；(h) 90°弯头；(i) 45°弯头

3. PVC-U 排水管的适用范围
（1）建筑高度不大于 100m 的工业与民用建筑内。
（2）建筑内生活污水连续排放温度不大于 40℃、瞬时温度不大于 80℃的生活污水管道。
（3）噪声要求特别严格的工业与民用建筑、高层建筑和地震烈度较高地区的工业与民用建筑都不宜选用排水 PVC-U 管材和管件。

### 三、排水管道的附件

1. 存水弯

存水弯是建筑内排水管道的主要附件之一。排水受水器与生活污水管道或其他可能产生有害气体的排水管道连接时，必须在排水口以下设存水弯。其作用是在存水弯内形成一定高度的水柱（一般为 50～100mm），这部分存水高度称为水封高度；它能防止排水管道内各种污染气体以及小虫进入室内。为了保证水封，排水管道的设计必须考虑配备适当的通气管，卫生器具长时间不用时，可人为注水保证水封高度。有的卫生器具自带存水弯，如坐式大便器。

为适应多种卫生器具和排水管道的连接，存水弯种类较多，一般有以下几种形式：
（1）S 型存水弯，用于和排水横管垂直连接的场所，如图 4-16 所示。
（2）P 型存水弯，用于和排水横管或排水立管水平直角连接的场所，如图 4-16 所示。
（3）瓶式存水弯及带通气装置的存水弯，一般明设在洗脸盆或洗涤盆等卫生器具与排出管之间，如图 4-16 所示。

2. 地漏

地漏应设置在易溅水的器具附近地面的最低处，如厕所、盥洗室、卫生间及其他房间需经常从地面排水时，应设置地漏。地漏的用处很广，不仅有排泄污水的功能，装在排水管道端头或管道节点较多的管段，可代替地面清扫口起到消掏作用。为防止排水管道的臭气从地漏逸入室内，地漏内的水封形式和高度，是决定地漏结构质量优劣的指标。

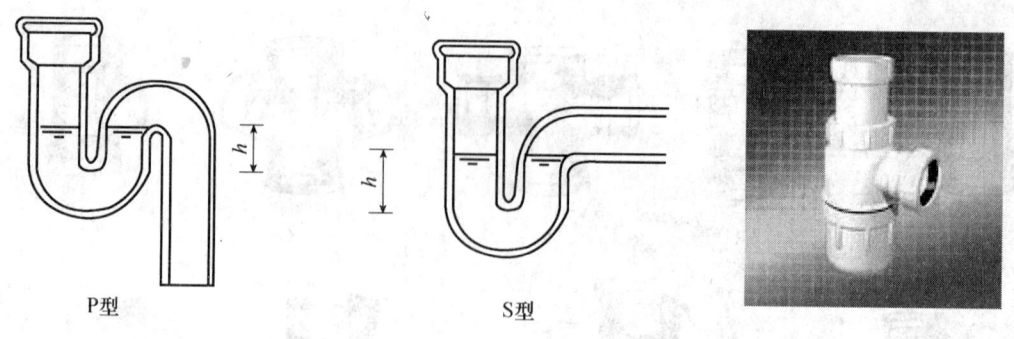

图 4-16  P 型、S 型和瓶型存水弯

(1) 普通地漏。这种地漏水封较浅，一般为 25~30mm，容易发生水封破坏或水分蒸发造成水封干燥；而且这种地漏积存污物过多时容易堵塞，不好清除。所以，这种形式的地漏已逐渐被新型的地漏如高水封地漏取代。

(2) 高水封地漏。水封高度不小于 50mm，并设有防水翼环，地漏盖为盒状，可随不同地面做法所要求的安装高度进行调节，施工时翼环放在结构板面。板面以上的厚度，可按建筑所要求的面层做法，调整地漏盖面标高。

(3) 食堂、厨房和公共浴室等排水中夹有大块杂物时，应设置带网筐地漏。如图 4-17（a）所示。

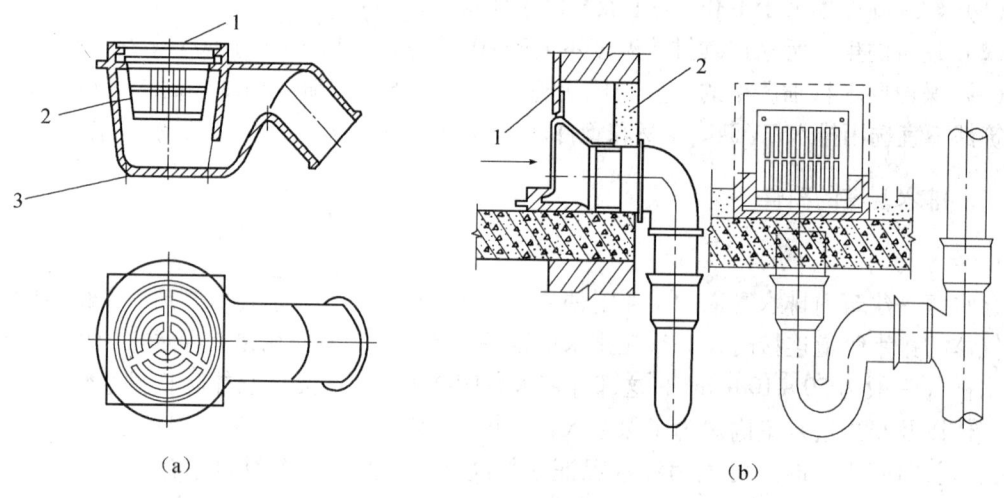

图 4-17  地漏

(a) 网筐式地漏：1—算子；2—网筐；3—壳体；(b) 侧墙式地漏：1—侧墙内侧；2—侧墙外侧

(4) 侧墙式地漏适用于楼板下面不允许敷设排水管道的场所，如图 4-17（b）所示。

(5) 密闭式地漏用于手术室等非经常性排水而且卫生要求严格的场所。

(6) 双算杯式水封地漏。这种地漏内部水封盒采用塑料制作，形如杯子，水封高度 50mm，便于清洗，比较卫生，地漏盖的排水分布合理，排泄量大，排水快，采用双算有利于阻截污物。另附有塑料密封盖，施工时或平时不用地漏时可用盖密封地漏，防止堵塞。

(7) 多用地漏。指一个地漏同时设有几个排水口，用来接纳几个器具（如洗衣机、浴盆、洗脸盆）等的排水；也可以几个器具共用一个水封，不需要分别单设存水弯而用回水盒取而代之。同时，也解决了对地漏经常补水和臭气外逸的问题。

地漏安装时，一般要求其箅子顶面低于地面 5~10mm，淋浴室内地漏的排水负荷见表 4-4。

表 4-4 淋浴室地漏排水负荷表

| 地漏直径（mm） | 淋浴器数量 |
| --- | --- |
| 50 | 1~2 |
| 75 | 3 |
| 100 | 4~5 |

3. 检查口与清扫口

排水横管或立管因为输送的水质很差，所以容易堵塞，因此要在必要位置配置检查口和清扫口，一旦堵塞便于清掏。

（1）在生活排水管道上，应按下列规定设置检查口：

1）立管上检查口之间的距离不宜大于 10m，但在建筑物最低层和设有卫生器具的两层以上建筑物的最高层，应设置检查口。

2）当立管水平拐弯或有乙字管时，在该层立管拐弯处和乙字管的上部应设检查口。

3）排水横干管的直线管段超过一定长度应设检查口和清扫口，见表 4-5。

（2）在生活排水管道上，应按下列规定安装检查口：

1）检查口应设在地面以上 1.0m，并应高于该层卫生器具上边缘 0.15m。

2）埋地横管上设置检查口时，检查口应设在砖砌的井内。

3）地下室立管上设置检查口时，检查口应设置在立管底部之上。

4）立管上检查口检查盖应面向便于检查清扫的位置，横干管上的检查口应垂直向上。

（3）排水管道上应按下列规定设置清扫口：

1）在连接 2 个及 2 个以上的大便器或 3 个及 3 个以上卫生器具的铸铁排水横管上，宜设置清扫口；在连接 4 个及 4 个以上的大便器的塑料排水横管上宜设置清扫口。

2）在水流偏转角大于 45°的排水横管上，应设置检查口和清扫口。

3）当排水立管底部或排出管上的清扫口至检查井中心的最大长度大于表 4-5 时，应在排出管上设置清扫口；检查口和清扫口最大距离见表 4-6。

表 4-5 排出管上清扫口到检查井中心的最大长度

| 管径（mm） | 50 | 75 | 100 | 100 以上 |
| --- | --- | --- | --- | --- |
| 最大长度（m） | 10 | 12 | 15 | 20 |

表 4-6 排水横管的直线管段上检查口和清扫口之间的最大距离

| 管道直径（mm） | 清扫设备类别 | 距离（m） | |
| --- | --- | --- | --- |
| 50~75 | 检查口　清扫口 | 15　10 | 12　8 |
| 100~150 | 检查口　清扫口 | 20　15 | 15　10 |
| 200 | 检查口 | 25 | 20 |

**4. 排水用PVC-U管道系统防火、防噪声附件及吸气阀**

阻火装置包括阻火圈（阻燃膨胀剂制成）、防火套管（阻燃剂制成）。阻火圈着火时可以膨胀挤压封堵管道，阻止火势蔓延，如图4-18（b）所示；为了减少立管内水流的冲击力，保护卫生器具的水封，用标准管件组合成消能装置；为了防止卫生器具的水封破坏，在排水管道的适当位置安装吸气阀，如图4-18（a）所示。应该注意的是，吸气阀不具有消除正压波动的功能。其使用要求如下：

（1）卫生间内所有卫生器具的排水水封高度不小于50mm。

（2）主排水立管管径：16层以下，$DN \geq 110$；16层以上，$DN \geq 160$。

（3）排水横支管的长度一般不大于8m，大于8m时增设的吸气阀应能自动补入空气，平衡排水管道内压力。

（4）排除粪便污水的排水管使用Ⅰ型400L/min的吸气阀；排除其他污水的排水管使用Ⅱ型100L/min的吸气阀。

图4-18 吸气阀及阻火圈示意图
(a) 吸气阀安装图；(b) 吸气阀实物图；(c) 阻火圈

## 第三节 室内排水管道的布置和敷设

建筑内部排水管道和通气管道的布置和敷设应符合水力条件良好、防止环境污染、维修方便、使用可靠、经济和美观的要求，以及兼顾到给水管道、热水管道、供热通风管道、燃气管道、电力照明线路、通讯线路等管线的布置和敷设要求。

### 一、卫生器具的布置与敷设

（1）根据各类卫生间和厕所的平面尺寸，确定合适的卫生器具类型和布置间距。既要考虑使用方便，又要考虑管线短，排水通畅，便于维护管理。平面布置图如图4-19所示。

（2）为使卫生器具使用方便，使其功能正常发挥，卫生器具的安装高度应满足相关要求。

（3）地漏应设在地面最低处，易于溅水的卫生器具附近。

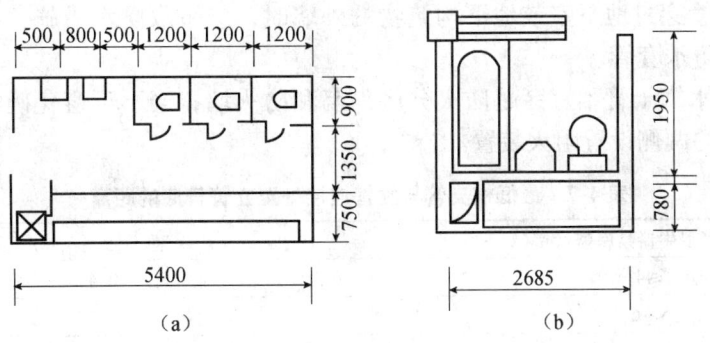

图 4-19 公共厕所及卫生间内洁具布置示意图
(a) 公共厕所内洁具布置；(b) 卫生间内洁具布置

### 二、排水管道的布置与敷设

（一）排水横支管布置和敷设的要求

(1) 排水横支管不宜太长，尽量少转弯，同一根支管连接的卫生器具不宜太多。

(2) 横支管不得穿过沉降缝、伸缩缝、变形缝、烟道和风道。

(3) 横支管不得穿过有特殊卫生要求的房间和遇水会发生灾害的房间，如：食品加工车间、厨房灶具上空、食品和贵重物品仓库、通风室和变电室等。

(4) 横支管距楼板和墙应有一定距离，便于安装和维修。

(5) 高层建筑中，管径大于等于 110mm 的明敷塑料排水横支管接入管道井时，在穿越管道井处应设置阻火装置，阻火装置一般采用防火套管或阻火圈。

（二）排水立管布置和敷设的要求

(1) 排水立管应靠近排水量大、水中杂质多、最脏的排水点处，如大便器等。

(2) 立管不得布置在卧室、病房，也不宜靠近与卧室相邻的内墙。

(3) 立管宜靠近外墙，以减少埋地管长度，便于清通和维护。

(4) 塑料排水立管与家用灶具净距不得小于 0.4m。

(5) 高层建筑中，塑料排水立管明设且其管径大于等于 110mm 时，在立管穿越楼层处应设置阻火装置。阻火圈设置如图 4-20 所示。

图 4-20 楼板下阻火圈安装图

（三）排水出户管及横干管布置和敷设的要求

(1) 排出管以最短的距离排出室外，尽量避免在室内转弯。

(2) 建筑层数较多时，当超过表 4-7 中的数值时，底层污水单独排出。

(3) 埋地管不得穿越生产设备基础，不得布置在可能受重物压坏处。

(4) 埋地管穿越承重墙和基础处，应预留洞口，且管顶上部净空不得小于建筑物的沉降量，一般不宜小于 0.15m。

(5) 湿陷性黄土地区的排出管应设在地沟内，并应设检漏井。

(6) 当排出管穿过地下室或地下构筑物的外墙时,应采取防水措施,如在管道穿越处预埋刚性或柔性防水套管。

(7) 塑料排水横干管不宜穿越防火分区隔墙和防火墙;当不可避免确需穿越时,应在管道穿越墙体处的两侧设置阻火装置。

表4-7 最低横支管与立管连接处至立管管底的距离

| 立管连接卫生器具层数（层） | 垂直距离（m） |
| --- | --- |
| ≤4 | 0.45 |
| 5~6 | 0.75 |
| 7~12 | 1.20 |
| 13~19 | 3.00 |
| ≥20 | 6.00 |

布置实例如图4-21所示。

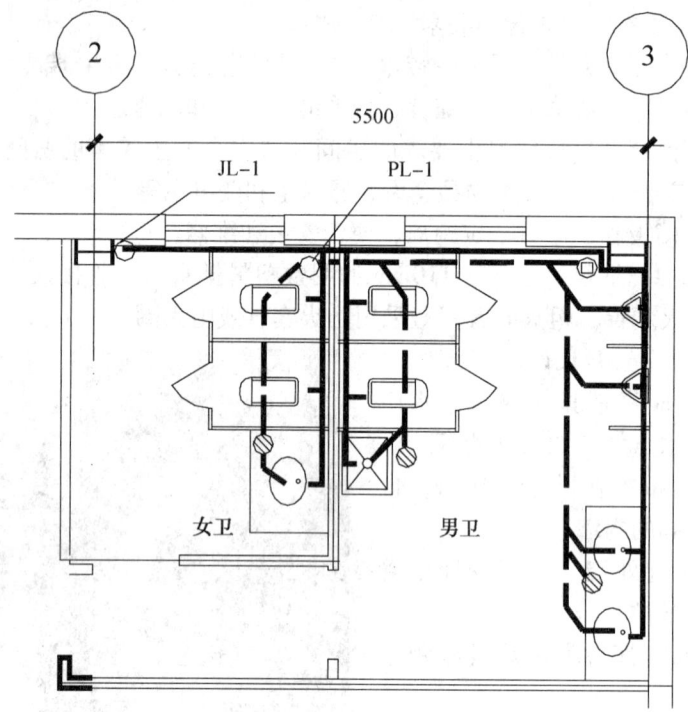

图4-21 卫生间内管道布置和敷设

### 三、通气管道布置和敷设的要求

（一）通气管的种类和作用

1. 伸顶通气管

即污水立管顶端延伸出屋面的管段称为伸顶通气管,作为通气及排除臭气用,是排水管系最简单、最基本的通气方式。

2. 专用通气管

指仅与排水主管连接,为污水主管内空气流通而设置的垂直通气管道。适用于立管总负荷超过允许排水负荷时,起平衡立管内的正负压作用。实践证明,这种做法对于高层民用建筑的排水支管承接少量卫生器具时,能起保护水封的作用,采用专用通气立管后,污水立管排水能力可增加1倍。

**3. 主通气立管**

指为连接环形通气管和排水立管,并为排水支管和排水主管内空气流通而设置的垂直管道。

**4. 副通气立管**

指仅与环形通气管连接,为使排水横支管内空气流通而设置的通气管道。其作用同专用通气管,设在排水立管对侧。

**5. 环形通气管**

指在多个卫生器具的排水横支管上,从最始端卫生器具的下游端接至通气立管的那一段通气管段。

**6. 器具通气管**

指卫生器具存水弯出口端,在高于卫生器具上在一定高度处与主通气立管连接的通气管段,可以防止卫生器具产生自虹吸现象和噪声。它适用于高级宾馆及要求较高的建筑。

**7. 结合通气管**

指排水立管与通气立管的连接管段。其作用是,当上部横支管排水,水流沿立管向下流动,水流前方空气被压缩,通过它释放被压缩的空气至通气立管。

各类通气立管设置如图4-22所示。

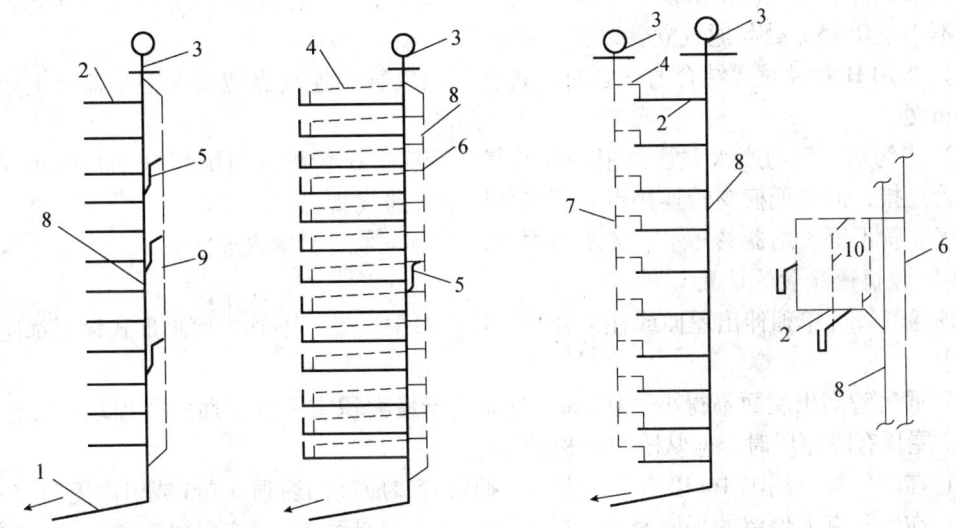

图4-22 各类通气管道示意图

1—排气管;2—污水横支管;3—伸顶通气管;4—环形通气管;5—结合通气管;
6—主通气立管;7—副通气立管;8—污水立管;9—专用通气管;10—器具通气管

**(二)通气管道的设置**

(1)生活排水管道的立管顶端,均应设伸顶通气立管。

(2)生活排水立管所承担的卫生器具排水设计流量,当超过表4-15和表4-16中仅设伸顶通气管的排水立管最大排水能力时,应设专用通气立管。建筑标准要求较高的多层住宅和公共建筑、10层及10层以上高层建筑生活污水立管可设置专用通气管。

(3)下列排水管段应设置环形通气管:①连接4个及4个以上卫生器具且横支管的长度大于12m的排水横支管。②连接6个及6个以上大便器的污水横支管。③设有器具通气管。

(4) 对卫生、安静要求较高的建筑物内,生活排水管道宜设置器具通气管。

(5) 建筑物内各层的排水管道上设有环形通气管时,应设置连接各层环形通气管的主通气立管或副通气立管。

主通气管、副通气管与专用通气立管效果一致,设置了环形通气立管、主通气立管或副通气立管,就不必设置专用通气立管。以防止器具排水时,污废水倒流入通气管。

伸顶通气管不允许或不可能单独伸出屋面时,可设置汇合通气管。

(三) 通气管和污水管的连接

在设有通气立管的排水管网中,往往有几种通气管出现,但是,它们和管网中的污水管的连接必须遵守以下规定才能发挥它们的功能。

(1) 器具通气管设在存水弯出口端。在横支管上设环形通气管时,应在其最始端的两个卫生器具间接出,并应在排水支管中心线以上与排水支管呈垂直或45°连接。

(2) 器具通气管、环形通气管应在卫生器具上边缘以上不小于0.15m处按不小于0.01的上升坡度与通气立管相连。

(3) 专用通气立管和主通气立管的上端可在最高层卫生器具上边缘或检查口以上与排水支管通气部分以斜三通连接,下端应在最低排水横支管以上与排水立管以斜三通连接。

(4) 专用通气立管应每隔2层、主通气立管宜每隔8~10层设结合通气管与排水立管连接。

结合通气管下端宜在排水横支管以下与排水立管以斜三通连接;上端可在卫生器具上边缘以上不小于0.15m处与通气立管以斜三通连接。

(5) 当用H管件替代结合通气管时,且管与通气管的连接点应设在卫生器具上边缘以上0.15m处。

(6) 当污水立管与废水立管合用一根通气立管时,H管配件可隔层分别与污水立管和废水立管连接,但最低横支管连接点以下应装设结合通气管。

通气立管不得接纳器具污水、废水和雨水,不得与风道和烟道连接。

(四) 伸顶通气管的设置

伸顶通气管可单独伸出屋面或在汇合通气管管系中设置,不管用何种形式设置都应符合下列要求:

(1) 通气管高出屋面不得小于0.3m,且应大于最大积雪厚度,通气管顶端应装设风帽或网罩。屋顶有隔热层时,应从隔热层板面算起。

(2) 在通气管口周围4m以内有门窗时,通气管口应高出窗顶0.6m或引向无门窗一侧。

(3) 在经常有人停留的平屋面上,通气管口应高出屋面2m并应根据防雷要求考虑防雷装置。

(4) 通气管口不宜设在建筑物挑出部分(如屋檐檐口、阳台和雨篷等)的下面。

## 第四节 建筑排水设计计算

### 一、排水定额和设计秒流量

(一) 排水定额

1. 以每人每日为标准的排水定额

建筑内排水定额有两种:一种是以每人每日为标准,一种是以卫生器具为标准。每人每日排放的污水量和时变化系数与气候、建筑物内卫生设备完善程度有关。因建筑物内部给水量散失较少,所以生活排水定额和时变化系数与生活给水相同。生活排水平均时排水量和最大时排水量的计算方法和建筑内部排水量计算方法相同,计算结果主要用来设计污水泵、化粪池等。

2. 以卫生器具为标准的排水定额

卫生器具排水定额是实测得来的,主要用来计算各排水管段的设计秒流量,从而依据设计秒流量进行室内排水管道水力计算,来确定管道直径等水力计算数据。某管段的设计流量与其接纳的卫生器具类型、数量及使用频率有关。为了便于累加计算,与建筑内部排水一样,以污水盆排水量 0.33L/s 为一个排水当量,将其他卫生器具的排水量与 0.33L/s 的比值,作为该种卫生器具的排水当量。由于卫生器具具有突然、迅速、流量大的特点,所以,一个排水当量的排水流量是一个给水当量的排水流量的 1.65 倍。表 4-8 为各种卫生器具排水流量及当量表。

表 4-8 各种卫生器具的排水流量、当量及排水管管径

| 序号 | 卫生器具名称 | 排水流量(L/s) | 当量 | 排水管管径(mm) |
|---|---|---|---|---|
| 1 | 洗涤盆、污水盆(池) | 0.33 | 1.00 | 50 |
| 2 | 餐厅、厨房洗菜盆(池) | | | |
| | 单格洗涤盆(池) | 0.67 | 2.00 | 50 |
| | 双格洗涤盆(池) | 1.00 | 3.00 | 50 |
| 3 | 盥洗槽(水龙头) | 0.33 | 1.00 | 50~75 |
| 4 | 洗手盆 | 0.10 | 0.30 | 32~50 |
| 5 | 洗脸盆 | 0.25 | 0.75 | 32~50 |
| 6 | 浴盆 | 1.00 | 3.00 | 50 |
| 7 | 淋浴器 | 0.15 | 0.45 | 50 |
| 8 | 大便器 | 1.5 | 4.50 | |
| | 高水箱 | 1.5 | 4.50 | 100 |
| | 低水箱 | | | |
| | 冲落式 | 1.50 | 4.50 | 100 |
| | 虹吸式、喷射虹吸式 | 2.00 | 6.00 | 100 |
| | 自闭式冲洗阀 | 1.50 | 4.50 | 100 |
| 9 | 医用倒便器 | 1.50 | 4.50 | 100 |
| 10 | 小便器 | | | |
| | 自闭式冲洗阀 | 0.10 | 0.30 | 40~50 |
| | 感应式冲洗阀 | 0.10 | 0.30 | 40~50 |
| 11 | 大便槽 | | | |
| | ≤4 个蹲位 | 2.5 | 7.50 | 100 |
| | >4 个蹲位 | 3.0 | 9.00 | 150 |
| 12 | 小便槽(每米长) | | | |
| | 自动冲洗水箱 | 0.17 | 0.50 | — |
| 13 | 化验盆(无塞) | 0.20 | 0.60 | 40~50 |
| 14 | 净身器 | 0.10 | 0.30 | 40~50 |
| 15 | 饮水器 | 0.05 | 0.15 | 25~50 |
| 16 | 家用洗衣机 | 0.50 | 1.50 | 50 |

（二）排水设计秒流量

建筑排水设计秒流量是以表 4-8 中的数据为基础，并考虑不同建筑物的卫生器具使用规律而制定的。

（1）适用于住宅、集体宿舍、旅馆、医院、疗养院、幼儿园、养老院、办公楼、商场、会展中心和中、小学教学楼等建筑生活排水管道设计秒流量的计算公式：

$$q_p = 0.12\alpha \sqrt{N_p} + q_{max} \tag{4-1}$$

式中　$q_p$——计算管段排水设计秒流量（L/s）；

$N_p$——计算管段卫生器具排水当量总数；

$q_{max}$——计算管段上排水量最大的一个卫生器具的排水流量（L/s）；

$\alpha$——根据建筑物用途而定的系数，按表 4-9 来确定。

表 4-9　根据建筑物用途而定的 $\alpha$ 值

| 建筑物名称 | 集体宿舍、旅馆和其他公共建筑的公共盥洗室和厕所间 | 住宅、旅馆、医院、疗养院、休养所的卫生间 |
|---|---|---|
| $\alpha$ 值 | 2.0~2.5 | 1.5 |

用公式（4-1）进行计算时，在排水管网的起端管段，由于连接的卫生器具少，计算出来的流量值有可能大于该管段上所有卫生器具排水流量的总和，这时按该管段上所有卫生器具排水流量的总和作为设计秒流量。

（2）适用于工业企业生活间、公共浴室、洗衣房、职工食堂或营业餐厅的厨房、实验室、影剧院、体育场教学楼、候车（机、船）室、营房等建筑的生活排水设计秒流量的计算公式：

$$q_p = \Sigma q_{0i} \cdot n_{0i} \cdot b \tag{4-2}$$

式中　$q_p$——计算管段排水设计秒流量（L/s）；

$q_{0i}$——同类型的一个卫生器具排水流量；

$n_{0i}$——同类型卫生器具数；

$b$——卫生器具同时排水百分数，冲洗水箱大便器按 12% 计算，其他卫生器具同相应的同时给水百分数。

对于有大便器接入的排水管网的起端，因为连接的卫生器具较少，而大便器同时排水百分数定的也低（12%），所以按式（4-2）计算的结果可能会小于一个大便器的排水流量，这时应按一个大便器的排水量作为该管段的设计秒流量。

## 二、排水管网的水力计算

排水管网水力计算的目的和任务就是在流量计算的基础上，合理经济地确定排水管道的管径、坡度、流速、充满度等水力设计数据。

（一）横管的水力计算

1. 设计规定

为了保证排水横管内有良好的水力条件，稳定管内气压，防止水封破坏，水流通畅，更好地达到重力自流的要求，排水横干管和横支管的设计计算需符合下列规定：

(1) 充满度

充满度指管道内水深与管道直径的比值,建筑内部排水横管按非满流设计,即充满度小于1,这样可以使管道内气体自由排出,有利于压力的调节;还可以接纳瞬间意外高峰流量。对排水横管最大设计充满度规定如表4-10和表4-11所示。

表4-10 建筑内部塑料排水横干管坡度和最大充满度表

| 管材 | 管径（mm） | 最大设计充满度 | 坡度 | |
|---|---|---|---|---|
| | | | 通用坡度 | 最小坡度 |
| 塑料管 | 110 | 0.5 | 0.026 | 0.004 |
| | 125 | 0.5 | 0.026 | 0.0035 |
| | 160 | 0.6 | 0.026 | 0.003 |
| | 200 | 0.6 | 0.026 | 0.003 |

表4-11 建筑内部铸铁排水管坡度和最大充满度表

| 管材 | 管径（mm） | 最大设计充满度 | 坡度 | |
|---|---|---|---|---|
| | | | 通用坡度 | 最小坡度 |
| 铸铁管 | 50 | 0.5 | 0.035 | 0.025 |
| | 75 | 0.5 | 0.025 | 0.015 |
| | 100 | 0.5 | 0.020 | 0.012 |
| | 125 | 0.5 | 0.015 | 0.010 |
| | 150 | 0.6 | 0.010 | 0.007 |
| | 200 | 0.6 | 0.008 | 0.005 |

(2) 自清流速

排水管道输送的是污水,流速太小会发生沉淀,减小过水断面积,为此在工程应用上规定了一个最小流速即自清流速。建筑内部排水管自清流速值规定见表4-12。

表4-12 建筑内部排水管自清流速表

| 污废水类别 | 管径（mm） | | | 明渠 | 雨水道及合流制排水管 |
|---|---|---|---|---|---|
| | $d<150$ | $d=150$ | $d=200$ | | |
| 自清流速 | 0.6 | 0.65 | 0.70 | 0.4 | 0.75 |

(3) 管道坡度

建筑内排水管道的坡度分为通用坡度和最小坡度,通用坡度为正常条件下应保证的坡度,最小坡度为必须保证的坡度。一般情况下应采用通用坡度,当横管过长或建筑空间受限制时采用最小坡度。

对于塑料管道来说,横支管不管管径为多少,通用坡度统一规定为0.026,横干管的坡度可按表4-10的坡度值进行调整。

(4) 最小管径

小管径比大管径堵塞的可能性高很多,所以即使在卫生器具很少,流量很小的情况下也不能采用太小的管径。对最小管径规定如下:

1) 建筑物内排出管最小管径不得小于50mm。
2) 多层住宅厨房间的排水不宜小于75mm。
3) 大便器排水管最小管径不得小于100mm。
4) 公共餐饮业厨房内的排水采用管道排出时，其管径应比计算管径大一级，其干管管径不得小于100mm，支管管径不得小于75mm。
5) 医院污物洗涤盆和污水盆的排水管管径，不得小于75mm。
6) 小便槽或连接3个及3个以上小便器的污水支管，其管径不得小于75mm。
7) 浴池的泄水管不宜小于100mm。

2. 横管水力计算方法

(1) 计算公式

$$q_\mathrm{p} = \omega \cdot v \tag{4-3}$$

$$v = \frac{1}{n} R^{\frac{2}{3}} I^{\frac{1}{2}} \tag{4-4}$$

式中　$\omega$——过水断面面积（m²）；
　　　$v$——流速（m/s）；
　　　$R$——水力半径（m）；
　　　$I$——水力坡度，采用排水管的坡度；
　　　$n$——粗糙系数，铸铁管为0.013，钢管为0.012，塑料管为0.009。

(2) 计算方法

根据式（4-3）和式（4-4）及对于设计流速、设计充满度、最小管径的各种规定，编制了建筑内部塑料排水管和铸铁管水力计算表，见表4-13、表4-14。

表4-13　排水塑料管水力计算表（0.009）

($d_\mathrm{e}$: mm，$v$: m/s，$Q$: L/s)

| 坡度 | h/D = 0.5 | | | | | | | | | | h/D = 0.6 | | | |
|---|---|---|---|---|---|---|---|---|---|---|---|---|---|---|
| | $d_\mathrm{e}$=50 | | $d_\mathrm{e}$=75 | | $d_\mathrm{e}$=90 | | $d_\mathrm{e}$=110 | | $d_\mathrm{e}$=125 | | $d_\mathrm{e}$=160 | | $d_\mathrm{e}$=200 | |
| | $v$ | $Q$ | $v$ | $Q$ | $v$ | $Q$ | $v$ | $Q$ | $v$ | $Q$ | $v$ | $Q$ | $v$ | $Q$ |
| 0.003 | | | | | | | | | | | 0.74 | 8.38 | 0.86 | 15.24 |
| 0.0035 | | | | | | | | | 0.63 | 3.48 | 0.80 | 9.05 | 0.93 | 16.46 |
| 0.004 | | | | | | | 0.62 | 2.59 | 0.67 | 3.72 | 0.85 | 9.68 | 0.99 | 17.60 |
| 0.005 | | | | | 0.60 | 1.64 | 0.69 | 2.90 | 0.75 | 4.16 | 0.95 | 10.82 | 1.11 | 19.67 |
| 0.006 | | | | | 0.65 | 1.79 | 0.75 | 3.18 | 0.82 | 4.55 | 1.04 | 11.85 | 1.21 | 21.55 |
| 0.007 | | | 0.63 | 1.22 | 0.71 | 1.94 | 0.81 | 3.43 | 0.89 | 4.92 | 1.13 | 12.80 | 1.31 | 23.28 |
| 0.008 | | | 0.67 | 1.31 | 0.75 | 2.07 | 0.87 | 3.67 | 0.95 | 5.26 | 1.20 | 13.69 | 1.40 | 24.89 |
| 0.009 | | | 0.71 | 1.39 | 0.80 | 2.20 | 0.92 | 3.89 | 1.01 | 5.58 | 1.28 | 14.52 | 1.48 | 26.40 |
| 0.01 | | | 0.75 | 1.46 | 0.84 | 2.31 | 0.97 | 4.10 | 1.06 | 5.88 | 1.35 | 15.30 | 1.56 | 27.82 |
| 0.011 | | | 0.79 | 1.53 | 0.88 | 2.43 | 1.02 | 4.30 | 1.12 | 6.17 | 1.41 | 16.05 | 1.64 | 29.18 |
| 0.012 | 0.62 | 0.52 | 0.82 | 1.60 | 0.92 | 2.53 | 1.07 | 4.49 | 1.17 | 6.44 | 1.48 | 16.76 | 1.71 | 30.48 |
| 0.015 | 0.69 | 0.58 | 0.92 | 1.79 | 1.03 | 2.83 | 1.19 | 5.02 | 1.30 | 7.20 | 1.65 | 18.74 | 1.92 | 34.08 |
| 0.02 | 0.80 | 0.67 | 1.06 | 2.07 | 1.19 | 3.27 | 1.38 | 5.80 | 1.51 | 8.31 | 1.90 | 21.64 | 2.21 | 39.35 |
| 0.025 | 0.90 | 0.74 | 1.19 | 2.31 | 1.33 | 3.66 | 1.54 | 6.48 | 1.68 | 9.30 | 2.13 | 24.19 | 2.47 | 43.99 |
| 0.026 | 0.91 | 0.76 | 1.21 | 2.36 | 1.36 | 3.73 | 1.57 | 6.61 | 1.72 | 9.48 | 2.17 | 24.67 | 2.52 | 44.86 |

续表

| 坡度 | h/D=0.5 | | | | | | | | | | h/D=0.6 | | | |
|---|---|---|---|---|---|---|---|---|---|---|---|---|---|---|
| | $d_e=50$ | | $d_e=75$ | | $d_e=90$ | | $d_e=110$ | | $d_e=125$ | | $d_e=160$ | | $d_e=200$ | |
| | v | Q | v | Q | v | Q | v | Q | v | Q | v | Q | v | Q |
| 0.03 | 0.98 | 0.81 | 1.30 | 2.53 | 1.46 | 4.01 | 1.68 | 7.10 | 1.84 | 10.18 | 2.33 | 26.50 | 2.71 | 48.19 |
| 0.035 | 1.06 | 0.88 | 1.41 | 2.74 | 1.58 | 4.33 | 1.82 | 7.67 | 1.99 | 11.00 | 2.52 | 28.63 | 2.93 | 52.05 |
| 0.04 | 1.13 | 0.94 | 1.50 | 2.93 | 1.69 | 4.63 | 1.95 | 8.20 | 2.13 | 11.76 | 2.69 | 30.60 | 3.13 | 55.65 |
| 0.045 | 1.20 | 1.00 | 1.59 | 3.10 | 1.79 | 4.91 | 2.06 | 8.70 | 2.26 | 12.47 | 2.86 | 32.46 | 3.32 | 59.02 |
| 0.05 | 1.27 | 1.05 | 1.68 | 3.27 | 1.89 | 5.17 | 2.17 | 9.17 | 2.38 | 13.15 | 3.01 | 34.22 | 3.50 | 62.21 |
| 0.06 | 1.39 | 1.15 | 1.84 | 3.58 | 2.07 | 5.67 | 2.38 | 10.04 | 2.61 | 14.40 | 3.30 | 37.48 | 3.83 | 68.15 |
| 0.07 | 1.50 | 1.24 | 1.99 | 3.87 | 2.23 | 6.12 | 2.57 | 10.85 | 2.82 | 15.56 | 3.56 | 40.49 | 4.14 | 73.61 |
| 0.08 | 1.60 | 1.33 | 2.13 | 4.14 | 2.38 | 6.54 | 2.75 | 11.60 | 3.01 | 16.63 | 3.81 | 43.28 | 4.42 | 78.70 |

**表 4-14 机制排水铸铁管水力计算表（0.013）**

($d_e$: mm, $v$: m/s, $Q$: L/s)

| 坡度 | h/D=0.5 | | | | | | | | h/D=0.6 | | | |
|---|---|---|---|---|---|---|---|---|---|---|---|---|
| | $d_e=50$ | | $d_e=75$ | | $d_e=100$ | | $d_e=125$ | | $d_e=150$ | | $d_e=200$ | |
| | v | Q | v | Q | v | Q | v | Q | v | Q | v | Q |
| 0.005 | 0.29 | 0.29 | 0.38 | 0.85 | 0.47 | 1.83 | 0.54 | 3.38 | 0.65 | 7.23 | 0.79 | 15.57 |
| 0.006 | 0.32 | 0.32 | 0.42 | 0.93 | 0.51 | 2.00 | 0.59 | 3.71 | 0.72 | 7.92 | 0.87 | 17.06 |
| 0.007 | 0.35 | 0.34 | 0.45 | 1.00 | 0.55 | 2.16 | 0.64 | 4.00 | 0.77 | 8.56 | 0.94 | 18.43 |
| 0.008 | 0.37 | 0.36 | 0.49 | 1.07 | 0.59 | 2.31 | 0.68 | 4.28 | 0.83 | 9.15 | 1.00 | 19.70 |
| 0.009 | 0.39 | 0.39 | 0.52 | 1.14 | 0.62 | 2.45 | 0.72 | 4.54 | 0.88 | 9.70 | 1.06 | 20.90 |
| 0.01 | 0.41 | 0.41 | 0.54 | 1.20 | 0.66 | 2.58 | 0.76 | 4.78 | 0.92 | 10.23 | 1.12 | 22.03 |
| 0.011 | 0.43 | 0.43 | 0.57 | 1.26 | 0.69 | 2.71 | 0.80 | 5.02 | 0.97 | 10.72 | 1.17 | 23.10 |
| 0.012 | 0.45 | 0.45 | 0.59 | 1.31 | 0.72 | 2.83 | 0.84 | 5.24 | 1.01 | 11.20 | 1.23 | 24.13 |
| 0.015 | 0.51 | 0.50 | 0.66 | 1.47 | 0.81 | 3.16 | 0.93 | 5.86 | 1.13 | 12.52 | 1.37 | 26.98 |
| 0.02 | 0.59 | 0.58 | 0.77 | 1.70 | 0.93 | 3.65 | 1.08 | 6.76 | 1.31 | 14.46 | 1.58 | 31.15 |
| 0.025 | 0.66 | 0.64 | 0.86 | 1.90 | 1.04 | 4.08 | 1.21 | 7.56 | 1.46 | 16.17 | 1.77 | 34.83 |
| 0.03 | 0.72 | 0.70 | 0.94 | 2.08 | 1.14 | 4.47 | 1.32 | 8.29 | 1.60 | 17.71 | 1.94 | 38.15 |
| 0.035 | 0.78 | 0.76 | 1.02 | 2.24 | 1.23 | 4.83 | 1.43 | 8.95 | 1.73 | 19.13 | 2.09 | 41.21 |
| 0.04 | 0.83 | 0.81 | 1.09 | 2.40 | 1.32 | 5.17 | 1.53 | 9.57 | 1.85 | 20.45 | 2.24 | 44.05 |
| 0.045 | 0.88 | 0.86 | 1.15 | 2.54 | 1.40 | 5.48 | 1.62 | 10.15 | 1.96 | 21.69 | 2.38 | 46.72 |
| 0.05 | 0.93 | 0.91 | 1.21 | 2.68 | 1.47 | 5.78 | 1.71 | 10.70 | 2.07 | 22.87 | 2.50 | 49.25 |
| 0.06 | 1.02 | 1.00 | 1.33 | 2.94 | 1.61 | 6.33 | 1.87 | 11.72 | 2.26 | 25.05 | 2.74 | 53.95 |
| 0.07 | 1.10 | 1.08 | 1.44 | 3.17 | 1.74 | 6.83 | 2.02 | 12.66 | 2.45 | 27.06 | 2.96 | 58.28 |
| 0.08 | 1.17 | 1.15 | 1.54 | 3.39 | 1.86 | 7.31 | 2.16 | 13.53 | 2.61 | 28.92 | 3.17 | 62.30 |

### （二）立管的水力计算

1. 立管水流状态分析

分析排水立管水流状态的目的在于了解立管的排水能力。排水立管中的水流是气液两相流，根据立管水流状态试验研究，水流状态变化过程分为三个阶段：

（1）螺旋流

水流初期，立管中的流量较小，由于管壁的摩擦阻力作用，水流是沿着管内壁周边作不规则的螺旋运动。这时，立管中央部分的空气由下向上流通正常，通气量较大，气压稳定，和大气压力相等。

(2) 水膜流

随着水量的不断增加，水流的螺旋运动开始消失。当水量增大到足以覆盖住管壁时，水流螺旋运动就完全停止。此时，形成附着于管壁而作膜状水流下落状态运动，称为水膜运动。管内的气压仍较稳定，这种状态是过渡性的，历时很短。随着水量的继续增大，水膜厚度增大，脱离管壁形成隔膜流，水流再增大就会形成不稳定的水塞。

(3) 水塞流

当水量继续增大，充满管道断面1/3以上时，隔膜形成更频繁，以致变为稳定的、不易破坏的水塞。在这种水流状态下，若管道通气能力不好，就容易造成立管上部的真空抽吸和立管下部的正压喷溅，影响通水能力和卫生洁具的使用。

通过对上述三种水流状态的研究发现，在水膜流状态时，流量充满管道断面的1/4~1/3时，污水立管的通水能力是最大的。

2. 立管通水能力

根据立管水流状态分析，制定了不同管材排水立管的最大排水能力表，见表4-15~表4-18。

**表4-15 设有通气管系的铸铁排水立管最大排水能力**

| 排水立管管径 (mm) | 排水能力 (L/s) | |
|---|---|---|
| | 仅设伸顶通气管 | 有专用通气立管或主通气立管 |
| 50 | 1.0 | — |
| 75 | 2.5 | 5 |
| 100 | 4.5 | 9 |
| 125 | 7.0 | 14 |
| 150 | 10.0 | 25 |

**表4-16 设有通气管系的塑料排水立管最大排水能力**

| 管径 (mm) | 仅设伸顶通气管 | 有专用通气立管或主通气立管 | 管径 (mm) | 仅设伸顶通气管 | 有专用通气立管或主通气立管 |
|---|---|---|---|---|---|
| 50 | 1.2 | — | 110 | 5.4 | 10.0 |
| 75 | 3.0 | — | 125 | 7.5 | 16.0 |
| 90 | 3.8 | — | 160 | 12.0 | 28.0 |

注：表内数据系立管底部放大一号的情况下的排水能力，若不放大则按表4-15中数据确定。

**表4-17 单立管排水系统立管最大排水能力**

| 排水管管径 (mm) | 排水能力 (L/s) | | |
|---|---|---|---|
| | 混合器 | 塑料螺旋管 | 旋流器 |
| 75 | — | 3.0 | — |
| 100 (110) | 6.0 | 6.0 | 7.0 |
| 125 | 9.0 | — | 10.0 |
| 150 (160) | 13.0 | 13.0 | 15.0 |

表 4-18 不通气的生活排水立管的最大排水能力

| 立管工作高度 (m) | 排水能力（L/s） 立管管径（mm） | | | | |
|---|---|---|---|---|---|
| | 50 | 75 | 100（110） | 125 | 150（160） |
| ≤2 | 1.00 | 1.70 | 3.80 | 5.00 | 7.00 |
| 3 | 0.64 | 1.35 | 2.40 | 3.40 | 5.00 |
| 4 | 0.50 | 0.92 | 1.76 | 2.70 | 3.50 |
| 5 | 0.40 | 0.70 | 1.36 | 1.90 | 2.80 |
| 6 | 0.40 | 0.50 | 1.00 | 1.50 | 2.20 |
| 7 | 0.40 | 0.50 | 0.76 | 1.20 | 2.00 |
| ≥8 | 0.40 | 0.50 | 0.64 | 1.00 | 1.40 |

注：1. 排水立管工作高度，按最高排水横支管和立管连接处距排出管中心线间的距离计算。
2. 如排水立管工作高度在表中是列出的两个高度值之间时，可用内插法求得排水立管的最大排水能力数值。
3. 括号内尺寸为塑料管外径尺寸。

（三）通气管的设计计算

1. 通气管管径的确定

通气管的管径应根据排水能力、管道长度确定，不宜小于排水管管径的 1/2，其最小管径可按表 4-19 确定。

表 4-19 通气管的最小管径

| 通气管名称 | 排水管管径（mm） | | | | | | |
|---|---|---|---|---|---|---|---|
| | 32 | 40（40） | 50（50） | 75（75） | 100（110） | 125（125） | 150（150） |
| 器具通气管 | 32 | 32（40） | 32（40） | — | 50（50） | 50（—） | — |
| 环形通气管 | — | —（40） | 32（40） | 40（40） | 50（50） | 50（50） | — |
| 通气立管 | — | — | 40 | 50（—） | 75（75） | 100（90） | 100（110） |

注：1. 表中通气立管系指专用通气立管、主通气立管、副通气立管。
2. 表中铸铁管管径为公称直径，括号内尺寸为塑料排水管外径尺寸。

查表 4-19 得到的数据，同时还应满足以下各条要求。

（1）通气立管长度在 50m 以上时，其管径应与排水立管管径相同。

（2）通气立管长度小于等于 50m 时，且 2 根及 2 根以上排水立管同时与一根通气立管相连，应以其中最大一根排水立管按表 4-17 确定通气立管管径，且其管径不宜小于其余任何一根排水立管管径。

（3）结合通气管的管径不宜小于通气立管管径。

（4）伸顶通气管管径宜与排水立管管径相同，但在最冷月平均气温低于 -13℃ 的地区，应在室内平顶或吊顶以下 0.3m 处将管径放大一级。

（5）当 2 根或 2 根以上污水立管的通气管汇合连接时，汇合通气管断面面积应为最大通气管的断面面积加其余通气管断面面积之和的 25%。

当几根排水立管的通气部分汇合为一根总管时，

总管断面面积
$$F = f_{max} + m \Sigma f_n \tag{4-5}$$

总管管径
$$d = \sqrt{d_{max}^2 + md_n^2} \tag{4-6}$$

式中 $F, d$——分别为通气总管断面面积及计算管径（$mm^2$，mm）；

$f_{max}, d_{max}$——分别为汇合管中最大一根通气管的断面面积及计算管径（$mm^2$，mm）；

$\Sigma f_n$, $\Sigma d_n$——分别为其余各管断面面积及计算管径之和（$mm^2$，mm）；

$m$——系数，取 0.25。

2. 通气管材料的选择

和排水管道相同，可采用塑料管和柔性接口排水铸铁管。

### 三、计算举例

【例 4-1】 某非高寒城市六层办公楼，每层楼卫生间的合流排水管道平面图和系统图如图 4-23、图 4-24 所示，试进行排水管道设计计算①。

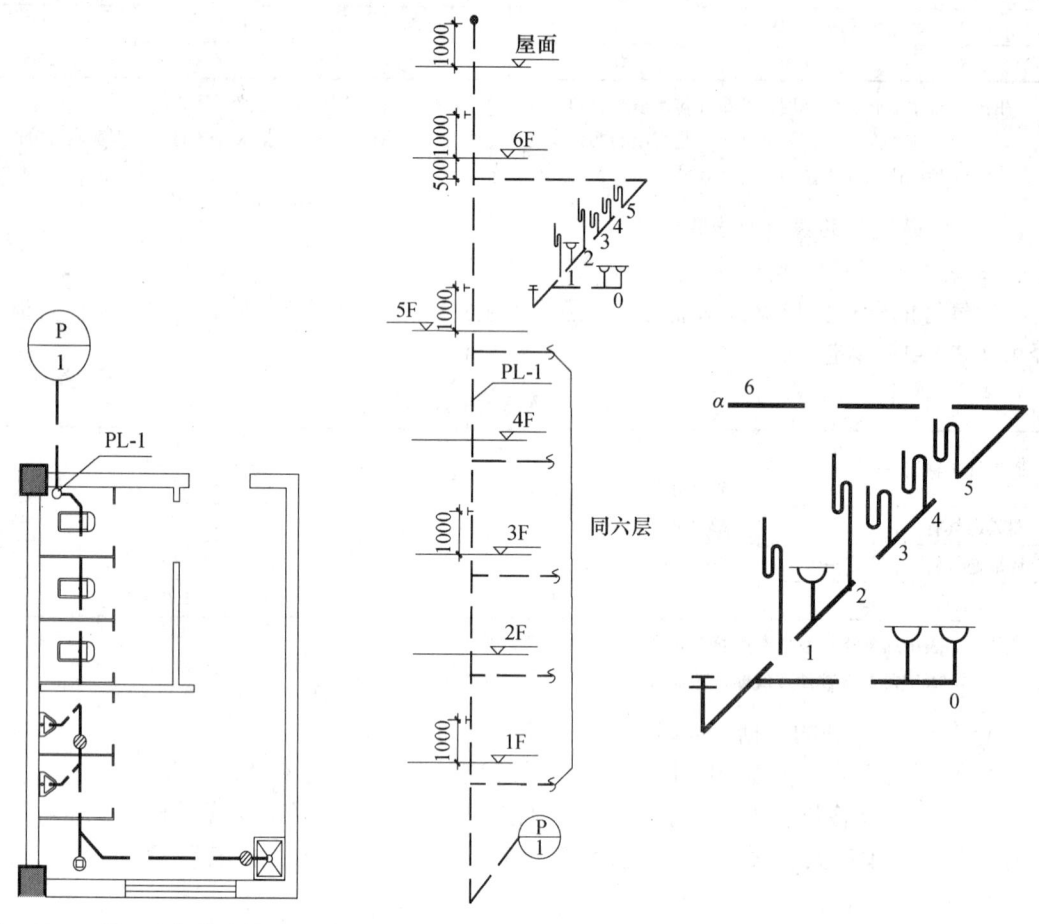

图 4-23 一楼卫生间排水管平面图　　图 4-24 卫生间排水管计算系统图

【解】 （1）根据本题目提供资料，应该选用的计算公式为式（4-1）。

$$q_p = 0.12\alpha \sqrt{N_P} + q_{max}$$

查表 4-9，取 $\alpha = 1.5$，查表 4-8，$q_{max} = 1.5$ L/s（自闭式冲洗阀），带入公式

$$q_p = 0.12\alpha \sqrt{N_P} + q_{max} = 0.18 \sqrt{N_P} + 1.5$$

（2）各层横支管管径及坡度计算

查表 4-13（排水塑料管水力计算表）、表 4-14（排水铸铁管水力计算表），可分别得到选用塑料管或铸铁管时的水力计算数值，结果见表 4-20。

---

① 引自《新编建筑给水排水工程》，张英等编，中国建筑工业出版社 2004 年出版。

表 4-20 各层横支管流量及水力计算表

| 管段编号 | 卫生器具名称、数量 | | | 排水当量数 $\Sigma N_P$ | 设计秒流量 $q_p$ | 管径 (mm) | 坡度 $i$ | 备 注 |
|---|---|---|---|---|---|---|---|---|
| | 污水池 ($N_P$=1.0) | 小便器 ($N_P$=0.30) | 大便器 ($N_P$=4.5) | | | | | |
| 0~1 | 1 | | | 1.0 | 取0.33 | 50 (50) | 0.03 (0.03) | 1. 0~1、1~2、2~3管段中排水设计秒流量取卫生器具排水流量叠加值; 2. ( ) 内为排水塑料管材及坡度 |
| 1~2 | 1 | 1 | | 1.3 | 取0.43 | 50 (50) | 0.03 (0.03) | |
| 2~3 | 1 | 2 | | 1.6 | 取0.53 | 50 (50) | 0.03 (0.03) | |
| 3~4 | 1 | 2 | 1 | 6.1 | 1.95 | 100 (110) | 0.03 (0.03) | |
| 4~5 | 1 | 2 | 2 | 10.6 | 2.09 | 100 (110) | 0.03 (0.03) | |
| 5~6 | 1 | 2 | 3 | 15.1 | 2.20 | 100 (110) | 0.03 (0.03) | |

（3）立管、排出管管径确定

立管最下部排水管段中排水设计秒流量为：

$$q_p = 0.18\sqrt{15.1 \times 6} + 1.5 = 3.2 \text{L/s}$$

采用排水铸铁管查表 4-12，立管及伸顶通气管管径为 $d=100\text{mm}$；

采用排水塑料管查表 4-13，立管及伸顶通气管管径为 $d_e=110\text{mm}$。

【例 4-2】 某 9 层饭店排水系统采用污废水分流制，管材为排水铸铁管。计算草图如图 4-25 所示。每根立管每层设洗脸盆、虹吸式坐便器和浴盆各 2 个，试配管①。

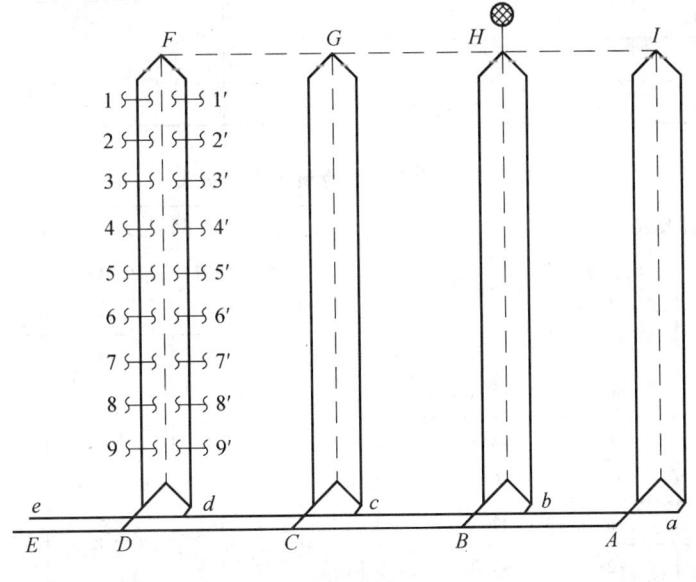

图 4-25 排水管计算草图

---

① 引自《建筑给水排水工程》（第五版），王增长主编，中国建筑工业出版社 2005 年出版。

【解】（1）根据本题目提供资料，应该选用的计算公式为式4-1

$$q_p = 0.12\alpha \sqrt{N_P} + q_{max}$$

查表4-9，取 $\alpha = 2.5$，立管1—D 为生活污水立管，$q_{max} = 2.0 \text{L/s}$，立管1'—d 为生活废水立管，$q_{max} = 1.0 \text{L/s}$，其他三组与本组相同。

（2）立管及各层横支管管径及坡度计算，确定各种通气情况下的管径，结果见表4-21、表4-22。

（3）排水横干管及排出管计算，查表4-14（排水铸铁管水力计算表），取标准坡度，结果见表4-23。

（4）专用通气立管计算

本工程采用三管式即一根专用通气立管分别与生活污水和生活废水两根立管连接，生活污水立管管径为 $DN100\text{mm}$，生活废水立管管径为 $DN75\text{mm}$，查表4-19，通气立管管径为 75mm，与生活废水立管管径相同，符合要求。

表4-21 生活污水立管及横支管水力计算表

| 管段编号 | 坐便器数量（$N_P=6.0$） | 当量总数 $N_P$ | 设计秒流量 $q_p$（L/s） | 管径 DN（mm） | | | 备 注 |
|---|---|---|---|---|---|---|---|
| | | | | 普通伸顶通气 | 有专用通气立管 | 特制配件单立管 | |
| 1~2 | 2 | 12 | 3.04 | 100 | 100 | 100 | |
| 2~3 | 4 | 24 | 3.47 | | | | |
| 3~4 | 6 | 36 | 3.80 | | | | |
| 4~5 | 8 | 48 | 4.08 | | | | |
| 5~6 | 10 | 60 | 4.32 | | | | |
| 6~7 | 12 | 72 | 4.55 | 125 | | | |
| 7~8 | 14 | 84 | 4.75 | | | | |
| 8~9 | 16 | 96 | 4.94 | | | | |
| 9~D | 18 | 108 | 5.12 | | | | |

表4-22 生活废水立管水力计算表

| 管段编号 | 卫生器具数量 | | 当量总数 $N_P$ | 设计秒流量 $q_p$（L/s） | 管径 DN（mm） | | | 备 注 |
|---|---|---|---|---|---|---|---|---|
| | 浴盆（$N_P=3.0$） | 洗脸盆（$N_P=0.75$） | | | 普通伸顶通气 | 有专用通气立管 | 特制配件单立管 | |
| 1'~2' | 2 | 2 | 7.5 | 1.82 | 75 | 75 | 100 | |
| 2'~3' | 4 | 4 | 15.5 | 2.16 | | | | |
| 3'~4' | 6 | 6 | 22.5 | 2.42 | | | | |
| 4'~5' | 8 | 8 | 30.0 | 2.64 | 100 | | | |
| 5'~6' | 10 | 10 | 37.5 | 2.84 | | | | |
| 6'~7' | 12 | 12 | 45.0 | 3.01 | | | | |
| 7'~8' | 14 | 14 | 52.5 | 3.17 | | | | |
| 8'~9' | 16 | 16 | 60.0 | 3.32 | | | | |
| 9'~d | 18 | 18 | 67.5 | 3.46 | | | | |

表 4-23 横干管及排出管水力计算表

| 管段编号 | 卫生器具数量 | | | 当量总数 $N_P$ | 设计秒流量 $q_P$ (L/s) | 管径 DN (mm) | 坡度 i | 备注 |
|---|---|---|---|---|---|---|---|---|
| | 坐便器 ($N_P=6$) | 浴盆 ($N_P=3$) | 洗脸盆 ($N_P=0.75$) | | | | | |
| A~B | 18 | — | — | 108 | 5.12 | 125 | 0.015 | |
| B~C | 36 | — | — | 216 | 6.41 | 150 | 0.010 | |
| C~D | 54 | — | — | 324 | 7.40 | 150 | 0.010 | |
| D~E | 72 | — | — | 432 | 8.24 | 150 | 0.010 | |
| a~b | — | 18 | 18 | 67.5 | 3.46 | 100 | 0.020 | |
| b~c | — | 36 | 36 | 135 | 4.49 | 125 | 0.015 | |
| c~d | — | 54 | 54 | 202.5 | 5.27 | 125 | 0.015 | |
| d~e | — | 72 | 72 | 270 | 5.93 | 125 | 0.015 | |

(5) 汇合通气管及总伸顶通气管计算

HI、FG 段通气横管与通气立管管径相同，取 75mm，GH 段通气横管按下式计算

$$DN \geq \sqrt{75^2 + 0.25 \times 75^2} = 83.85 \text{mm}$$

取标准管径 100mm。

通气帽下总伸顶通气管管径按下式计算

$$DN \geq \sqrt{75^2 + 0.25 \times (3 \times 75^2)} = 99.21 \text{mm}$$

取标准管径 100mm。

## 第五节　高层建筑新型排水系统

高层建筑中，排水落差高，更容易造成管道中压力的波动。因此高层建筑为保证排水的畅通和通气良好，一般采用设置专用通气管系统。但设置专用通气管系统造价高、占地面积大、管道安装复杂。采用单立管放大管径的设计方法在技术和经济上亦不合理，因此人们在不断地研究新的排水系统。

人们以减缓立管流速、保证有足够大的空气芯、防止横管排水产生水舌和避免在横干管中产生水跃等方面为研究目的。在 20 世纪 60 年代，出现了一些新型单立管排水系统，这类排水系统一根立管兼有排水和通气两项功能，有很大的优点。

### 一、苏维托单立管排水系统

1961 年瑞士伯尔尼市职业学校卫生工程师苏玛（Fritz Sommer）研究发明了一种新型排水立管配件，各层排水横支管与立管采用气水混合器连接，排水立管底部采用气水分离器连接，达到取消通气立管的目的。这种系统称为苏维托排水系统（Sovent System）。

1. 气水混合器

气水混合器由乙字弯、隔板、隔板上部小孔、混合室、上流入口、横支管流入口和排出口等构成，如图 4-26（a）所示。从立管上部流来的废水流经乙字弯时，流速减小，动能转化为压能，既起了减速作用又改善了立管内常处于负压的状态；同时水流形成紊流状态，部

分破碎成小水滴与周围空气混合，在下降过程中通过隔板的小孔抽吸横支管和混合室内的空气，变成密度轻呈水沫状的气水混合物，使下流的速度降低，减少了空气的吸入量，避免造成过大的抽吸负压，只需伸顶通气管就能满足要求。

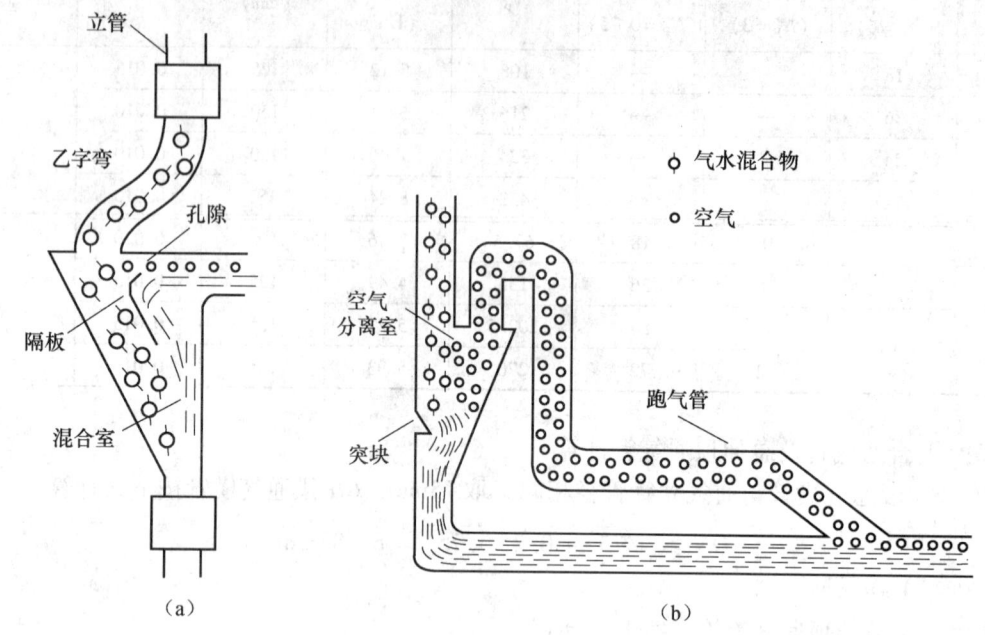

图 4-26 苏维托排水系统管件示意图
(a) 气水混合器；(b) 跑气器

从横支管进入立管的水流，由于受到隔板的阻挡只能从隔板的右侧向下排入，不会形成水舌隔断立管上下通气而造成负压。同时水流下落时通过隔板上的小孔抽吸立管的空气补气。

2. 跑气器（气水分离器）

气水分离器由流入口、顶部跑气口、突块和空气分离室等构成，如图 4-26 (b) 所示。沿立管流下的气水混合物，遇到分离室内突块时被溅散，从而分离出气体（约70%以上），减少了气水混合物的体积，降低了流速，避免形成回压。分离出的空气用跑气管接至下游 1~1.5m 处的排出管上，使气流不致在转弯处被阻，达到防止在立管底部产生过大正压的目的。

苏维托排水系统除可降低管道中的压力波动外，还可节省管材，节省投资 11%~35%，有利于提高设计质量和施工的工业化。

## 二、旋流式单立管排水系统

旋流排水系统是法国勒格、理查和鲁夫于 1967 年共同研究发明的。这种排水系统每层的横支管和立管采用旋流接头配件连接，立管底部采用旋流排水弯头连接。

1. 旋流接头配件

旋流接头配件由壳体和盖板两部分构成如图 4-27 (a) 所示。

旋流连接配件的作用原理：①横支管出流水经导旋叶片后形成一股旋流，围绕立管中的管中心气流下落，水流沿管壁形成水膜层，因此保证立管中心的气流贯通全长而不致中途萦乱或受阻。②立管中旋转下落的水流,由于下落距离的增加而使旋流减弱,经过下一层的旋流排水配件导旋叶片时,又进一步得到增强,这样就能够保证立管中心气流的贯通。③当沿着立管内壁旋转下落的膜状水流途经旋流排水配件处时,被叶片凸出的刀部截断而形成缺口,立管与横支管中的气流便能通过缺口而得到贯通。④旋流连接配件的扩大部分可使水流速度降低。

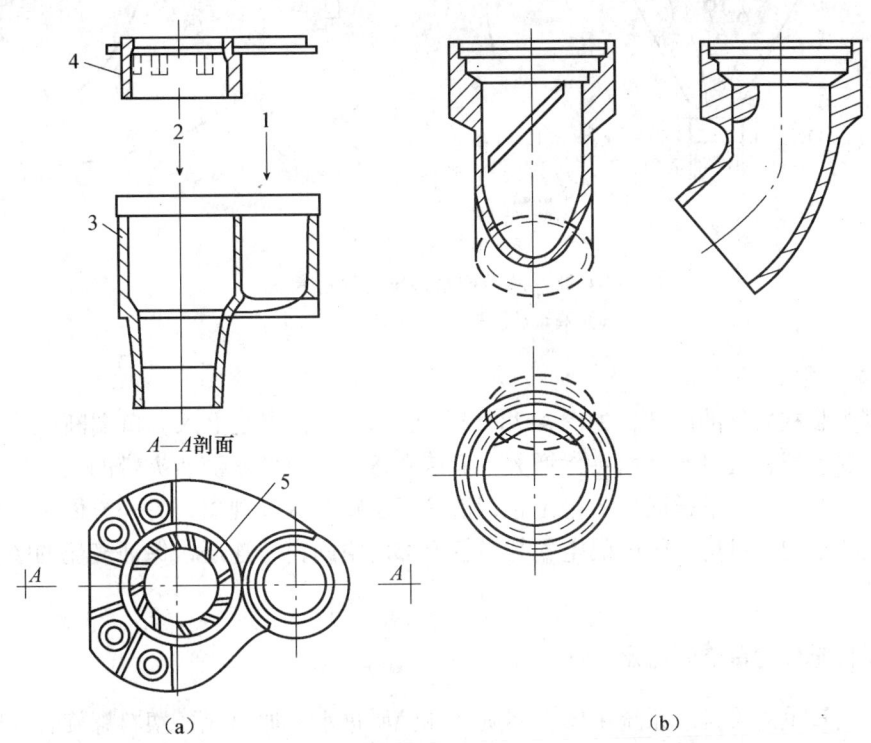

图 4-27 旋流式单立管排水管件示意图
(a) 旋流接头;(b) 特殊排水弯头

2. 旋流排水弯头

旋流排水弯头与普通铸铁弯头形状相同,但在内部设置有45°旋转导叶片,如图4-27(a)所示。使立管内在凸岸流下的水膜被旋转导叶片旋向对壁,沿弯头底部流下,避免了在横干管内形成水跃,封闭气流而造成过大的正压。

### 三、芯型排水系统

芯型排水系统是日本的小岛德厚于1973年发明的,在各层排水横支管与立管连接处设高奇马接头配件,在排水立管的底部设角笛弯头。

1. 高奇马接头配件

高奇马接头配件,外观呈倒锥形,如图4-28(a)所示,在上入流口与横支管入流口交汇处设有内管,从横支管排入的污水沿内管外侧向下流入立管,从而能够避免因横支管排水产生的水舌阻塞立管。从立管流下的污水经过内管后发生扩散下落,形成气水混合流,下落流速减缓,保证立管内空气畅通。高奇马接头配件的横支管接入形式有两种,一种是正对横支管垂直接入,另一种是沿切线方向接入。

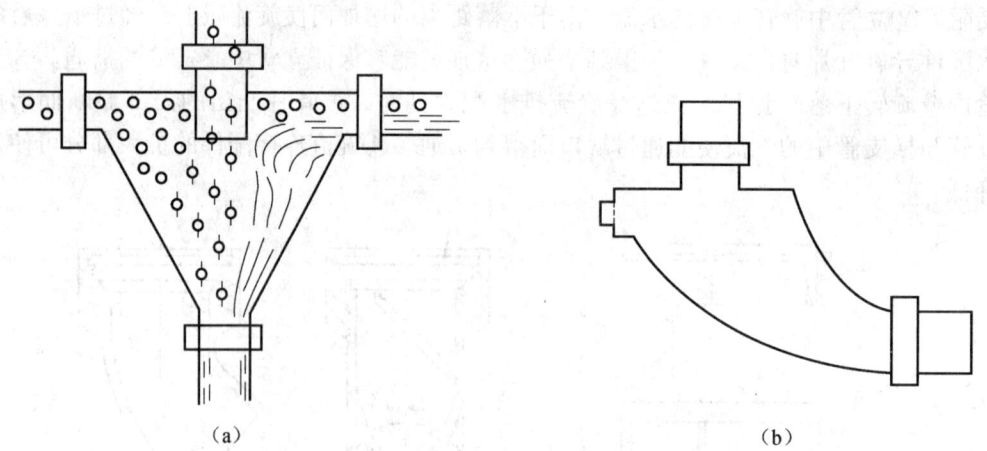

图 4-28 芯型排水系统管件示意图
(a) 高奇马接头配件；(b) 角笛弯头

2. 角笛弯头

角笛弯头装在立管的底部，如图 4-28（b）所示，其特点是上入流口端断面较大，从排水立管流下的水流，因过水断面突然增大，流速变缓，下泄的水流所夹带的气体被释放。一方面水流沿弯头的缓弯滑道而导入排出管，消除了水跃和水塞现象；另一方面由于角笛弯头内部有较大的空间，可使立管内的空气与横管上部的空间充分连通，保证气流的畅通，减少压力的波动。

**四、塑料螺旋管单立管排水系统**

塑料螺旋管单立管排水系统由塑料螺旋管和偏心进水三通组成，塑料螺旋管内壁有 6 条间距 50mm 的三角形螺旋线，污水沿螺旋线旋转下落，在管中心形成一个通畅的空气柱，从而提高了进水能力。偏心进水三通与排水立管的连接不对中，能把横支管流来的污水从立管内径切线方向导入立管，削弱了支管进水水舌的作用，并有避免水塞形成、稳定气压波动、降低噪声的功能。

# 第六节　污废水提升及局部处理构筑物

**一、污废水提升介绍**

在室内外标高存在较大高差的情况下，如：民用和公共建筑的地下室，人防建筑及工业建筑内部标高低于室外地坪的车间，污废水不能自流排至室外检查井，必须靠提升设备提升排出。提升设备主要就是污废水提升泵，其内容包括污水泵的选择，集水池容积确定及污水泵房设计。相关内容在水泵与水泵站中有详细介绍。

（一）污水泵的选择

（1）由于污废水中含有很多固体和悬浮物，容易堵塞管道和磨损相关部件，所以应该在污水泵出水管和自灌式水泵吸水管上装设阀门，并经常检修开关水泵。

（2）污水泵通常选择潜水泵、液下泵和卧式离心泵等类型，各泵应设独立的吸水管、自动运行；应有备用机组。

（3）水泵出水量与水泵启动方式有关，当水泵自动启动时，水泵出水量按设计秒流量确定，水泵手动启动时，按最大时污水量确定。

（二）集水池的设计

（1）集水池容积确定：当水泵自动启动时，集水池容积不小于最大一台水泵5min的出水量，水泵每小时启动次数不超过6次；水泵手动启动时，生活污水集水池容积不大于6个小时的平均小时污水量，工业废水集水池容积按不同生产工艺要求定。

（2）集水池的有效水深一般取1~1.5m，保护高度取0.3~0.5m。

（3）因生活污水中有机物分解成酸性物质，腐蚀性大，所以生活污水集水池内壁应采取防腐防渗漏措施。池底应坡向吸水坑，坡度不小于0.01，并在池底设冲洗管，利用水泵出水进行冲洗，防止污泥沉淀。此外集水池应设水位指示装置和直通室外的通气管，以方便工作人员操作，便于操作管理，防止检修人员中毒。

（三）水泵房的设计

为减少污水对环境的污染，污水泵房不能设在对卫生环境有特殊要求的生产厂房和公共建筑内，污水泵房应有良好的通风装置，并靠近集水池。当水泵房在建筑物内时，应有隔振防噪声措施。

水泵和水泵房的详细介绍见水泵与水泵站。

**二、污废水局部处理构筑物**

由于生活污水、餐饮业污水、医院污水及某些工业企业生产污水水质很差，不能直接排放到市政排水管网中，所以先经过小型水处理构筑物进行初级处理，再排入市政排水管网，最后送到污水处理厂进行处理。

（一）生活污水局部处理构筑物——化粪池

化粪池在国内应用很普遍，是对卫生间排出的生活污水进行初级处理的构筑物。

1. 化粪池工作原理

卫生间排放的污水中含有大量粪便、纸屑、病原虫（如蛔虫）等杂质，进入池时，流速减小，杂质沉淀成为污泥。在池中经过数小时以上的沉淀后，悬浮物去除约50%~60%左右。沉淀下来的污泥在密闭厌氧（或缺氧）的条件下腐化，进行厌氧分解，有机物转化为稳定状态，分解产生的沼气、$CO_2$和$H_2S$等气体从水中逸出。污泥经三个月以上时间的酸性发酵后，脱水熟化便可清掏出来作肥料用。污水在池中停留12~24h，用来保证污水的沉淀效率，经处理后的污水水质有了一定改善。但是化粪池去除有机物的能力较差，一般说来污水中的生化需氧量仅降低20%左右，而且由于污水与污泥接触，出水呈酸性，有臭味，尚不符合卫生要求。

2. 化粪池设计要求

（1）化粪池的形状一般多采用矩形，在污水量较少或空间较小时，也可采用圆形化粪池。

（2）矩形化粪池的长、宽、深比例，应根据污水中悬浮物的沉降条件及其积存数量由水力计算确定，与平流式沉淀池的计算理论相同。但由于化粪池设计流量远较设计沉淀池时为小，而计算所得尺寸过小，不便于施工管理，为此，规定化粪池的长度不得小于1m，宽度不得小于0.75m，深度不得小于1.3m。

(3) 化粪池往往用带孔的间壁分为2~3隔间，各隔间顶上都设有活动盖板，作为检查和清掏污泥用，在水面以上的间壁部分开有通气孔，以便流通空气。

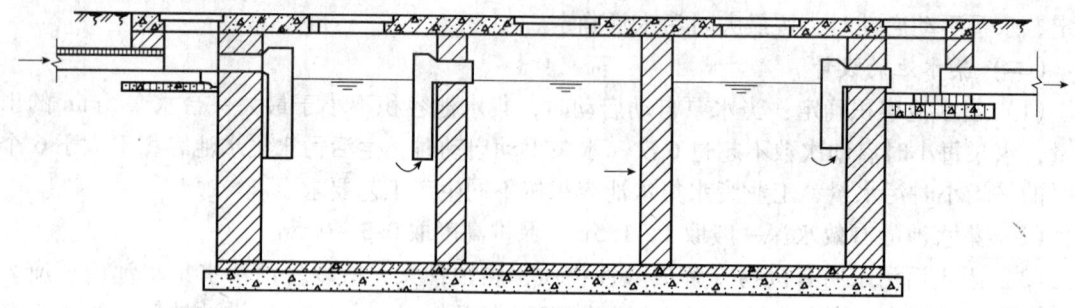

图4-29 化粪池剖面图

(4) 化粪池壁距建筑外墙面不得小于5m，如受条件限制达不到此要求时，可酌情减小距离，但不得影响建筑物的基础。化粪池距离地下取水构筑物不得小于30m，池壁、池底应防止渗漏。

3. 化粪池容积的确定

化粪池实际总容积 $V$ 的计算见式（4-7）：

$$V = V_1 + V_2 \tag{4-7}$$

式中 $V_1$、$V_2$——化粪池有效容积和化粪池保护层容积（m³）。

(1) 化粪池的有效容积由污水和污泥两部分组成，计算见式（4-8）：

$$V_1 = \frac{Nqt}{24 \times 1000} + \frac{\alpha NT(1-b)Km}{(1-c) \times 1000} \tag{4-8}$$

式中 $V_1$——化粪池有效容积（m³）；

$N$——化粪池实际使用人数。①对于医院、疗养院、幼儿园（有住宿）等，$N$ 值可取100%的居住人数；②住宅、集体宿舍、旅馆等，$N$ 值可取总人数的60%~70%；③工业企业生活间、办公楼、教学楼等，$N$ 值可取总人数的40%~50%；④公共食堂、影剧院、体育场和其他类似公共场所（按座位数计），$N$ 值可采用总人数的10%；

$q$——每人每天污水量［一般可采用20~30L/(人·d)］；

$t$——污水在池中停留时间（一般可采用12~24h）；

$\alpha$——每人每天污泥量［粪便污水与生活废水分流时，一般可采用0.4L/(人·d)；合流时，可采用0.7L/(人·d)］；

$T$——污泥清掏周期（一般90~365d）；

$b, c$——分别为新鲜和发酸污泥的含水率，取95%和90%；

$K$——污泥发酵后体积缩减系数，取0.8；

$m$——清掏污泥后遗留的熟污泥量容积系数，取1.2。

(2) 化粪池保护层容积

化粪池保护层容积 $V_2$ 根据化粪池的大小确定，保护层高度一般采用0.25~0.45m。

化粪池有效容积确定后，即可参阅《给水排水国家标准图集》（03S702）选用化粪池标准图。

(二) 含油污水局部处理构筑物——隔油池

食品加工车间、公共食堂、餐馆厨房等排水，均含有较多的油脂，此类含油污水进入排水管道后凝固附着于管壁，会缩小或阻塞管道。汽车库洗车废水水中含有汽油和机油，进入排水管道后油分会挥发聚积在检查井处，容易发生爆炸和引起火灾。因此对于上述含油废水要进行隔油处理后方可排入排水系统。

1. 隔油池工作原理及设计要求

隔油池通常利用油水比重不同，采用使水流速降低、油分上浮的方法去除油分；隔油池内存油容积可取该池容积的25%；隔油池应有活动盖板，进水管应考虑清通方便；污水中如有其他沉淀物时，在排入隔油井前应经沉砂处理（如设沉砂池）或隔油井内附加设有沉淀部分容积；处理水水质要求较高时，可采用两级除油池。向除油池中曝气，可提高除油效果，曝气量可取 $0.2m^3/m^2$，水力停留时间取 30min。隔油池构造如图 4-30 所示。

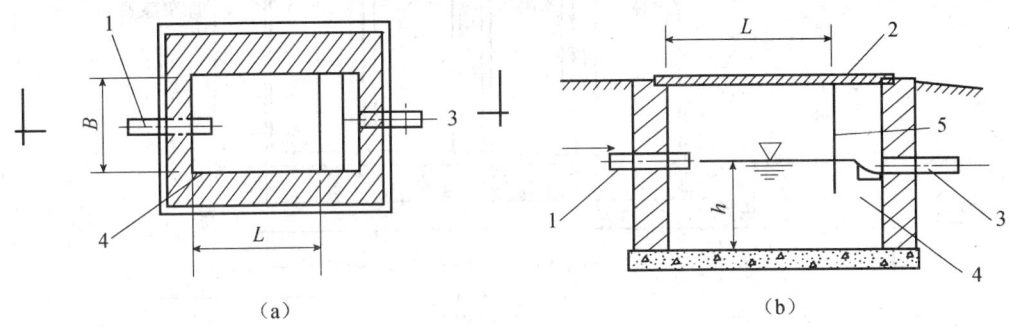

图 4-30 隔油池构造示意图
（a）隔油池平面图；（b）隔油池剖面图
1—进入管；2—盖板；3—出水管；4—出水间；5—隔板

2. 隔油池容积计算

隔油池有效容积计算见式（4-9）和式（4-10）

$$V_g = 60 Q_{max} \tag{4-9}$$

$$Q_{max} = AV \tag{4-10}$$

式中 $V_g$——隔油池有效容积（$m^3$）；

$Q_{max}$——污水设计秒流量（$m^3/s$）；

$A$——隔油池有效容积过水断面（$m^2$）；

$V$——池内污水流速，含食用油污水应小于等于 0.005m/s；含汽油机油等的废水应为 0.002~0.01m/s。

（三）温度较高污废水的局部处理——降温池

1. 降温池适用条件及工作原理

《城市污水排入下水道水质标准》（CJ 3082—99）规定，排入城市下水道污废水温度不能超过40℃。但有些污废水温度超过了40℃，此类废水包括锅炉排水及工业冷却水等，因此必须先采取降温措施再排放。对于温度较高的废水，应首先考虑将其余热回收利用，然后再采用冷水混合的措施。

降温池降温的方法主要有二次蒸发、水面散热和加冷水降温。以锅炉排污水为例，当锅炉排出的污水由锅炉内的工作压力骤然减到大气压力时，一部分热污水气化蒸发（二次蒸发），减少了排污水量和所带热量，剩余的热污水加入冷水混合，使污水温度降到40℃，然后排放。

**2. 降温池构造形式**

降温池的结构形式有隔板式和虹吸式两种。隔板式适用于有冷却废水的场所，构造如图 4-31 所示。虹吸式适用于冷却废水较少主要靠自来水冷却降温的场所，构造如图 4-32 所示。

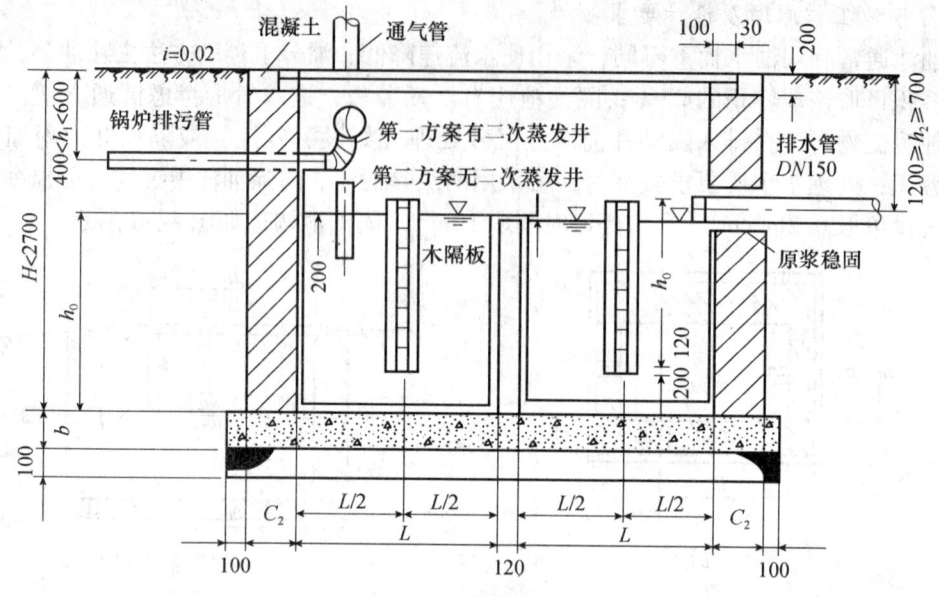

图 4-31 隔板式降温池

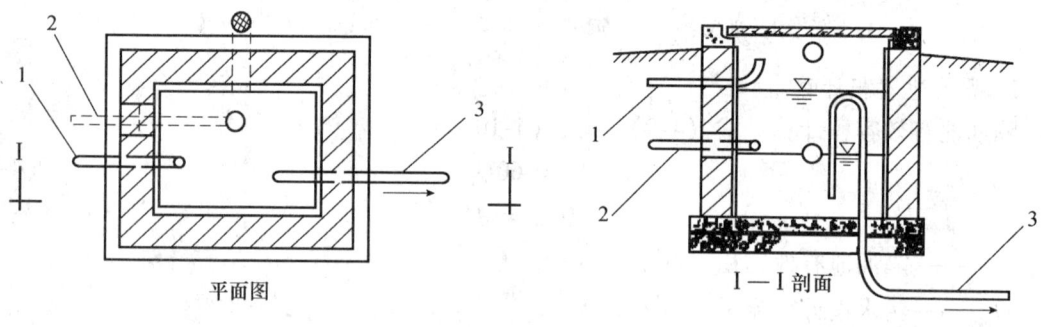

图 4-32 虹吸式降温池
1—锅炉排污管；2—冷却水管；3—出水管

**（四）医院污水局部处理及消毒**

医院污水处理包括医院污水消毒处理、放射性污水处理、重金属屑污水处理、废弃药物污水处理和污泥处理。

需要消毒处理的医院污水是指医院（包括综合医院、传染病医院、专科医院、疗养病院）和医疗卫生的教学及科研机构排放的被病毒、病菌、螺旋体和原虫等病原体污染了的水。这些水如不进行消毒处理，排入水体后会污染水体，导致传染病流行，危害很大。消毒处理是最基本的也是最低要求的处理。

**1. 医院污水的水质和水量**

医院污水排水量按病床床位计算，日平均排水量标准和时变化系数与医院的医疗设施完善程度和医院规模有关，见表 4-24。其中包括住院病房排水量，门诊、化验和制剂排水量，不包括未被致病微生物污染的病人及职工厨房、锅炉房、冷却水等排水量。

表 4-24　医院污水排水定额及小时变化系数

| 医院类型 | 病床床位 | 平均日污水量 [L/(床·d)] | 时变化系数 $K$ |
|---|---|---|---|
| 设备齐全的大型医院 | >300 | 400~600 | 2.0~2.2 |
| 一般设备的中型医院 | 100~300 | 300~400 | 2.2~2.5 |
| 小型医院 | <100 | 250~300 | 2.5 |

注：本表水量上限值为带病原体污水和生活污水之和，下限值仅为带病原体污水，不包括冷却水和医疗水量。

排水量的计算见本章第四节介绍。

2. 医院污水的处理流程

医院污水的处理流程分两级，根据污水的水质、排向等进行选择。

（1）一级处理流程

当医院污水排放到有集中污水处理厂的排水管渠时，以处理生物性污染为主时采用此流程，如图4-33所示。

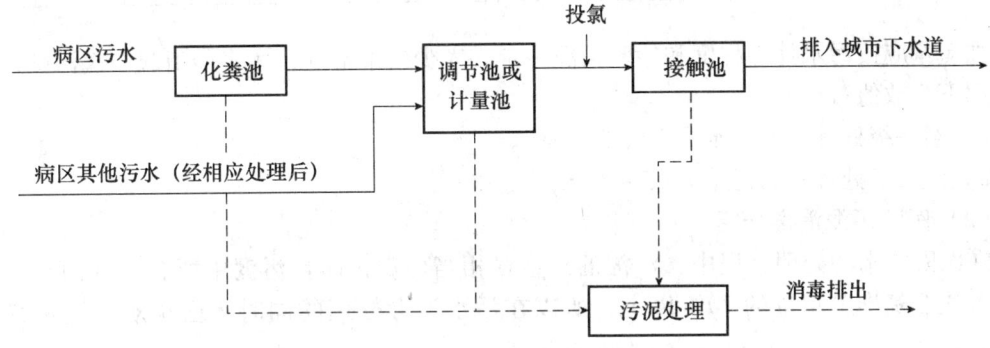

图 4-33　一级处理工艺流程

（2）二级处理流程

当污水排放到无城市污水处理厂的下水道或直接排放水体时，应根据水体的用途和环保部门的要求，对污水的生物性污染、理化性污染及有毒有害物质进行全面处理，应采用二级处理流程，如图4-34所示。

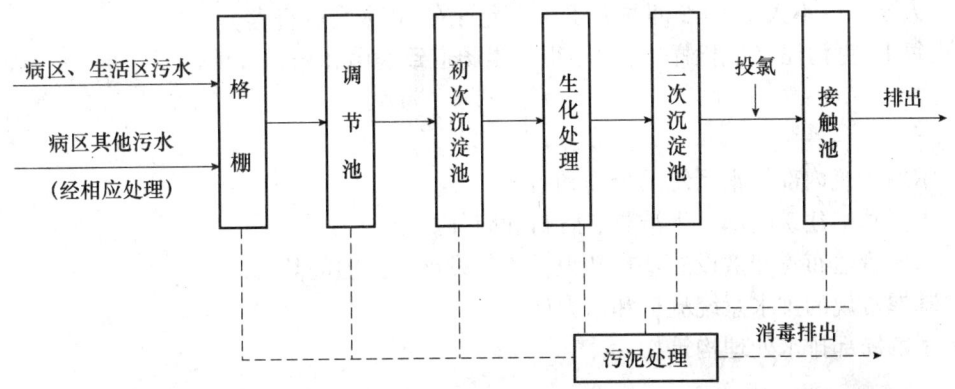

图 4-34　二级处理工艺流程

相关构筑物的设计计算详见水污染控制工程的介绍。

3. 医院污水的消毒处理

（1）医院污水消毒介绍

消毒是医院污水常规的处理手段，消毒的方法很多，包括投氯消毒、高温消毒、臭氧消毒、紫外线消毒等。其中投氯消毒是最常用的消毒方法，而在氯的选择上又以投加液氯为主。因其价格低廉、货源充足、投加方便、杀毒效果良好，现在应用越来越广泛。在液氯供应或运输困难时，多采用现场制备次氯酸钠溶液消毒的方法。因为污水处理后还要经过长距离的管道输送才能排放或进入处理厂，所以在投氯消毒处理后污水中要保证一定的余氯量，起到控制和杀死残留细菌、防止细菌再生繁殖的作用，在《医院污水排放标准》（GBJ 48—83）中规定的接触时间和出水中的总余氯量见表4-25。

表4-25 医院污水投氯消毒接触时间和总余氯量表

| 医院污水的类别 | 接触时间（h） | 总余氯量（mg/L） |
|---|---|---|
| 综合医院及含肠道致病菌污水 | 不小于1.0 | 4~5 |
| 含结核杆菌污水 | 不少于1.5 | 6~8 |

加氯量应按污水处理程度和检验情况确定，太少效果不好，太多会引起二次污染，一般可采用下列数值：

1）经一级处理后的污水为30~50mg/L。
2）经二级处理后的污水为15~20mg/L。

（2）医院污泥消毒介绍

在医院污水的处理过程中，污泥的产生量相当可观，而且污泥中所含的细菌和病毒很多，可达医院排出总量的70%以上，所以在污水消毒处理的同时还必须对污泥进行消毒处理。

污泥的消毒方法很多，有高温堆肥、厌氧消化、投氯消毒、高温蒸气消毒等方法，可根据具体条件选用。其中高温堆肥处理方法效果很好，病菌在厌氧条件下仅两三个月即死亡，病毒的活力也大大削弱，是一种可行的方法。

《医院污水排放标准》规定，污泥经过消毒后，要达到以下要求：

1）蛔虫卵死亡率大于95%。
2）大肠菌值不大于10（即每升出水中允许有10个大肠杆菌）。
3）每10克污泥（原检样中），不得检出肠道致病菌和结核杆菌。

## 本章小结

1. 掌握建筑内部排水系统的分类和组成。
2. 了解基本建筑内部卫生洁具、管材和附件。
3. 掌握管道布置和敷设的基本知识，这是设计和识图的基础。
4. 掌握常规的排水系统流量和水力计算。
5. 了解局部排水处理构筑物。

## 复习思考题

1. 什么叫建筑内部排水系统的合流制及分流制？如何选择建筑内部的排水体制？
2. 建筑内部排水系统由哪些部分组成？

3. 列举常用的卫生洁具,列举常用的排水管道材料及基本性能。
4. 卫生器具出口设置水封的作用是什么?常用水封的种类有哪些?如何保证水封的作用?
5. 设置通气管道系统的目的是什么?各类通气管道的设置原则是什么?
6. 建筑内部排水管道的组合方式有哪些?
7. 排水横干管内压力变化情况如何?工程实践中应解决什么问题?
8. 污水局部处理构筑物有哪些?各自适用于什么水质?
9. 某公共卫生间,男卫设蹲式大便器4套、自动冲洗小便器3个,洗脸盆1个,地漏2个,清扫口1个;女卫内设蹲式大便器4套,洗脸盆1个,污水池1个。地漏1个,清扫口1个。图1为排水管道平面布置图,图2为排水管道系统计算草图。管材采用建筑排水塑料管。要求进行排水系统水力计算,确定管道直径和坡度。

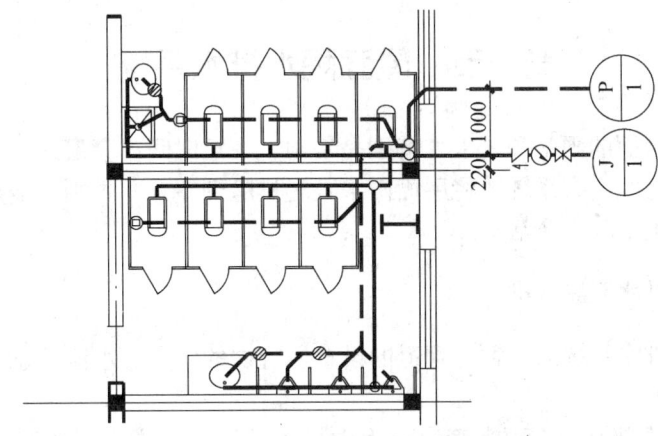

图1 卫生间管道平面布置图

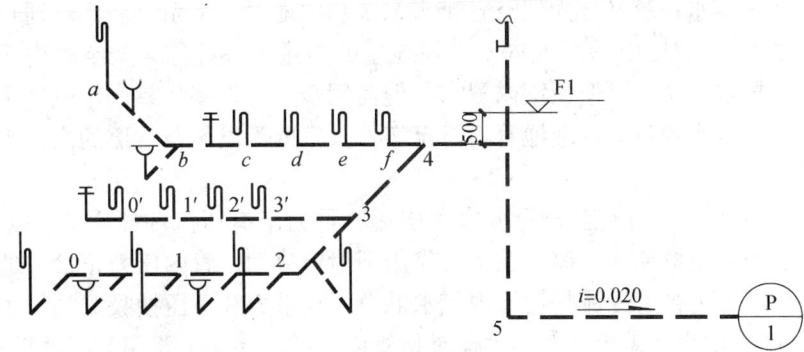

图2 卫生间管道计算草图

# 第五章　建筑雨水排水系统

【知识目标】
本章要求掌握不同建筑雨水排水系统的组成，掌握屋面雨水排水系统设计计算。
【能力目标】
通过本章的学习，学生能够进行建筑雨水排水系统的初步设计。

## 第一节　屋面雨水排水系统

降落在建筑物屋面的雨水和雪水，特别是暴雨，在短时间内会形成积水，需要设置屋面雨水排水系统，有组织、有系统地将屋面雨水及时排除到室外，否则会造成四处溢流或屋面漏水，影响人们的生活和生产活动。

### 一、建筑雨水排水系统分类

建筑屋面雨水排水系统的分类与管道的设置、管内的压力、水流状态和屋面排水条件等有关。

（1）按建筑物内部是否有雨水管道分为内排水系统和外排水系统两类，建筑物内部设有雨水管道，屋面设雨水斗的雨水排除系统为内排水系统，否则为外排水系统。按照雨水排至室外的方法，内排水系统又分为架空管排水系统和埋地管排水系统。雨水通过室内架空管道直接排至室外的排水管（渠），室内不设埋地管的内排水系统称为架空管内排水系统。架空管内排水系统排水安全，可避免室内冒水，但需用金属管材多，易产生凝结水，管系内不能排入生产废水；雨水通过室内埋地管道排至室外，室内不设架空管道的内排水系统称为埋地管内排水系统。

（2）按雨水在管道内的流态分为重力无压流、重力半有压流和压力流三类。①重力无压流是指雨水通过自由堰流入管道，在重力作用下附壁流动，管内压力正常，这种系统也称为堰流斗系统。②重力半有压流是指管内气水混合，在重力和负压抽吸双重作用下流动，这种系统也称为87式雨水斗系统。③压力流是指管内充满雨水，主要在负压抽吸作用下流动，这种系统也称为虹吸式系统。

（3）按屋面的排水条件分为檐沟排水、天沟排水和无沟排水。当建筑屋面面积较小时，在屋檐下设置汇集屋面雨水的沟槽，称为檐沟排水。在面积大且曲折的建筑物屋面设置汇集屋面雨水的沟槽，将雨水排至建筑物的两侧，称为天沟排水。降落到屋面的雨水沿屋面径流，直接流入雨水管道，称为无沟排水。

（4）内排水系统按出户埋地横干管是否有自由水面分为敞开式排水系统和密闭式排水系统两类。敞开式排水系统是非满流的重力排水，管内有自由水面，连接埋地干管的检查井是普通检查井。该系统可接纳生产废水，省去生产废水埋地管，但是暴雨时会出现检查井冒水现象，雨水会漫流到室内地面，造成危害。密闭式排水系统是满流压力排水，连接埋地干管的检查井内用密闭的三通连接，室内不会发生冒水现象。

（5）内排水系统按一根立管连接的雨水斗数量分为单斗和多斗雨水排水系统。单斗系统一般不设悬吊管，多斗系统中悬吊管将雨水斗和排水立管连接起来。在重力无压流和重力半有压流状态下，由于互相干扰，多斗系统中每个雨水斗的泄流量小于单斗系统的泄流量。在条件允许的情况下，应尽量采用单斗排水。

### 二、建筑雨水排水系统的组成

1. 檐沟外排水系统

檐沟外排水又称普通外排水、水落管外排水。檐沟外排水系统由檐沟和敷设在建筑物外墙的立管组成，如图5-1所示。降落到屋面的雨水沿屋面集流到檐沟，然后流入隔一定距离设置的立管排至室外的地面或雨水口。根据降雨量和管道的通水能力确定1根立管服务的屋面面积，再根据屋面形状和面积确定立管的间距。普通外排水适用于普通住宅、一般的公共建筑和小型单跨厂房。

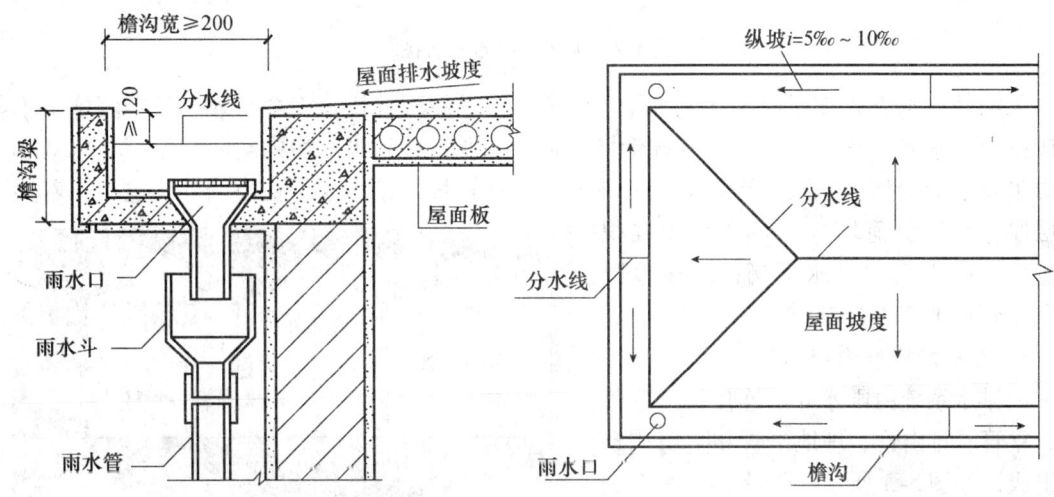

图 5-1 檐沟外排水布置图

2. 天沟外排水系统

天沟外排水系统由天沟、雨水斗和排水立管组成。所谓天沟是指屋面上，在构造上形成的排水沟，设置在两跨中间并坡向端墙，接受屋面的雨雪水。雨水斗设在伸出山墙的天沟末端，也可设在紧靠山墙的屋面。立管连接雨水斗并沿外墙布置。降落到屋面上的雨水沿坡向天沟的屋面汇集到天沟，沿天沟流至建筑物两端（山墙、女儿墙），流入雨水斗，经立管排至地面或雨水井。天沟外排水系统适用于长度不超过100m的多跨工业厂房。天沟的排水断面形式应根据屋顶情况而定，一般多为矩形和梯形。天沟坡度不宜太大，以免天沟起端屋顶垫层过厚而增加结构的荷重，但也不宜太小，以免天沟抹面时局部出现倒坡，使雨水在天沟中积存，造成屋顶漏水，所以天沟坡度一般在3‰~6‰之间。

应以建筑物伸缩缝、沉降缝和变形缝为屋面分水线，在分水线两侧分别设置天沟。天沟的长度应根据本地区的暴雨强度、建筑物跨度、天沟断面形式等进行水力计算确定，天沟长度一般不要超过50m。为了排水安全，防止天沟末端积水太深，在天沟末端宜设置溢流口，溢流口比天沟上檐低50~100mm。

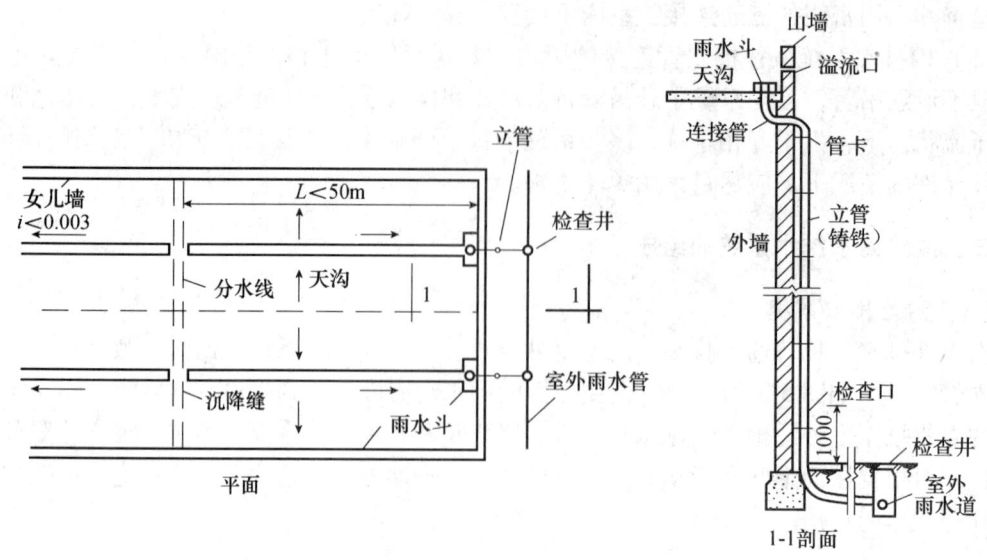

图 5-2 天沟外排水布置图

天沟外排水方式在屋面不设雨水斗，管道不穿过屋面，排水安全可靠，不会因施工不善造成屋面漏水或检查井冒水，且节省管材，施工方便，有利于厂房内空间利用，也可减小厂区雨水管道的埋深。但因天沟有一定的坡度，而且较长，排水立管在山墙外，也存在着屋面垫层厚，结构负荷增大；晴天屋面堆积灰尘多，雨天天沟排水不畅；寒冷地区排水立管可能冻裂的缺点。

3. 雨水内排水系统

内排水系统由雨水斗、连接管、悬吊管、立管、排出管、埋地干管和附属构筑物组成，如图 5-3 所示。降落到屋面上的雨水沿屋面流入雨水斗，经连接管、悬吊管进入排水立管，再经排出管流入雨水检

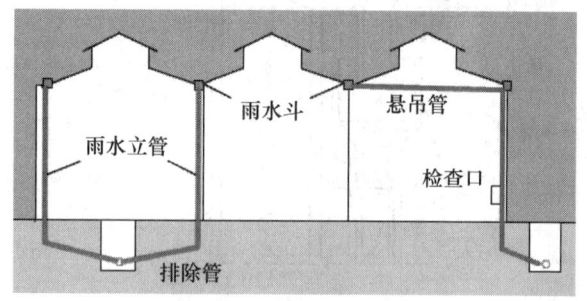

图 5-3 雨水内排水系统

查井或经埋地干管排至室外雨水管道。对于某些建筑物，由于受建筑结构形式、屋面面积、生产生活的特殊要求以及当地气候条件的影响，内排水系统可能只由其中的某些部分组成。

内排水系统适用于跨度大、特别长的多跨建筑，在屋面设天沟有困难的锯齿形、壳形屋面建筑，屋面有天窗的建筑，建筑立面要求高的建筑，大屋面建筑及寒冷地区的建筑，在墙外设置雨水排水立管有困难时，也可考虑采用内排水形式。

（1）雨水斗

雨水斗是一种雨水由此进入排水管道的专用装置，设在屋面或天沟的最低处。实验表明有雨水斗时，天沟水位稳定、水面旋涡较小，水位波动幅度小，掺气量较小；无雨水斗时，天沟水位不稳定，水位波动幅度大，掺气量较大。雨水斗有重力式和虹吸式两类，如图 5-4 所示。重力式雨水斗由顶盖、进水格栅（导流罩）、短管等构成，进水格栅既可拦截较大杂物，又可对进水具有整流、导流作用。重力式雨水斗有 65 式、79 式和 87 式三种，其中 87 式雨水斗的进出口面积比（雨水斗格栅的进水孔有效面积与雨水斗下连接管面积之比）最大，掺气量少，水力性能稳定，能迅速排除屋面雨水。

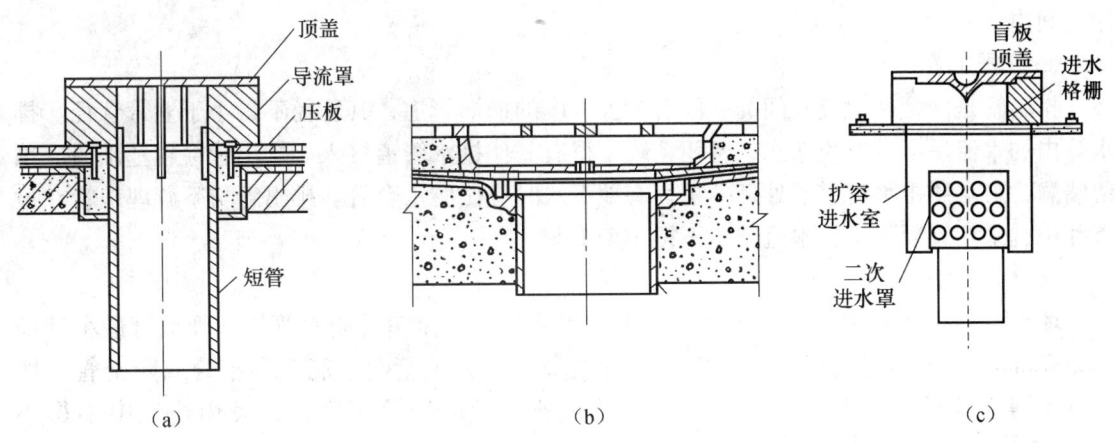

图 5-4 雨水斗
(a) 87 式（重力半有压流）；(b) 平箅式（重力流）；(c) 虹吸式（压力流）

虹吸式雨水斗由顶盖、进水格栅、扩容进水室、整流罩（二次进水罩）、短管等组成。为避免在设计降雨强度下雨水斗掺入空气，虹吸式雨水斗设计为下沉式。携带少量空气的雨水进入雨水斗的扩容进水室后，因室内有整流罩，雨水经整流罩进入排出管，携带的空气被整流罩阻挡，不易进入排水管。

在阳台、花台和供人们活动的屋面，可采用无格栅的平箅式雨水斗。平箅式雨水斗的进出口面积比较小，在设计负荷范围内，其泄流状态为自由堰流。

(2) 连接管

连接管是连接雨水斗和悬吊管的一段竖向短管。连接管一般与雨水斗同径，但不宜小于100mm，连接管应牢固固定在建筑物的承重结构上，下端用斜三通与悬吊管连接。

(3) 悬吊管

悬吊管是悬吊在屋架、楼板和梁下或架空在柱上的雨水横管。悬吊管连接雨水斗和排水立管，其管径不小于连接管管径，也不应大于300mm。塑料管的坡度不小于0.005；铸铁管的最小设计坡度不小于0.01。悬吊管应低于天沟底1m以上。在悬吊管的端头和长度大于15m的悬吊管上设检查口或带法兰盘的三通，位置宜靠近墙柱，以利检修。

连接管与悬吊管、悬吊管与立管间宜采用45°三通或90°斜三通连接。悬吊管一般采用塑料管或铸铁管，固定在建筑物的桁架或梁上。在管道可能受振动或生产工艺有特殊要求时，可采用钢管焊接连接。悬吊管不得设置在精密机械、设备、遇水会产生危害的产品及原料的上空，否则应采取预防措施。雨水悬吊管在工业厂房中一般为明装，在民用建筑中可敷设在楼梯间、阁楼或吊顶内，并应采取防结露措施。

(4) 立管

雨水立管承接悬吊管或雨水斗流来的雨水。屋面无溢流措施时，雨水立管不应少于2根。一根立管连接的悬吊管根数不多于2根。建筑高低跨的悬吊管，宜单独设置各自的立管。立管管径不得小于悬吊管管径。立管宜沿墙、柱明装，有隐蔽要求时，可暗装于墙槽或管井内，并应在距地面1m处设检查口或门。立管下端与横管连接处，应在立管上设检查口或横管上设水平检查口，当横管有向大气的出口且横管长度小于2m的除外。立管的管材和接口与悬吊管相同。在雨水立管的底部弯管处应设支墩或采取牢固的固定措施。在民用建筑中，立管常设在楼梯间、管井、走廊或辅助房间内，不得设在居住房间内。

(5) 排出管

排出管是立管和检查井间的一段有较大坡度的横向管道，其管径不得小于立管管径。排水管内的水流呈半有压流状态，密闭系统不得有其他排水管道接入。排出管穿越基础墙应预留墙洞，可参照排水管道的处理方法。有地下水时应做防水套管。排出管与下游埋地管在检查井中宜采用管顶平接，水流转角不得小于135°。

(6) 埋地管

埋地管敷设于室内地下，承接立管的雨水并将其排至室外雨水管道。埋地管最小管径为200mm，最大不超过600mm。埋地管一般采用混凝土管、钢筋混凝土管或陶土管。埋地管不得穿越设备基础及其他地下构筑物。埋地管的埋设深度，在民用建筑中不得小于0.15m。

(7) 附属构筑物

常见的附属构筑物有检查井、检查口井和排气井，用于雨水管道的清扫、检修、排气。检查井适用于敞开式内排水系统，设置在排出管与埋地管连接处、埋地管转弯、变径及超过30m的直线管路上。检查井井深不小于0.7m，井内采用管顶平接，井底设高流槽，流槽应高出管顶200mm。埋地管起端几个检查井与排出管间应设排气井，如图5-5所示。水流从排出管流入排气井，与溢流墙碰撞消能，流速减小，气水分离，水流经过格栅稳压后平稳流入检查井，气体由放气管排出。密闭内排水系统的埋地管上设检查口，将检查口放在检查井内，便于清通检修，称检查口井。

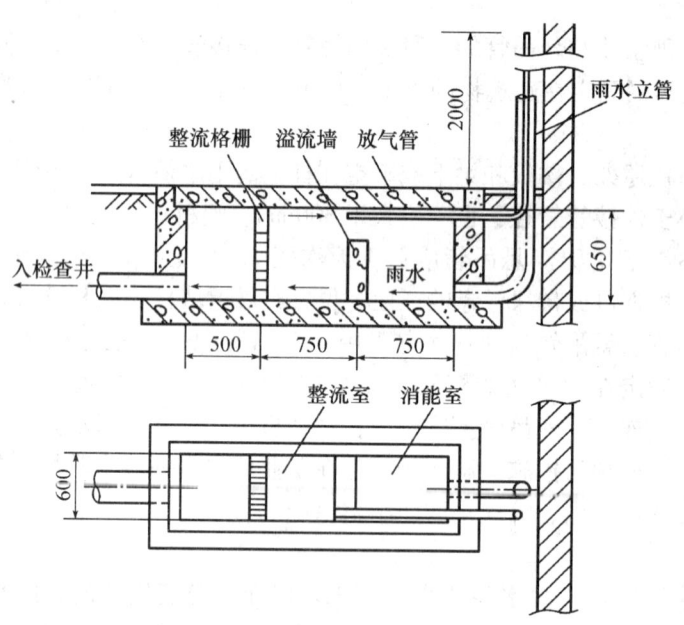

图5-5 排气井

4. 混合排水系统

大型工业厂房的屋面形式复杂，为了及时有效地排除屋面雨水，往往同一建筑物采用几种不同形式的雨水排除系统，分别设置在屋面的不同部位，由此组合成屋面雨水混合排水系统。

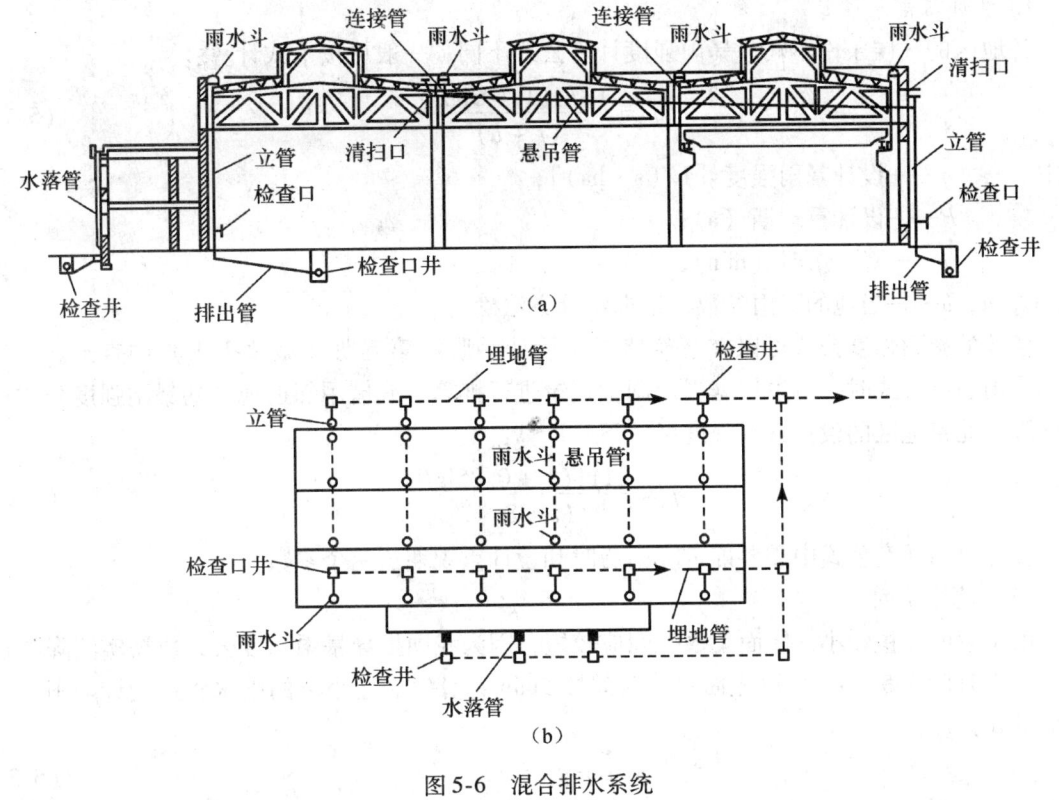

图 5-6 混合排水系统
(a) 剖面图；(b) 平面图

### 三、雨水排出系统的选用

选择建筑物屋面雨水排水系统时应根据建筑物的类型、建筑结构形式、屋面面积大小、当地气候条件以及生活生产的要求，经过技术经济比较，本着既安全又经济的原则选择雨水排水系统。安全的含义是指能迅速、及时地将屋面雨水排至室外，屋面溢水效率低，室内管道不漏水，地面不冒水。为此，密闭式系统优于敞开式系统，外排水系统优于内排水系统。堰流斗重力流排水系统的安全可靠性最差。

经济是指在满足安全的前提下，系统的造价低，寿命长。虹吸式系统泄流量大、管径小、造价最低，87 式重力流系统次之，堰流斗重力流系统管径最大，造价最高。

屋面集水优先考虑天沟形式，雨水斗置于天沟内。建筑屋面内排水和长天沟外排水一般宜采用重力半有压流系统，大型屋面的库房和公共建筑内排水，宜采用虹吸式有压流系统，檐沟外排水宜采用重力无压流系统。阳台雨水应自成系统排到室外，不得与屋面雨水系统相连接。

## 第二节 屋面雨水排水计算

### 一、雨水量计算

屋面雨水量的大小是设计计算屋面雨水排水系统的依据，其值与该地暴雨强度 $q$、汇水面积 $F$ 以及径流系数 $\psi$ 有关。

1. 设计暴雨强度 $q$

各地区的气候条件不同,暴雨强度计算公式不同,一般可按下式计算:

$$q = \frac{167A(1 + C\lg P)}{(t + b)^n} \tag{5-1}$$

式中　　$q$——设计暴雨强度 [L/(s·ha)];
　　　　$P$——设计重现期 (a);
　　　　$t$——降雨历时 (min);
$A,C,n,b$——当地的降雨参数,根据统计方法确定。

各地的暴雨强度公式可以在《给水排水设计手册》第五册(城镇排水)中查出。如当地无暴雨强度公式时,可以根据当地雨量记录进行推算,或借用邻近地区的暴雨强度公式进行计算。北京地区的设计暴雨强度可按下式计算:

$$q = \frac{2111(1 + 0.85\lg P)}{(t + 8)^{0.70}} \tag{5-2}$$

设计暴雨强度公式中需要确定降雨历时和设计重现期这两个参数。

(1) 降雨历时 $t$

由于屋面面积较小,屋面集水时间应较短,因为我国推导暴雨强度公式所需实测降雨资料的最小时段为 5min,所以屋面集水时间按 5min 计算。居住小区的雨水管道设计降雨历时应按下式计算:

$$t = t_1 + mt_2 \tag{5-3}$$

式中　$t$——降雨历时 (min);
　　$t_1$——地面集流时间 (min),视距离长短、地形坡度和地面覆盖情况而定。一般可以选 5~10min;
　　$m$——折减系数,小区支管和接户管:$m = 1$,小区干管、暗管:$m = 2$,陡坡地区干管:$m = 1.2$~2,明沟:$m = 1.2$;
　　$t_2$——排水管道内的雨水流行时间 (min)。

(2) 设计重现期 $P$

设计重现期根据建筑物的重要程度、汇水区域的性质、地形特点、气象特点等因素确定。近年来,由于建筑标准的不断提高,$P$ 值也有增大的趋势,各种汇水区域的设计重现期不宜小于表 5-1 中的数值。

表 5-1　各种汇水区域的设计重现期

| 汇水区域名称 | | 设计重现期 (a) |
|---|---|---|
| 屋面 | 外檐沟式屋面 | 1 |
| | 一般性建筑 | 2~5 |
| | 重要公共建筑 | 10 |
| 室外场地 | 居住小区 | 1~3 |
| | 车站、码头、机场的基地 | 2~5 |

一般情况,87 式雨水斗系统的设计重现期宜取表中的低限值;虹吸式系统的设计重现期应不低于表中的高限值。

2. 汇水面积 F

(1) 屋面雨水汇水面积较小，一般按 m² 计。

(2) 屋面雨水的汇水面积按屋面水平投影面积计算。

(3) 高出屋面侧墙的汇水面积计算：

1) 一面侧墙，按侧墙面积 50% 折算成汇水面积。

2) 两面相邻侧墙，按两面侧墙面积的平方和的平方根 $\sqrt{(a^2+b^2)}$ 的 50% 折算成汇水面积。

3) 两面相对等高侧墙，可不计汇水面积。

4) 两面相对不同高度的侧墙，按高出低墙上面面积的 50% 折算成汇水面积。

(4) 坡度大的屋面，当屋面竖向投影面积大于水平投影面积的 10%，则竖向投影面积的 50% 折算成最大汇水面积。

(5) 屋面按分水线的排水坡度划分为不同排水区时，应分区计算集雨面积。

对于有一定坡度的屋面，汇水面积不按实际面积而是按水平投影面积计算。考虑到大风作用下，雨水倾斜降落的影响，高出屋面的侧墙，应附加其最大受雨面正投影的一半作为有效汇水面积计算。窗井、贴近高层建筑外墙的地下汽车库出入门坡道还应附加其高出部分侧墙面积的 1/2。同一汇水区内高出的侧墙多于一面时，按有效受水侧墙面积的 1/2 折算汇水面积。高层建筑裙房屋面排水汇水面积的计算与高层建筑屋面排水汇水面积计算方法相同。

3. 径流系数

各种屋面、地面的径流系数可按表 5-2 选取。室外汇水面积平均径流系数应按地面的种类加权平均计算确定。如资料不足，小区综合径流系数根据建筑稠密程度在 0.5~0.8 内选用。北方干旱地区的小区径流系数一般可取 0.3~0.6。建筑密度大取高值，密度小取低值。

表 5-2 径流系数

| 地面种类 | 径流系数 |
| --- | --- |
| 硬屋面，未铺石子的平屋面、沥青屋面 | 1 |
| 铺石子的平屋面 | 0.8 |
| 绿化屋面（设计重现期不超过表 5-1） | 0.4 |
| 混凝土和沥青路面 | 0.9 |
| 块石等铺砌路面 | 0.7 |
| 干砌砖、石及碎石路面 | 0.5 |
| 非铺砌的土路面 | 0.4 |
| 绿地 | 0.25 |
| 水面 | 1 |
| 地下建筑覆土绿地（覆土厚度≥500mm） | 0.25 |
| 地下建筑覆土绿地（覆土厚度<500mm） | 0.4 |

4. 雨水量计算公式

雨水量可按以下公式计算

$$Q = k\psi \frac{q_5}{10000} F \tag{5-4}$$

$$Q = \frac{k\psi F h_5}{3600} \tag{5-5}$$

式中　$Q$——屋面雨水设计流量（L/s）；
　　　$\psi$——径流系数；
　　　$F$——汇水面积（m²）；
　　　$q_5$——降雨历时为5min时的暴雨强度［L/(s·ha)］；
　　　$h_5$——降雨历时为5min时的小时降雨厚度（mm/h）。
　　　$k$——校正系数，一般取1。当屋面坡度较大且短时积水会造成危害时取1.5。

由于降雨本身的规律性不是很强，雨水管道设计计算公式是根据长期积累的气象资料，进行数据统计分析而得到的，公式中采用的一些参数，如设计重现期、降雨历时、径流系数（径流量/降雨量）等都带有一定的经验性，因此进行工程设计时应参照一些经验来确定设计参数。如设计时选择降雨历时越短、暴雨强度越大，结果会增加整个雨水系统的造价；如选择降雨历时过长，暴雨强度过小，系统造价会降低，但出现大雨时雨水不能及时排出的危险增大。

## 二、系统计算参数

**1. 雨水斗泄流量**

雨水斗的泄流量与流动状态有关，重力流状态下，雨水斗的排水状况是自由堰流，通过雨水斗的泄流量与雨水斗进水口直径和斗前水深有关，可按环形溢流堰公式计算：

$$Q = \mu \pi D h \sqrt{2gh} \tag{5-6}$$

式中　$Q$——通过雨水斗的泄流量（m³/s）；
　　　$\mu$——雨水斗进水口流量系数，取0.45；
　　　$D$——雨水斗进水口直径（m）；
　　　$h$——雨水斗进水口前水深（m）。

在半有压流和压力流状态下，排水管道内产生负压抽吸，所以通过雨水斗的泄流量与雨水斗出水口直径、雨水斗前水面至雨水斗出水口处的高度及雨水斗排水管中的负压有关：

$$Q = \frac{\pi d^2}{4} \mu \sqrt{2g(H+P)} \tag{5-7}$$

式中　$Q$——雨水斗出水口泄流量（m³/s）；
　　　$\mu$——雨水斗出水口的流量系数，取0.95；
　　　$d$——雨水斗出水口内径（m）；
　　　$H$——雨水斗前水面至雨水斗出水口处的高度（m）；
　　　$P$——雨水斗排水管中的负压（mH₂O）。

各种类型雨水斗的最大泄流量可按表5-3选取。

表5-3　雨水斗最大泄流量　　　　　　　　　　　　　　　　（L/s）

| 雨水斗形式 | 管径（mm） | | | | |
|---|---|---|---|---|---|
| | 50 | 75 | 100 | 150 | 200 |
| 虹吸式 | 6 | 12 | 25 | | |
| 87式（单斗） | | 8 | 16 | 32 | 52 |
| 87式（多斗） | | 6 | 12 | 26 | 40 |
| 堰流斗式 | 按生产厂家的资料选取 | | | | |

87式多斗排水系统中，一根悬吊管连接的87式雨水斗最多不超过4个，否则造成悬吊管太长，距立管远近不同的雨水斗泄流量差异很大。离立管最远端雨水斗的设计流量不得超过表中数值，其他各斗的设计流量依次比下游斗递增10%。

2. 天沟流量

屋面天沟为明渠排水，天沟水流流速可按明渠均匀流公式计算：

$$v = \frac{1}{n}R^{\frac{2}{3}}I^{\frac{1}{2}} \tag{5-8}$$

$$Q = v\omega \tag{5-9}$$

式中　$Q$——天沟的允许泄流量（L/s）；
　　　$\omega$——天沟的过水断面面积（m²）；
　　　$v$——天沟内水流速度（m/s）；
　　　$R$——水力半径（m）；
　　　$I$——天沟坡度，$I > 0.003$；
　　　$n$——天沟粗糙系数，与天沟材料及施工情况有关，见表5-4。

表5-4　各种抹面天沟 $n$ 值

| 天沟壁面材料 | $n$ | 天沟壁面材料 | $n$ |
|---|---|---|---|
| 水泥砂浆光滑抹面 | 0.011 | 喷浆护面 | 0.016～0.021 |
| 普通水泥砂浆抹面 | 0.012～0.013 | 不整齐表面 | 0.020 |
| 无抹面 | 0.014～0.017 | 豆砂沥青玛琋脂表面 | 0.025 |

3. 横管流量

横管包括悬吊管、管道层的汇合管、埋地横干管和出户管，横管可以近似地按圆管均匀流计算：

$$Q = v\omega \tag{5-10}$$

$$v = \frac{1}{n}R^{\frac{2}{3}}I^{\frac{1}{2}} \tag{5-11}$$

式中　$Q$——排水流量（m/s）；
　　　$v$——管内流速（m/s），不小于0.75m/s，埋地横干管出建筑外墙进入室外雨水检查井时，为避免冲刷，流速应小于1.8m/s；
　　　$\omega$——管内过水断面积（m²）；
　　　$n$——粗糙系数。塑料管取0.010，铸铁管取0.014，混凝土管取0.013；
　　　$R$——水力半径（m），悬吊管按充满度 $h/D = 0.8$ 计算，横干管按满流计算；
　　　$I$——水力坡度。重力流的水力坡度按管道敷设坡度计算，金属管不小于0.01，塑料管不小于0.005；重力半有压流的水力坡度与横管两端管内的压力差有关，按下式计算：

$$I = (h + \Delta h)/L \tag{5-12}$$

式中　$h$——横管两端管内的压力差（mH₂O），悬吊管按末端（立管与悬吊管连接处）的最大负压值计算，取0.5m，埋地横干管按其起端（立管与埋地横干管连接处）的最大正压值计算，取1.0m；

Δh——位置水头（mH$_2$O），悬吊管是指雨水斗顶面至悬吊管末端的几何高差，埋地横干管是指其两端的几何高差；

L——横管的长度（m）。

将各个参数代入式（5-10）和式（5-11）中，计算出不同管径、不同坡度时非满流（h/D=0.8）横管（铸铁管、钢管、塑料管）和满流横管（混凝土管）的最大泄流量和流速，见表5-5、表5-6、表5-7。横管的管径根据各雨水斗流量之和确定，并宜保持管径不变。

表5-5 悬吊管（铸铁管、钢管）水力计算表

h/D=0.8，v：m/s，Q：L/s

| 水力坡度 I | 管径 D（mm） | | | | | | | | | |
|---|---|---|---|---|---|---|---|---|---|---|
| | 75 | | 100 | | 150 | | 200 | | 250 | |
| | v | Q | v | Q | v | Q | v | Q | v | Q |
| 0.01 | 0.57 | 2.18 | 0.70 | 4.69 | 0.91 | 13.82 | 1.10 | 29.76 | 1.28 | 53.95 |
| 0.02 | 0.81 | 3.08 | 0.98 | 6.63 | 1.29 | 19.54 | 1.56 | 42.08 | 1.81 | 76.29 |
| 0.03 | 0.99 | 3.77 | 1.21 | 8.12 | 1.58 | 23.93 | 1.91 | 51.54 | 2.22 | 93.44 |
| 0.04 | 1.15 | 4.35 | 1.39 | 9.37 | 1.82 | 27.63 | 2.21 | 59.51 | 2.56 | 107.89 |
| 0.05 | 1.28 | 4.87 | 1.56 | 10.48 | 2.04 | 30.89 | 2.47 | 66.54 | 2.87 | 120.63 |
| 0.06 | 1.41 | 5.33 | 1.70 | 11.48 | 2.23 | 33.84 | 2.71 | 72.89 | 3.14 | 132.14 |
| 0.07 | 1.52 | 5.76 | 1.84 | 12.40 | 2.41 | 36.55 | 2.92 | 78.73 | 3.39 | 142.73 |
| 0.08 | 1.62 | 6.15 | 1.97 | 13.25 | 2.58 | 39.09 | 3.12 | 84.16 | 3.62 | 142.73 |
| 0.09 | 1.72 | 6.53 | 2.09 | 14.06 | 2.74 | 41.45 | 3.31 | 84.16 | 3.84 | 142.73 |
| 0.1 | 1.82 | 6.88 | 2.20 | 14.82 | 2.88 | 41.45 | 3.49 | 84.16 | 4.05 | 142.73 |

表5-6 悬吊管（塑料管）水力计算表　　h/D=0.8，v：m/s，Q：L/s

| 水力坡度 I | 90×3.2 | | 110×3.2 | | 125×3.7 | | 150×4.7 | | 200×5.9 | | 250×7.3 | |
|---|---|---|---|---|---|---|---|---|---|---|---|---|
| | v | Q | v | Q | v | Q | v | Q | v | Q | v | Q |
| 0.01 | 0.86 | 4.07 | 1.00 | 7.21 | 1.09 | 10.11 | 1.28 | 19.55 | 1.48 | 35.42 | 1.72 | 64.33 |
| 0.02 | 1.22 | 5.75 | 1.41 | 10.20 | 1.53 | 14.30 | 1.81 | 27.65 | 2.10 | 50.09 | 2.44 | 90.98 |
| 0.03 | 1.50 | 7.05 | 1.73 | 12.49 | 1.88 | 17.51 | 2.22 | 33.86 | 2.57 | 61.35 | 2.99 | 111.42 |
| 0.04 | 1.73 | 8.14 | 1.99 | 14.42 | 2.17 | 20.22 | 2.56 | 39.10 | 2.97 | 70.84 | 3.45 | 128.66 |
| 0.05 | 1.93 | 9.10 | 2.23 | 16.12 | 2.43 | 22.60 | 2.86 | 43.72 | 3.32 | 79.20 | 3.85 | 143.84 |
| 0.06 | 2.12 | 9.97 | 2.44 | 17.66 | 2.66 | 24.76 | 3.13 | 47.89 | 3.64 | 86.76 | 4.22 | 157.57 |
| 0.07 | 2.29 | 10.77 | 2.64 | 19.07 | 2.87 | 26.74 | 3.39 | 51.73 | 3.93 | 93.71 | 4.56 | 170.20 |
| 0.08 | 2.44 | 11.51 | 2.82 | 20.39 | 3.07 | 28.59 | 3.62 | 55.30 | 4.20 | 100.18 | 4.88 | 170.20 |
| 0.09 | 2.59 | 12.21 | 2.99 | 21.63 | 3.26 | 30.32 | 3.84 | 58.65 | 4.45 | 100.18 | 5.17 | 170.20 |
| 0.1 | 2.73 | 12.87 | 3.15 | 22.80 | 3.43 | 31.96 | 4.05 | 58.65 | 4.70 | 100.18 | 5.45 | 170.20 |

表 5-7 埋地混凝土管水力计算表　　$h/D=1.0$, $v$：m/s, $Q$：L/s

| 水力坡度 $I$ | 管径 $D$ (mm) | | | | | | | | | | | | | |
|---|---|---|---|---|---|---|---|---|---|---|---|---|---|---|
| | 200 | | 250 | | 300 | | 350 | | 400 | | 450 | | 500 | |
| | $v$ | $Q$ | $v$ | $Q$ | $v$ | $Q$ | $v$ | $Q$ | $v$ | $Q$ | $v$ | $Q$ | $v$ | $Q$ |
| 0.003 | 0.57 | 18.0 | 0.66 | 32.6 | 0.75 | 53.0 | 0.83 | 79.9 | 0.91 | 114 | 0.98 | 156 | 1.05 | 207 |
| 0.004 | 0.66 | 20.7 | 0.77 | 37.6 | 0.87 | 61.1 | 0.96 | 92.2 | 1.05 | 132 | 1.13 | 180 | 1.22 | 239 |
| 0.005 | 0.74 | 23.2 | 0.86 | 42.0 | 0.97 | 68.4 | 1.07 | 103.1 | 1.17 | 147 | 1.27 | 202 | 1.36 | 267 |
| 0.006 | 0.81 | 25.4 | 0.94 | 46.1 | 1.06 | 74.9 | 1.17 | 113.0 | 1.28 | 161 | 1.39 | 221 | 1.49 | 292 |
| 0.007 | 0.87 | 27.4 | 1.01 | 49.7 | 1.14 | 80.9 | 1.27 | 122.0 | 1.39 | 174 | 1.50 | 238 | 1.61 | 316 |
| 0.008 | 0.93 | 29.3 | 1.08 | 53.2 | 1.22 | 86.5 | 1.36 | 130.4 | 1.48 | 186 | 1.60 | 255 | 1.72 | 338 |
| 0.009 | 0.99 | 31.1 | 1.15 | 56.4 | 1.30 | 91.7 | 1.44 | 138.3 | 1.57 | 198 | 1.70 | 270 | 1.85 | 358 |
| 0.010 | 1.04 | 32.8 | 1.21 | 59.5 | 1.37 | 96.7 | 1.52 | 145.8 | 1.66 | 208 | 1.79 | 285 | | |
| 0.012 | 1.14 | 35.9 | 1.33 | 65.1 | 1.50 | 105.9 | 1.66 | 159.8 | 1.82 | 228 | | | | |
| 0.014 | 1.24 | 38.8 | 1.43 | 70.3 | 1.62 | 114.4 | 1.79 | 172.6 | | | | | | |
| 0.016 | 1.32 | 41.5 | 1.53 | 75.2 | 1.73 | 122.3 | 1.92 | 184.5 | | | | | | |
| 0.018 | 1.40 | 44.0 | 1.63 | 79.8 | 1.84 | 129.7 | | | | | | | | |
| 0.020 | 1.48 | 46.4 | 1.71 | 84.1 | | | | | | | | | | |
| 0.025 | 1.65 | 51.8 | 1.92 | 94.0 | | | | | | | | | | |
| 0.030 | 1.81 | 56.8 | | | | | | | | | | | | |

4. 立管流量

重力流状态下雨水排水立管按水满流计算：

$$Q = 7890 K_p^{-\frac{1}{6}} \alpha^{\frac{5}{3}} d_j^{\frac{8}{3}} (L/s) \tag{5-13}$$

式中　$Q$——立管排水流量（L/s）；

　　　$K_p$——粗糙高度（m），塑料管取 $15 \times 10^{-6}$m，铸铁管取 $25 \times 10^{-5}$m；

　　　$\alpha$——充水率，塑料管取0.3，铸铁管取0.35；

　　　$d_j$——管道计算内径（m）。

重力流立管最大允许流量见表5-8。

表 5-8　重力流立管最大允许泄流量

| 铸铁管 | | 钢管 | | 塑料管 | |
|---|---|---|---|---|---|
| 公称直径 (mm) | 泄流量 (L/s) | 外径×壁厚 (mm) | 泄流量 (L/s) | 外径×壁厚 (mm) | 泄流量 (L/s) |
| 75 | 5.46 | 108×4 | 11.7 | 75×2.3 | 5.71 |
| 100 | 11.77 | 133×4 | 21.34 | 90×3.2 | 9.22 |
| | | | | 110×3.2 | 15.98 |
| 125 | 21.34 | 159×4.5 | 34.69 | 125×3.2 | 22.92 |
| | | 168×6 | 38.52 | 125×3.7 | 22.41 |
| 150 | 34.69 | 219×6 | 81.90 | 160×4.0 | 44.43 |
| | | | | 160×4.7 | 43.34 |

续表

| 铸铁管 | | 钢管 | | 塑料管 | |
|---|---|---|---|---|---|
| 公称直径（mm） | 泄流量（L/s） | 外径×壁厚（mm） | 泄流量（L/s） | 外径×壁厚（mm） | 泄流量（L/s） |
| 200 | 74.72 | 245×6 | 112.28 | 200×4.9 | 80.78 |
| | | | | 200×5.9 | 78.53 |
| 250 | 135.47 | 273×7 | 148.87 | 250×6.2 | 146.21 |
| | | | | 250×7.3 | 142.63 |
| 300 | 220.29 | 325×7 | 242.49 | 315×7.7 | 271.34 |
| | | | | 315×9.2 | 264.15 |

重力半有压流系统状态下雨水排水立管按水塞流计算，铸铁管充水率 $\alpha=0.57\sim0.35$，小管径取大值，大管径取小值。重力半有压流系统除了重力作用外，还有负压抽吸作用，所以，重力半有压流系统立管的排水能力大于重力流，其中单斗流系统立管的管径与雨水斗口径、悬吊管管径相同，多斗系统立管管径根据立管设计排水量按表5-9确定。

**表5-9　重力半有压流立管的最大允许泄流量**

| 管径（mm） | | 75 | 100 | 150 | 200 | 250 | 300 |
|---|---|---|---|---|---|---|---|
| 排水流量（L/s） | 多层建筑 | 10 | 19 | 42 | 75 | 135 | 220 |
| | 高层建筑 | 12 | 25 | 55 | 90 | 155 | 240 |

5. 压力流（虹吸式）

（1）沿程阻力损失计算

压力流（虹吸式）系统的连接管、悬吊管、立管、埋地横干管都按满流设计，管道的沿程阻力损失按海澄·威廉公式计算：

$$R = \frac{2.893 \times Q^{1.85} \times 10^{-4}}{C_h^{1.85} \times d_j^{4.87}} \quad (5-14)$$

式中　$R$——单位长度的阻力损失（kPa/m）；

　　　$Q$——流量（L/min）；

　　　$d_j$——管道的计算内径（m），内壁喷塑铸铁管塑膜厚度为0.005m；

　　　$C_h$——海澄·威廉系数，按表1-20选取。

常用的内壁喷塑铸铁管水力计算表见表5-10。

**表5-10　虹吸式雨水管道（内壁喷塑铸铁管）水力计算表**

| Q | 管径（mm） | | | | | | | | | | | | | | | |
|---|---|---|---|---|---|---|---|---|---|---|---|---|---|---|---|---|
| | 50 | | 75 | | 100 | | 125 | | 150 | | 200 | | 250 | | 300 | |
| | R | v | R | v | R | v | R | v | R | v | R | v | R | v | R | v |
| 6 | 3.80 | 3.18 | 0.51 | 1.40 | | | | | | | | | | | | |
| 12 | 13.7 | 6.37 | 1.84 | 2.79 | 0.45 | 1.56 | | | | | | | | | | |
| 18 | 29.0 | 9.55 | 3.90 | 4.19 | 0.94 | 2.34 | 0.32 | 1.49 | 0.13 | 1.03 | | | | | | |
| 24 | | | 6.63 | 5.58 | 1.61 | 3.12 | 0.54 | 1.99 | 0.22 | 1.38 | | | | | | |

续表

| Q | 管径 (mm) | | | | | | | | | | | | | | |
|---|---|---|---|---|---|---|---|---|---|---|---|---|---|---|---|
| | 50 | | 75 | | 100 | | 125 | | 150 | | 200 | | 250 | | 300 | |
| | R | v | R | v | R | v | R | v | R | v | R | v | R | v | R | v |
| 30 | | | 10.02 | 6.98 | 2.43 | 3.90 | 0.81 | 2.49 | 0.33 | 1.72 | | | | | | |
| 36 | | | 14.04 | 8.37 | 3.40 | 4.68 | 1.14 | 2.98 | 0.47 | 2.07 | 0.11 | 1.16 | | | | |
| 42 | | | 18.67 | 9.77 | 4.53 | 5.46 | 1.51 | 3.48 | 0.62 | 2.41 | 0.15 | 1.35 | | | | |
| 48 | | | | | 5.80 | 6.24 | 1.94 | 3.98 | 0.79 | 2.75 | 0.19 | 1.54 | | | | |
| 54 | | | | | 7.20 | 7.02 | 2.41 | 4.47 | 0.98 | 3.10 | 0.24 | 1.74 | | | | |
| 60 | | | | | 8.75 | 7.80 | 2.92 | 4.97 | 1.20 | 3.44 | 0.29 | 1.93 | | | | |
| 66 | | | | | 10.44 | 8.58 | 3.49 | 5.47 | 1.43 | 3.79 | 0.35 | 2.12 | | | | |
| 72 | | | | | | | 4.10 | 5.97 | 1.68 | 4.13 | 0.41 | 2.32 | 0.14 | 1.48 | 0.06 | 1.03 |
| 78 | | | | | | | 4.75 | 6.46 | 1.94 | 4.48 | 0.48 | 2.51 | 0.16 | 1.60 | 0.07 | 1.11 |
| 84 | | | | | | | 5.45 | 6.96 | 2.23 | 4.82 | 0.54 | 2.70 | 0.18 | 1.73 | 0.08 | 1.20 |
| 90 | | | | | | | 6.19 | 7.46 | 2.53 | 5.16 | 0.62 | 2.90 | 0.21 | 1.85 | 0.09 | 1.28 |
| 96 | | | | | | | 6.98 | 7.95 | 2.85 | 5.51 | 0.70 | 3.09 | 0.23 | 1.97 | 0.10 | 1.37 |
| 102 | | | | | | | 7.80 | 8.45 | 3.19 | 5.85 | 0.78 | 3.28 | 0.26 | 2.10 | 0.11 | 1.45 |
| 108 | | | | | | | 8.67 | 8.95 | 3.55 | 6.20 | 0.87 | 3.47 | 0.29 | 2.22 | 0.12 | 1.54 |
| 114 | | | | | | | 9.59 | 9.44 | 3.92 | 6.54 | 0.96 | 3.67 | 0.32 | 2.34 | 0.13 | 1.62 |
| 120 | | | | | | | 10.54 | 9.94 | 4.31 | 6.89 | 1.05 | 3.86 | 0.35 | 2.47 | 0.15 | 1.71 |
| 126 | | | | | | | | | 4.72 | 7.23 | 1.15 | 4.05 | 0.39 | 2.59 | 0.16 | 1.80 |
| 132 | | | | | | | | | 5.14 | 7.57 | 1.26 | 4.25 | 0.42 | 2.71 | 0.17 | 1.88 |
| 138 | | | | | | | | | 5.58 | 7.92 | 1.36 | 4.44 | 0.46 | 2.84 | 0.19 | 1.97 |
| 144 | | | | | | | | | 6.04 | 8.26 | 1.48 | 4.63 | 0.50 | 2.96 | 0.20 | 2.05 |
| 150 | | | | | | | | | 6.51 | 8.61 | 1.59 | 4.83 | 0.53 | 3.08 | 0.22 | 2.14 |
| 156 | | | | | | | | | 7.00 | 8.95 | 1.71 | 5.02 | 0.57 | 3.21 | 0.24 | 2.22 |
| 162 | | | | | | | | | 7.51 | 9.30 | 1.84 | 5.21 | 0.62 | 3.33 | 0.25 | 2.31 |
| 168 | | | | | | | | | 8.03 | 9.64 | 1.96 | 5.40 | 0.66 | 3.45 | 0.27 | 2.39 |
| 174 | | | | | | | | | 8.57 | 9.98 | 2.09 | 5.60 | 0.70 | 3.58 | 0.29 | 2.48 |
| 180 | | | | | | | | | | | 2.23 | 5.79 | 0.75 | 3.70 | 0.31 | 2.56 |
| 186 | | | | | | | | | | | 2.37 | 5.98 | 0.80 | 3.82 | 0.33 | 2.65 |
| 192 | | | | | | | | | | | 2.51 | 6.18 | 0.84 | 3.94 | 0.35 | 2.74 |
| 198 | | | | | | | | | | | 2.66 | 6.37 | 0.89 | 4.07 | 0.37 | 2.82 |

注：$Q$，L/s；$R$，kPa/m；$v$，m/s。

(2) 局部阻力损失计算

管件的局部阻力损失应按下式计算：

$$h_\mathrm{j} = 10 \times \xi \frac{v^2}{2g} \tag{5-15}$$

式中 $h_\mathrm{j}$——管件的局部阻力损失（kPa）；

$v$——流速（m/s）；

$\xi$——管件局部阻力系数，见表5-11。

表5-11 管件局部 $\xi$ 系数

| 管件名称 | 内壁涂塑铸铁或钢管 | 塑料管 |
|---|---|---|
| 90°弯头 | 0.65～0.80 | 1.00 |
| 45°弯头 | 0.30～0.45 | 0.40 |
| 干管上斜三通 | 0.25～0.50 | 0.35 |
| 支管上斜三通 | 0.80～1.00 | 1.20 |
| 转变为重力流处出口 | 1.80 | 1.80 |
| 50mm雨水斗 | 1.30，或由厂商提供 | |
| 75mm雨水斗 | 2.40，或由厂商提供 | |
| 100mm雨水斗 | 5.60，或由厂商提供 | |

(3) 阻力损失估算

管路的局部阻力损失可以折算成等效长度，按沿程水头损失估算：

$$L_0 = kL \tag{5-16}$$

式中 $L_0$——等效长度（m）；

$L$——设计长度（m）；

$k$——考虑管件阻力引入的系数，钢管、铸铁管 $k=1.2～1.4$，塑料管 $k=1.4～1.6$。

1) 计算管路阻力损失估算

计算管路单位等效长度的阻力损失可按下式计算：

$$R_0 = \frac{E}{L_0} = \frac{9.81H}{L_0} \tag{5-17}$$

式中 $R_0$——计算管路单位等效长度的阻力损失（kPa/m）；

$E$——系统可以利用的最大压力（kPa）；

$H$——雨水斗顶面至雨水排出口的几何高差（m）；

$L_0$——计算管路等效长度（m）。

2) 悬吊管阻力损失估算

悬吊管单位等效长度的阻力损失按下式计算：

$$R_{xo} = \frac{P_{max}}{L_{xo}} \tag{5-18}$$

式中 $R_{xo}$——悬吊管单位等效长度的阻力损失（kPa/m）；

$P_{max}$——最大允许负压值（kPa）；

$L_{xo}$——悬吊管等效长度（m）。

(4) 管内压力

由于雨水在管道内流动过程中的水头损失不断增加，横向管道的位置水头变化微小，而立管内的位置水头增加很大，所以，系统中不同断面管内的压力变化很大，为使各个雨水斗泄流量平衡，不同支路计算到某一节点的压力差不大于5～10kPa。

系统某断面处管内的压力按下式计算：

$$P_i = 9.8H_i - (v_i^2/2 + \Sigma h_i) \tag{5-19}$$

式中 $P_i$——$i$断面处管内的压力（kPa）；

$H_i$——雨水斗顶面至 $i$ 断面的高度差（m）；

$v_i$——$i$ 断面处管内流速（m/s）；

$\Sigma h_i$——雨水斗顶面至 $i$ 断面的总阻力损失（kPa）。

压力流（虹吸式）雨水排水系统的最大负压值在悬吊管与总立管的连接处。为防止管道受压损坏，选用铸铁管和钢管时，系统允许的最大负压值为 -90kPa，选用塑料管时，小管径（$d_e$ =50~100mm）允许的最大负压值为 -80kPa，大管径（$d_e$ =200~300mm）允许的最大负压值为 -70kPa。

（5）系统的余压

排水管系统的总水头损失与排水管出口速度水头之和应小于雨水斗天沟底面至排水管出口的几何高差，其压力余量宜不大于10kPa（管径 $DN \leqslant 75mm$）或5kPa（管径 $DN \geqslant 100mm$）。系统压力余量为

$$\Delta P = 9.8H - (v_口^2/2 + \Sigma h_口) \tag{5-20}$$

式中 $\Delta P$——压力余量（kPa）；

$v_口$——排水管出口的管道流速（m/s）；

$H$——雨水斗顶面与排水管出口的高差（m）；

$\Sigma h_口$——雨水斗顶面到排水管出口处系统的总阻力损失（kPa）。

（6）管内流速

压力流雨水排水管道系统内的流速和压力直接影响着系统的正常使用，为使管道有良好的自净能力，悬吊管的设计流速不宜小于1m/s，立管的设计流速不宜小于2.2m/s，系统的最大流速通常发生在立管上，为减小水流动时的噪声，立管的设计流速宜小于6m/s，最大不大于10m/s。系统底部的排出管的流速小于1.8m/s，以减少水流对检查井的冲击。

6. 溢流口计算

为防止降雨量过大时，天沟翻水危害建筑物安全，在天沟末端女儿墙上或山墙上设置溢流口，用以排泄立管来不及排除的雨水量。溢流口的排水量按堰流的流量公式计算：

$$Q = mb \sqrt{2g}H^{3/2} \tag{5-21}$$

式中 $Q$——溢流口流量（L/s）；

$m$——流量系数，取385；

$b$——溢流口宽度（m）；

$g$——重力加速度（m/s²），取9.81；

$H$——溢流口前的水头（m）。

一般建筑的重力流屋面雨水排水工程与溢流设施的排水能力不应小于10年重现期的雨水量。重要公共建筑、高层建筑的屋面雨水排水工程与溢流设施的总排水能力不应小于50年重现期的雨水量。

### 三、设计计算步骤

1. 檐沟外排水系统（宜按重力无压流系统设计）

（1）根据屋面坡度和建筑物立面要求布置立管，立管民用建筑间距8~12m、工业建筑间距18~24m。

（2）计算每根立管的汇水面积。

（3）求每根立管的泄水量。

(4)按堰流式斗雨水系统查表 5-8 确定立管管径。

2. 天沟外排水（宜按重力半有压流系统设计）

天沟外排水系统的设计计算主要是配合土建要求，确定天沟的形式和断面尺寸，校核重现期。为了增大天沟泄流量，天沟断面形式多采用水力半径大、湿周小的宽而浅的矩形或梯形，具体尺寸应由计算确定。为了排水安全可靠，天沟应有不小于 100mm 的保护高度，天沟起点水深不小于 80mm。对于粉尘较多的厂房，考虑到积灰占去部分容积，应适当增大天沟断面，以保证天沟排水畅通。天沟的设计计算有两种情况，一种是已经确定天沟的长度、形状、几何尺寸、坡度、材料和汇水面积，校核重现期是否满足要求。其设计计算步骤为：

(1) 计算过水断面积 $\omega$。
(2) 求流速 $v$。
(3) 求天沟允许通过的流量 $Q_{允}$。
(4) 计算汇水面积 $F$。
(5) 由以下公式

$$Q_{允} \geq Q = \frac{k\psi F q_5}{10000} \tag{5-22}$$

求 5min 的暴雨强度 $q_5$；

(6) 计算重现期 $P$。若计算重现期大于等于设计重现期，则根据计算值确定立管管径；若计算重现期小于设计重现期，则改变天沟几何尺寸，增大过水断面面积，重新计算校核重现期。

另一种是已知天沟的长度、坡度、材料、汇水面积和设计重现期，设计天沟的形状和几何尺寸，其设计计算步骤为：

(1) 确定分水线求每条天沟的汇水面积 $F$。
(2) 求 5min 的暴雨强度 $q_5$。
(3) 求天沟设计流量 $Q_{设}$。
(4) 初步确定天沟形状和几何尺寸。
(5) 求天沟过水断水面积 $\omega$。
(6) 求流速 $v$。
(7) 求天沟允许通过的流量 $Q_{允}$。
(8) 若天沟的设计流量 $Q_{设}$ 小于等于天沟允许通过的流量 $Q_{允}$，则根据计算值确定立管管径；若天沟的设计流量 $Q_{设}$ 大于天沟允许通过的流量 $Q_{允}$，改变天沟的形状和几何尺寸，增大天沟的过水断面面积 $\omega$，重新计算。

**【例 5-1】** 某一般性公共建筑全长 90m，宽 72m。利用拱型屋架及大型层面板构成的矩形凹槽作为天沟，向两端排水。每条天沟长 45m，宽 $B = 0.35$m，积水深度 $H = 0.15$m，天沟坡度 $I = 0.006$，天沟表面铺设豆石，粗糙度系数 $n = 0.025$，屋面径流系数 $\psi = 0.9$，天沟平面布置如图 5-7 所示。根据该地的气象特征和建筑物的重要程度，设计重现期取 4 年，5min 暴雨强度为 243L/(s·ha)，验证天沟设计是否合理，选用雨水斗，确定立管管径和溢流口的泄流量[①]。

---

① 引自《建筑给水排水工程》（第五版），王增长主编，中国建筑工业出版社，2005 年出版。

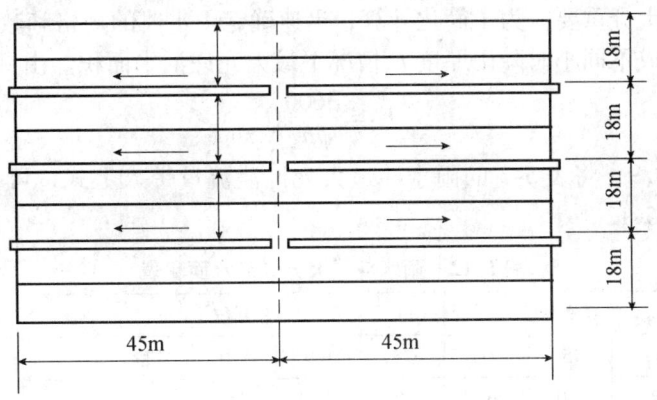

图 5-7 天沟平面布置图

【解】（1）天沟过水断面积
$\omega = BH = 0.35 \times 0.15 = 0.0525$（m²）

（2）天沟的水力半径
$R = \dfrac{\omega}{B+2H} = \dfrac{0.0525}{0.35+2\times0.15} = 0.081$（m）

（3）天沟的水流速度
$v = \dfrac{1}{n}R^{\frac{2}{3}}I^{\frac{1}{2}} = \dfrac{1}{0.025}0.081^{\frac{2}{3}}0.006^{\frac{1}{2}} = 0.58$（m/s）

（4）天沟允许泄流量
$Q_{允} = \omega v = 0.0525 \times 0.58 = 0.03045$（m³/s）= 30.45（L/s）

（5）每条天沟的汇水面积
$F = 45 \times 18 = 810$（m²）

（6）天沟的雨水设计流量
$Q_{设} = \dfrac{\psi F q_5}{10000} = \dfrac{0.9 \times 810 \times 243}{10000} = 17.71$（L/s）

天沟允许泄流量大于雨水设计流量，满足要求。

（7）雨水斗的选用

按重力半有压流设计，查表5-3选用150mm的87式雨水斗，最大允许泄流量32L/s，满足要求。

（8）立管选用

按每根立管的雨水设计流量17.71L/s，查表5-8，立管可选用100mm。但单斗系统雨落水管管径不得小于雨水斗口径，所以，雨落水管选用150mm。

（9）溢流口计算

在天沟末端山墙上设溢流口，溢流口宽取0.35m，堰上水头取0.15m，溢流口排水量
$Q = mb\sqrt{2g}H^{\frac{3}{2}} = 385 \times 0.35\sqrt{2\times9.81}\times 0.15^{\frac{3}{2}} = 34.67$（L/s）

溢流口排水量大于雨水设计流量，满足溢流要求。

3. 重力流和重力半有压流内排水系统

重力流和重力半有压流内排水设计计算的内容包括选择布置雨水斗，布置并计算确定连接管、悬吊管、立管、排出管和埋地管的管径。其中，合理选择雨水斗的规格，确定雨水斗

的具体位置和数量十分重要。为了简化计算,迅速确定雨水斗的规格和数量,将雨水斗的最大允许泄流量换算成不同小时降雨厚度 $h_5$ 情况下最大允许汇水面积。由(5-5)式可得:

$$F = \frac{3600}{\psi h_5} Q \tag{5-23}$$

径流系数 $\psi = 0.9$,将表5-3的雨水斗最大允许泄流量带入上式,可得雨水斗最大允许汇水面积表,见表5-12。

表5-12 雨水斗最大允许汇水面积表

| 系统形式 | | 虹吸式系统 | | | 87型单斗系统 | | | | 87型多斗系统 | | | |
|---|---|---|---|---|---|---|---|---|---|---|---|---|
| 管径(mm) | | 50 | 75 | 100 | 75 | 100 | 150 | 200 | 75 | 100 | 150 | 200 |
| 小时降雨厚度 $h$ (mm/h) | 50 | 480 | 960 | 2000 | 640 | 1280 | 2560 | 4160 | 480 | 960 | 2080 | 3200 |
| | 60 | 400 | 800 | 1667 | 533 | 1067 | 2133 | 3467 | 400 | 800 | 1733 | 2667 |
| | 70 | 343 | 686 | 1429 | 457 | 914 | 1829 | 2971 | 343 | 686 | 1486 | 2286 |
| | 80 | 300 | 600 | 1250 | 400 | 800 | 1600 | 2600 | 300 | 600 | 1300 | 2000 |
| | 90 | 267 | 533 | 1111 | 356 | 711 | 1422 | 2311 | 267 | 533 | 1156 | 1778 |
| | 100 | 240 | 480 | 1000 | 320 | 640 | 1280 | 2080 | 240 | 480 | 1040 | 1600 |
| | 110 | 218 | 436 | 909 | 291 | 582 | 1164 | 1891 | 218 | 436 | 945 | 1455 |
| | 120 | 200 | 400 | 833 | 267 | 533 | 1067 | 1733 | 200 | 400 | 867 | 1333 |
| | 130 | 185 | 369 | 769 | 246 | 492 | 985 | 1600 | 185 | 369 | 800 | 1231 |
| | 140 | 171 | 343 | 714 | 229 | 457 | 914 | 1486 | 171 | 343 | 743 | 1143 |
| | 150 | 160 | 320 | 667 | 213 | 427 | 853 | 1387 | 160 | 320 | 693 | 1067 |
| | 160 | 150 | 300 | 625 | 200 | 400 | 800 | 1300 | 150 | 300 | 650 | 1000 |
| | 170 | 141 | 282 | 588 | 188 | 376 | 753 | 1224 | 141 | 282 | 612 | 941 |
| | 180 | 133 | 267 | 556 | 178 | 356 | 711 | 1156 | 133 | 267 | 578 | 889 |
| | 190 | 126 | 253 | 526 | 168 | 337 | 674 | 1095 | 126 | 253 | 547 | 842 |
| | 200 | 120 | 240 | 500 | 160 | 320 | 640 | 1040 | 120 | 240 | 520 | 800 |
| | 210 | 114 | 229 | 476 | 152 | 305 | 610 | 990 | 114 | 229 | 495 | 762 |
| | 220 | 109 | 218 | 455 | 145 | 291 | 582 | 945 | 109 | 218 | 473 | 727 |
| | 230 | 104 | 209 | 435 | 139 | 278 | 557 | 904 | 104 | 209 | 452 | 696 |
| | 240 | 100 | 200 | 417 | 133 | 267 | 533 | 867 | 100 | 200 | 433 | 667 |
| | 250 | 96 | 192 | 400 | 128 | 256 | 512 | 832 | 96 | 192 | 416 | 640 |

重力流和重力半有压流内排水系统具体的设计步骤为:

(1)根据建筑物内部墙、梁、柱的位置,屋面的构造和坡度划分为几个系统,确定立管的数量和位置。

(2)根据各个系统的汇水面积,查表5-12确定雨水斗的规格和数量。

(3)确定连接管管径,连接管管径与雨水斗出水管管径相同。对于单斗系统,悬吊管、立管、排出横管的管径均与连接管管径相同。

(4)计算悬吊管连接的各雨水斗流量之和,确定(重力流)或计算(重力有压流)水力坡度,查表5-5或表5-6,确定悬吊管的管径,悬吊管的管径宜保持不变。

(5)计算立管连接的雨水斗泄流量之和,查立管最大允许泄流量表确定立管管径,当立管只连接一根悬吊管时,因立管管径不得小于悬吊管管径,所以立管管径与悬吊管管径相同。

(6) 排出管管径一般与立管管径相同,如果为了改善整个雨水排水系统的泄水能力,排出管也可以比立管放大一级管径。

(7) 计算埋地干管的设计排水量,确定(重力流)或计算(重力有压流)水力坡度,为保障排水通畅,埋地管坡度应不小于0.003,查表5-7确定埋地横干管的管径。

**【例 5-2】** 某多层建筑雨水内排水系统如图5-8所示,每根悬吊管连接3个雨水斗,每个雨水斗的实际汇水面积为378m²。设计重现期为2年,该地区5min降雨强度401L/(s·ha)。选用87式雨水斗,采用密闭式排水系统设计该建筑雨水内排水系统①。

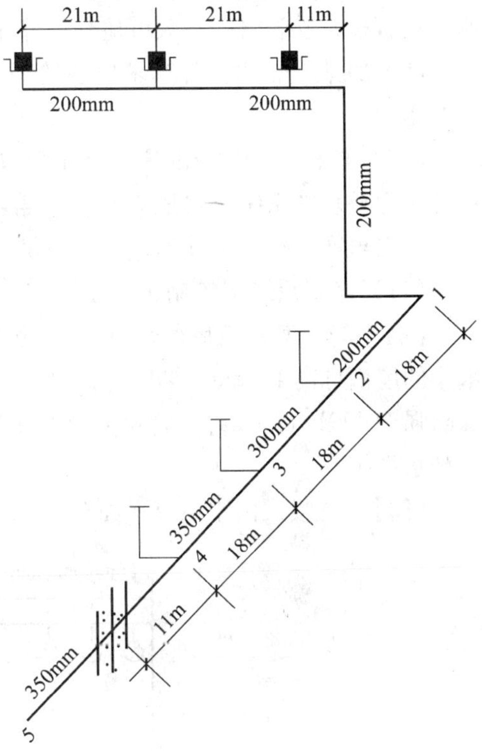

**【解】** (1) 雨水斗的选用

该地区 5min 小时降雨深度

$h_5 = 401 \times 0.36 = 144.36$ (mm/h)

查表 5-12,选用口径 $d_1 = 10$mm 的 87 式雨水斗,每个雨水斗的泄流量

$$Q_1 = \frac{\psi F q_5}{10000} = \frac{0.9 \times 378 \times 401}{10000} = 13.64 \text{ (L/s)}$$

(2) 连接管管径 $D_2$ 与雨水斗口径相同,$D_2 = D_1 = 100$mm

(3) 悬吊管设计

每根悬吊管设计排水量

$Q_2 = 3 \times Q_1 = 3 \times 13.64 = 40.92$ (L/s)

悬吊管的水力坡度

$$I_x = \frac{h + \Delta h}{L} = \frac{0.5 + 0.6}{21 \times 2 + 11} = 0.021$$

查表 5-5,确定悬吊管管径 $D_3 = 200$mm,悬吊管不变径。

(4) 立管只连接一根悬吊管,立管管径 $D_4$ 与悬吊管管径相同,$D_4 = D_3 = 200$mm。

(5) 排出管管径 $D_5$ 与立管相同,$D_5 = D_4$

(6) 埋地干管按最小坡度 0.003 铺设,埋地干管总长

$L = 18 \times 3 + 11 = 65$ (m)

埋地干管的水力坡度

$$I_g = \frac{h + \Delta h}{L} = \frac{1 + 65 \times 0.003}{65} = 0.018$$

埋地干管选用混凝土排水管,查表5-7,管段1—2的管径与立管相同为200mm,管段2—3的管径300mm,管段3—4和4—5的管径均为350mm。

4. 压力流(虹吸式)雨水系统设计计算步骤

(1) 计算屋面总的汇水面积。

图 5-8 内排水系统计算草图

---

① 引自《建筑给水排水工程》(第五版),王增长主编,中国建筑工业出版社,2005年出版。

(2) 计算总汇水面积上的降雨量。

(3) 确定雨水斗的口径和数量。

(4) 布置雨水斗，组成屋面雨水排水管网系统。

(5) 绘制水力计算草图，标注各管段的长度，雨水斗、悬吊管和埋地干管起端与末端的标高。

(6) 估算计算管路的单位等效长度的阻力损失。

(7) 估算悬吊管的单位管长的阻力损失。

(8) 初步确定管径。根据最小允许流速 $v_{min}$ 和悬吊管的单位管长的阻力损失 $R_{xo}$ 查表 5-10 虹吸式雨水管道水力计算表，初步确定悬吊管管径。立管与排出管管径可采用相应的控制流速初选管径，立管管径一般可比悬吊管末端管径小一号。

(9) 列表进行水力计算求出各管段的沿程水头损失、局部水头损失、位置水头、各节点的压力。

(10) 校核：①系统的最大负压值（悬吊管与立管连接处）。②不同支路计算到某一节点的压力差。③系统出口压力余量。若不满足，则应对系统中某些管段的管径进行调整布置，然后再次进行水力计算，直至满足为止。

(11) 按最后结果绘制正式图纸。

【例 5-3】 某建筑屋面长 100m，宽 60m，面积为 $F=6000m^2$，悬吊管标高 12.6m，设雨水斗的屋面标高 13.2m，排出管标高 −1.30m。屋脊与宽平行，取设计重现期 $P=5a$，5min 暴雨强度 429L/(s·ha)，管材为内壁涂塑离心排水铸铁管，设计压力流（虹吸式）屋面雨水排水系统①。

【解】 虹吸式雨水系统平面布置如图 5-9 所示，水力计算草图如图 5-10 所示。

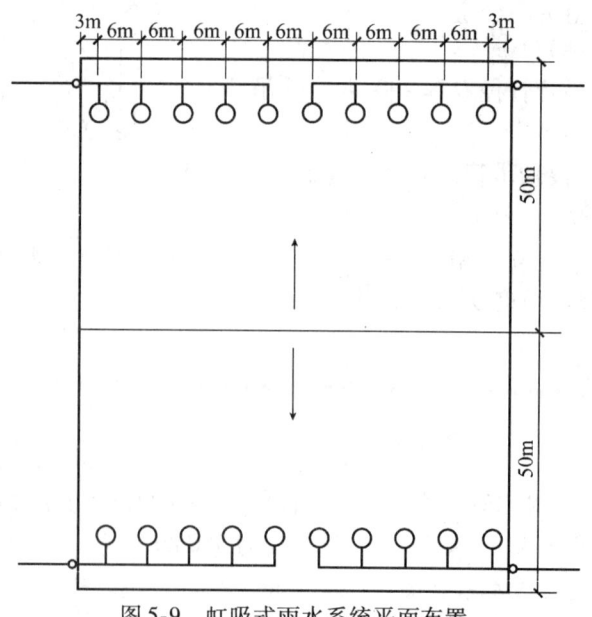

图 5-9 虹吸式雨水系统平面布置

---

① 引自《建筑给水排水工程》（第五版），王增长主编，中国建筑工业出版社，2005 年出版。

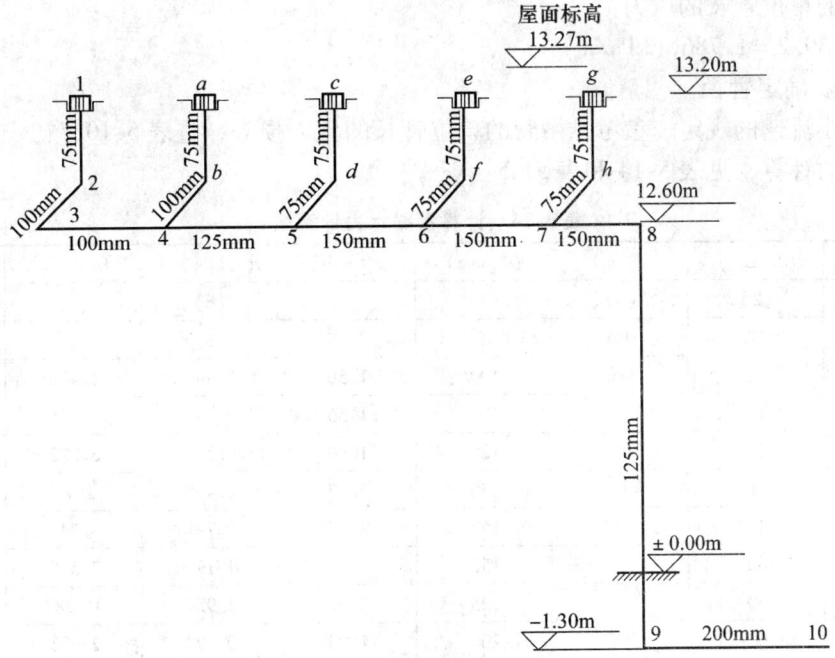

图 5-10 虹吸式雨水系统水力计算草图

（1）层面设计雨水量

$$Q = \frac{\psi F q_5}{10000} = \frac{0.9 \times 6000 \times 429}{10000} = 231.66 \text{ （L/s）}$$

（2）雨水斗数量及布置

选用 75mm 压力流（虹吸式）雨水斗，单斗的排水量 $Q = 12\text{L/s}$，所需雨水斗数量 $n = \frac{Q}{q} = \frac{231.66}{12} = 19.31$，取 20 个，每侧 10 个分成两个系统，每个系统 5 个，设计重现期略大于 5 年。雨水斗间距 $X = L/10 = 60/10 = 6$（m）。各管段的管长见表 5-13。

表 5-13 计算管路管道长度

| 管段 | 1—2 | 2—3 | 3—4 | 4—5 | 5—6 | 6—7 | 7—8 | 8—9 | 9—10 |
| --- | --- | --- | --- | --- | --- | --- | --- | --- | --- |
| 管长（m） | 0.6 | 1.0 | 6.0 | 6.0 | 6.0 | 6.0 | 3.0 | 13.9 | 9.6 |

（3）系统可利用的最大压力

$E = 9.8H = 9.8（13.2 + 1.3）= 142.1$（kPa）

（4）计算管路的等效长度

$L_0 = 1.2L = 1.2（0.6 + 1.0 + 6 \times 4 + 3 + 12.6 + 1.3 + 9.6）= 62.52$（m）

（5）估算计算管路的单位等效长度阻力损失

$R_0 = E/L_0 = 142.1/62.52 = 2.273$（kPa/m）

（6）估算悬吊管的单位管长的压力损失

系统最大负压发生在悬吊管与立管连接处，为了安全，系统最大负压值取 −70kPa，悬吊管等效长度

$L_{x0} = 1.4L_x = 1.4（1.0 + 6 \times 4 + 3）= 39.2$（m）

悬吊管的单位管长的压力损失

$R_x = 70/39.2 = 1.786$（kPa/m）

（7）初步确定管径

根据最小流速的规定，参考悬吊管的单位管长的压力损失，查表 5-10，初步确定管径，列表进行水力计算，见表 5-14 和表 5-15。

表 5-14 计算管路水力计算表

| 管段 | $Q$ (L/s) | $L$ (m) | $D$ (mm) | $v$ (m/s) | $R$ (kPa/m) | $H_y$ (kPa) | $\xi$ |
|---|---|---|---|---|---|---|---|
| (1) | (2) | (3) | (4) | (5) | (6) | (7) | (8) |
| 1—2 | 12 | 0.6 | 75 | 2.79 | 1.839 | 1.103 | 3.2 |
| 2—3 | 12 | 1.0 | 100 | 1.56 | 0.446 | 0.446 | 0.3 |
| 3—4 | 12 | 6 | 100 | 1.56 | 0.446 | 2.676 | 0.5 |
| 4—5 | 24 | 6 | 125 | 1.99 | 0.537 | 3.222 | 0.5 |
| 5—6 | 36 | 6 | 150 | 2.07 | 0.465 | 2.79 | 0.5 |
| 6—7 | 48 | 6 | 150 | 2.75 | 0.791 | 4.746 | 0.5 |
| 7—8 | 60 | 3 | 150 | 3.44 | 1.195 | 3.585 | 0.8 |
| 8—9 | 60 | 10.7 | 125 | 4.97 | 2.924 | 31.287 | 0.8 |
| 9—10 | 60 | 9.6 | 200 | 1.93 | 0.292 | 2.803 | 1.8 |
|  |  |  |  |  |  | 17.465 |  |
|  |  |  |  |  |  | 71.13 |  |

| 管段 | $H_j$ (kPa) | $H_w$ (kPa) | $\Sigma H_w$ (kPa) | $9.8H$ (kPa) | $P_i$ (kPa) | $P_i^*$ (kPa) | $\Delta P$ (kPa) |
|---|---|---|---|---|---|---|---|
| (1) | (9) | (10) | (11) | (12) | (13) | (14) | (15) |
| 1—2 | 12.455 | 13.558 | 13.558 | 6.566 | −10.884 |  |  |
| 2—3 | 0.365 | 0.811 | 14.369 | 6.566 | −9.047 |  |  |
| 3—4 | 0.608 | 3.284 | 17.653 | 6.566 | −12.304 | −10.237 | −2.067 |
| 4—5 | 0.99 | 4.212 | 21.865 | 6.566 | −17.279 | −10.237 | −7.042 |
| 5—6 | 1.071 | 3.861 | 25.726 | 6.566 | −21.303 | −17.783 | −3.520 |
| 6—7 | 1.891 | 6.637 | 32.363 | 6.566 | −29.578 | −17.783 | −11.795 |
| 7—8 | 4.733 | 8.318 | 40.681 | 6.566 | −40.032 |  |  |
| 8—9 | 9.88 | 41.167 | 81.848 | 111.426 | 17.228 |  |  |
| 9—10 | 3.352 | 6.155 | 88.003 | 111.426 | 21.561 |  |  |
|  | 9.68 |  |  |  |  |  |  |
|  | 34.131 |  |  |  |  |  |  |

表 5-15 支管水力计算表

| 管段 | $Q$ (L/s) | $L$ (m) | $D$ (mm) | $v$ (m/s) | $R$ (kPa/m) | $H_y$ (kPa) | $\xi$ | $H_j$ (kPa) | $H_w$ (kPa) | $\Sigma H_w$ (kPa) | $9.8H$ (kPa) | $P_i^*$ (kPa) |
|---|---|---|---|---|---|---|---|---|---|---|---|---|
| (1) | (2) | (3) | (4) | (5) | (6) | (7) | (8) | (9) | (10) | (11) | (12) | (13) |
| a—b | 12 | 0.6 | 75 | 2.79 | 1.839 | 1.103 | 3.2 | 12.455 | 13.558 | 13.558 | 6.566 | −10.884 |
| b—4 | 12 | 1.0 | 100 | 1.56 | 0.446 | 0.446 | 1.3 | 1.582 | 2.028 | 15.586 | 6.566 | −10.237 |
| g—h | 12 | 0.6 | 75 | 2.79 | 1.839 | 1.103 | 3.2 | 12.455 | 13.558 | 13.558 | 6.566 | −10.884 |
| h—7 | 12 | 1.0 | 75 | 2.79 | 1.839 | 1.839 | 1.3 | 5.060 | 6.899 | 19.721 | 6.566 | −17.783 |

注：管段 c—d 及 d—5 的计算与管段 a—b 及 b—4 的计算相同；管段 e—f 及 f—6 的计算与管段 g—h 及 h—7 的计算相同。

（8）由计算表可以看出，最大负压发生在节点8，负压值为-40.032kPa，小于最大允许负压值-90kPa。节点4、节点5、节点6、节点7处有支管汇入，4个节点的压力差分别为2.067、7.042、3.520、11.795kPa，小于15kPa，满足要求。排出管口余压为21.561kPa，稍大于10kPa，满足要求。

（9）绘制正式系统图。

<h2 style="text-align:center">本章小结</h2>

1. 屋面雨水排水系统

屋面雨水排水系统分类、组成；雨水排出系统的选用。

2. 屋面雨水排水系统计算

设计暴雨强度公式；降雨历时、设计重现期、汇水面积的概念、取值；雨水量计算；雨水排水系统基本参数：雨水斗泄流量、天沟流量、重力流系统中横管和立管流量、压力流系统中管路阻力损失和系统压力的计算；溢流口计算；各种屋面雨水排水系统的设计计算步骤。

<h2 style="text-align:center">复习思考题</h2>

1. 建筑雨水排水系统有哪些？
2. 屋面雨水内排水系统是由几个部分组成的？
3. 选择屋面雨水排水系统应遵循什么原则？
4. 建筑屋面的雨水流量如何确定？
5. 下图为一栋普通建筑的屋面水平投影，计算左部分屋面的雨水汇水面积和雨水设计流量。

$$q = \frac{1900(1+0.66\lg P)}{(t+8)^{0.8}} \text{ (L/s · ha)}$$

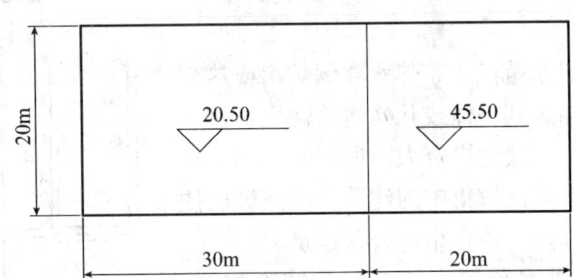

6. 同一悬吊管上连接的雨水斗数不宜超过几个？为什么？
7. 简述天沟外排水系统的设计计算步骤。
8. 简述重力流和重力半有压流内排水系统的设计计算步骤。
9. 简述压力流（虹吸式）雨水系统的设计计算步骤。

# 第六章 建筑内部热水供应系统

【知识目标】

掌握建筑热水供应系统基本形式；熟悉热水制备的方法和加热设备的种类及特性；掌握热水系统的基本理论知识；掌握系统的组成和系统形式的选择原则；熟悉建筑内部热水系统的设计方法及基本步骤；熟悉建筑热水工程水泵的选择与冷水系统的区别。

【能力目标】

通过对本章的学习，学生能独立完成建筑热水系统的设计方案比较和选择；能进行小型建筑内部热水的设计计算。

## 第一节 热水供应系统的分类、组成和供水方式

### 一、热水供应系统的分类

建筑内部的热水供应是满足建筑内人们在生产或生活中对热水的需求。热水供应系统按热水供应的范围大小，可分为局部热水供应系统、集中热水供应系统、区域热水供应系统。

局部热水供应系统供水范围小，热水分散制备，一般靠近用水点设置小型加热设备供一个或几个配水点使用，热水管路短，热损失小，使用灵活，适用于热水用水量较小且较分散的建筑，如单元式住宅、医院、诊所和布置较分散的车间、卫生间等建筑。

集中热水供应系统供水范围大，热水在锅炉房或热交换站集中制备，用管网输送到一幢或几幢建筑使用，热水管网较复杂，设备较多，一次性投资大，适用于使用要求高、耗热量大、用水点多且比较集中的建筑，如高级居住建筑、旅馆、医院、疗养院、体育馆等公共建筑。

区域热水供应系统供水范围大，一般是城市片区、居住小区的范围内，热水在区域性锅炉房或热交换站制备，通过市政热水管网送至整个建筑群，热水管网复杂，热损失大，设备、附件多，自动化控制技术先进，管网水平要求高，一次性投资大。

### 二、热水供应系统的组成

热水供应系统的组成因建筑类型和规模、热源情况、用水要求、加热和储存设备的供应情况、建筑对美观和安静的要求等不同而存在差异。典型的集中热水供应系统一般由：热媒系统、热水供水系统、附件三部分组成，如图6-1所示。

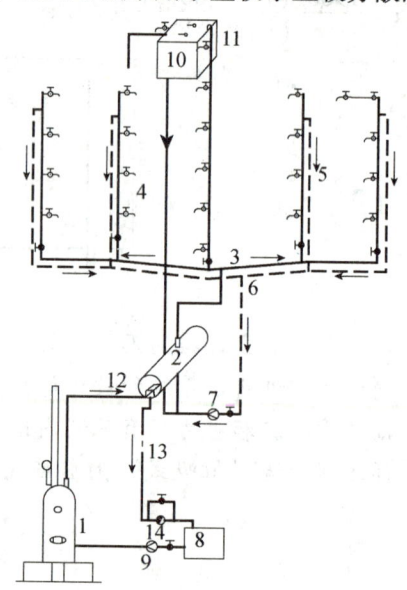

图 6-1 热媒为蒸汽的集中热水系统
1—锅炉；2—水加热器；3—配水干管；
4—配水立管；5—回水立管；6—回水干管；
7—循环泵；8—凝结水箱；9—凝结水泵；
10—给水水箱；11—透气管；
12—热媒蒸汽管；13—凝水管；14—疏水器

1. 热媒系统（第一循环系统）

热媒系统又称第一循环系统，由热源、水加热器和热媒管网组成。锅炉生产的蒸汽（或过热水）通过热媒管网输送到水加热器，经散热面加热冷水。蒸汽经过热交换变成凝结水，靠余压经疏水器流至凝结水池，凝结水和新补充的冷水经冷凝水循环泵再送回锅炉生产蒸汽。如此循环而完成水的加热，即热水制备系统。

2. 热水供应系统（第二循环系统）

热水供水系统由热水配水管网和回水管网组成。被加热到设计要求温度的热水，从加热器出口经配水管网送至各个热水配水点，而水加热器所需冷水来源于高位水箱或给水管网。为满足各热水配水点随时都有设计要求温度的热水，在立管和水平干管，甚至配水支管上，设置回水管，使一定量的热水在配水管网和回水管网中流动，以补偿配水管网所散失的热量，避免热水温度的降低。

3. 附件

由于热媒系统和热水供应系统中控制、连接的需要，以及由于温度的变化而引起的水的体积膨胀、超压、气体离析、排除等，常使用的附件有：温度自动调节器、疏水器、减压阀、安全阀、膨胀罐（箱）、管道自动补偿器、闸阀、水嘴、自动排气器等。

### 三、热水系统的供水方式

1. 根据热水加热方式分类

根据热水加热方式的不同，可分为直接加热方式和间接加热方式，如图6-2所示。

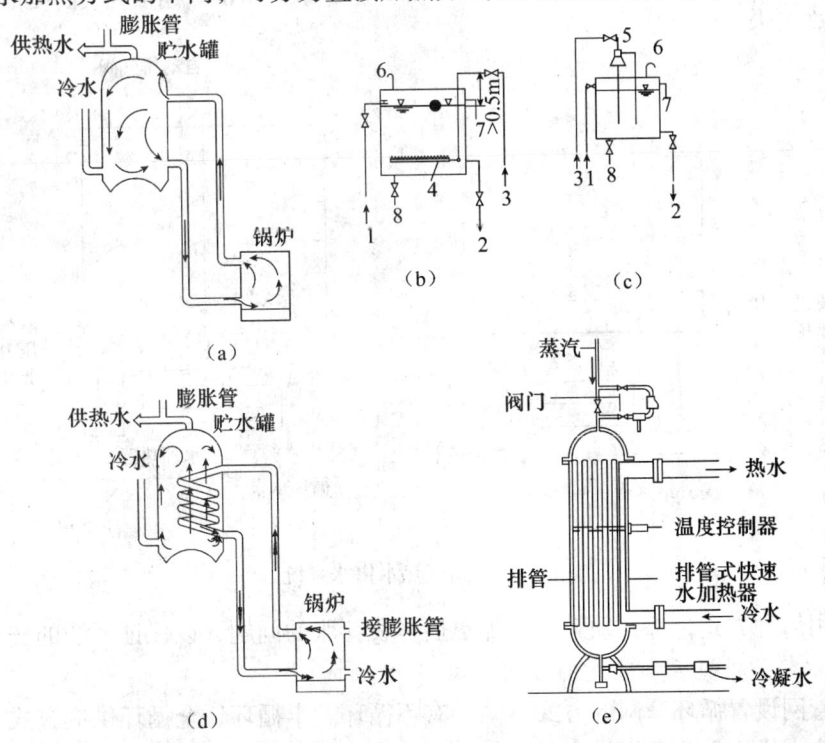

图6-2 加热方式
(a) 热水锅炉直接加热；(b) 蒸汽多孔管直接加热；(c) 蒸汽喷射器混合直接加热；
(d) 热水锅炉间接加热；(e) 蒸汽-水加热器间接加热
1—给水；2—热水；3—蒸汽；4—多孔管；5—喷射器；6—通气管；7—溢水管；8—泄水管

直接加热方式也称一次换热方式，是利用燃气、燃油、燃煤为燃料的热水锅炉或热水机组，把冷水直接加热到所需的热水温度，或者是将蒸汽或高温水通过穿孔管喷射器直接与冷水接触，混合制备热水。这种加热方式设备简单、热效率高、节能，但噪声大，对热媒质量要求高，不允许造成水质污染，仅适用于有高质量的热媒，对噪声要求不严格，或定时供应热水的公共浴室、洗衣房、工矿企业等用户。

间接加热方式也称二次换热方式，是利用热媒通过水加热器把热量传递给冷水，把冷水加热到所需的热水温度，而热媒在整个加热过程中与被加热水不直接接触。这种加热方式噪声小，被加热水不会造成污染，运行安全稳定，适用于要求供水安全性高、噪声低的旅馆、住宅、医院、办公楼等建筑。

2. 按热水管网的压力分类

按热水管网的压力分为开式和闭式两类。

开式热水供应方式一般是在热水管网顶部设有开式水箱，其水箱设置高度由系统所需水压计算确定，管网与大气相通，如图6-3所示。如用户对水压要求稳定，室外给水管网水压波动较大，宜采用开式热水供应方式。

闭式热水供应方式管理简单，水质不易受外界污染，但安全阀易失灵，安全可靠性较差，如图6-4所示。

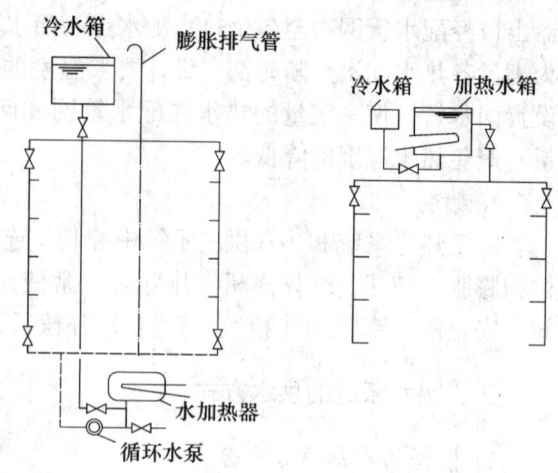

图6-3 开式热水供水系统

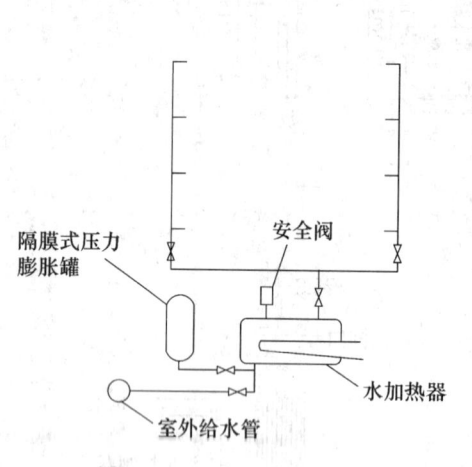
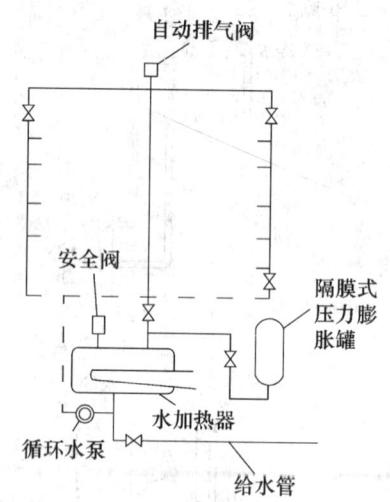

图6-4 闭式热水供水系统

无论采用何种方式，都必须解决水加热后体积膨胀的问题，以保证系统的安全。

3. 按热水管网设置循环管网的方式分类

按热水管网设置循环管网的方式不同，有不循环、半循环、全循环供应方式。

不循环热水供应方式是指热水供应系统中热水配水管网的水平干管、立管、配水支管都不设任何回水管道。对于小型系统，使用要求不高的定时供应系统或连续用水系统，如公共浴室、洗衣房等，可采用此种不循环热水供应方式，如图6-5（a）所示。

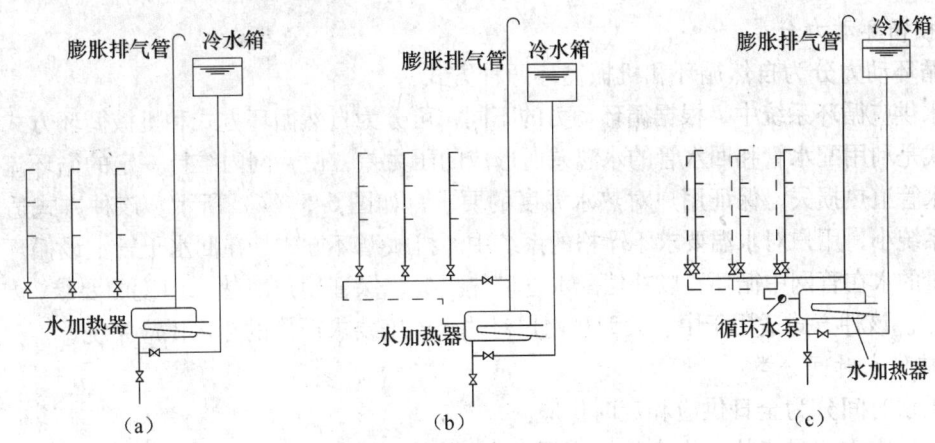

图6-5 热水系统循环方式
(a) 无循环；(b) 半循环；(c) 全循环

半循环热水供应方式是指热水供应系统中只在热水配水管网的水平干管设回水管道。该方式多适用于设有全日供应热水的建筑和定时供应热水的建筑中，如图6-5（b）所示。

全循环热水供应方式是指热水供应系统中热水配水管网的水平干管、立管，甚至配水支管都设有回水管道。该系统设循环水泵，用水时不存在使用前放水和等待时间，适用于高级宾馆、饭店、高级住宅等高标准建筑中，如图6-5（c）所示。

4. 按循环流程分类

按循环流程分为同程式热水供应系统和异程式热水供应系统。

在全循环热水供应方式中，各循环管路长度可布置成相等和不相等的方式，又可分为同程式和异程式。同程式是指每一个热水循环环路长度相等，对应管段管径相同，所有环路水头损失相同，如图6-6（a）所示。异程式是指每一个热水循环环路长度各不相等，对应管段的管径也不相同，所有环路的水头损失也不相同，如图6-6（b）所示。

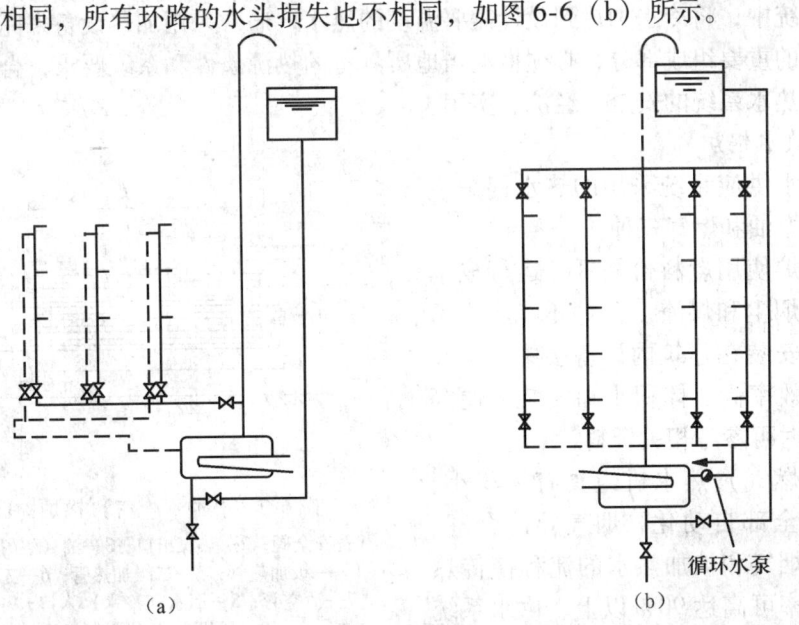

图6-6 热水系统循环方式
(a) 同程式热水供应系统；(b) 异程式热水供应系统

5. 按循环动力分类

按循环动力分为自然循环和机械循环两种方式。

热水供应循环系统中，根据循环动力的不同，可分为自然循环方式和机械循环方式。自然循环方式是利用配水管和回水管的水温差所形成的压力差，使管网内维持一定的循环流量，以补偿配水管道热损失，保证用户对热水温度的要求，如图6-5（a）所示。该种方式适用于热水供应系统小，用户对水温要求不严格的系统中。机械循环方式是在回水干管上设循环水泵强制一定量的水在管网中循环，以补偿配水管道热损失，保证用户对热水温度的要求，如图6-5（b）所示。该种方式适用于中、大型且用户对热水温度要求严格的热水供应系统。

6. 按供水时间分类

按供水时间分为全日供应和定时供应。

全日供应方式是指热水供应系统管网在全天任何时刻都保持不低于循环流量的水量在进行循环，热水配水管网全天任何时刻都可配水，并保证水温。定时供应方式是指热水供应系统每天定时配水，其余时间，系统停止运行，该方式在集中使用前，利用循环水泵将管网中已冷却的水强制循环到水加热器加热，达到规定水温时才使用。两种不同的方式，在循环水泵选型计算和运行管理上都有所不同。

热水的加热方式和热水的供应方式是按不同的标准进行分类的，但在一个完整的热水供应系统中，必然是由加热方式和供应方式经选择组合的一个综合方式，应根据现有条件和要求合理组合，确定正确的方案。

## 第二节 热水供应系统加热设备和管材

### 一、热水供应系统加热设备

热水系统中，将冷水加热到设计需要温度的热水，通常采用加热设备来完成。加热设备是热水系统的重要组成部分，必须根据当地所具备的热源条件和系统要求，合理选择加热设备。以保证热水系统的安全、经济、实用。

（一）热水锅炉

集中热水供应系统采用的热水锅炉主要有燃煤、燃油和燃气三种。

燃煤锅炉使用燃料价格低，运行成本低，但存在烟尘和煤渣，会对环境造成污染，不适宜安装在建筑内设备层中。快装锅炉具有热效率高、体积小和安装方便等优点，设计时可参考相关资料。

燃油（燃气）热水机组具有体积小、燃烧器工作全部自动化、烟气导向合理、燃烧完全、烟气和被加热水的流程使传热充分、热效率可高达90%以上、供水系统简单、排污总量少、管理方便等优点，其锅炉构造如图6-7所示。对环境有一定要求的建筑物可参考选用。

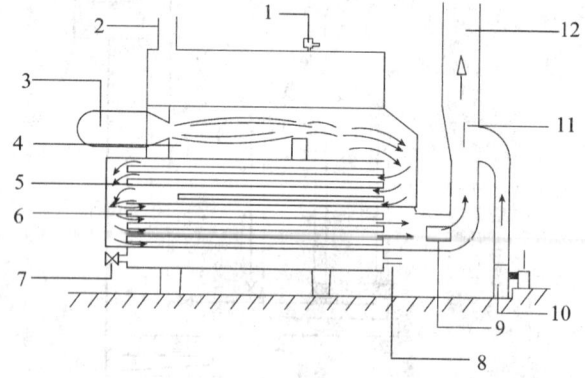

图6-7 燃油（燃气）锅炉构造示意图
1—安全阀；2—热媒出口；3—油（煤气）燃烧器；
4—一级加热管；5—二级加热管；6—三级加热管；
7—泄空管；8—回水（冷水）入口；9—导流管；
10—风机；11—风挡；12—烟道

（二）水加热器

集中热水供应系统中常用的水加热器有容积式水加热器、快速式水加热器、半容积式水加热器和半即热式水加热器。

1. 容积式水加热器

容积式水加热器是一种间接加热设备，换热管束，并具有一定贮热容积，既可加热冷水，又能贮备热水。常采用的热媒为饱和蒸汽或高温水。有立式和卧式之分，以满足不同场所选用，图6-8为卧式容积式水加热器的构造示意图。

卧式容积式水加热器的换热面积为 $0.86 \sim 50.82 m^2$，容积为 $0.5 \sim 15 m^3$，共有10种型号。立式容积式水加热器换热面积为 $1.42 \sim 6.46 m^2$，容积为 $0.53 \sim 4.28 m^3$。

容积式水加热器的主要优点是具有较大的贮存和调节能力，可替代高位热水箱的部分作用，被加热水流速低，压力损失小，出水压力平稳，出水水温较为稳定，供水较安全。但存在传热系数小，热交换效率低，体积庞大，在散热管束下方的常温、贮存水中易产生军团菌等缺点。近年来，我国的一些设计和科研单位研制出了快速式、半容积式、半即热式加热器等新型的加热设备。

图6-8 卧式容积式水加热器构造示意图

2. 快速式水加热器

在快速式水加热器中，热媒与冷水以较高流速流动，提高了热媒对管壁、管壁对被加热水的传热系数，改善了传热效果。

根据采用热媒的不同，快速式水加热器可分为汽－水（蒸汽和冷水）、水－水（高温水和冷水）两种类型。根据加热导管的构造不同，又有单管式、多管式、板式、管壳式、波纹板式、螺旋板式等多种形式。图6-9、图6-10分别为多管式和单管串联式汽－水快速式水加热器。

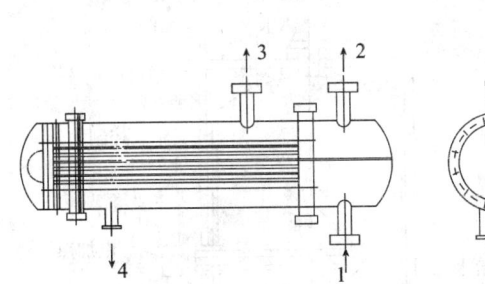

图6-9 多管式汽－水快速式水加热器
1—冷水；2—热水；3—蒸汽；4—凝水

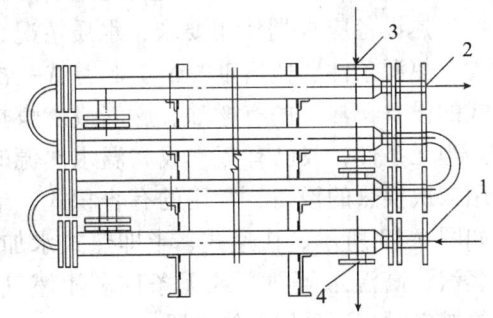

图6-10 单管串联式汽－水快速式水加热器
1—蒸汽；2—凝水；3—冷水；4—热水

3. 半容积式水加热器

半容积式快速加热器是带有适量储存与调节容积的内藏式容积式水加热器，由储热水罐、内藏式快速换热器和内循环泵三个主要部分组成。贮热水罐与快速换热器分离，被加热水在快速换热器内迅速加热后，进入贮热水罐，当管网中热水用水量小于设计用水量时，热水一部分流入罐底部被重新加热，其构造示意图如图6-11所示。

我国开发研制的HRV型半容积式水加热器装置的工作系统如图6-12所示，其特点是取消了内循环泵，被加热水进入快速换热器迅速加热，然后先由下降管强制送至贮热水罐的底部，再向上流动，以保持贮罐内的热水温度相同。

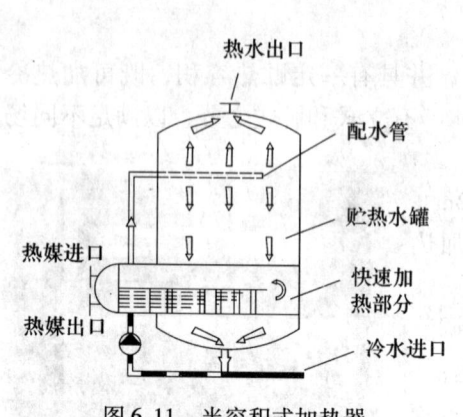

图6-11 半容积式加热器

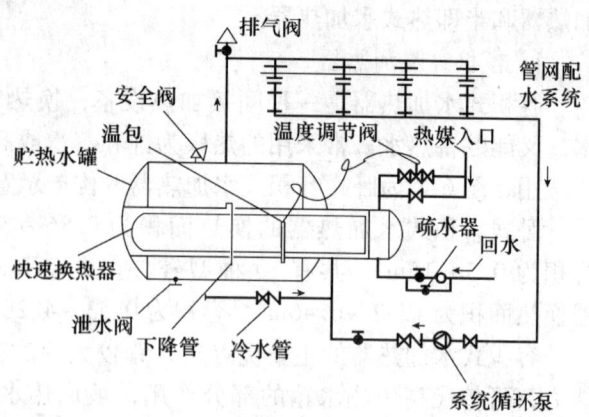

图6-12 HRV型高效半容积式水加热器

**4. 半即热式水加热器**

半即热式水加热器是带有超前控制，具有少量贮存容积的快速式水加热器。热媒经控制阀从底部入口经立管进入各并联盘管，冷凝水由立管从底部派出，冷水从底部经孔板流入，同时有少量冷水经分流管至感温管。冷水经转向器均匀进入并向上流过盘管得到加热，热水由上部出口流出，同时部分热水进入感温管。感温元件读出感温管内冷、热水的瞬间平均温度，即向控制阀发出信号，按需要调节控制阀，以保持所需热水的温度。当配水点只要有热水需求，热水出口水温尚未下降，感温元件就能发出信号开启控制阀，即具有了预测性。加热盘管为多组多排螺旋形薄壁铜质盘管组成，加热时自由收缩膨胀，有自动除垢功能，同时在换热时盘管发生颤动，造成局部紊流区，形成紊流加热，增大传热系数，换热速度加快。

该种产品传热系数大，快速加热被加热水，自动除垢，体积小，占地面积小，热水出水温度一般能控制在±2.2℃，适用于各种不同负荷要求的机械循环热水供应系统。

加热设备应根据使用要求、水质情况、燃料种类、热源条件、耗热量等情况，首选一次换热方式的设备，常用的有燃油、燃气或燃煤热水锅炉。当无条件，或已有蒸汽或高温水热源时，可选用二次换热的设备，常用的有容积式、半容积式如图6-13所示、快速式、半即热式水加热器。无蒸汽、高温水等热源或无条件利用燃气、煤、油等燃料时，可采用电热水器。

**5. 电热水器**

电加热器属局部加热设备。常用电加热器可分为快速式电加热器和容积式电加热器。快速式电加热器无贮水容积或贮水容积小，不需

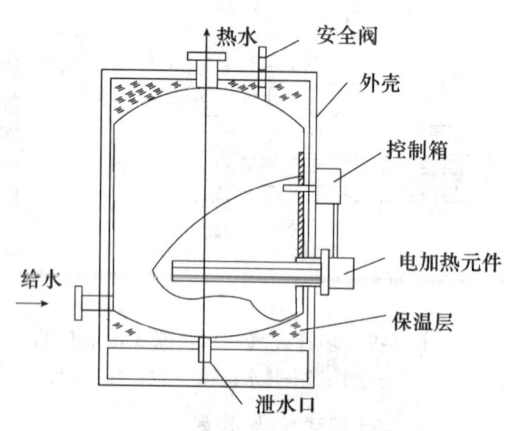

图6-13 半容积式加热器

预热，可随时产出一定温度的热水，使用方便，体积小。容积式电加热器具有一定的贮水体积，使用前需预热，当贮备水达到一定温度后才能使用，其热损失较大，但要求功率较小。

6. 太阳能热水器

太阳能热水器是将太阳能转换成热能，并将水加热的设备。它具有结构简单、维护方便、安全、节省燃料、运行费用低、不存在环境污染问题等优点，但受天气、季节、地理位置的影响，不能稳定、连续运行。在燃料价格较高的地区，具备一定条件时，可以使用。

太阳能热水器主要由集热器、贮热水箱等组成，如图 6-14 所示。

太阳能热水器常布置在平屋顶上，在坡屋顶的方位和倾角合适时，也可设置在坡屋顶上，如图 6-15 所示。太阳能热水器在设置时应注意避开其他建筑物的阴影；避免设置在烟囱和其他产生烟尘的设施的下风向，以防烟尘污染透明罩，从而影响透光；应避开风口，以减少集热器的热损失；除考虑设备荷载外，还应考虑风压影响，并应留有 0.5m 的通道供检修和操作。

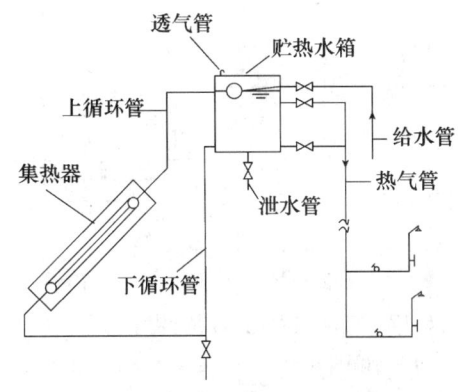

图 6-14 太阳能热水器构造原理图

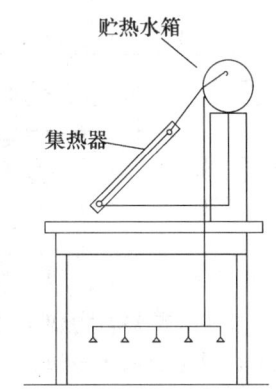

图 6-15 太阳能热水器屋顶安装示意图

## 二、热水供应系统的管材与附件

（一）管材选择

热水供应系统管材的选择应慎重，主要考虑耐腐蚀、保证水质、施工连接方便、安全可靠和经济，管道的工作压力和工作温度不得大于产品标准标定的允许工作压力和工作温度。热水管材应采用薄壁铜管、薄壁不锈钢管、热水塑料管、钢塑复合热水管等。当选用塑料热水管或塑料和金属复合热水管材时，应符合以下要求：

（1）管道工作压力应按相应温度下的允许工作压力选择。

（2）管件宜选用与管道相同的材质。

（3）定时供应热水的系统因其水温周期性变化大，不宜采用对温度变化较敏感的塑料热水管。

（4）设备机房内的管道不应采用塑料热水管。

（二）热水供应系统中的主要附件

1. 自动温度调节装置

当水加热器出口的水温需要控制时，在水加热设备的热媒管道上安装自动温度调节装置来控制水温。自动温度调节装置有直接式自动温度调节器和电动式自动温度调节器。

直接式自动温度调节器的构造原理如图 6-16 所示，由温包、感温元件和自动调节阀组成，其安装方法如图 6-17（a）所示。安装时，必须直立安装，温包放置在水加热器出口附近，把感受到的温度变化传导给安装在热媒管道上的调节阀，自动控制热媒质量而起到自动调温的作用。

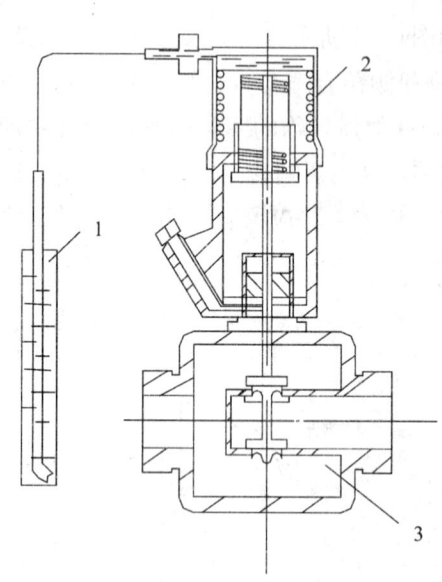
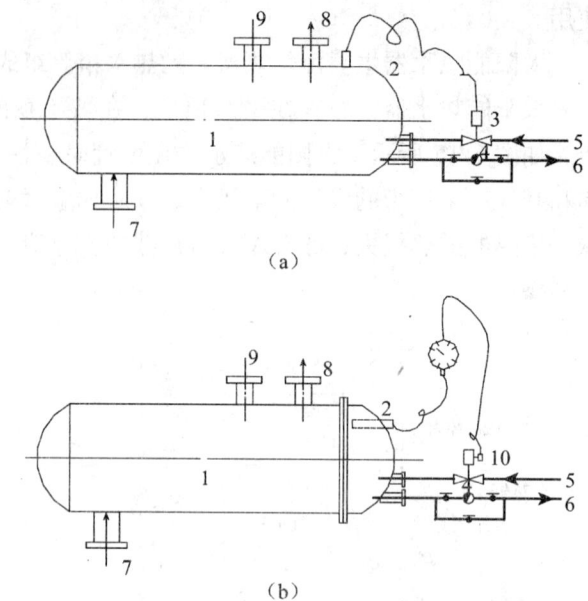

图 6-16　自动温度调节器构造原理示意图　　　图 6-17　自动温度调节器安装示意图
　　1—温包；2—感温元件；3—调压阀　　　　（a）直接式自动温度调节；（b）电动式自动温度调节
　　　　　　　　　　　　　　　　　　　　1—加热设备；2—温包；3—自动调节阀；4—疏水器；5—蒸汽；
　　　　　　　　　　　　　　　　　　　　6—凝结水；7—冷水；8—热水；9—安全阀；10—电动调节器

电动式自动温度调节器由温包、电触点温度计、阀门电机控制箱组成，如图 6-17（b）所示。温包把探测到的温度变化传导到电触点压力式温度计，电触点压力式温度计装有所需温度控制范围内的两个触点，当指针转到大于水加热器出口所规定的温度触点时，即启动电机，关小阀门，减少热媒质量，降低水加热器出口水温。当指针转到低于规定的温度触点时，即启动电机，开大阀门，增加热媒质量，升高水加热器出口水温。

2. 疏水器

疏水器的作用是保证凝结水及时排放，阻止蒸汽漏失，一般安装在凝结管道上，也可在蒸汽立管最低处、蒸汽管下凹处的下部设置疏水器。根据其工作压力可分为低压疏水器和高压疏水器。热水系统中常采用高压疏水器。

疏水器种类较多，常用的有浮动式疏水器和热动力式疏水器。

疏水器的选型应先计算出安装疏水器的前后压差及排水量等参数，然后按照产品样本确定。当用于排除凝结水时，疏水器管径计算按式（6-1）计算：

$$Q = k_0 G \tag{6-1}$$

式中　$Q$——疏水器最大排水量（kg/h）；
　　　$k_0$——附加系数，其值可参考表 6-1；
　　　$G$——水加热设备最大凝结水量（kg/h）。

表6-1 附加系数 $k_0$ 的取值

| 名称 | 附加系数 $k_0$ | |
|---|---|---|
| | 压差 $\Delta p \leq 0.2\text{MPa}$ | $\Delta p > 0.2\text{MPa}$ |
| 上开口浮筒式疏水器 | 3.0 | 4.0 |
| 下开口浮筒式疏水器 | 2.0 | 2.5 |
| 恒温式疏水器 | 3.5 | 4.0 |
| 浮球式疏水器 | 2.5 | 3.0 |
| 喷嘴式疏水器 | 3.0 | 3.2 |
| 热动力式疏水器 | 3.0 | 4.0 |

疏水器进出口压差 $\Delta p$，可按公式（6-2）计算：

$$\Delta p = P_1 - P_2 \tag{6-2}$$

式中 $\Delta p$——疏水器进出口压差（MPa）；

$P_1$——疏水器前压力（MPa），对于水加热器等换热设备，可取 $P_1 = 0.7 P_z$（$P_z$ 为进入设备的蒸汽压力）；

$P_2$——疏水器后压力（MPa），当疏水器后凝结水管不抬高自流坡向开式水箱时，$P_2 = 0$；当疏水器后凝结水管道太长，又需抬高接入闭式凝结水箱时，$P_2$ 按式（6-3）计算：

$$P_2 = \Delta h + 0.01H + P_3 \tag{6-3}$$

式中 $\Delta h$——疏水器后至凝结水箱之间的管道压力损失（MPa）；

$H$——疏水器后回水管的抬高高度（m）；

$P_3$——凝结水箱内压力（MPa）。

3. 伸缩器

热水系统中，管道因受热膨胀伸长或温度降低而收缩产生内应力，为确保管网使用安全，在热水管网上应采取补偿管道因温度变化造成伸缩的措施，避免管道的弯曲、破裂或接头松动。

常用的管道伸缩器有自然补偿器、套管式伸缩器、波纹管伸缩器。自然补偿，即利用管道的自然弯曲所形成的 L 形或 Z 形管段来补偿直线管段部分的伸缩量。一般，L 形或 Z 形管段平行伸长臂不宜大于 20~25m，具体做法如图6-18所示。

管道的热伸长量按式（6-4）计算：

$$\Delta L = \alpha(t_2 - t_1)L \tag{6-4}$$

式中 $\Delta L$——管道的热伸长量（mm）；

$t_2$——管中热水最高温度（℃）；

$t_1$——管道周围环境温度，一般取5℃；

$L$——计算管段长度（mm）；

$\alpha$——线膨胀系数，[mm/(m·℃)]，其值可参考表6-2。

表6-2 不同管材的 $\alpha$ 值

| 管材 | PP-R | PEX | PR | ABS | PVC-U | PAP | 薄壁铜管 | 钢管 | 铝合金衬塑 | PVC-C | 薄壁不锈钢管 |
|---|---|---|---|---|---|---|---|---|---|---|---|
| $\alpha$ | 0.16 | 0.15 | 0.13 | 0.1 | 0.07 | 0.025 | 0.02 | 0.012 | 0.025 | 0.08 | 0.0166 |

当直线管段较长,无法利用自然补偿时,常采用套管伸缩器(图6-19)和波纹管伸缩器。

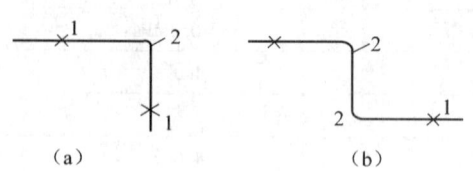

图6-18 自然补偿器
(a) L形补偿器;(b) Z形补偿器;
1—固定支撑;2—弯管

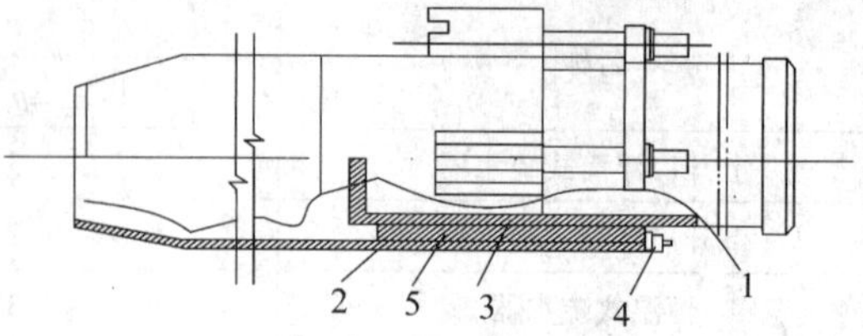

图6-19 套管伸缩器
1—芯管;2—壳体;3—填料圈;4—前压盘;5—后压盘

套管伸缩器适用于管径 $DN \geqslant 100mm$ 的直线管段中,伸长量可达 250~400mm。波纹管伸缩器,常用不锈钢制品,法兰螺纹连接,方便安全,使用普遍。

4. 减压阀

热水供应系统中的减压,是热交换设备采用蒸汽为热媒,当蒸汽压力大于热交换设备所能承受的压力时,在蒸汽管道上设置减压阀,把蒸汽压力减至热交换设备允许的压力值,以保证设备运行安全。

减压阀的工作原理是流通阀体内的阀瓣产生局部能量损耗而减压。减压阀结构形式有:活塞式、膜片式、波纹管式等几种类型。图6-20所示为Y43H活塞式减压阀。选择减压阀应根据蒸汽量计算出减压阀的工作孔口截面积,然后查产品样本确定所需型号。

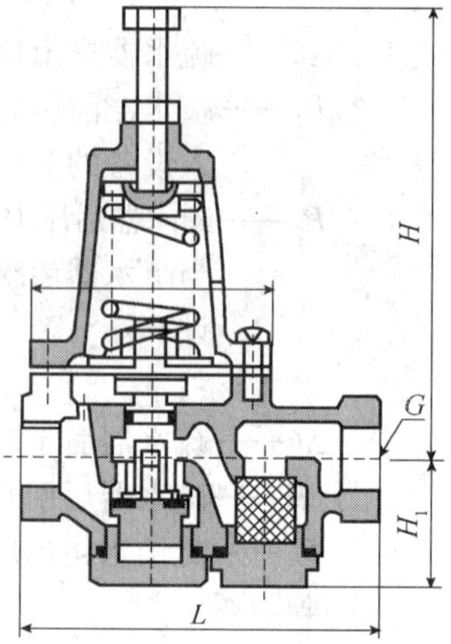

减压阀工作孔口截面积可按以下公式计算:

$$f = \frac{G}{0.6q} \qquad (6-5)$$

式中 $f$——孔口截面积;
$G$——蒸汽质量(kg/h);
0.6——减压阀流量系数;
$q$——通过每平方厘米孔口截面的蒸汽理论流量 $[kg/(cm^2 \cdot h)]$,可按相关资料选用。

图6-20 Y43H活塞式减压阀

比例式减压阀宜垂直安装,可调式减压阀宜水平安装。安装节点还应安装阀门、过滤器、安全阀、压力表、旁通道等附件,如图6-21所示。减压阀的安装尺寸见表6-3。

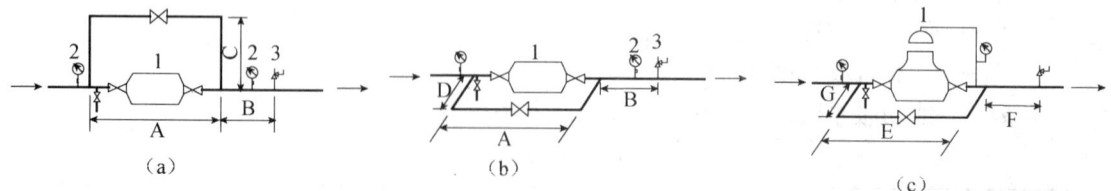

图6-21 减压阀的安装示意图
(a) 活塞式减压阀旁通管垂直安装;(b) 活塞式减压阀旁通管水平安装;(c) 薄膜式减压阀安装
1—减压阀;2—压力表;3—安全阀

表 6-3　减压阀的安装尺寸　　　　　　　　　　　　　　　　　　　（mm）

| 减压阀公称直径 DN（mm） | A | B | C | D | E | F | G |
|---|---|---|---|---|---|---|---|
| 25 | 1100 | 400 | 350 | 200 | 1350 | 250 | 200 |
| 32 | 1100 | 400 | 350 | 200 | 1350 | 250 | 200 |
| 40 | 1300 | 500 | 400 | 250 | 1500 | 300 | 250 |
| 50 | 1400 | 500 | 450 | 250 | 1600 | 300 | 250 |
| 65 | 1400 | 500 | 500 | 300 | 1650 | 350 | 300 |
| 80 | 1500 | 550 | 650 | 350 | 1750 | 350 | 350 |
| 100 | 1600 | 550 | 750 | 400 | 1850 | 400 | 400 |
| 125 | 1800 | 600 | 800 | 450 | | | |
| 150 | 2000 | 650 | 850 | 500 | | | |

5. 安全阀

安全阀是一种保安器材，安装在管网和加热设备上，其作用是避免压力超过规定的范围而造成管网和设备等的破坏。热水供应系统中宜采用微启式弹簧安全阀，设计时应注意使用压力范围；安全阀的直径应比计算值放大一级；安全阀的开启压力一般取热水系统工作压力的1.1倍，但不得大于水加热器本体的设计压力。

6. 自动排气阀

水在加热过程中会产生热水气，并使原来溶解于水中的气体逸出，这些气体会引起噪声、振动，应及时加以排除。在上行下给式管网中，常利用设置自动排气阀排除气体。自动排气阀的构造如图6-22所示。自动排气阀的工作原理，大都是依靠水对浮体的浮力，通过杠杆机构的传动，使排气孔自动启闭，达到自动阻水排气的目的。当阀内无气体时，水将浮体浮起，通过杠杆机构将排气孔关闭，而当气体从管道进入阀体后，气体将水面压下去，浮体浮力减小，浮体依靠自重下落，排气孔开启，使气体自动排除。气体排除后，水又将浮体浮起，排气孔重新关闭，如此连续运行，达到自动排气的目的。

7. 膨胀管、膨胀水箱和压力膨胀罐

集中热水供应系统中，冷水被加热后，水的体积膨胀，如果热水系统是闭式系统，当卫生器具不用水时，系统压力会升高，有胀裂管道的危险，因此需设置膨胀管、膨胀水箱和压力膨胀罐。

（1）膨胀管

膨胀管用于由高位冷水箱向水加热器供应冷水的开式热水系统，如图6-23所示。经由膨胀管排出的膨胀水可引出至其他非生活饮用水箱内。利用非饮用高位水箱设置膨胀管的设置高度，按以下公式计算：

$$h = H\left(\frac{\rho_l}{\rho_r} - 1\right) \tag{6-6}$$

式中　$h$——膨胀管高出生活饮用高位水箱水面的垂直高度（m）；

$H$——锅炉、水加热器底部至生活饮用高位水箱水面的高度（m）；

$\rho_l$——冷水的密度（kg/m³）；

$\rho_r$——热水的密度（kg/m³）。

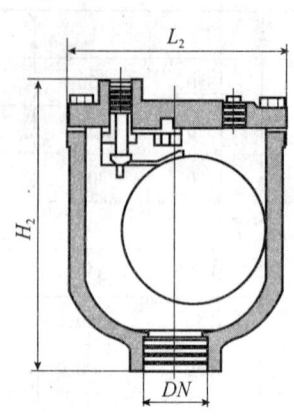

图 6-22 自动排气阀

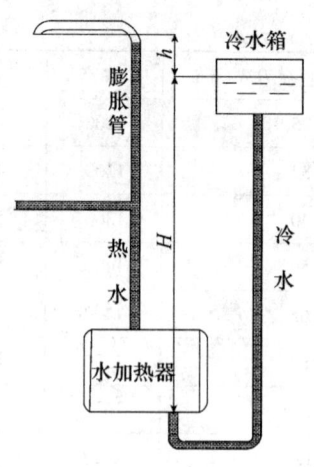

图 6-23 膨胀管安装示意图

（2）膨胀水箱

在开式热水供应系统中，当热水系统由生活饮用高位水箱补水时，可将膨胀管引至同一间建筑物的，除生活引用水箱外的消防、中水等水箱的上方，当无此条件时，应设置专用膨胀水箱。当建筑内热水供应系统上设置膨胀水箱时，其容积按以下公式计算：

$$V_p = 0.0006 \Delta t V_s \tag{6-7}$$

式中 $V_p$——膨胀水箱的有效容积（L）；

$\Delta t$——系统内水的最大温差（℃）；

$V_s$——系统内的水容量（L）。

同时，膨胀水箱水面高出系统冷水补给水箱水面的高度按以下公式计算：

$$h = H\left(\frac{\rho_h}{\rho_l} - 1\right) \tag{6-8}$$

式中 $h$——膨胀水箱水面高出系统冷水补给水箱水面的垂直高度（m）；

$H$——锅炉、水加热器底部至系统冷水补给水箱水面的高度（m）；

$\rho_h$——热水的回水密度（kg/m³）；

$\rho_l$——冷水的密度（kg/m³）。

膨胀管上严禁装设阀门，且应防冻，以确保热水供应系统安全。其最小管径可按表 6-4 确定。

表 6-4 膨胀管最小管径

| 锅炉或水加热器传热面积（m²） | <10 | ≥10 且 <15 | ≥15 且 <20 | ≥20 |
|---|---|---|---|---|
| 膨胀管最小管径（mm） | 25 | 32 | 40 | 50 |

（3）膨胀水罐

在闭式热水供应系统中，当日用热水量 ≥10m³ 的热水供应系统应设置压力式膨胀罐，如图 6-24 所示。膨胀罐宜设置在加热设备的冷水进水管或热水回水管上，如图 6-25 所示。膨胀罐的总容积按以下公式计算：

$$V_e = H \frac{(\rho_f - \rho_r)P_2}{(P_2 - P_1)\rho_r} V_s \tag{6-9}$$

式中 $V_e$——膨胀罐的总容积（m³）；

$\rho_f$——加热前加热、贮热设备内水的密度（kg/m³）。当只有一台加热设备，且为定时供应热水的系统，宜按冷水温度确定；当有多台加热设备的集中热水供应系统，宜按热水回水温度确定。

$\rho_r$——热水密度（kg/m³）；

$P_1$——膨胀罐处管内压力（MPa，绝对压力），为管内工作压力+0.1MPa；

$P_2$——膨胀罐处内最大允许压力（MPa，绝对压力），其数值可取 $1.05P_1$；

$V_s$——系统内热水总容积（m³）。

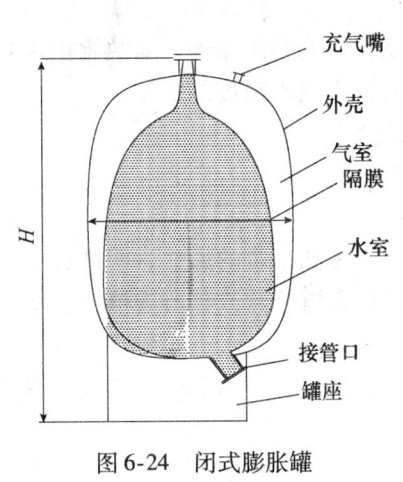

图 6-24　闭式膨胀罐

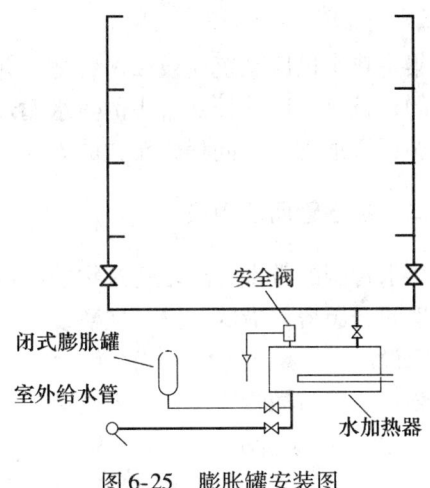

图 6-25　膨胀罐安装图

## 第三节　热水管网的布置与敷设

### 一、热水管网的布置

热水管网的布置是在设计方案确定和设备选型后，在建筑图上对设备、管道、附件进行的定位。热水管网布置除满足给水要求外，还应注意因水温高而引起的体积膨胀、管道伸缩补偿、保温、防腐、排气等问题。

热水管网的布置，可采用下行上给式，如图 6-6（a）所示。下行上给式布置时，水平管可布置在地沟内或地下室顶部，但不允许埋地。干管的直线段应有足够的伸缩器，尤其是线性膨胀系数大的管材，要特别重视直线管段的补偿，并利用最高配水点排气。为便于排气和泄水，热水横管均应有与水流方向相反的坡度，其值一般为 $i \geq 0.003$，并在管网的最低处设泄水阀门，以便检修。为保证配水点的水温，必须平衡冷热水的水压，热水管道通常与冷水管道平行布置，热水管道在上方、左方，冷水管道在下方、右方。上行下给式的热水管网，水平干管可布置在建筑最高层吊顶内或专用设备技术层内。上行下给式管网水平干管应有 $\geq 0.003$ 的坡度，如图 6-6（b）所示管道坡度与水流方向相反，并在最高点设排气阀排气。为满足整个热水供应系统的水温均匀，可按同程式方式来进行管网的布置。

高层建筑热水系统，应与冷水给水系统一样，采取竖向分区，且冷热水分区应一样，这样才能保证系统内的冷热水压力平衡，便于调节冷热水水嘴的出水温度，且要求各区的水加热器和贮水器的进水均应由同区的给水系统供应。

设有集中热水供应系统的建筑中，用水量较大的浴室、洗衣房、厨房等，应设单独的热水管网。热水为定时供应，且个别用户对热水供应时间有特别要求时，应设单独的热水管网或局部加热设备。

为保证公共浴室淋浴器出水水温稳定，通常采用开式热水系统，同时将给水额定流量较大的用水设备的管道与配水管道分开设置。多于3个淋浴器的热水管道，宜布置成环形。成组淋浴器的配管的沿程水头损失应控制在一定数值之内，当淋浴器多于6个时，可采用每米不大于300Pa，且配水管不应变径，其最小管径不应小于25mm。

工业企业生活间和学校淋浴室，宜采用单管热水供应系统，且有水温稳定的技术措施。

集中热水供应系统应设回水管道，并保证干管和立管中的热水循环。对热水出水温度有要求的建筑物，应保证支管中的热水循环，或有保证支管中热水温度的措施。

循环管道宜采用同程式布置的方式，并采用机械循环。

## 二、热水管网的敷设

热水管网的敷设，根据建筑物的使用要求，可采用明装和暗装的形式。明装尽可能安装在卫生间、厨房，沿墙、梁、柱敷设。暗装管道可敷设在管道竖井或预留沟槽内，塑料热水管宜暗设。

热水立管与横管连接处，为避免管道伸缩应力破坏管网，立管和横管相连应采用"乙"字弯，如图6-26所示。

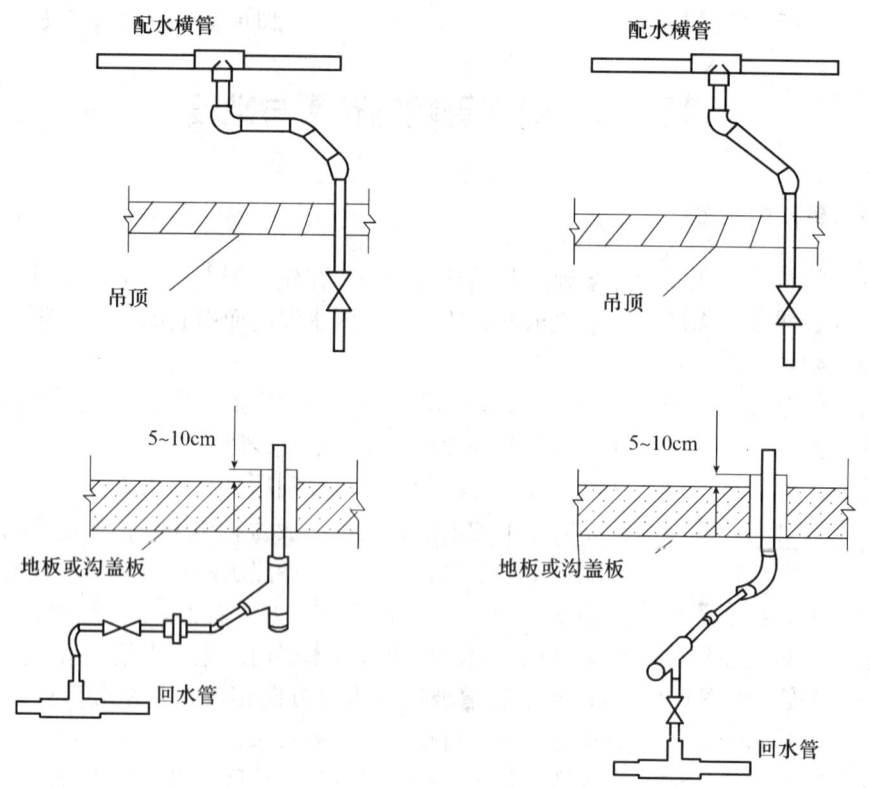

图6-26 热水立管与水平干管两种不同的连接方式

热水管道在穿楼板、基础和墙壁处应设套管，使其自由伸缩。穿楼板的套管应视其地面是否积水，若地面有积水可能时，套管应高出地面50~100mm，以防止套管缝隙向下流水。

为满足热水管网中循环流量的平衡调节和检修的需求，在配水管道和回水管道的分干管处，配水立管和回水立管的端点，从立管接出的支管，3个及3个以上配水点的配水支管，以及居住建筑和公共建筑中每一户或单元的热水支管上，均应设阀门。热水管道中的水加热器或贮水器的冷水供水管、机械循环回水管和冷热水混水器的冷、热水供水管上，应设止回阀，以防止加热设备内水倒流被泄空而造成安全事故，和防止冷水进入热水系统影响配水点的供水温度。热水管网止回阀的位置如图6-27所示。

当需计量热水总用水量时，可在水加热设备的冷水供水管上装冷水表，对成组和个别用水点可在专供支管上装设热水水表。有集中供应热水的住宅应装设分户热水水表。

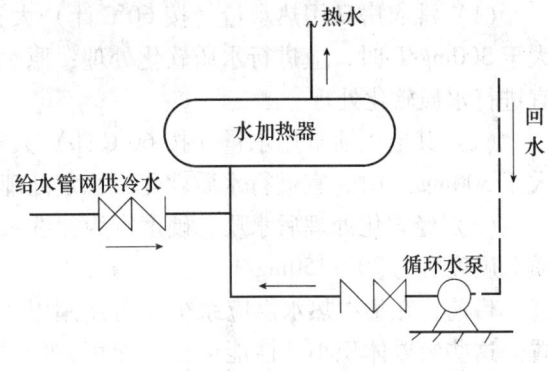

图6-27 热水管网止回阀位置

### 三、热水管道的保温与防腐

热水管网若采用低碳钢管材和加热设备，由于暴露在空气中，会受到氧气、二氧化碳、二氧化硫和硫化氢的腐蚀，金属表面还会产生电化学反应。由于热水水温高，气体溶解度低，管道内壁氧化活动极强，使得金属管材极易腐蚀。长期腐蚀的结果是，管道和设备的壁变薄，使系统受到破坏。可在金属管材和设备外表面涂防腐材料，在金属设备内壁及管内加耐腐衬里或涂防腐涂料，以阻止腐蚀作用。

常用的防腐材料为油漆，它又分为底漆和面漆。底漆在金属表面打底，具有附着、防水和防锈功能。面漆起耐光照、耐水和覆盖功能。

热水系统中，对管道和设备进行保温是一项重要的任务，其主要目的是减少介质在输送过程中的热散失，从而降低热水制备、循环流量的热量，提高长期运行的经济性，从技术安全出发，创造良好的环境；使得蒸汽和热水管道保温后外表面温度不致过高，以避免大量的热散失、烫伤或积尘等，创造良好的工作环境。

保温材料的选择要遵循一些原则，即导热系数低、具有较高耐热性、不腐蚀金属、材料密度小并具有一定的空隙率、低吸水率并具有一定的机械强度、易于施工、就地取材成本低等。

保温层厚度的确定，对管道和设备均需按经济厚度计算法计算，并应符合《设备及管道绝热技术通则》（GB/T 4272—2008）中的规定。不论采用何种保温材料，在施工保温前，均应将金属管道和设备进行防腐处理，将表面清除干净，涂刷防锈漆两遍。同时为增加保温结构的机械强度和防水能力，应视采用的保温材料在保温层外设保护层。

## 第四节 热水水质、水温及热水用水量定额

### 一、水质

生活用热水的水质应符合国家颁布的《生活饮用水卫生标准》（GB 5749—2006）。由于水在加热后，钙、镁离子受热析出，在设备和管道内结垢，水中的溶解氧也会析出，加速金

属管材、设备的腐蚀。因此，集中热水供应系统的被加热水，应根据水量、水质、使用要求、水加热设备构造、工程投资、管理制度及设备折旧率计算标准等因素，参照下列条件来确定是否需要进行水质处理。

（1）洗衣房日用热水量（按60℃计）大于或等于10m³且原水总硬度（以碳酸钙计）大于300mg/L时，应进行水质软化处理；原水总硬度（以碳酸钙计）为150~300mg/L时，宜进行水质软化处理。

（2）其他生活日用水量（按60℃计）大于或等于10m³且原水总硬度（以碳酸钙计）大于300mg/L时，宜进行水质软化或稳定处理。

（3）经软化处理后水质总硬度宜为：洗衣房用水：50~100mg/L；其他生活用热水的水质总硬度宜为70~150mg/L。

目前，在集中热水供应系统中常使用电子除垢器、静电除垢器、超强磁水器等处理装置。这些装置体积小、性能可靠、使用方便。系统对溶解氧控制要求较高时，宜采取除氧措施。

## 二、水温

### （一）冷水计算温度

热水系统计算时使用的冷水水温应以当地地表水或地下水最冷月平均水温为依据。无资料时，可按表6-5确定。

表6-5 冷水计算温度

| 地区 | 地表水温度（℃） | 地下水温度（℃） |
| --- | --- | --- |
| 黑龙江、吉林、内蒙古的全部、辽宁的大部分，河北、山西、陕西偏北部分，宁夏偏东部分 | 4 | 6~10 |
| 北京、天津、山东全部，河北、山西、陕西的大部分，河北北部、甘肃、宁夏、辽宁的南部，青海偏东和江苏偏北的一小部分 | 4 | 10~15 |
| 上海、浙江全部，江西、安徽、江苏的大部分，福建北部，湖南、湖北东部，河南南部 | 5 | 15~20 |
| 广东、台湾全部，广西大部分，福建、云南的南部 | 10~15 | 20 |
| 重庆、贵州全部，四川、云南的大部分，湖南、湖北的西部，山西和甘肃秦岭以南地区，广西偏北的一小部分 | 7 | 15~20 |

### （二）热水使用温度

生活用热水水温应满足生活使用的各种要求，一般常使用的热水水温可参考表6-6确定。在计算耗热量和热水用量时，一般按40℃计算。

生产热水使用温度应根据工艺要求或同类型生产实践数据确定。

表6-6 餐厅厨房、洗衣机热水使用温度

| 用水对象 | | 用水温度（℃） | 用水对象 | 用水温度（℃） |
| --- | --- | --- | --- | --- |
| 餐厅、厨房 | 一般洗涤 | 50 | 棉麻织物 | 50~60 |
| | 洗碗机 | 60 | 丝绸织物 | 35~45 |
| | 餐具过清 | 70~80 | 毛料织物 | 35~40 |
| | 餐具消毒 | >80 | 人造纤维织物 | 30~35 |

（注：洗衣机行对应右侧"洗衣机"用水对象）

（三）热水供水温度

热水供水温度是指热水供应设备，如热水锅炉、热水机组或水加热器出口的水温。水温偏低，满足不了需求；水温过高，会使热水系统的设备、管道结垢加剧，且易发生烫伤、积尘、热散失增加等。根据水质处理情况，加热设备出口的最高水温和配水点最低水温按表6-7。一般热水锅炉或水加热器出口水温与系统管网最不利点的水温降一般取 5~10℃，用作热水供应系统配水管网的热散失。温降值的选用应视系统的大小、保温材料等，做经济技术比较后确定。

表6-7 直接供应热水的热水锅炉、热水机组或水加热器出口的最高水温和配水点的最低水温

| 水质处理情况 | 热水锅炉、热水机组或水加热器出口的最高水温（℃） | 配水点的最低水温（℃） |
| --- | --- | --- |
| 原水水质无需软化处理；原水水质需水质处理，且有水质处理 | 75 | 50 |
| 原水水质需水质处理，但未进行水质处理 | 60 | 50 |

注：当热水供应系统只供应淋浴和盥洗用水，不供应洗涤用水时，配水点最低水温可不低于40℃。

在热水供应系统计算中，先确定最不利配水点的热水供水最低水温，再与冷水混合，达到生活用热水的使用要求，并以此为设计计算的参数。

三、热水用水定额

生活用热水定额有两种：一是根据建筑物的使用性质、卫生器具的完善程度、热水供应时间、当地气候条件和生活习惯等因素来确定，其水温按60℃计算，如表6-8所示；二是根据建筑物卫生器具1次和小时热水用水定额，其水温随卫生器具的功用不同，水温要求也不同，按表6-9确定。

生产用热水定额应根据生产工艺确定。

表6-8 热水用水定额

| 序号 | 建筑物名称 | 单位 | 最高日用水定额（L） | 使用时间（h） |
| --- | --- | --- | --- | --- |
| 1 | 住宅<br>　有自备热水供应和沐浴设备<br>　有集中热水供应和沐浴设备 | 每人每日<br>每人每日 | 40~80<br>60~100 | 24<br>24 |
| 2 | 别墅 | 每人每日 | 70~110 | 24 |
| 3 | 单身职工宿舍、学生宿舍、招待所、培训中心、普通旅馆<br>　设公用盥洗室<br>　设公用盥洗室、淋浴室<br>　设公用盥洗室、淋浴室、洗衣室<br>　设单独卫生间、公用洗衣室 | 每人每日<br>每人每日<br>每人每日<br>每人每日 | 25~40<br>40~60<br>50~80<br>60~100 | 24或定时供应 |
| 4 | 旅馆客房<br>　旅客<br>　员工 | 每床位每日<br>每人每日 | 120~160<br>40~50 | 24<br>24 |

续表

| 序号 | 建筑物名称 | 单位 | 最高日用水定额（L） | 使用时间（h） |
|---|---|---|---|---|
| 5 | 医院住院部 | | | |
| | 　设公用盥洗室 | 每床位每日 | 60~100 | 24 |
| | 　设公用盥洗室、淋浴室 | 每床位每日 | 70~130 | |
| | 　设单独卫生间 | 每床位每日 | 110~200 | |
| | 　医务人员 | 每人每班 | 70~130 | 8 |
| | 　门诊部、诊疗所 | 每病人每次 | 7~13 | |
| | 　疗养院、休养所住房部 | 每床位每日 | 100~160 | 24 |
| 6 | 养老院 | 每床位每日 | 50~70 | 24 |
| 7 | 幼儿园、托儿所 | | | |
| | 　有住宿 | 每儿童每日 | 20~40 | 24 |
| | 　无住宿 | 每儿童每日 | 10~15 | 10 |
| 8 | 公共浴室 | | | |
| | 　淋浴 | 每顾客每次 | 40~60 | 12 |
| | 　淋浴、浴盆 | 每顾客每次 | 60~80 | |
| | 　桑拿浴（淋浴、按摩池） | 每顾客每次 | 70~100 | |
| 9 | 理发室、美容院 | 每顾客每次 | 10~15 | 12 |
| 10 | 洗衣房 | 每千克干衣 | 15~30 | 8 |
| 11 | 餐饮厅 | | | |
| | 　营业餐厅 | 每顾客每次 | 15~20 | 10~12 |
| | 　快餐店、职工及学生食堂 | 每顾客每次 | 7~10 | 11 |
| | 　酒吧、咖啡厅、茶座、卡拉OK房 | 每顾客每次 | 3~8 | 18 |
| 12 | 办公楼 | 每人每班 | 5~10 | 8 |
| 13 | 健身中心 | 每人每次 | 5~25 | 12 |
| 14 | 体育场（馆） | | | |
| | 　运动员淋浴 | 每人每次 | 25~35 | 4 |
| 15 | 会议厅 | 每座位每次 | 2~3 | 4 |

表6-9 卫生器具的一次和小时热水用水定额及水温

| 序号 | 卫生器具名称 | 一次用水量（L） | 小时用水量（L） | 使用水温（℃） |
|---|---|---|---|---|
| 1 | 住宅、旅馆、别墅、宾馆 | | | |
| | 　带沐浴器的浴盆 | 150 | 300 | 40 |
| | 　无沐浴器的浴盆 | 125 | 250 | 40 |
| | 　淋浴器 | 70~100 | 140~200 | 37~40 |
| | 　洗脸盆、盥洗槽水嘴 | 3 | 30 | 30 |
| | 　洗涤盆（池） | | 180 | 50 |
| 2 | 集体宿舍、招待所、培训中心淋浴器 | | | |
| | 　有淋浴小间 | 70~100 | 210~300 | 37~40 |
| | 　无淋浴小间 | — | 450 | 37~40 |
| | 　盥洗槽水嘴 | 3~5 | 50~80 | 30 |

续表

| 序号 | 卫生器具名称 | 一次用水量（L） | 小时用水量（L） | 使用水温（℃） |
|---|---|---|---|---|
| 3 | 餐饮业 | | | |
| | 　洗涤盆（池） | — | 250 | 50 |
| | 　洗脸盆：工作人员用 | 3 | 60 | 30 |
| | 　　　　　顾客用 | — | 120 | 30 |
| | 　淋浴器 | 40 | 400 | 37~40 |
| 4 | 幼儿园、托儿所 | | | |
| | 　浴　盆：幼儿园 | 100 | 400 | 35 |
| | 　　　　　托儿所 | 30 | 120 | 35 |
| | 　淋浴器：幼儿园 | 30 | 180 | 35 |
| | 　　　　　托儿所 | 15 | 90 | 35 |
| | 　盥洗槽水嘴 | 15 | 25 | 30 |
| | 　洗涤盆（池） | — | 180 | 50 |
| 5 | 医院、疗养院、休养所 | | | |
| | 　洗手盆 | — | 15~25 | 35 |
| | 　洗涤盆（池） | — | 300 | 50 |
| | 　浴盆 | 125~150 | 250~300 | 40 |
| 6 | 公共浴室 | | | |
| | 　浴盆 | 125 | 250 | 40 |
| | 　淋浴器：有淋浴小间 | 100~150 | 200~300 | 37~40 |
| | 　　　　　无淋浴小间 | — | 450~540 | 37~40 |
| | 　洗脸盆 | 5 | 50~80 | 35 |
| 7 | 办公楼 | | | |
| | 　洗手盆 | — | 50~100 | 35 |
| 8 | 理发室、美容院 | | | |
| | 　洗脸盆 | — | 50~100 | 35 |
| 9 | 实验室 | | | |
| | 　洗脸盆 | — | 60 | 50 |
| | 　洗手盆 | — | 15~25 | 30 |
| 10 | 剧场 | | | |
| | 　淋浴器 | 60 | 200~400 | 37~40 |
| | 　演员用洗脸盆 | 5 | 80 | 35 |
| 11 | 体育场馆 | | | |
| | 　淋浴器 | 30 | 300 | 35 |
| 12 | 工业企业生活间 | | | |
| | 　淋浴器：一般车间 | 40 | 360~540 | 37~40 |
| | 　　　　　脏车间 | 60 | 180~480 | 40 |
| | 　洗脸盆或盥洗槽水嘴： | | | |
| | 　　一般车间 | 3 | 90~120 | 30 |
| | 　　脏车间 | 5 | 100~150 | 35 |
| 13 | 净身器 | 10~15 | 120~180 | 30 |

## 第五节 热水量、耗热量、热媒耗量的计算

热水量、耗热量和热媒耗量是热水供应系统中选择设备和管网计算的主要依据。

### 一、热水量的计算

设计小时用水量，按式（6-10）计算：

$$Q_r = \frac{Q_h}{1.163(t_r - t_L)\rho_r} \tag{6-10}$$

式中 $Q_r$——设计小时用水量（L/h）；
　　$Q_h$——设计小时耗热量（W）；
　　$t_r$——设计热水温度（℃）；
　　$t_L$——设计冷水温度（℃）；
　　$\rho_r$——热水密度（kg/L）。

### 二、耗热量计算

（1）全日供应热水的住宅、别墅、招待所、培训中心、旅馆、宾馆的客房、医院住院部、养老院、幼儿园、托儿所等建筑的集中热水供应系统的设计小时耗热量按公式（6-11）计算：

$$Q_h = K_h \frac{mq_r C \cdot (t_r - t_l)\rho_r}{86400} \tag{6-11}$$

式中 $Q_h$——设计小时耗热量（W）；
　　$m$——用水计算单位数，人数或床位数；
　　$q_r$——热水用水定额 [L/(人·d)] 或 [L/(床·d)等]，按表6-7采用；
　　$C$——水的比热，$C = 4187J/(kg·℃)$；
　　$t_r$——热水温度，$t_r = 60℃$；
　　$t_l$——冷水温度（℃），按表6-5选用；
　　$\rho_r$——热水密度（kg/L）；
　　$K_h$——热水小时变化系数，见表6-10～表6-12。

**表6-10 住宅、别墅的热水小时变化系数 $K_h$ 值**

| 居住人数 $m$ | ≤100 | 150 | 200 | 250 | 300 | 500 | 1000 | 3000 | ≥6000 |
|---|---|---|---|---|---|---|---|---|---|
| $K_h$ | 5.12 | 4.49 | 4.13 | 3.88 | 3.70 | 3.28 | 2.86 | 2.48 | 2.34 |

**表6-11 旅馆的热水小时变化系数 $K_h$ 值**

| 床位数 $m$ | ≤150 | 300 | 450 | 600 | 900 | ≥1200 |
|---|---|---|---|---|---|---|
| $K_h$ | 6.84 | 5.61 | 4.97 | 4.58 | 4.19 | 3.90 |

**表6-12 医院的热水小时变化系数 $K_h$ 值**

| 床位数 $m$ | ≤50 | 75 | 100 | 200 | 300 | 500 | ≥1000 |
|---|---|---|---|---|---|---|---|
| $K_h$ | 4.55 | 3.78 | 3.54 | 2.93 | 2.60 | 2.23 | 1.95 |

（2）定时供应热水的住宅、旅馆、医院和工业企业生活间、公共浴室、学校、剧院、体育场等建筑的集中热水供应系统的设计小时耗热量按公式（6-12）计算：

$$Q_h = \Sigma \frac{q_h(t_r - t_l)\rho_r N_0 bC}{3600} \quad (6-12)$$

式中 $Q_h$——设计小时耗热量（W）；

$q_h$——卫生器具热水的小时用水定额（L/h），按表6-8采用；

$C$——水的比热，$C=4187J/(kg·℃)$；

$t_r$——热水温度，按表6-9采用；

$t_l$——冷水温度（℃），按表6-5选用；

$\rho_r$——热水密度，kg/L；

$N_0$——同类型卫生器具数；

$b$——卫生器具同时使用百分数，可查相关手册。

### 三、热媒耗量计算

根据热媒种类和加热方式的不同，热媒耗热量按下列方法计算。

（1）蒸汽直接加热时，蒸汽耗热量按以下公式计算：

$$G = (1.10 \sim 1.20)\frac{3.6Q_h}{i_m - i_r} \quad (6-13)$$

式中 $G$——蒸汽耗量（kg/h）；

$Q_h$——设计小时耗热量（W）；

$i_m$——蒸汽热焓（kJ/kg），按表6-13确定；

$i_r$——蒸汽与冷水混合后的热焓（kJ/kg），$i_r=4.187t_r$；

$t_r$——蒸汽与冷水混合后的热水温度（℃）。

6-13 饱和水蒸气的性质

| 绝对压力<br>（MPa） | 饱和水蒸气的温度<br>（℃） | 热焓（kJ/kg） | | 水蒸气的汽化热<br>（kJ/kg） |
|---|---|---|---|---|
| | | 液体 | 蒸汽 | |
| 0.1 | 100 | 419 | 2679 | 2260 |
| 0.2 | 119.6 | 502 | 2707 | 2205 |
| 0.3 | 132.9 | 559 | 2726 | 2167 |
| 0.4 | 142.9 | 601 | 2738 | 2137 |
| 0.5 | 151.1 | 637 | 2749 | 2112 |
| 0.6 | 158.1 | 667 | 2757 | 2090 |
| 0.7 | 164.2 | 694 | 2767 | 2073 |
| 0.8 | 169.6 | 718 | 2773 | 2055 |
| 0.9 | 174.5 | 739 | 2777 | 2038 |

（2）蒸汽通过间接加热时，蒸汽耗热量按以下公式计算：

$$G = (1.10 \sim 1.20)\frac{3.6Q_h}{\gamma_h} \quad (6-14)$$

式中 $G$——蒸汽耗量（kg/h）；

$Q_h$——设计小时耗热量（W）；

$\gamma_h$——蒸汽的汽化热（kJ/kg），按表6-13确定。

（3）热媒为热水通过热交换器间接加热时，热水耗热量按下式计算：

$$G = (1.10 \sim 1.20) \frac{3.6 Q_h}{C(t_{mc} - t_{mz})} \tag{6-15}$$

式中　$G$——热媒为热水的耗热量（kg/h）；

$Q_h$——设计小时耗热量（W）；

$C$——同公式（6-12）；

$t_{mc}$——热媒为热水时进入热交换器的温度（℃）；

$t_{mz}$——热媒为热水时流出热交换器的温度（℃）。

## 第六节　加热及贮热设备的计算

在热水供应系统中，既能加热，又能贮存热水的设备有容积式水加热器和加热水箱等；只能贮存热水的设备是贮水罐和热水箱；仅起加热作用的设备为快速式水加热器。加热设备主要计算其传热面积，而贮存设备仅计算其贮存容积。

1. 加热设备供热量计算

（1）容积式水加热器供热量按式（6-16）计算：

$$Q_g = Q_h - 1.163 \frac{\eta V_r}{T}(t_r - t_L)\rho_r \tag{6-16}$$

式中　$Q_g$——容积式水加热器设计小时供热量（W）；

$Q_h$——设计小时耗热量（W）；

$\eta$——有效储热容积系数。容积式水加热器 $\eta = 0.75$；导流型容积式水加热器 $\eta = 0.85$；

$V_r$——总储热容积（L）；

$T$——设计小时耗热量持续时间（h），$T = 2 \sim 4h$；

$t_r$——设计热水温度（℃），按加热器处水温度计算；

$t_L$——设计冷水温度（℃），参见表6-5；

$\rho_r$——热水密度（kg/L）。

（2）半容积式水加热器或储热容积与其相当的水加热器、热水机组的供热量，按设计小时耗热量计算。

（3）半即热式、快速式水加热器及其他无储热容积的水加热设备供热量，按设计秒流量计算。

2. 水加热器加热面积的计算

水加热器的加热面积按下式计算：

$$F_{jr} = \frac{C_r Q_z}{\varepsilon K \Delta t_j} \tag{6-17}$$

式中　$F_{jr}$——水加热器的加热面积（m²）；

$Q_z$——制备热水所需的热量，可按设计小时耗热量计算（W）；

$K$——传热系数，按表6-14、表6-15选用；

$\varepsilon$——由于水垢和热媒分布不均匀影响传热效率的系数,一般采用0.6~0.8;

$C_r$——热水供应系统热损失系数,一般取1.10~1.15;

$\Delta t_j$——热媒和被加热水的计算温差(℃),可按下式计算:

表6-14 容积式水加热器传热系数值

| 热媒种类 | | 热媒流速(m/s) | 被加热水流速(m/s) | $K[W/(m^2 \cdot ℃)]$ | |
|---|---|---|---|---|---|
| | | | | 钢盘管 | 铜盘管 |
| 蒸汽压力(MPa) | ≤0.07 | — | <0.1 | 640~698 | 756~814 |
| | >0.07 | — | <0.1 | 698~756 | 814~872 |
| 热水温度70~150℃ | | <0.5 | <0.1 | 326~349 | 384~407 |

表6-15 快速热交换器的传热系数值

| 被加热水的流速(m/s) | 传热系数$K[W/(m^2 \cdot ℃)]$ | | | | | | | |
|---|---|---|---|---|---|---|---|---|
| | 热媒为热水时,热水流速(m/s) | | | | | | 热媒为蒸汽时,蒸汽压力(kPa) | |
| | 0.5 | 0.75 | 1.0 | 1.5 | 2.0 | 2.5 | ≤100 | >100 |
| 0.5 | 1105 | 1279 | 1400 | 1512 | 1686 | 6071 | 2733/2152 | 2558/2035 |
| 0.75 | 1244 | 1454 | 1570 | 1745 | 1977 | 7118 | 3431/2675 | 3198/2500 |
| 1.00 | 1337 | 1570 | 1745 | 1977 | 2326 | 8374 | 3954/3082 | 3663/2908 |
| 1.50 | 1512 | 1803 | 2035 | 2326 | 2733 | 9839 | 4536/3722 | 4187/3489 |
| 2.00 | 1628 | 1977 | 2210 | 2558 | 3024 | 10886 | —/4361 | —/4129 |
| 2.50 | 1745 | 2093 | 2384 | 2849 | 3489 | 12560 | — | — |

注:热媒为蒸汽时,表中分子为两回程汽-水快速式水加热器将被加热水的水温升高20~30℃时的K值;分母为四回程将被加热水的水温升高60~65℃时的K值。

容积式水加热器、半容积式水加热器热媒为蒸汽或热水和被加热水的计算温差,采用算数平均温度差计算:

$$\Delta t_j = \frac{t_{mc} + t_{mz}}{2} - \frac{t_c + t_z}{2} \tag{6-18}$$

式中 $t_{mc}$,$t_{mz}$——分别为热媒的初温和终温(℃)。热媒为蒸汽,其压力大于70kPa时,计算温度应按饱和温度计算;其压力小于或等于70kPa时,按100℃计算;热媒为热水时,应按热力管网供水、回水的最低温度计算,但热媒的初温与被加热水的终温的温差不得小于10℃。

$t_c$,$t_z$——分别为被加热水的初温和终温。

快速式水加热器、半即热式水加热器采用平均对数温度差计算:

$$\Delta t_j = \frac{\Delta t_{max} - \Delta t_{min}}{\ln \frac{\Delta t_{max}}{\Delta t_{min}}} \tag{6-19}$$

式中 $\Delta t_{max}$——热媒和被加热水在水加热器的一端的最大温差(℃);

$\Delta t_{min}$——热媒和被加热水在水加热器的另一端的最小温差(℃)。

由公式(6-17)计算出的传热面积是根据总的小时耗热量算出的总面积,而不是每台加热设备所需的传热面积。按规定,医院热水供应系统的锅炉或水加热器不得少于两台;其他建筑的热水供应系统的水加热设备不宜少于两台；一台检修时，其余各台的总供热能力不得小于设计小时耗热量的50%。医院建筑不得采用有滞水区的容积式水加热器。确定了水加热器的台数以后，根据每台水加热器的传热面积，可直接查产品样本得出加热盘管或排管的直径、长度、根数和排数，也可按下列公式计算出加热盘管的总长度：

$$L = \frac{F_{jr}}{\pi D} \tag{6-20}$$

式中  $L$——盘管的总长度（m）；
　　　$D$——盘管外径（m）；
　　　$F_{jr}$——传热面积（m²）。

3. 热水贮水器容积的计算

集中热水供应系统加热器的逐时供热量和热水系统的逐时耗热量之间存在差异，通常采用贮水器加以调节。从理论上讲，贮水器的容积应以热水供应系统设计成定温变容、定容变温和变温变容三种工况的小时供热曲线和小时耗热曲线，用作图法来确定，但在实际工程中，此资料难以收集，所以考虑到加热设备的类型，建筑物的用水规律，热源和热媒的充沛程度，自动控制装置、管理情况等，贮水器的容积可采用经验法按以下公式计算：

$$V = \frac{60TQ_h}{(t_r - t_L)C} \tag{6-21}$$

式中  $V$——贮水器的贮水容积（L）；
　　　$T$——表6-16中规定的时间（min）；
　　　$Q_h$——热水供应系统设计小时耗热量（W）；
　　　$C$——水的比热，$C=4187J/(kg\cdot℃)$；
　　　$t_r$——设计热水温度（℃）；
　　　$t_L$——设计冷水温度（℃）。

容积式水加热器或加热水箱也可按公式（6-21）计算确定容积后，当冷水从下部进入，热水从上部送出，其计算容积应附加20%~25%；当采用导流型容积式水加热器时，其计算容积应附加10%~15%；当采用半容积式水加热器时，或带有强制罐内水循环装置的容积式水加热器，其计算容积可不附加。

容积式水加热器或热水箱、半容积式水加热器的贮热量不得小于表6-16的要求。

表6-16 水加热器贮热量

| 加热设备 | 以蒸汽或95℃以上的高温水为热媒时 | | 以≤95℃低温水为热媒时 | |
|---|---|---|---|---|
| | 工业企业淋浴室（min） | 其他建筑物（min） | 工业企业淋浴室（min） | 其他建筑（min） |
| 容积式水加热器或加热水箱 | ≥30$Q_h$ | ≥45$Q_h$ | ≥60$Q_h$ | ≥90$Q_h$ |
| 导流型水加热器 | ≥20$Q_h$ | ≥30$Q_h$ | ≥30$Q_h$ | ≥40$Q_h$ |
| 半容积式水加热器 | ≥15$Q_h$ | ≥15$Q_h$ | ≥15$Q_h$ | ≥20$Q_h$ |

注：热水机组所配贮热器，贮热量宜根据热媒供应情况，按导流型容积式水加热器或半容积式水加热器确定。

半即热式、快速式水加热器，但热媒按设计秒流量供应，且有完善可靠的温度控制装置时，可不设贮水器。当不具备上述条件时，映射贮水器，其贮热量宜根据热媒供应情况，按导流型容积式水加热器或半容积式水加热器确定。

**4. 锅炉选择或加热设备的选择**

集中热水系统所需热源锅炉和加热设备，应与整幢建筑对热源的需求作统一设计选择。小型建筑热水系统可单独选择，在产品样本中查出的锅炉和加热设备的发热量应大于小时供热量，而小时耗热量按下式计算：

$$Q_g = (1.1 \sim 1.2) Q_h \tag{6-22}$$

式中 $Q_g$——锅炉小时耗热量（W）；
$Q_h$——设计小时耗热量（W）；
1.1~1.2——热水系统热损失附加系数。

选择锅炉时应使锅炉发热量大于锅炉小时供热量。

## 第七节 热媒管网和热水配水管网水力计算

热水系统中管网的计算可按第一循环管网和第二循环管网进行，第一循环管网指热水锅炉或各类加热器至贮水罐之间供回水管道系统，故需计算确定热媒管道管径，凝结水管道管径，并进行不同循环方式的相关计算。第二循环管网指贮水罐至配水点之间供回水管道系统，故有配水管网管径的确定，循环流量的计算，回水管道管径确定，水头损失计算，循环方式的确定，循环水泵流量和扬程的确定。

### 一、第一循环管网计算

1. 热媒为热水

热媒为热水时，热媒耗量 $G$ 按公式（6-15）计算。

热媒循环管路中配、回水管道，其管径应根据热媒流量 $G$、热水管道允许流速，再查热水管道水力计算表确定，然后计算出供水管和回水管总水头损失。热水管道流速如表6-17所示。

表6-17 热水管道流速

| 公称直径（mm） | 15~20 | 25~40 | ≥50 |
|---|---|---|---|
| 流速（m/s） | ≤0.8 | ≤1.0 | ≤1.2 |

当锅炉与水加热器或贮水器连接时，热媒管网的热水自然循环压力值可按以下公式计算：

$$H_{zr} = 9.8 \Delta h (\rho_1 - \rho_2) \tag{6-23}$$

式中 $H_{zr}$——热水自然循环压力值（Pa）；
$\Delta h$——锅炉或水加热器中心与贮水器中心的高度（m）；
$\rho_1$——贮水器回水的密度（kg/m³）；
$\rho_2$——锅炉或水加热器出水的热水密度（kg/m³）。

当 $H_{zr} > H_h$ 时，可形成自然循环，为保证系统的运行可靠，必须满足：

$$H_{zr} \geq (1.1 \sim 1.15) H_h \tag{6-24}$$

在条件许可时，可以适当调整水加热器和贮水器的设置高度来满足。经调整后仍不能满足要求时，则应采用机械循环方式强制循环，循环热水泵的出水量和扬程比理论值略大一些即可。

## 2. 热媒为蒸汽

热媒为高压蒸汽时，热媒耗量按公式（6-13）和公式（6-14）计算，然后确定出高压蒸汽管道的管径和凝结水管的管径。热媒高压蒸汽管道一般按管道的允许流速和相应的比压降确定管径和水头损失。高压蒸汽管道常用流速如表6-18所示。

表6-18 高压蒸汽管道常用流速

| 管径（mm） | 15~20 | 25~32 | 40 | 50~80 | 100~150 | ≥200 |
|---|---|---|---|---|---|---|
| 流速（m/s） | 10~15 | 15~20 | 20~25 | 25~35 | 30~40 | 40~60 |

## 二、第二循环管网计算

### 1. 配水管网水力计算

热水配水管网计算的目的是确定管径、计算水头损失及所需水压。热水配水管网确定管径和计算水头损失的方法基本与生活冷水用水系统相同，即计算出计算管段的设计秒流量后，用允许流速值差水力计算表确定管径；热水配水管网的水头损失也包括沿程水头损失和局部水头损失，但水头损失计算与生活冷水用水系统有一些不同之处，主要表现为：

（1）由于热水系统中的水温比较高，易结垢和腐蚀造成管内径缩小，粗糙系数增大，因而水头损失计算公式不同，所以热水管网水力计算应使用热水管道水力计算表，见附录4。

（2）机械循环方式热水配水管网的局部水头损失可按生活用冷水给水系统的计算公式和方法计算；自然循环方式中，热水配水管网中的局部水头损失宜按公式详细计算得出。

（3）热水配水管网的最小管径不宜小于20mm。

### 2. 回水管网水力计算

回水管网水力计算的目的是确定回水管网的管径。回水管网不配水，仅补偿配水管热损失循环流量。回水管网各管段管径，按管中循环流量经计算确定。初步设计时，可参照表6-19。

表6-19 热水管网回水管管径选用表

| 热水管网、配水管段管径（mm） | 20~25 | 32 | 40 | 50 | 65 | 80 | 100 | 125 | 150 | 200 |
|---|---|---|---|---|---|---|---|---|---|---|
| 热水管网、回水管段管径（mm） | 20 | 20 | 25 | 32 | 40 | 40 | 50 | 65 | 80 | 100 |

### 3. 机械循环管网计算

对于集中热水供应系统，为保证系统热水循环效果，一般采用机械循环方式。机械循环管网分为全日机械循环系统和定时循环系统，全日机械循环系统应计算配水管路热损失，计算管段的循环流量、水头损失，选择循环水泵等。

（1）全日机械循环系统计算

1）计算管段的起点水温和终点水温，宜按面积比温降法计算：

$$\Delta t = \frac{\Delta T}{F} \tag{6-25}$$

$$t_z = t_c - \Delta t \sum f \tag{6-26}$$

式中 $\Delta t$——计算管段的面积比温降（℃/m²）；

$\Delta T$——配水管网起点和终点水温差，一般取 $\Delta T = 5 \sim 10℃$；

$F$——计算管路配水管网总外表面积（$m^2$）；

$\Sigma f$——计算管路终点以前配水管网总外表面积（$m^2$）；

$t_c$——计算管段起点水温（℃）；

$t_z$——计算管段终点水温（℃）。

2）热水配水管网各管段的热损失，按以下公式计算：

$$q_s = \pi DLK(1-\eta)\left(\frac{t_c + t_z}{2} - t_j\right) \tag{6-27}$$

式中 $q_s$——计算管段热损失（W）；

$D$——计算管段管道外径（m）；

$L$——计算管道长度（m）；

$K$——无保温时管道的传热系数[$W/(m^2 \cdot ℃)$]；

$\eta$——保温系数，无保温时为 $\eta = 0$，简单保温时为 $\eta = 0.6$，较好保温时为 $\eta = 0.7 \sim 0.8$；

$t_c$、$t_z$——分别为计算管段的起点水温、终点水温（℃）；

$t_j$——计算管段周围空气温度，可按表6-20确定。

表6-20 管段周围空气温度

| 管道敷设情况 | $t_j$（℃） |
| --- | --- |
| 采暖房间内，明管敷设 | 18～20 |
| 采暖房间内，暗管敷设 | 30 |
| 不采暖房间内的顶棚内 | 可采用一月份室外的平均温度 |
| 不采暖房间的地下室内 | 5～10 |
| 室内地下管沟内 | 35 |

3）计算配水管网总热损失

将各管段热损失相加便得到配水管网总热损失 $Q_s$，即 $Q_s = \sum_{i=1}^{n} q_s$。初步设计时，可按设计小时耗热量的3%～5%估算。

4）计算总循环流量

循环流量的作用是使配水管网经常保持一定流量的热水，携带足够的热量，来补偿全部热水配水管网的热损失，以保证各配水点出水温度达到用户要求。总循环流量按以下公式计算：

$$q_x = \frac{Q_s}{C\Delta T \cdot \rho_r} \tag{6-28}$$

式中 $q_x$——热水供应系统总循环流量（L/s）；

$Q_s$——配水管网总的热损失（W）；

$C$——水的比热，$C = 4187 J/(kg \cdot ℃)$；

$\Delta T$——同公式（6-25）；

$\rho_r$——热水密度（kg/L）。

5）计算循环管路各配水管段通过的循环流量

确定 $q_x$ 以后，可从水加热器后第 1 个节点起依次进行循环流量分配。以图 6-28 为例，通过管段 I 的循环流量 $q_{IX}$ 即 $q_x$，用以补偿整个配水管网的热损失，流入节点 1 的流量 $q_{1X}$ 用以补偿 1 点后的热损失，即 $q_{AS}+q_{BS}+q_{CS}+q_{IIS}+q_{IIIS}$，$q_{1X}$ 又分流入 A 管段和 II 管段，其循环流量分别为 $q_{AX}$ 和 $q_{IIX}$。根据节点流量守恒原理：$q_{1X}=q_{IX}$，$q_{IIX}=q_{1X}-q_{AX}$。$q_{IIX}$ 补偿管段 II、III、B、C 的热损失，即 $q_{BS}+q_{CS}+q_{IIS}+q_{IIIS}$，$q_{AX}$ 补偿管段 A 的热损失 $q_{AS}$。

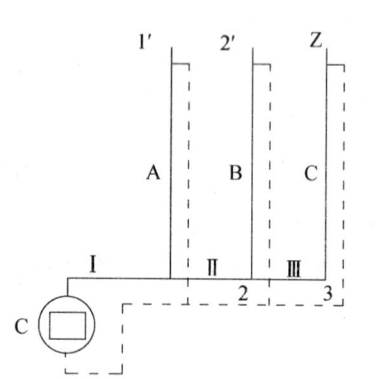 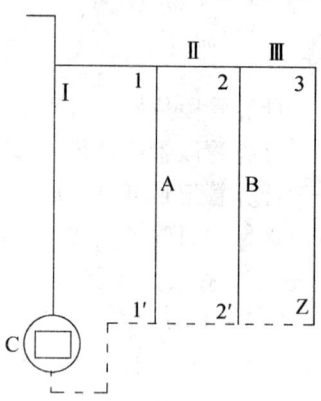

图 6-28　计算用图

按照循环流量与热损失成正比和热平衡关系，$q_{IIX}$ 可按下式确定：

$$q_{IIX} = q_{1X}\frac{q_{BS}+q_{CS}+q_{IIS}+q_{IIIS}}{q_{AS}+q_{BS}+q_{CS}+q_{IIS}+q_{IIIS}} \tag{6-29}$$

流入节点 2 的流量 $q_{2X}$ 用以补偿 2 节点后的热损失，即 $q_{IIS}+q_{BS}+q_{CS}$，$q_{2X}$ 又分为流入 B 管段和 III 管段，其循环流量分为 $q_{BX}$ 和 $q_{IIIX}$。根据节点流量守恒原理：$q_{2X}=q_{IIX}$，$t'_z = t_c - \dfrac{q_s}{Cq'_x\rho_r}$。$q_{IIIX}$ 补偿管段 III 和 C 的热损失，即 $q_{IIIS}+q_{CS}$；$q_{BX}$ 补偿管段 B 的热损失 $q_{BS}$。同理可得：

$$q_{IIIX} = q_{IIX}\frac{q_{IIIS}+q_{CS}}{q_{BS}+q_{IIIS}+q_{CS}} \tag{6-30}$$

流入节点 3 的流量 $q_{3X}$ 用以补偿 3 节点之后管段 C 的热损失 $q_{CS}$。根据节点流量守恒原理：$q_{IIIX}=q_{3X}$，$q_{IIIX}=q_{CX}$，管道 III 的循环流量即为管道 C 的循环流量。将公式（6-29）和公式（6-30）简化为以下通用公式，计算简图如图 6-29 所示。

$$q_{(n+1)X} = q_{nX}\frac{\Sigma q_{(n+1)S}}{\Sigma q_{nS}} \tag{6-31}$$

式中　$q_{nX}$，$q_{(n+1)X}$——分别为第 $n$ 段、第 $n+1$ 段管段通过的循环流量（L/s）；

　　　$\Sigma q_{(n+1)S}$——第 $n+1$ 段管段及其后各管段的热损失之和（W）；

　　　$\Sigma q_{nS}$——第 $n$ 段管段及其后各管段的热损失之和（W）。

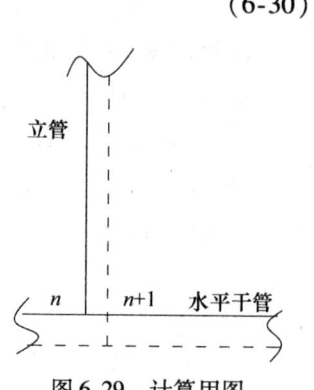

图 6-29　计算用图

6）复核各管段终点实际水温

各管段终点实际水温可按以下公式计算：

$$t'_z = t_c - \frac{q_s}{Cq'_x \rho_r} \tag{6-32}$$

式中 $t'_z$——各管段终点实际水温（℃）；

$t_c$——各管段起点实际水温（℃）；

$q_s$——各管段热损失（W）；

$q'_x$——各管段循环流量（W）；

$\rho_r$——热水密度（kg/s）。

若计算结果与原来热水配水管网设计方案确定的终点水温相差较大时，应以公式(6-26)和公式（6-32）计算结果 $t''_z = \frac{t_z + t'_z}{2}$ 作为各管段的终点水温，重新按步骤2）~6）计算。

7）计算循环管网总水头损失

循环管网总水头损失计算公式如下：

$$H = (H_p + H_x) + H_j \tag{6-33}$$

式中 $H$——循环管网总水头损失（kPa）；

$H_p$——循环流量通过配水计算管路沿程和局部水头损失（kPa）；

$H_x$——循环流量通过回水计算管路沿程和局部水头损失（kPa）；

$H_j$——循环流量通过水加热器水头损失（kPa）。

容积式水加热器、导流型水加热器、半容积式水加热器和加热水箱，因容积内被加热水流速一般较低，流程短，故水头损失小，在热水系统中可忽略不计。

8）循环水泵的选择

热水循环水泵应选用热水泵，水泵壳体承受的工作压力不得小于其所承受的静水压力加水泵扬程；循环水泵宜设备用泵，交替运行；全日热水供应系统的循环水泵应由泵前回水温度控制开停；热水加压泵的布置应符合生活冷水给水系统水泵布置的要求。

循环水泵流量

$$Q_b \geq q_x \tag{6-34}$$

式中 $Q_b$——循环水泵流量（L/s）；

$q_x$——全日热水供应系统总循环流量（L/s）。

循环水泵扬程

$$H_b \geq H_p + H_x + H_j \tag{6-35}$$

式中 $H_b$——循环水泵扬程，kPa；

$H_p$、$H_x$、$H_j$——同公式（6-33）。

（2）定时热水供应系统计算

定时热水供应系统的运行与全日热水供应系统不同，该系统仅在热水供应之前，加热设备提前工作，先用循环水泵将管网中的全部冷水进行循环，直到水温满足要求为止。由于定时热水供应较集中，配热水时，可不考虑热水循环。

定时热水供应系统中循环水泵出水量的确定，是按循环管网中冷水每小时循环次数确定，一般为每小时2~4次，系统较大时取下限，系统较小时取上限，循环水泵的出水量为：

$$Q_b \geq (2 \sim 4)V \tag{6-36}$$

式中 $Q_b$——循环水泵出水量（L/h）；

$V$——热水循环管道系统的水容积，但不包括无回水管的管段和加热设备、贮水设备、锅炉的容积（L）。

定时热水供应系统循环水泵的扬程按公式（6-35）计算。

## 本章小结

1. 热水供应系统的分类、组成和供水方式

重点：热水供应系统组成、冷水的加热方式。

2. 热水供应系统的加热设备和器材

主要介绍管材、阀件、保温材料、加热设备、膨胀释压装置、管道伸缩补偿。

重点：加热设备装置。

难点：加热设备的计算选型。

3. 热水管道的布置与敷设

主要介绍热水管道布置与敷设及保温。

重点：平面布置，竖向布置，明设、暗设保温结构。

难点：管道平面布置与竖向布置。

4. 热水量、耗热量、热媒耗量的计算

主要介绍热水量、耗热量、热媒耗量的计算原则与计算方法。

重点：热水量计算、耗热量计算、热媒耗量的计算。

难点：热水量计算。

5. 热水加热及贮存设备的选择计算

包括贮水器容积的计算和换热面积的计算。

重点：热水贮存设备、加热设备的选型计算及选择。

难点：换热器的选择计算及选型。

6. 热水管网的水力计算

主要介绍热媒管网计算、热水配水管网计算和循环管网计算。

重点：热媒管网计算、热水配水管网计算和循环管网计算。

难点：循环流量、循环水头及循环泵的计算和选型。

## 复习思考题

1. 各种热水供应系统有什么特点？
2. 如何确定热水供应系统的水温？
3. 什么是第一循环系统？什么是第二循环系统？
4. 什么是热水最高日用水量、最大时用水量、热水设计秒流量、小时耗热量、热媒耗量？各有什么用途？
5. 什么是循环流量？各管段循环流量如何计算？
6. 管段热损失如何计算？

# 第七章　水景及游泳池给水排水系统

**【知识目标】**

了解水景作用和构成；掌握水景的组成和管道布置；熟悉游泳池规格和形式；掌握游泳池给水系统的设计方法及基本步骤；了解建筑给水水质处理方法及适用情况。

**【能力目标】**

通过本章的学习，学生能将水景和游泳池的基本原理与实际相结合，能完成游泳池系统的初步设计，能对水景管道系统进行水力计算。

## 第一节　水景给水排水设计

### 一、水景工程的功能作用与构成

（一）水景工程的功能作用

在我国，水景工程于18世纪中期就已经开始兴建。随着社会的发展，形状各异、多姿多彩的水景在现代城镇建设中日益增多，几乎成为城市中不可缺少的景观。现代电子技术赋予了水景以新的活力，它与灯光、绿化、雕塑和音乐之间的巧妙配合，构成了一幅五彩缤纷、华丽壮观、悦耳动听的美景，给人们带来了清新的环境和诗情画意般的遐想，受到人们的广泛喜爱。水景已经成为城镇规划、旅游建筑、园林景点和大型公共建筑设计中极为重要的内容之一。

水景除了具有美化环境的功能之外，还具有湿润和净化空气、改善小范围气候的作用。水景工程中的水池可兼作冷却水池、消防水池、浇洒绿地用水的出水池或作娱乐游泳池和养鱼池等。

（二）水景工程的构成

(1) 土建部分。即水泵房，水景水池，管沟，泄水井和阀门井等。
(2) 管道系统。即给水管道，排水管道。
(3) 造景工艺器材与设备。即配水器，各种喷头，照明器具和水泵等。
(4) 控制装置。即阀门，电气自动控制设备和音控设备等。

### 二、水景的基本形式

水景工程可根据环境、规模、功能要求和艺术效果，灵活地设置成多种形式。

(1) 固定式。大中型水景工程一般都是将构成水景工程的主要组成部分固定设置，不能随意移动，常见的有河湖式、水池式、浅蝶式和楼板式等。

(2) 半移动式。半移动式是指水景工程中的土建部分固定不变，而其他主要设备（如潜水泵、部分管道、配水器、喷头和水下灯具等）可以移动。通常是将主要设备组装在一起或搭配成若干套路，再按一定的程序控制各套路的开停，实现常变常新的水景效果。

(3) 全移动式。全移动式就是将包括水池在内的所有水景设备，全部组合并固定在一起，可以整体任意搬动，这种形式的水景设施能够定型生产制作成成套设备，可以放置在大厅、庭院内，更小型的可摆在橱窗内、柜子上或桌子上。

### 三、水景设计概述

（一）水景给水水量和水质

**1. 水量**

（1）初次充水量。充水量应视水景池的容积大小而定。充水时间一般按 24～48h 考虑。

（2）循环水量。循环水量应等于各种喷头喷水量的总和。

（3）补充水量。水景工程在运行过程中，由于风吹、蒸发以及溢流、排污和渗漏等因素，要消耗一定的水量，也称水量损失。对于水量损失，一般按循环流量或水池容积的百分数计算，其数值可参照表 7-1 选用。

表 7-1 水量损失

| 水景形式 项目 | 风吹损失 占循环流量的% | 蒸发损失 占循环流量的% | 溢流、排污损失（每天排污量占水池容积的%） |
|---|---|---|---|
| 喷泉、水膜、冰塔、孔流 | 0.5～1.5 | 0.4～0.6 | 3～5 |
| 水雾类 | 1.5～3.5 | 0.6～0.8 | 3～5 |
| 瀑布、水幕、叠流、涌泉 | 0.3～1.2 | 0.2 | 3～5 |
| 镜池、珠泉 |  | 按式（7-1）计算 | 2～4 |

对于镜池、珠泉等静水景观，每月应排空换水 1～2 次，或按表 7-1 中溢流、排污百分率连续溢流、排污，同时不断补充等量的新鲜水。为了节约用水，镜池、珠泉等静水景观也可采用循环给水方式。

水池表面蒸发量按下式计算：

$$H = 52.0(P_m - P_a)(1 + 0.135V_m) \tag{7-1}$$

式中 $H$——表面蒸发损失（L/d·m²）；

$P_m$——按水面温度计算的饱和水蒸气（Pa）；

$P_a$——空气中水蒸气分压（Pa）；

$V_m$——日平均风速（m/s）。

**2. 水质**

（1）对于兼作人们娱乐游泳、儿童戏水的水景水池，其初次充水和补充给水的水质应符合现行《生活饮用水卫生标准》的相关规定，其循环水的水质应符合现行《游泳池水质标准》（CJ 244—2007）规定。

（2）对于不与人体直接接触的水景水池，其补给水可使用生活饮用水，也可根据条件使用生产用水或清洁的天然水，其水质应符合现行的《城市污水再生利用 景观环境用水水质》（GB/T 18921—2002）中的规定。

（二）水景水池构造

**1. 平面尺寸**

水池平面尺寸首先应满足喷头、池内管道、水泵、进水口、溢流口、泄水口、吸水坑等布置要求，同时应保证在设计风速下水滴不致被大量吹出池外。

2. 水池的深度

水深应按设备、管道的布置要求确定，一般采用 0.4～0.6m，水池的超高一般采用 0.2～0.3m。如设有潜水泵时，应保证吸水口的淹没深度不小于 0.5m；如在池内设有水泵吸水口，应保证吸水口的淹没深度不小于 0.5m（可设置集水坑以减少水池深度）。浅碟式集水，最小深度不宜小于 0.1m。

3. 溢水口

溢水口有堰口式、漏斗式、管口式、连通式等，可根据具体情况选择。大型水池可均匀设置若干个溢水口，溢水口的设置不应影响美观，要便于集污和疏通，溢流口处应设格栅和网格。

4. 泄水口

为便于水池的清洗、检修和防止停用时水质变坏或结冰，需设泄水口。一般应尽量采用重力泄水，如不可能时，可利用水泵的吸水口兼作泄水口，利用水泵泄水。池底有不小于 1% 的坡度向泄水口，泄水口上应设格栅或网格。

5. 水池的结构

小型和临时性的水景水池可采用砖结构，但要做素混凝土基础，用防水砂浆砌筑和抹面。对于大型水景水池，常用钢筋混凝土结构，如设有伸缩缝和沉降缝，这些结构缝应设止水带或用柔性防漏材料堵塞。水池底和壁面穿越管道处、水池与管沟或水泵房等连接处都应进行防漏处理。

（三）给水排水管道布置

1. 池外管道

水景工程水池外的给水排水管道布置，应视水池、水源、泵房、排水管网入口位置以及周边环境确定。由于管道较多，一般在水池周围和水池与泵房之间设专用管廊或管沟，以便维护检修。当管道很多时，可设通行或半通行管（廊）沟。管（廊）沟地面应有不小于 5‰ 的坡度坡向水泵或集水坑。集水坑内宜设水位信号装置，以便及时发现漏水现象。管廊（沟）的结构要求与水池相近。

2. 池内管道

大型水景工程的管道可布置在专用管廊（沟）内。一般水景工程的管道可直接设在池内，放置在池底上。小型水池也可埋入池底。为保持每个喷头水压基本一致，宜采用环状配管或对称配管。配水管道的接头应严密平滑，变径处应采用渐缩异径管，转弯处应采用曲率半径的光滑弯头，以尽量减小水头损失，水力坡度一般采用 5‰～10‰。

每个喷头前宜设阀门以便调节，每组喷头前也应设调节阀，其阀口应设在能看到射流的泵房或附近控制室内的配水干管上。对于高远射程的喷头，喷头前应尽量保证有较长（20倍喷嘴口径）的直线管段或加设整流器。循环加压泵房应靠近水池，以减少管道的长度。若用生活饮用水作为补充水源时，应采取防止回流污染措施，如设置补水池（箱）并保持一定的空气隔断间隙等。

## 第二节　游泳池给水排水设计

一、游泳池的类型与规格

游泳池的类型按使用性质可分为：比赛游泳池（含水球和花样游泳池），训练游泳池，跳水游泳池，儿童游泳池和幼儿嬉水池；按经营方式可分为公用游泳池和商业游泳池；按建造方式可分为人工游泳池和天然游泳池；按有无房盖可分为室内游泳池和露天游泳池等。

常用各种类型游泳池及平面尺寸和水深见表7-2。游泳池的长度一般为12.5m的倍数，宽度由泳道数量决定。每条泳道的宽度一般为2.0～2.5m，但中小学校用的游泳池的泳道宽度可采用1.8m，边泳道的宽度应另增加0.25～0.50m。标准的比赛和训练游泳池其宽度一般为21m（8条）或25m（10条泳道）。

**表7-2 游泳池平面尺寸及水深** （m）

| 游泳池类别 | | 最浅端水深 | 最深端水深 | 池长度 | 池宽度 | 备注 |
|---|---|---|---|---|---|---|
| 比赛游泳池 | | 1.8～1.2 | 2.0～2.2 | 50 | 21, 25 | |
| 水球游泳池 | | ≥2.0 | ≥2.0 | | | |
| 花样游泳池 | | ≥3.0 | ≥3.0 | | 21, 25 | |
| 训练游泳池 | 运动员用 | 1.4～1.6 | 1.6～1.8 | 50 | 21, 25 | 含大学生 |
| | 成人用 | 1.2～1.4 | 1.4～1.6 | 50, 33.3 | 21, 25 | |
| | 中学生用 | ≤1.2 | ≤1.4 | 50, 33.3 | 21, 25 | |
| 公共游泳池 | | 1.8～2.0 | 2.0～2.2 | 50, 25 | 25, 21, 12, 5, 10 | |
| 儿童游泳池 | | 0.6～0.8 | 1.0～1.2 | 平面尺寸和形状视具体情况定 | | 含小学生 |
| 幼儿嬉水池 | | 0.3～0.4 | 0.4～0.6 | | | |
| 跳水游泳池 | | 跳板高度 | 水深 | | | |
| | | 0.5 | ≥1.8 | 12 | 12 | |
| | | 1.0 | ≥3.0 | 17 | 17 | |
| | | 3.0 | ≥3.5 | 21 | 21 | |
| | | 5.0 | ≥3.8 | 21 | 21 | |
| | | 7.5 | ≥4.5 | 25 | 21, 25 | |
| | | 10.0 | ≥5.0 | 25 | 21, 25 | |

注：设计中应与体育工艺部门密切配合，以确保其既符合使用要求，又符合卫生要求。

## 二、水质和水温

### （一）水质

世界级比赛泳池的池水水质卫生标准，应符合国际游泳协会关于游泳池池水水质卫生标准的规定。国家级的比赛用游泳池和宾馆内附建的游泳池池水水质卫生标准，可参照国际游泳协会关于游泳池池水水质卫生标准的规定执行。其他游泳池和水上游乐池水质应符合我国的卫生标准。游泳池初次充水和补充水，均应符合现行的《生活饮用水卫生标准》的规定，平常池中的水质应符合《游泳池水质标准》（CJ 244—2007）规定见表7-3。

**表7-3 人工游泳池水质卫生标准**

| 项目 | 标准 | 项目 | 标准 |
|---|---|---|---|
| 水温 | 23～30℃ | 余氯 | 游离余氯：0.2～1.0mg/L |
| pH值 | 7.0～7.8℃ | 细菌总数 | 每毫升≤200CFU/L |
| 浑浊度 | ≤1NTU | 总大肠菌群 | 每100mL不检出 |
| 尿素 | ≤3.5mg/L | 有害物质 | 参照相关标准执行 |

## (二) 水温

比赛用的游泳池水温度应符合《游泳比赛规则》和《游泳池给水排水设计规范》的要求，无特殊要求的游泳池可参照表7-4。

表7-4 游泳池和水上游乐池设计温度

| 序号 | 池的类型 | | 池水设计温度（℃） |
|---|---|---|---|
| 1 | 室内池 | 比赛池 | 25~27 |
| 2 | 室内池 | 训练池，跳水池 | 26~28 |
| 3 | 室内池 | 俱乐部，宾馆内游泳池 | 26~28 |
| 4 | 室内池 | 公共游泳池 | 26~28 |
| 5 | 室内池 | 儿童池，幼儿戏水池 | 28~30 |
| 6 | 室内池 | 滑道池 | 28~29 |
| 7 | 室内池 | 按摩池 | 不高于40 |
| 8 | 室外池 | 有加热设备 | 26~28 |
| 9 | 室外池 | 无加热设备 | 22~23 |

### 三、游泳池给水系统

1. 直流给水方式

直流给水方式指连续不断地向游泳池内供给新鲜水，同时又不断地从溢水口和泄水口排走被玷污的水。该系统由给水管，配水管，阀门和给水口等部分组成。为保证水质，每小时的补充水量应为池水容积的15%~20%，每天应清除池底和水面污垢，并用漂白粉或漂白精等进行消毒。

这种给水方式具有系统简单，投资较少，维护简便，运行费用低等优点。在有充足清洁水源（如温泉水、地热井水）时，应优先采用此种供水方式。当以市政自来水为水源时，给水系统中宜设平衡水池，以保持池内水位恒定，还应有空气隔断设施，如图7-1所示。

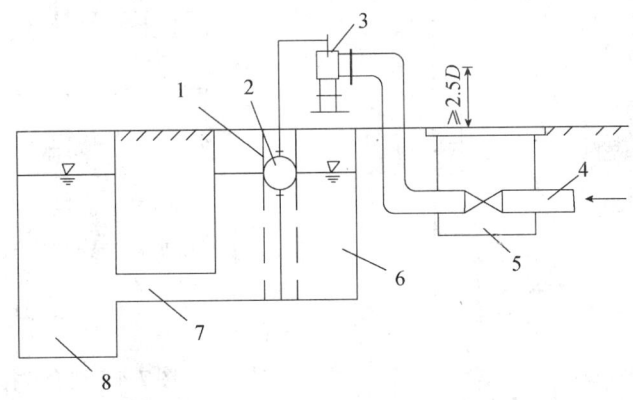

图7-1 泳池直接给水方式示意图

1—防波导向筒；2—浮球；3—水位控制阀；4—给水管；5—阀门井；6—补给水池；7—连通管；8—游泳池

2. 定期换水给水方式

定期换水给水方式是每隔1~3天将池水放空再注入新鲜水。每天应清除水面污物，并投加漂白粉或漂白精进行消毒。

这种给水方式虽有系统简单、投资省、维护管理方便等优点，但池中水质不易保证，卫生状况较差，且换水时要停止使用一段时间，故目前不推荐使用。

3. 循环给水方式

循环给水方式是将玷污了的水按适当比例抽出，通过专设的净化系统对其进行净化、消毒和加热处理，达到水质要求后，再送入游泳池重复使用。

这种给水方式具有节约用水、保证水质、运行费用低等优点，是目前采用的给水方式，但系统较复杂、投资较大、维护管理不太方便。

该方式除管道、阀门等部分外，还需射水泵和过滤、加药、消毒、加热等设备。循环方式有顺流式、逆流式、混合式三类。

（1）顺流式循环。全部循环水量从游泳池两端或两侧进水，由游泳池底部回水，如图 7-2 所示。这种方式配水较均匀，有利于防止水波形成涡流和死水区，目前国内普遍采用此种方式，但池底易沉积污物。

（2）逆流式循环。全部循环水量由池底均匀进入，从游泳池周边的上缘溢流回水，如图 7-3 所示。这种方式配水均匀，池底不易积污，能够及时去除池水表面污物，是国际泳联推荐的方式，但费用高、施工稍难一些。

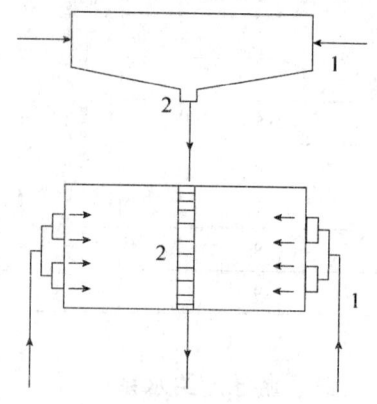

图 7-2　顺流式循环方式
1—给水管道；2—泄水口

（3）混合式循环。上述两种方式的组合，如图 7-4 所示。具体形式有：给水全部从池底进入，池表和池底同时回水；给水从两侧上部和下部进入，两端溢流回水加底部回水；给水由池底和两端下侧进入，从两侧溢流等。混合式循环配水较均匀，池底积污较少，利于表面排污。

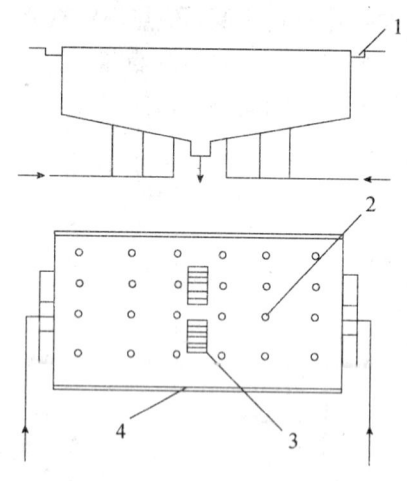

图 7-3　逆流式循环方式
1—溢流回水槽；2—给水口；3—泄水口；4—给水管道

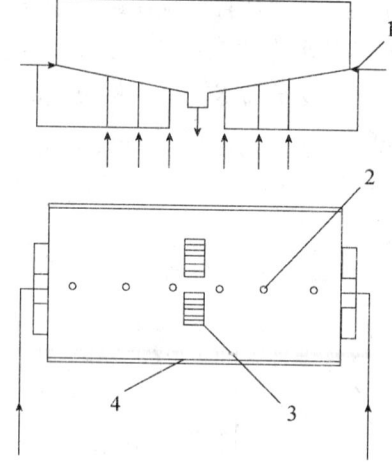

图 7-4　混合式循环方式
1—给水管道；2—给水口；3—泄水口；4—溢流回水槽

### 四、游泳池水量

1. 循环流量

循环流量一般按下式计算：

$$q = \alpha V/T \tag{7-2}$$

式中 $q$——循环水流量（$m^3/h$）；
$\alpha$——管道和过滤设备水容积系数，一般取 1.05~1.1；
$T$——池水循环周期（h）；
$V$——游泳池的水容积（$m^3$）。

2. 循环周期

游泳池池水循环周期见表 7-5，使用人数多，可以采用较短的循环周期；否则，采用较长使用周期。

表 7-5 游泳池和水上游乐池的池水循环周期

| 序号 | 池的类型 | | 循环周期（h） |
|---|---|---|---|
| 1 | 比赛池，训练池 | | 4~6 |
| 2 | 跳水池 | | 8~10 |
| 3 | 俱乐部，宾馆内游泳池 | | 6~8 |
| 4 | 公共游泳池 | | 4~6 |
| 5 | 儿童池 | | 2~4 |
| 6 | 幼儿戏水池 | | 1~2 |
| 7 | 造浪池 | | 2 |
| 8 | 按摩池 | 公共 | 0.3~0.5 |
| | | 专用 | 0.5~1.0 |
| 9 | 滑道池，探险池 | | 6 |
| 10 | 家庭游泳池 | | 8~10 |

注：池水的循环次数可按每日使用时间与循环周期的比值确定。

### 五、水质净化与消毒

（一）水质净化方式

游泳池水质净化的方式一般对应于其他给水方式，常用的有溢流净化、换水净化和循环净化。

1. 溢流净化方式

溢流净化就是连续不断地向池内供给符合现行《生活饮用水卫生标准》的自流井水、温泉水或河水，将玷污了的河水连续不断地排出，使池水在任何时候都符合要求。有条件时，应优先采用这种方法。

2. 换水净化方式

换水净化就是将池水全部排除，再冲入新鲜水的方式，这种不能保证稳定的卫生方式，有可能传染疾病，一般不推荐这种方法。

3. 循环净化方式

循环净化就是将玷污的水按一定流量连续不断地送入处理设施，在去除水中污物、投加消毒剂杀菌后，送入游泳池使用。这是城市较高标准的给水方式。其净化流程如图 7-5 所示，净化环节有：

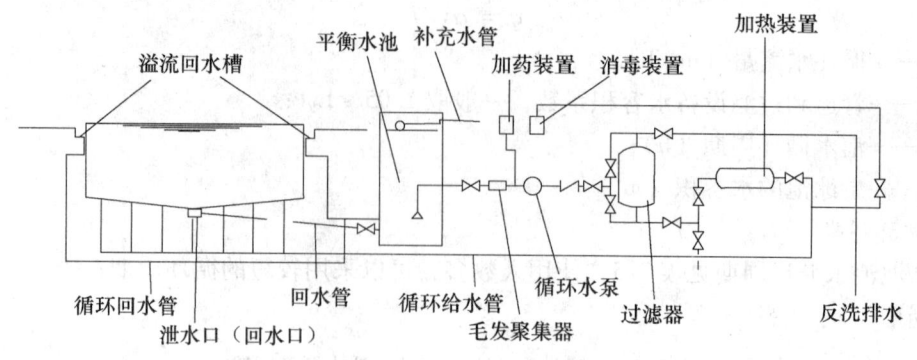

图 7-5 循环水处理流程图

（1）预净化。为防止水中较大固体杂质、毛发纤维、树叶等影响后续循环和处理设备的正常运行，在池水进入水泵和过滤器之前，将其去除，即预净化。预净化设备由平衡水池和毛发收集器组成。

（2）过滤。由于游泳池循环水浊度不高且水质不稳定，一般采用压力式接触过滤进行处理。为了提高过滤效果，加快池水中微小悬浮物颗粒的絮凝，促进过滤作用，需通过药剂投加装置向循环水中投加混凝剂和助凝剂（一般为铝盐或铁盐药剂）。

（二）消毒

由于人体皮肤与游泳池池水直接接触，池水还可能进入人的口腔和腹中，如果池水不卫生，就有可能引发五官炎症、皮肤病、消化器官炎症等疾病，严重时还有可能引起伤寒、霍乱、梅毒、淋病的传染。游泳者虽然在入池前进行了洗浴，但在游泳过程中会分泌、排泄出汗和其他物质不断污染池水，故必须对游泳池池水进行严格的消毒杀菌处理。

对于消毒方法的确定，一方面要求杀菌能力强，效果好，在水中有持续的杀毒能力，不改变池水水质，不造成水和环境污染，对人体无刺激，对建筑结构、设备和管道无腐蚀或轻微腐蚀；另一方面，要求建设和维护费用较省，设备简单，运行安全可靠，操作管理方便。

游泳池常用氯化消毒法，该法具有消毒效果高、有持续消毒功能、投资较低的优点，但有气味，对眼和呼吸道有刺激作用，对池体和设备有腐蚀作用，管理水平要求高。常用消毒剂有液氯、次氯酸钠、漂白粉和氯片等。

臭氧和紫外线有更强的杀菌能力，且具脱色、去臭功能，对人体无刺激，但投资费用高，在我国未普遍使用。

### 六、水的加热

以温泉水或地热水为水源的游泳池，池水不需加热；露天的一般也不加热。

室内游泳池如有完善的采暖空调设施，池水温度达到25℃即可。如气温较低，池水温度应保持在27℃以上。

补充水加热所需的热量按下式计算：

$$Q = 4.1868q(t_r - t_b)/T \tag{7-3}$$

式中　$Q$——补充水加热所需的热量（kJ/h）；

$q$——每天补充的水量（L）；

$t_r$——池水温度（℃）；

$t_b$——补充水水温（℃）；

$T$——每天加热时间（h）。

加热方式和设备与建筑热水相同。

### 七、附属装置和洗净设施

1. 进水口

进水口是给水管系的末端，是净水进入游泳池的入口。进水口的布置应保证配水均匀和不产生涡流及死水域。顺流式循环系统，其进水口设于池侧壁上，并应有格栅护板，数量应满足循环流量要求。进水口和格栅护板，一般采用不锈钢、铜、大理石和工程塑料等不变形、耐久性能好的材料制造；池壁进水口的水平间距为2~3m，拐角处进水口距另一池壁距离不宜大于1.5m。进水口宜设在池水水面以下0.5~1.0m处，以防余氯的过快损失，也防止出现短流。跳水池的进水口应沿两泳道标志线中间均匀布置；间距3~5m。

进水口格栅空隙的宽度不得大于8mm，流速一般为0.6~1.0m/s；进水口直径一般为40~50mm。进水口设置流量调节装置。

2. 回水口

回水口是循环水质净化方式中回水管系的起点，被玷污的池水从回水口进入并通过回水管道送入净化处理装置。

回水口设在池底（此时回水口可兼作泄水口）或溢流槽内，池底回水口的位置应满足水流均匀和不产生短流的要求。

回水口的数量应满足循环流量的要求，且应有格栅盖板，格栅盖板孔隙的流速不应大于0.2m/s。格栅盖板应该采用耐腐蚀和不变形材料制造，且应与回水口有牢靠的固定措施。格栅开孔速度或直径不超过10mm，儿童池不超过8mm，以保证游泳者的安全。回水管内的流速宜采用0.7~1.0m/s。格栅盖板孔隙的流速不大于0.5m/s。

3. 吸污设备

游泳池使用后，池底会产生沉淀物，影响卫生，应在不排掉贮水的情况下把污物吸出。一般把吸污口设在池壁水面下0.4~0.5m深处，视池面积的大小设一个或数个塑料制的吸污口，其位置和数量以能使吸污器到达池底任何部位为准。

4. 洗净设施

洗净设施是保证池水不被污染和防止疾病传播的不可缺少的组成部分，它包括浸脚消毒池、强制淋浴器和浸腰消毒池。

（1）洗净设施的流程形式有：①浸脚消毒→强制淋浴→浸腰消毒→游泳池岸边。②浸脚消毒→浸腰消毒→强制淋浴→游泳池岸边。

（2）浸脚消毒池的宽度应与游泳者出入通道相同，长度不得小于2.0m，有效深度应在150mm以上。前后地面应以不小于1%坡度的坡向浸脚消毒池。池体与配管应为耐腐蚀、不透水材料，池底应有防滑设施。

（3）消毒液配制及供应。消毒液浓度：液氨为50~100mg/L，漂白粉为200~400mg/L。消毒液宜为流动式，使其不断更新。如为间断更换消毒液，其间隔时间宜为2h，不得超过4h。

（4）浸腰消毒池设置的目的是对游泳者的腰部和下身进行消毒（浸腰消毒池目前在我国较少，但今后可能会有所发展），它的深度应保证腰部被消毒液全部淹没，一般成人要求浓度为800~1000mm；儿童为400~600mm。池底应为耐腐蚀、不透水材料，池底设防滑设施，两侧设扶手。浸腰消毒池的形式有阶梯式和坡道式。

(5) 消毒液配制浓度。如设在强制淋浴之前时，液氨 50~100mg/L，漂白粉为 200~400mg/L；如设在强制淋浴之后时，液氨为 5~10mg/L；漂白粉为 20~40mg/L。

(6) 强制淋浴。公共游泳池和上下游乐池一般应设置强制淋浴设施，其作用是使游泳者入池之前洗净身体，并适应一下较低水温的刺激，防止入池后身体突然变冷发生事故（游泳之后亦可进行冲洗）。水温宜为 38~40℃，但夏季可以采用冷水。用水量按每人每场 50/L（场·人）计。

### 八、给水管道的布置与敷设

游泳池给水管道的选材、布置与敷设的原则和方法，与建筑给水系统基本相同。

游泳池具有自身的特点，布管时应当注意：给水管网的布置形式应结合游泳池的环境状况、给水方式予以综合考虑。室内游泳池一般宜在池身周围设置管廊。管廊高度不应小于 1.8m，管道敷设在管廊内。室内小型游泳池和室外游泳池的管道也可以埋地敷设，埋地管道宜采用给水铸铁管，且应有可靠的基座或支座。采用市政自来水作为游泳池补充水时，其管道不得与游泳池和循环水管道直接连接，必须采取有效的防止倒流污染之措施。游泳池饮水给水管道系统宜单独设置。

管道上的阀门应采用明杆闸阀或蝶阀。管道无须采取保温隔热措施。循环水泵应靠近游泳池并设计成自灌式，且应与平衡水池、净化设备和加热药装置设在同一房间。

### 九、游泳池排水

1. 岸边清洗

游泳池岸边如有泥沙、污物，可能会被涌起的池水冲入池内而污染池水。为了防止这种现象，池岸应装设冲洗水嘴，每天应至少冲两次，这种冲洗水应流至排水沟。

2. 溢流与泄水

(1) 溢流水槽

游泳池宜设置池岸式溢流水槽，以排出各种原因而溢出游泳池的水体，避免溢出的水回流到池中带入泥沙和其他杂质。

溢流水槽的槽沿应严格水平，以防止溢水短流。槽内排水口一般为 3m，仅作溢水用时，断面尺寸不得小于 10% 的循环流量确定，槽宽不得小于 150mm；如作为汇水槽，则槽内排水管口按循环流量确定，但宽度不得小于 250mm；槽内纵向应有不小于 $i=1\%$ 坡度的坡向排水口；岸边溢水槽应设置格栅盖板，其材质参见回水口。

(2) 泄水口

泄水口用于排空游泳池中的水体，以便清洗、维修或者停用。

泄水口应于池底回水口合并设置在游泳池底的最低处；泄水的数量按 4h 排空全部池水计算确定；泄水管亦按 4h 全部池水泄空计算管径。

泄水方式应优先采用重力泄水，但应有防污水倒流污染的措施。重力泄水有困难时，采用压力泄水，可利用循环泵泄水。

泄水的构造与回水口相同。

3. 排污与清洗

(1) 排污

为保证游泳池的卫生要求，应在每天开放之前，将沉积在池底的污物予以清除。在开放期间，对于池中的漂浮物、悬浮物应随时清除。常用的排污方法有：

1）漂浮物、悬浮物的清除方法

主要由游泳池的管理人员利用工具，采用人工捡、捞的方法予以清除。

2）池底沉积物的清除方法

①管道排污。循环回水、排污管道系统（或真空排污管道系统）设置在游泳池四周排水沟内或池壁上，管道每隔一段距离设置带有阀门的管道接口。排污时，将排污器的排污软管与接口相连，开启循环回水泵，移动排污器，使池底积污被抽吸排出。此法排污较彻底，节省人力，但设备、管道系统较复杂，需占较多的建筑面积，投资较高。适用于城市中较豪华的、设施完善的游泳池。

②移动式潜污泵法。将潜污泵与之相连的排污器和部分排污软管置入池底，缓慢地推拉移动，开启潜污泵将污物抽吸排出。此法排污较快，但移动潜污泵和排污器时稍显笨重。

③虹吸排污法。排污器的排污管口置于较低位置，利用水力作用或真空泵饮水造成虹吸，将污物吸出。此方法节省电能，但耗水量大（每次约达池积5%左右），且排污不太彻底。

④人工排污法。用擦板刷或压力水等将池底污物缓慢推至泄水口（或回水口），然后打开泄水阀或循环水泵将之排除，此法设备简单，但劳动强度大，耗用时间长，如操作过急易扰动积污混于水中，影响排污效果。后三种排污法一般适用于较简易的游泳池。排污时排出的废水，可直接排放，也可经过滤处理后回用。

我国尚无理想的排污设备和装置，这是亟待研究解决的问题。

（2）清洗

游泳池换水时，应对池底和池壁进行彻底刷洗，不得残留任何污物，必要时应用氯液刷洗杀菌。一般采用棕板刷刷洗和压力水冲洗。

清洗水源采用自来水或符合现行《生活饮用水卫生标准》的其他水。

## 本章小结

泳池给排水工程主要讲述了游泳池给水排水设计。本章的重点是：泳池分类、泳池尺寸标准、泳池给水系统、泳池排水系统、泳池循环水系统、泳池用水量及水质标准、循环处理工艺流程及配水管设计。难点是：循环水处理工艺流程及配管设计。游泳池的设计应以实用性、经济性、节约水资源、技术先进、环境优美、安全卫生、管理方便为原则。

# 第八章 居住小区给排水及建筑中水系统介绍

【知识目标】
本章要求掌握居住小区给水工程、排水工程和中水工程的组成。
【能力目标】
通过本章的学习，学生能够进行中水处理工艺选择。

居住小区是指含有教育、医疗、文体、经济、商业服务及其他小区公共建筑的城镇居民住宅建筑区。

居住小区中的给水排水工程，是指小区内部的室外给水排水管道工程，是在室内给排水管道和室外市政给排水管道之间起衔接作用的室外管道工程，一般情况下，与室内管道工程一同施工。目前在我国的城市建设规划中，民用住宅要求按照小区进行规划和建设，因此居住小区的给水排水工程是一项重要的住宅配套工作。

## 第一节 居住小区给水工程简介

居住小区给水系统主要由水源、管道系统、二次加压泵房和储水池等组成。

### 一、居住小区给水水源

居住小区给水系统既可以直接利用现有供水管网作为给水水源，也可以自备水源。自备水源井给水水质必须满足现行国家标准《生活饮用水卫生标准》（GB 5749—2006）中的有关规定。位于市区或厂矿区供水范围内的居住小区，应采用市政或厂矿给水管网作为给水水源，以减少工程投资。远离市区或厂矿区的居住小区，可自备水源，对于离市区或厂矿区较远，但可以铺设专门的输水管线供水的居住小区，应通过技术经济比较确定是否自备水源。自备水源的居住小区给水系统严禁与城市给水管道直接连接。当需要将城市给水作为自备水源的备用水或补充水时，只能将城市给水管道的水放入自备水源的储水（或调节）池，经自备系统加压后使用。在严重缺水地区，应考虑建设居住小区中水工程，用中水来冲洗厕所、浇洒绿地和道路。

### 二、居住小区给水系统与供水方式

居住小区供水既可以是生活和消防合用一个给水系统，也可以是生活给水系统和消防给水系统各自独立。若居住小区中的建筑物不需要设置室内消防给水系统，火灾扑救仅靠室外消火栓或消防车时，宜采用生活和消防共用的给水系统。若居住小区中的建筑物需要设置室内消防给水系统，如高层建筑，宜将生活和消防给水系统各自独立设置。

居住小区供水方式应根据小区内建筑物的类型、建筑高度、市政给水管网的自由水头和水量等因素综合考虑确定。选择供水方式时首先应保证供水安全可靠，同时也要做到技术先进合理、投资省、运行费用低、管理方便。居住小区供水方式可分为直接供水方式、调蓄增压供水方式和分区供水方式。

1. 直接供水方式

直接供水方式就是利用城市市政给水管网的水压直接向用户供水。当城市市政给水管网的水压和水量能满足居住小区的供水要求时，应尽量采用这种供水方式。

2. 调蓄增压供水方式

当城市市政给水管网的水压和水量不足，不能满足居住小区内大多数建筑的供水要求时，应集中设置储水调节设施和加压装置，采用调蓄增压供水方式向用户供水。

3. 分区供水方式

当居住小区内既有高层建筑，又有多层建筑，建筑物高度相差较大时，应采用分压供水方式供水，这样既可以节省动力消耗，又可以避免多层建筑供水系统的压力过高。

居住小区的加压给水系统，应根据小区的规模、建筑高度和建筑物的分布等因素确定加压站的数量、规模、水压以及水压分区。当居住小区内所有建筑的高度和所需水压都相近时，整个小区可集中设置，共用一套加压给水系统。当居住小区内只有一幢高层建筑或幢数不多，且各幢所需压力相差很大时，每一幢建筑物宜单独设调蓄增压设施。当居住小区内若干幢建筑的高度和所需水压相近，且布置集中时，调蓄增压设施可以分片集中设置，条件相近的几幢建筑物共用一套调蓄增压设施。

### 三、居住小区给水管道布置和敷设

居住小区给水管道可以分为小区给水干管、小区给水支管和接户管三类，有时将小区给水干管和小区给水支管统称为居住小区室外给水管道。在布置小区管道时，应按干管、支管、接户管的顺序进行。

为了保证小区供水的可靠性，小区给水干管应布置成环状或与城市管网连成环状。与城市管网的连接管不少于2根，且当其中一条发生故障时，其余的连接管应通过不小于70%的流量。小区给水干管宜沿用水量大的地段布置，以最短的距离向大用户供水。小区给水支管和接户管一般为枝状。

居住小区室外给水管道应沿区内道路平行于建筑物敷设，宜敷设在人行道、慢车道或草地下。管道外壁距建筑物外墙的净距不宜小于1.0m，且不得影响建筑物的基础。给水管道与建筑物基础的水平净距与管径有关，管径为100~150mm时，不宜小于1.5m；管径为50~75mm时，不宜小于1.0m。

居住小区室外给水管道尽量减少与其他管线的交叉，不可避免时，给水管应在排水管上面，给水管与其他地下管线及乔木之间的最小水平、垂直净距见表8-1。

表8-1 居住小区地下管线（构筑物）间最小净距

| 种类 净距(m) 种类 | 给水管 | | 污水管 | | 雨水管 | |
|---|---|---|---|---|---|---|
| | 水平 | 垂直 | 水平 | 垂直 | 水平 | 垂直 |
| 给水管 | 0.5~1.0 | 0.1~0.15 | 0.8~1.5 | 0.1~0.15 | 0.8~1.5 | 0.1~0.15 |
| 污水管 | 0.8~1.5 | 0.1~0.15 | 0.8~1.5 | 0.1~0.15 | 0.8~1.5 | 0.1~0.15 |
| 雨水管 | 0.8~1.5 | 0.1~0.15 | 0.8~1.5 | 0.1~0.15 | 0.8~1.5 | 0.1~0.15 |

续表

| 种类＼净距(m)＼种类 | 给水管 | | 污水管 | | 雨水管 | |
|---|---|---|---|---|---|---|
| | 水平 | 垂直 | 水平 | 垂直 | 水平 | 垂直 |
| 低压煤气管 | 0.5~1.0 | 0.1~0.15 | 1.0 | 0.1~0.15 | 1.0 | 0.1~0.15 |
| 直埋式热水管 | 1.0 | 0.1~0.15 | 1.0 | 0.1~0.15 | 1.0 | 0.1~0.15 |
| 热力管沟 | 0.5~1.0 | | 1.0 | | 1.0 | |
| 乔木中心 | 1.0 | | 1.5 | | 1.5 | |
| 电力电缆 | 1.0 | 直埋0.5 穿管0.25 | 1.0 | 直埋0.5 穿管0.25 | 1.0 | 直埋0.5 穿管0.25 |
| 通信电缆 | 1.0 | 直埋0.5 穿管0.15 | 1.0 | 直埋0.5 穿管0.15 | 1.0 | 直埋0.5 穿管0.15 |
| 通信及照明电缆 | 0.5 | | 1.0 | | 1.0 | |

注：1. 净距指管外壁距离。管道交叉设套管时指套管外壁距离；直埋式热力管指保温壳外壁距离。
2. 电力电缆在道路的东侧（南北方向的路）或南侧（东西方向的路）；通信电缆在道路的西侧或北侧。一般均在人行道下。

给水管道的埋深应根据土壤的冰冻深度、外部荷载、管道强度以及与其他管线交叉等因素来确定。管线最小覆土深度不得小于土壤冰冻线以下0.15m，行车道下的管线最小覆土深度不得小于0.7m。

为便于小区管网的调节和检修，应在与城市管网连接处的小区干管、与小区给水干管连接处的小区给水支管、与小区给水支管连接处的接户管以及环状管网需调节和检修处设置阀门。阀门应设在阀门井或阀门套筒内。

居住小区内城市消火栓保护不到的区域应设室外消火栓，设置数量和间距应按《建筑设计防火规范》（GB 50016）和《高层民用建筑设计防火规范》（GB 50045）执行。当居住小区绿地和道路需洒水时，可设洒水栓，其间距不宜大于80m。

# 第二节 居住小区排水工程简介

## 一、居住小区排水体制

居住小区排水体制分为分流制和合流制。采用哪种排水体制。主要取决于城市排水体制和环境保护要求，同时也与居住小区是新区建设还是旧区改造以及建筑内部排水体制有关。新建小区一般应采用雨污分流制，以减少对水体和环境的污染。居住小区内需设置中水系统时，为简化中水处理工艺、节省投资和日常运行费用，还应将生活污水和生活废水分质分流。当居住小区设置化粪池时，为减小化粪池容积，也应将污水和废水分流，生活污水进入化粪池，生活废水直接排入城市排水管网、水体或中水处理站。

## 二、居住小区排水管道的布置与敷设

居住小区排水管道的布置应根据小区总体规划、道路和建筑物布置、地形标高、污水、废水和雨水的去向等实际情况，按照管线短、埋深小、尽量自流排出的原则确定。居住小区排水管道的布置应符合下列要求：

（1）排水管道宜沿道路或建筑物平行敷设，并尽量减少转弯以及与其他管线的交叉。如不可避免时，与其他管线的水平和垂直最小距离应符合表8-1的要求。

（2）干管应靠近主要排水建筑物，并布置在连接支管较多的一侧。

（3）排水管道应尽量布置在道路外侧的人行道或草地的下面，不允许平行布置在铁路的下面和乔木的下面。

（4）排水管道应尽量远离生活饮用水给水管道，避免生活饮用水遭受污染。

（5）排水管道与其他地下管线及乔木之间的最小水平、垂直净距见表8-1。排水管道与建筑物水平距离见表8-2。排水管道与建筑物基础间的最小水平净距与管道的埋设深浅有关，但管道埋深浅于建筑物基础时，最小水平净距不小于1.5m；否则，最小水平间距不小于2.5m。

表8-2 排水管道与建筑物、构筑物间的水平距离

| 建筑物、构筑物名称 | 水平净距（m） | 建筑物、构筑物名称 | 水平净距（m） |
| --- | --- | --- | --- |
| 建筑物 | 3.0 | 围墙 | 1.5 |
| 铁路中心线 | 4.0 | 照明及通信电杆 | 1.0 |
| 城市型道路边缘 | 1.0 | 高压电线杆支座 | 3.0 |
| 郊区型道路边缘 | 1.0 | | |

居住小区排水管道的覆土厚度应根据道路的行车等级、管材受压强度、地基承载力、土层冰冻等因素和建筑物排水管标高经计算确定。小区干道和小区组团道路下的管道，覆土厚度不宜小于0.7m；如小于0.7m时，应采取保护管道防止受压破损的技术措施。生活污水接户管埋设深度不得高于土壤冰冻线以上0.15m，且覆土厚度不宜小于0.3m。

居住小区内雨水口的形式和数量应根据布置位置、雨水流量和雨水口的泄流能力经计算确定。雨水口的布置应根据地形、建筑物位置，沿道路布置。为及时排除雨水，雨水口一般布置在道路交汇处和路面最低点，雨水口建筑物单元出入口与道路交界处，外排水建筑物的水落管附近，小区空地、绿地的低洼点，地下坡道入口处。沿道路布置的雨水口间距宜在20~40m之间。雨水连接管长度不宜超过25m。每根连接管上最多连接2个雨水口。平算雨水口的算口应低于道路路面30~40mm，低于土地面50~60mm。雨水口的泄流量按表8-3采用。

表8-3 雨水口的泄流量

| 雨水口形式<br>（算子尺寸：750mm×450mm） | 泄流量（L/s） | 雨水口形式<br>（算子尺寸：750mm×450mm） | 泄流量（L/s） |
| --- | --- | --- | --- |
| 平算式雨水口单算 | 15~20 | 边沟式雨水口双算 | 35 |
| 平算式雨水口双算 | 35 | 联合式雨水口单算 | 30 |
| 平算式雨水口三算 | 50 | 联合式雨水口双算 | 50 |
| 边沟式雨水口单算 | 20 | | |

### 三、居住小区内排水管材和检查井

居住小区内排水管道宜采用埋地排水塑料管、承插式混凝土管和钢筋混凝土管。当居住小区内设有生活污水处理装置时，生活排水管道应采用埋地排水塑料管。居住小区内雨水管

道可选用埋地塑料管、承插式混凝土管、钢筋混凝土管和铸铁管等。

管道的基础和接口应根据地质条件、布置位置、施工条件、地下水位、排水性质等因素确定。

居住小区排水管与室内排出管连接处，管道交汇、转弯、跌水、管径或坡度改变处以及直线管段上一定距离应设检查井。小区内生活排水管道管径小于或等于150mm时，检查井间距不宜大于20m；管径大于或等于200mm时，检查井间距不宜大于30m。居住小区内雨水管道和合流管道上检查井的最大间距见表8-4。检查井井底应设流槽。

表8-4  雨水检查井最大间距

| 管径（mm） | 最大间距（m） |
| --- | --- |
| 150（160） | 20 |
| 200～300（200～315） | 30 |
| 400（400） | 40 |
| ≥500（500） | 50 |

注：括号内数据为塑料管的外径。

## 第三节  建筑中水系统

### 一、建筑中水技术及系统组成

中水是由上水（给水）和下水（排水）派生出来的，是指各种排水经过物理处理、物理化学处理或生物处理，达到规定的水质标准，可在生活、市政、环境等范围内杂用的非饮用水，如用来冲洗便器、冲洗汽车、绿化和浇洒道路等。因其标准低于生活饮用水水质标准，所以称为中水。

中水利用是污水资源化的一个重要方面。由于它有明显的社会效益和经济效益，已受到各方面的重视，特别是在一些严重缺水的地区和国家。

我国于20世纪80年代中期在北京建成第一个中水试点工程。随后，各地纷纷开展中水的试验和研究，中水工程的实例日益增多，中水技术已逐渐被广大普通民众所接受。我国先后批准实施的《建筑中水设计规范》（CECS30：91）、《建筑中水设计规范》（GB 50336—2002），对推动和指导中水设施的建设和相关技术的发展起了重要的作用。今后，中水技术必定会在我国，尤其是在北方缺水城镇得到迅速发展。

（一）建筑中水系统的组成

1. 中水原水系统

中水原水系统指所确定为中水水源的建筑物的原排水收集起来的系统。它有污、废水合流系统和污、废水分流系统之分。为简化处理推荐采用污、废分流系统。

2. 中水处理设施

（1）预处理设施

预处理设施有：化粪池、格栅和调节池。

以生活污水为原水的中水系统，必须在建筑物的粪便排水系统中设置化粪池，使污水得到初级处理。

格栅的作用是截留中水原水中漂浮和悬浮的机械杂质，如毛发、布头和纸屑等。

调节池的作用是对原水流量和水质起调节均化作用，保证后续处理设备的稳定和高效运行。

（2）主要处理设施

主要处理设施有：沉淀池、气浮池、生物接触氧化池、生物转盘等设施。

（3）后处理设施

中水水质要求高于杂用水时，应根据需要增加深度处理，再经后处理设施，如滤池、消毒设备处理。滤池的作用是去除二级处理水中残留的悬浮物和胶体物质，因此对BOD、COD和铁等也有一定去除作用。消毒设备主要用加氯设备或臭氧发生器，该种设备向污水中投放一定比例的液氯或通过臭氧发生器产生的臭氧输入污水中，达到消毒要求的指标。

3. 中水管道系统

（1）中水原水集水系统

中水原水集水系统指建筑内部的分流制或合流制排水系统。排放的废水或污水进入中水处理站，同时设有超越管以便出现事故时可直接排放。

（2）中水供水系统

原水经中水处理站处理后成为中水，首先流入中水储水池，池内的中水经水泵提升和建筑内部的中水供水系统相连接。建筑内部的中水管网和给水管网相似。

（二）中水处理工程设计的基本原则

在设计中水处理工程时，应遵循以下基本原则：

（1）各类建筑物和建筑小区建设时，应根据当地有关部门的规定配套建设中水设施。根据建设中水设施较早城市的经验，凡新建工程符合以下条件时，宜配套建设中水设施：①建筑面积大于20000$m^3$或回收水量大于或等于100$m^3$/d的宾馆、饭店、公寓和局级住宅等。②建筑面积大于30000$m^3$或回收水量大于或等于100$m^3$/d的机关、科研单位、大专院校和大型文化、体育建筑等。③建筑面积大于50000$m^3$或回收水量大于或等于150$m^3$/d或综合污水量大于或等于750$m^3$/d的居住小区（包括别墅区、公寓区等）和集中建筑区（院校、机关大院、产业开发区等）。

（2）缺水城市和地区在各类建筑物和建筑小区总体规划时，应包括污水、雨水资源综合利用和中水设施建设的内容，包括污、废水资源，应根据当地的水资源情况和经济发展水平充分利用。

（3）中水设施必须与主体工程同时设计、同时施工、同时使用。

（4）中水工程设计应根据可利用原水的水质、水量和中水用途，进行水量平衡和技术经济分析，合理确定中水水源、系统形式、处理工艺和规模。中水工程设计应做到完全可靠、经济适用、技术先进。

（5）采取合理、有效的技术措施，确保中水系统的功能和效益。鼓励采用国外成熟的先进工艺。

（6）中水工程设计必须采取确保使用、维修的安全措施。

二、中水的水质和水量平衡

（一）中水水源的水质

中水水源可取自生活污水和冷却水，并应首先选用优质杂排水。一般可按下列顺序取舍冷却水、沐浴排水、盥洗排水、洗衣排水、厨房排水、厕所排水，从而简化中水处理流程、节约工程造价、降低运转费用。

医院污水不宜做中水水源，尤其是传染病和结核病院的污水中有多种病菌、病毒，虽然医院有消毒设备，放射性污水的处理也采用了一定的措施，但并不能保证任何时候都安全可靠，因此，严禁传染病院、结核病院的污水和放射性污水作为中水水源。

各类建筑物各种排水污染物的浓度应进行系统的测定和统计，无实测资料时可参照表8-5确定。

表8-5　各类建筑物各种排水污染物浓度表

| 类别 | | 冲厕 | 厨房 | 沐浴 | 盥洗 | 洗衣 | 综合 |
|---|---|---|---|---|---|---|---|
| 住宅 | $BOD_5$ | 300~450 | 500~650 | 50~60 | 60~70 | 220~250 | 230~300 |
| | $COD_{cr}$ | 800~1100 | 900~1200 | 120~135 | 90~120 | 310~390 | 455~600 |
| | SS | 350~450 | 220~280 | 40~60 | 100~150 | 60~70 | 155~180 |
| 宾馆、饭店 | $BOD_5$ | 250~300 | 400~550 | 40~50 | 50~60 | 180~220 | 140~175 |
| | $COD_{cr}$ | 700~1000 | 800~1100 | 100~110 | 80~100 | 270~330 | 295~380 |
| | SS | 300~400 | 180~220 | 30~50 | 80~100 | 50~60 | 95~120 |
| 办公楼、教学楼 | $BOD_5$ | 260~340 | — | — | 90~110 | — | 195~260 |
| | $COD_{cr}$ | 350~450 | — | — | 100~140 | — | 260~340 |
| | SS | 260~340 | — | — | 90~110 | — | 195~260 |
| 公共浴室 | $BOD_5$ | 260~340 | — | 45~55 | — | — | 50~65 |
| | $COD_{cr}$ | 350~450 | — | 110~120 | — | — | 115~135 |
| | SS | 260~340 | — | 35~55 | — | — | 40~65 |
| 餐饮业、营业餐厅 | $BOD_5$ | 260~340 | 500~600 | — | — | — | 190~590 |
| | $COD_{cr}$ | 350~450 | 900~1100 | — | — | — | 890~1075 |
| | SS | 260~340 | 250~280 | — | — | — | 255~285 |

（二）中水的水质标准

用户使用中水难免产生疑虑，怕误饮、误用中水影响健康，顾虑储存时间稍长水质会发生腐败变质。为确保中水对人们的卫生、健康、感观无不利影响，对中水供水系统的管道、卫生器具和其他设备不产生锈蚀、结垢等不良后果，要求中水水质有明确的标准。

（1）用于厕所冲洗便器，城市绿化和洗车、扫除用中水水质应符合表8-6的规定。

表8-6　城市杂用水水质标准

| 序号 | 项目指标 | | 冲厕 | 道路清扫、消防 | 城市绿化 | 车辆冲洗 | 建筑施工 |
|---|---|---|---|---|---|---|---|
| 1 | pH值 | | \multicolumn{5}{c}{6.0~9.0} | | | | |
| 2 | 色（度） | ≤ | 30 | | | | |
| 3 | 嗅 | | 无不快感 | | | | |
| 4 | 温度（NTU） | ≤ | 5 | 10 | 10 | 5 | 20 |
| 5 | 溶解性总固体（mg/L） | ≤ | 1500 | 1500 | 1000 | 1000 | — |
| 6 | 五日生化需氧量$BOD_5$（mg/L） | ≤ | 10 | 15 | 20 | 10 | 15 |
| 7 | 氨氮（mg/L） | ≤ | 10 | 10 | 20 | 10 | 20 |

续表

| 序号 | 项目指标 | | 冲厕 | 道路清扫、消防 | 城市绿化 | 车辆冲洗 | 建筑施工 |
|---|---|---|---|---|---|---|---|
| 8 | 阴离子表面活性剂（mg/L） | ≤ | 1.0 | 1.0 | 1.0 | 0.5 | 1.0 |
| 9 | 铁（mg/L） | ≤ | 0.3 | — | — | 0.3 | — |
| 10 | 锰（mg/L） | ≤ | 0.1 | — | — | 0.1 | — |
| 11 | 溶解氧（mg/L） | ≥ | 1.0 | | | | |
| 12 | 总余氯（mg/L） | | 接触30min后≥1.0，管网末端≥0.2 | | | | |
| 13 | 总大肠菌群（个/L） | ≤ | 3 | | | | |

注：混凝土拌用水还应符合JGJ63的有关规定。

(2) 多种用途的中水水质应按最高要求。
(3) 中水用于空调冷却等其他用途时，其水质应达到相应的水质标准。
(4) 景观环境用水的再生水质应符合表8-7的规定。

表8-7 景观环境用水的再生水水质指标

| 序号 | 项目 | | 观赏性景观环境用水 | | | 娱乐性景观环境用水 | | |
|---|---|---|---|---|---|---|---|---|
| | | | 河道类 | 湖泊类 | 水景类 | 河道类 | 湖泊类 | 水景类 |
| 1 | 基本要求 | | 无漂浮物，无令人不愉快的嗅味 | | | | | |
| 2 | pH值 | | 6~9 | | | | | |
| 3 | 五日生化需氧量（$BOD_5$） | ≤ | 10 | 6 | | | 6 | |
| 4 | 悬浮物（SS） | ≤ | 20 | 10 | | —① | | |
| 5 | 浊度（NTU） | ≤ | —① | | | 5.0 | | |
| 6 | 溶解氧 | ≥ | 1.5 | | | 2.0 | | |
| 7 | 总磷（以P计） | ≤ | 10 | 0.5 | | 1.0 | 0.5 | |
| 8 | 总氮 | ≤ | 15 | | | | | |
| 9 | 氨氮（以N计） | ≤ | 5 | | | | | |
| 10 | 粪大肠菌群（个/L） | ≤ | 10000 | 2000 | | 500 | 不得检出 | |
| 11 | 余氯② | ≥ | 0.05 | | | | | |
| 12 | 色度（度） | ≤ | 30 | | | | | |
| 13 | 石油类 | ≤ | 1.0 | | | | | |
| 14 | 阴离子表面活性剂 | ≤ | 0.5 | | | | | |

注：1. 对于需要通过管道输送再生水的非现场回用情况，必须加氯消毒；而对于现场回用情况，不限制消毒方式。
   2. 若使用未经过除磷脱氮的再生水作为景观环境用水，鼓励使用本标准的各方在回用地点探索通过人工培养具有观赏价值水生植物的方法，使景观水体的氮磷满足本表的要求，使再生水中的水生植物有经济合理的出路。
   ①表示对此项无要求。
   ②氯接触时间不应低于30min的余氯。对于非加氯消毒方式无此要求。

(三) 水量平衡

中水系统协调运行需要各种水量之间保持合理关系。水量平衡就是将设计的建筑或建筑群的给水量、污废水排量、中水原水量、储存调节量、中水处理量、中水处理设备耗水量、中水调节储存量、中水用量、自来水补给量等，进行计算和协调，使其平衡。

中水系统中,由于原水取于建筑排水,中水作为建筑的杂用水,当杂用水量超过中水供水量时,其不足部分还要用给水量补齐。因此,必须对建筑物的给水量、排水量和中水水量进行计算,它们之间存在如下关系:

$$建筑物的排水量 = 建筑物的给水量 \times (80\% \sim 90\%)$$
$$中水水源水量 = 建筑物的可作中水源的排水量$$
$$中水回用水量 \times (110\% \sim 115\%) = 中水水源水量$$

各类建筑物生活给水量及百分率可按表 8-8 确定。

表 8-8　各类建筑物生活给水量及百分率

| 类别 | 住宅 | | 宾馆、饭店 | | 办公楼 | | 附注 |
|---|---|---|---|---|---|---|---|
| | 给水量 [L/(人·d)] | 百分率 (%) | 给水量 [L/(人·d)] | 百分率 (%) | 给水量 [L/(人·d)] | 百分率 (%) | |
| 厕所 | 40~60 | 31~32 | 50~80 | 13~19 | 15~20 | 60~66 | |
| 厨房 | 30~40 | 23~21 | | | | | |
| 沐浴 | 40~60 | 31~32 | 300 | 79~71 | | | 盆浴及淋浴 |
| 盥洗 | 20~30 | 15 | 30~40 | 8~10 | 10 | 40~34 | |
| 总计 | 130~190 | 100 | 380~420 | 100 | 25~30 | 100 | |

注:洗衣用水量可根据使用情况确定。

水量平衡图就是将上述计算和协调的结果用图线和数字来表示。该图应明显表示设计范围内各种水量的来龙去脉、水量多少及相互关系以及水的合理分配情况和综合利用情况,如图 8-1 所示。

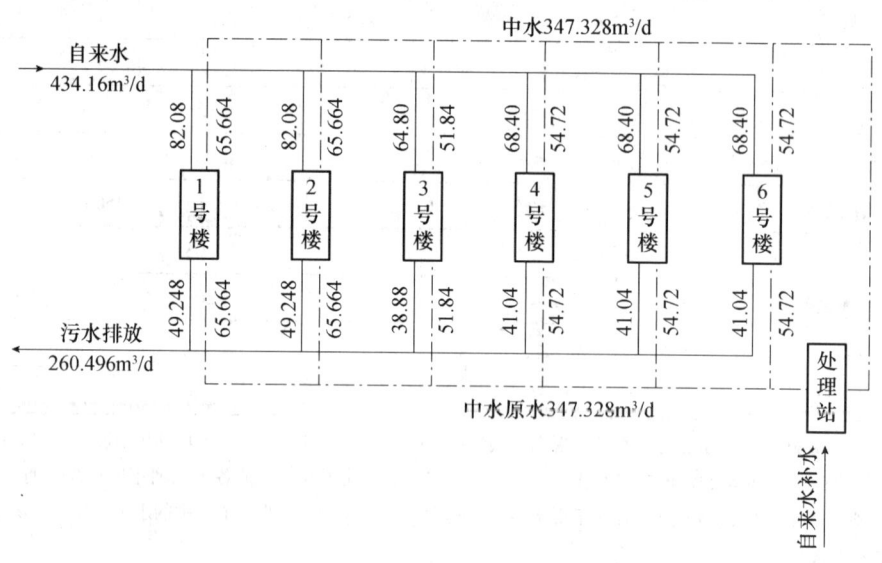

图 8-1　某大学学生宿舍区水量平衡图

(四) 水量调节

1. 调节池 (箱)

调节池设在中水处理设施之前,其作用是调节中水原水量和处理水量的供求不均衡关系。调节容积的计算方法如下：

（1）按中水原水水量和处理水量的逐时变化曲线求算。

（2）按经验法求算（缺乏上述资料时），连续运行时，其调节容积按日处理水量的 30%~40%计算；间歇运行时，其调节容积按处理设施运行周期计算。

2. 中水储水池（箱）

中水储水池设在中水处理设施之后，其作用是调节中水处理水量和中水供水量需求不均衡关系。

其调节容积的计算方法如下：

（1）按中水处理水量和中水用水量的逐时变化曲线求算。

（2）按经验法求算（缺乏上述资料时），连续运行时，其调节容积按日中水量的 20%计算；间歇运行时，其调节容积按处理设施运行周期计算，如下式：

$$W = 1.2T(Q_c - Q_y) \tag{8-1}$$

式中　$W$——中水池有效容积（$m^3$）；

　　　$T$——处理设施连续运行时间（h）；

　　　$Q_c$——处理设施处理量（$m^3/h$）；

　　　$Q_y$——中水平均小时用量（$m^3/h$）。

（3）由处理设备余压直接送至中水供水箱的情况，其供水箱的调节容积不得小于日用水量的 5%。

中水储水池或中水供水箱上应设自来水应急补给管，其管径按最大小时供水量确定。

### 三、中水处理工艺设计

（一）中水处理工艺流程的选择

中水处理工艺按组成段可分为预处理、主处理及后处理三部分。预处理包括格栅、调节池；主处理包括混凝、沉淀、气浮、活性污泥曝气、生物膜法处理、二次沉淀、过滤、生物活性炭以及土地处理等主要处理工艺单元；后处理为膜过滤、活性炭、消毒等深度处理单元。也可以将其处理工艺分为以物理化学处理方法为主的物化工艺，以生物化学处理为主的生化处理工艺，生化处理与物化处理相结合的处理工艺及土地处理四类。由于中水回用时有机物、洗涤剂去除要求较高，而去除有机物、洗涤剂有效的方法是生物处理，因而中水的处理常用生物处理作为主体工艺。

中水处理工艺流程应根据中水原水的水质、水量和中水的水质、水量及使用要求等因素，经技术经济比较后确定。可按我国现行《建筑中水设计规范》（GB 50336）推荐处理工艺选择。

（1）当以优质杂排水或杂排水作为中水水源时，可采用以物化处理为主的工艺流程，或采用生物处理和物化处理相结合的工艺流程。

（2）当以含有粪便污水的排水作为中水水源时，宜采用二段生物处理与物化处理相结合的处理工艺流程。

（3）利用污水处理站二级处理出水作为中水水源时，可以选用物化处理或与生化处理结合的深度处理工艺流程。

常用中水处理工艺流程如表 8-9 所示。

表 8-9  常用中水处理工艺流程

| 水质类型 | 处理流程 |
| --- | --- |
| 以优质杂排水为原水的中水处理工艺流程 | (1) 以生物接触氧化为主的工艺流程：<br>原水→格栅→调节池→生物接触氧化→沉淀→过滤→消毒→中水<br>(2) 以生物转盘为主的工艺流程：<br>原水→格栅→调节池→生物转盘沉淀→过滤→消毒→中水<br>(3) 以混凝沉淀为主的工艺流程：<br>原水→格栅→调节池→混凝沉淀→过滤→活性炭→消毒→中水<br>(4) 以混凝气浮为主的工艺流程：<br>原水→格栅→调节池→混凝沉淀→过滤→消毒→中水<br>(5) 以微絮凝过滤为主的工艺流程：<br>原水→格栅→调节池→絮凝过滤→活性炭→消毒→中水<br>(6) 以过滤→臭氧为主的工艺流程：<br>原水→格栅→调节池→过滤→臭氧消毒→中水<br>(7) 以预处理－膜分离为主的工艺流程：<br>原水→格栅→调节池→絮凝沉淀过滤（或微絮凝过滤）→精密过滤→膜分离→消毒→中水 |
| 以综合生活污水为原水的中水处理工艺流程 | (1) 以生物接触氧化为主的工艺流程：<br>原水→格栅→调节池→两段生物接触氧化→沉淀→过滤→消毒→中水<br>(2) 以水解－生物接触氧化为主的工艺流程：<br>原水→格栅→水解酸化调节池→两段生物接触氧化→沉淀→过滤→消毒→中水<br>(3) 以厌氧－土地处理为主的工艺流程：<br>原水→水解池或化粪池→土地处理→消毒→植物吸收利用 |
| 以粪便水为主要原水的中水处理工艺流程 | (1) 以多级沉淀分离－生物接触氧化为主的工艺流程：<br>原水→沉淀1→沉淀2→接触氧化1→接触氧化2→沉淀3→接触氧化3→沉淀4→过滤→活性炭→消毒→中水<br>(2) 以膜生物反应器为主的工艺流程：<br>原水→化粪池→膜生物反应器→中水 |
| 以城市污水处理厂的出水为原水的中水处理工艺流程 | 城市再生水厂的基本处理工艺：<br>城市污水→一级处理→二级处理→混凝、沉淀（澄清）→过滤→消毒→中水<br>二级处理厂出水→混凝、沉淀（澄清）→过滤→消毒→中水 |

在选择中水处理工艺时，必须在确保中水水质的前提下，尽量采用耗能低、效率高、经过实验或实践检验的新工艺流程；若采用膜处理工艺时，应有保障其可靠进水水质的预处理工艺和易于膜的清洗、更换的技术措施；中水用于采暖系统补充水等用途，采用一般处理工艺不能达到相应水质标准要求时，应增加深度处理设施。

中水处理产生的沉淀污泥、活性污泥和化学污泥，当污泥量较小时，可排至化粪池处理；当污泥量较大时，可采用机械脱水装置或其他化学方法进行妥善处理。

（二）中水处理设施选型

1. 格栅、格网、毛发聚集器

格栅、格网和毛发聚集器用来截留去除原水中较大的飘浮物、悬浮物和毛发等。格栅宜选用机械格栅。当原水为杂排水时，可设置一道格栅，栅条空隙净宽2.5～10mm；当原水为生活排水时，可设置两道格栅，第一道为中格栅，栅条空隙净宽为10～20mm，第二道为细格栅，栅条空隙净宽取2.5mm。当原水为洗浴废水时，可选用12～18目的格网。水流通过格栅的流速宜取 0.6~1.0m/s。格栅设在格栅井内时，格栅倾角不宜小于 60°。格栅井须设工作台，其高度应高出格栅前最高设计水位 0.5m，工作台宽度不小于 0.7m，格栅井应设置活动盖板。目前在小型中水系统中，格栅大多采用人工清理，少数采用水力筛或机械格栅。

当原水为洗浴废水时，污水泵的吸水管上应设毛发聚集器。毛发聚集器内过滤筒（网）的孔径 3mm，由耐腐蚀材料制造，其有效过水面积应大于连接管面积的 2 倍。毛发聚集器具有反洗功能和便于消污的快开结构。近几年国内设计的部分中水工程，采用了自动清污的机械细格栅去除毛发等杂物，运行稳定，管理方便。

2. 原水调节池

调节池有曝气和不曝气两种形式。在调节池中，曝气不但可以使池中颗粒状杂质保持悬浮状态，避免沉积在池底，还使原水保持有氧状态，防止原水腐败变质产生臭味。另外，调节池预曝气可以去除部分有机物。所以，调节池内采用预曝气措施是有利的。

原水调节池内预曝气一般用多孔管曝气，曝气负荷为 $0.6~0.9m^3/(m^3 \cdot h)$。调节池底应设有集水坑和泄水管，并应有不小于 2% 的坡度，坡向集水坑，中小型中水系统的调节池可兼用作提升泵的集水井。

3. 中水调节池或中水高位水箱

中水调节池或中水高位水箱调节中水用水量，应设自来水的应急补水管。补水控制水位应设在缺水报警水位，使补水管只能在系统缺水时补水。同时，应有有效的措施确保自来水不会被中水污染；补水管上应设水表计量补水量，补水管管径按中水最大时供水量计算确定。

4. 混凝沉淀处理设施

混凝工艺主要去除原水中悬浮状和胶体状杂质，对可溶性杂质去除能力较差，是物化处理的主体工艺单元。混凝剂的种类及投药量的多少应根据原水的类型和水质确定。城市污水处理厂二级出水为中水原水时，最佳混凝剂为聚合氯化铝，最佳投药量为 30mg/L；以洗浴水为中水原水时，聚合铝和聚合铁的效果都较好，聚合铝最佳投药量为 5mg/L（以 $Al_2O_3$），一般可不超过 10mg/L（以 $Al_2O_3$ 计）。

原水为优质杂排水或杂排水时，设置调节池后可不再设置初次沉淀池；原水为生活排水时，对于规模较大的中水处理站，可根据处理工艺要求设置初次沉淀池。

当处理水量较小时，絮凝沉淀池和生物处理后的沉淀池宜采用竖流式沉淀池或斜板（管）沉淀池，竖流式沉淀池的表面水力负荷宜采用 $0.8~1.2m^3/(m^2 \cdot h)$，沉淀时间宜为 1.5~2.5h。池子直径或正方形的边与有效水深比值不大于 3，出水堰最大负荷不应大于 $1.70L/(s \cdot m)$。

斜板（管）沉淀池宜采用矩形，表面水力负荷宜采用 $1.3m^3/(m^2 \cdot h)$，停留时间宜为 60min，进水采用穿孔板（墙）布水，出水采用锯齿形出水堰，出水最大负荷不应大于 $1.70L/(s \cdot m)$。

水量较大时，应参照《室外排水设计规范》（GB 50014）中有关部分设计。

沉淀与气浮均是混凝反应后的有效固液分离手段，沉淀设备简单而体积稍大，气浮设备稍复杂而体积较小。目前，两者均有应用，但是混凝沉淀对阴离子洗涤剂处理效果很差，而混凝气浮对阴离子洗涤剂有一定处理效果。

5. 气浮处理设施

气浮处理设施由气浮池、溶气罐、释放器、回流水泵和空压机等组成，宜采用部分回流加压溶气气浮方式，回流比取处理水量的10%～30%，气水比按体积计算，空气量为回流水量的5%～10%。

矩形气浮池由反应室、接触室和分离室组成，接触室内设置释放器，数量由回流量和释放器性能确定。进入反应室的流速宜小于0.1m/s，反应时间为10～15min。接触室水流上升流速一般为10～20mm/s。分离室内水平流速不宜大于10mm/s，负荷取2～5m³/(m²·h)，水力停留时间不宜大于1.0h。气浮池有效水深为2～2.5m，超高不应小于0.4m。

在原水泵吸水管上设投药点，按处理水量定比投加混凝剂（必要时还可投加助凝剂），并充分混合。溶气罐罐高为2.5～3.0m。罐内装1～1.5m的填料，水力停留时间宜为1～4min，罐内工作压力采用0.3～0.5MPa，空压机压力一般选用0.5～0.6MPa（表压）。

6. 生物处理设施

生物处理主要用于去除水中可溶性有机物，过去多采用生物转盘，经过几年实践发现，生物转盘盘片与设备间空气直接接触，当污水浓度较高或转盘槽中溶解氧不足时，产生的气味会逸散到处理间及其周围环境中，而宾馆、饭店、机关、居民小区均是对环境条件要求较高的场所，气味可能带来不良影响，在处理场所通风不良时影响比较显著。另外，生物转盘的易磨损机械部件较多，如：减速机构、传动机构、盘片及其零部件，运行中维护保养工作量大，处理效果好，出水水质稳定，管理方便，产生的污泥量较少，运行费用较低，并可在短时间内停止运行，适用于中水水源为优质杂排水、$BOD_5$<60mg/L的洗浴废水和厨房设隔油装置除油的杂排水。在我国，日处理规模不大的宾馆饭店多采用生物接触氧化法。

生物接触氧化设施由池体、填料、布水装置和曝气系统等部分组成。供气方式宜采用低噪声的鼓风机加布气装置，潜水曝气机或其他曝气设备布气装置的布置应使布气均匀，气水比为15:1～20:1，曝气量宜为40～80m³/kg $BOD_5$，溶解氧含量应维持在2.5～3.5mg/L之间。

当原水为优质杂排水或杂排水时，水力停留时间不应小于2h。当原水为生活排水时，应根据原水水质情况和出水水质要求确定水力停留时间，但不宜小于3h。

接触氧化池宜采用易挂膜、耐用、比表面积较大、维护方便的固定填料或悬浮填料。填料的体积可按填料容积负荷与平均日污水量计算，容积负荷一般为1000～1800kg $BOD_5$/(m³·d)，优质杂排水和杂排水取上限值，生活污水取下限值，计算后按接触时间校核。当采用固定填料时，安装高度不应小于2.0m，每层高度不宜大于1.0m，当采用悬浮填料时，装填体积不应小于池容积的25%。

曝气生物滤池具有处理负荷高、装置紧凑、省略固液分离单元等优点，已经开始用于中水工程。土地处理亦是一种值得重视的处理工艺，该处理方法利用土壤的自然净化作用，将生物降解、过滤、吸附等多种作用有机结合，对于绿化面积迅速扩大而水资源又十分紧缺的城市和地区，该处理工艺有广泛的应用前景。

7. 过滤设施

过滤是中水处理工艺中必不可少的后置工艺，是最常用的深度处理单元，它对保证中水的水质起到决定性作用。滤池的滤料有许多种，如石英砂单层滤料、石英砂无烟煤双层滤料、纤维球滤料、陶粒滤料等。

过滤宜采用滤池或过滤器，采用压力过滤器时，滤料可选用单层或双层滤料。单层滤料压力过滤器的滤料多为石英砂，粒径为0.5～1.0mm，滤料厚度600～800mm，滤速取8～

10m/h，反冲洗强度 12~15L/(m²·s)，反洗时间 5~7min。双层滤料压力过滤器的上层滤料为厚500mm的无烟煤，下层滤料为厚250mm的石英砂，滤速取12m/h，反冲洗强度 10~12.5L/(m²·s)，反洗时间 8~15min。

微絮凝过滤是将絮凝与过滤相结合，工艺紧凑，设备简单，过去采用较多。这种工艺的管理水平要求高，若反冲不彻底时，污物易残留在滤料上，积累到一定阶段就会影响处理效果。

8. 活性炭过滤

活性炭过滤置于处理流程的后部，是常用的深度处理单元。主要用于去除常规处理方法难以去除的臭、色及有机物合成洗涤剂等。但活性炭价格贵、易饱和，运行费用较高。对于以洗浴水为原水的中水系统，采用生物处理能够去除大部分可溶性有机物，一般后面不需要再加活性炭即可达标；而采用物化处理工艺时，由于混凝、过滤等工艺对可溶性有机物去除效果不佳，必要时可加活性炭作为水质保障工艺单元。采用生物活性炭可以将活性炭与生物作用有机结合，大幅度提高活性炭使用周期，可在微絮凝过滤后续接生物活性炭工艺单元，效果很好。

活性炭过滤通常采用固定床，过滤器数目不少于两个，以便换炭维修。过滤器应装有冲洗、排污、取样等管道及必要仪表。

过滤器中，炭层高度和过滤器直径比一般为1:1或2:1，活性炭高度一般不宜小于3.0m，常用4.5~6m串联进行。设计负荷为 0.3~0.8kg COD/kg 炭，接触时间一般采用30min，反冲洗时间 10~15min，冲洗水量为产水量的5%~10%。

9. 膜分离

膜分离法处理效果好、装置紧凑、占地面积小，是近年来发展迅速的高效处理手段。膜分离工艺置于中水处理流程后部可起到保障作用。膜分离为物理作用，对 COD、$BOD_5$ 等指标去除效果不显著。随着膜工业的发展，各种膜产品不断推出，膜技术在水处理中的应用愈来愈广泛。

在以往中水处理系统中，多采用超滤膜组件。由于超滤膜孔径较小，膜通量受到限制。近年来，多采用膜通量大的微滤膜。膜生物反应器将膜分离与生物处理紧密结合，具有处理效率高、出水水质稳定、流程简化、装置紧凑、设备制造易产业化等诸多特点，在中水处理系统中已得到应用。

10. 消毒

中水处理必须设有消毒设施，消毒剂宜采用自动投加方式，并能与被消毒水充分混合接触。采用氯化消毒时，加氯量一般为 5~8mg/L（有效氯），消毒接触时间应大于30min，当中水水源为生活污水时，应适当增加加氯量，余氯量应控制在 0.5~1.0mg/L，消毒剂宜采用次氯酸钠、二氧化氯、二氯异氰尿酸钠或其他消毒剂。

（三）中水处理站

中水处理站位置应根据建筑的总体规划、中水原水的产生、中水用水的位置、环境卫生和管理维护要求等因素确定。以生活污水为原水的地面处理站与公共建筑和住宅的距离不宜小于15m；建筑物内的中水处理站宜设在建筑物的最底层，建筑群的中水处理站宜设在其中心建筑的地下室或裙房内；小区中水处理站按规划要求独立设置，处理构筑物宜为地下式或封闭式。

中水处理站面积应按处理工艺确定，并留有发展空间。对于居住小区中水处理站，加药贮药间和消毒剂制备贮存间宜与其他房间隔开，并有直接通向室外的门；对于建筑物内的中水处理站，宜设置药剂贮存间。中水处理站应设有值班、化验室。

中水处理站内处理构筑物及处理设备应布置合理、紧凑，满足构筑物施工、设备安装、运行调试、管道铺设及维护管理的要求。一般要求处理设备间距不小于0.6m，主通道不小于1.2m，顶部有人孔的构筑物及设备距屋顶板不应小于0.6m。

处理站地面应设集水坑，及时排走地面排污水、构筑物溢流排水、反冲洗排水、沉淀构筑物排污及事故排水。当中水处理站地面低于室外检查地面时，应设排水泵，排水能力不应小于最大小时来水量，同时要设置备用泵。

中水处理站应设有适应处理工艺要求的采暖、通风、换气、照明、给水、排水设施。对中水处理过程中的臭气应采取有效的除臭措施。中水处理站的处理系统和供水系统应采用自动控制装置。

（四）安全防护

虽然中水系统的广泛推广大大节约了水资源，减少了环境污染，具有良好的环境、经济效益，但因中水的供水水质低于生活饮用水水质，中水系统与生活给水系统的管道、附件和调蓄设备同设在建筑物内，生活饮用水又是中水系统日常补给和事故应急水源，且中水工程在我国推广应用时间不长，一般居民对中水了解不多，有误把中水当做生活饮用水的可能，所以在设计中应采取有效的安全防护措施。

（1）中水管道严禁与生活饮用水给水管道连接，并包括通过倒流防止器或防污隔阀连接。

（2）除卫生间外，中水管道不宜暗装于墙体内。

（3）中水池内的自来水补水管应采取自来水防污染措施，补水管出水口应高于中水贮存池内溢流水位，其间距不得小于2.5倍管径。严禁采用淹没式浮球阀补水。

（4）中水管道与生活饮用水给水管道、排水管道平行埋设时，其水平净距不得小于0.5m；交叉埋设时，中水管道应于生活饮用水给水管道下面、排水管道的上面，其净距不得小于0.15m。中水管道与其他专业管道的间距应按《建筑给水排水设计规范》（GB 50015）中给水管道要求执行。

（5）中水储水池设置的溢流管、泄水管，均应采用间接排水方式排出。溢流管后设隔网。

（6）中水管道应采取防止误接、误用、误饮的措施。

（7）中水管道外壁应按有关标准的规定涂色和标志。

（8）水池、阀门、水表及给水栓、取水口均应有明显的"中水"标志。

（9）公共场所及绿化的中水取水口应设带锁装置。

（10）工程验收时应逐段进行检查，防止误接。

## 本章小结

1. 居住小区给水工程简介

居住小区给水水源、居住小区给水系统组成与供水方式、居住小区给水管道的布置与敷设规定。

2. 居住小区排水工程简介

居住小区排水体制、居住小区排水管道的布置与敷设规定。

3. 建筑中水系统

建筑中水技术及系统组成；中水水源的水质要求、中水水质标准、中水水量平衡；中水处理工艺流程选择、中水处理设施选型、中水处理站设置。

## 复习思考题

1. 简述居住小区给水系统组成及供水方式。
2. 居住小区给排水管道布置有何规定？
3. 哪些排水可以作为中水水源？其选用的顺序是怎样的？
4. 什么是建筑中水的水量平衡？水量平衡计算的目的是什么？
5. 简述中水处理工艺流程选择原则。

# 第九章　建筑内部给排水设计及识图基础知识

【知识目标】
了解建筑内部给排水设计基础知识；了解识图的基础知识；掌握常用的标准图例。
【能力目标】
通过本章的学习，学生能识读简单的建筑内部给水排水系统图纸。

本门课程是一门实用性很强的课程，学生学完后应该可以从事给水排水施工图设计、施工图识读、工程施工等工作。所以对设计与识图基础知识的掌握、设计和识图能力的培养是很重要的。

## 一、设计基本知识

（一）设计任务的建立

我国是社会主义国家，实行基本建设集中管理的政策，国家对各类拟建项目都应审批，各类建筑物的建设都必须依据基本建设程序进行。

建筑物即基本建设项目先由建设单位（甲方）经过可行性论证后，向政府建设主管部门提出申请报告，说明建筑物的用途、规模、标准、投资估算和工程建设年限。上级主管部门批准确定作为建设任务，再以书面形式通知建设部门或建设单位。由于建设项目是书面下达的，因此这个阶段又称为任务书阶段。

在任务书下达后及各种有关文件齐备的情况下，设计单位才能够接受建设单位的委托，进行该工程的设计工作。建筑给水排水工程属于整个工程设计中的一部分，其操作程序与整体工程设计是一致的。

（二）建筑给水排水设计的内容与设计阶段划分

1. 设计内容

设计内容包括：建筑给水、建筑排水、消防、雨水、中水、热水和饮用水系统设计，建筑水景设计等。当然，一项工程不一定要设计上述全部内容，也许只设计其中的几种。例如："6+1"（六层住户、一层下房）住宅，只设计建筑给水、建筑排水，其他的不进行统一设计建设。

设计阶段通常分为三个阶段：方案设计阶段、初步设计阶段、施工图设计阶段，这是针对规模比较大的工程来说的。对于中等规模的工程，可分为：初步设计阶段和施工图设计阶段两个阶段；对于规模很小的工程，可直接进行施工图阶段的设计。

建筑给水排水工程设计的依据是甲方（建设方）提供给丙方（设计方）的设计任务书、建筑专业先期完成的建筑方案设计图、结构设计图及建筑给水排水设计规范和其他相关规范及图集。设计开始后，需要进行现场踏勘，收集资料，与其他专业相互配合，互提资料，并要与业主及市政、自来水、排污处、环保等主管部门及时沟通和交流。

2. 设计深度

（1）方案设计深度

1）方案设计原则

①建筑给排水方案设计阶段只出方案设计说明，不出设计图纸。

②建筑给排水方案设计文件编制深度除满足有关行业标准之外，还要符合建设部规定的《建筑工程设计文件编制深度规定》（04S901）的要求。

③方案设计文件应满足编制初步设计文件的需要。对于投标方案，设计深度应满足标书要求。

④设计标准有国家标准、地方标准及相关行业标准，设计时要因地制宜地进行选择，不能乱用。

⑤若设计合同对设计深度另有要求，还要按设计合同要求进行设计。

2）方案设计说明的内容深度

①给水设计

a. 水源情况简述（包括自备水源及市政给水）。

b. 用水量及耗热量估算：包括总用水量（最高日用水量、最大时用水量）、热水设计小时耗热量、室内外消防用水量。

c. 给水系统。简述系统供水方式（上供下回、下供上回等）。

d. 消防系统。简述消防系统种类（低压、临时高压、常高压消防系统）和供水方式。

e. 热水系统。简述热源，供应范围及供应方式等。

f. 中水系统。简述设计依据及处理方法。

g. 冷却循环水、重复用水及采取的其他节水节能措施。

h. 饮用水系统。简述设计依据、处理方法等。

②排水设计

a. 排水体制及污废水出路说明。

b. 估算污废水排放量、雨水量及重现期等设计参数。

c. 排水系统说明及综合利用说明。

d. 污废水的处理方法。

方案设计完成后，需要得到建设单位认可及上级主管部门的批准后，才可以进行初步设计工作。

（2）初步设计深度

1）初步设计原则

①初步设计要出设计说明和设计图纸（简单工程项目可不出设计图纸）。

②初步设计文件编制深度除满足有关行业标准之外，还要符合建设部规定的《建筑工程设计文件编制深度规定》（04S901）的要求。

③初步设计文件应满足编制施工图设计文件的需要。

④设计标准有国家标准、地方标准及相关行业标准，设计时要因地制宜地进行选择，不能乱用。

⑤若设计合同对设计深度另有要求，还要按设计合同要求进行设计。

2）初步设计的内容要求

①设计说明书的内容

A. 设计依据：

a. 摘录设计总说明所列批准文件和与本专业相关的依据性文件。

b. 本工程所采用的主要法规和标准。

c. 其他专业为本专业提供的工程设计资料及可利用的市政条件等。

B. 设计范围：根据设计任务书及其他资料，说明本专业设计的内容。如果有合作单位时，要明确说明各自的分工。

C. 室内给水排水设计：

a. 说明各种用水量标准，用水单位数，工作时间，小时变化系数，最高日用水量，最大小时用水量。

b. 室内给水系统。说明给水系统的划分、给水方式、分区供水的划分和要求、计量的方式、给水水箱和水池的相关信息等。

c. 消防系统。按照各类防火设计规范的要求，分别对各种消防系统（消火栓系统、自喷系统、水幕系统等）的设计原则、设计依据、设计标准、消防水箱和水池的容量、设置位置及主要设备选型进行说明。

d. 热水系统。说明采取的热水供应方式，系统选择，水温、水质、热源、加热方式及最大小时用水量和耗热量等；说明设备选型、保温、防腐等。当利用余热或太阳能时，要说明采用的依据、供应能力、系统形式、运行条件及技术措施等。

e. 对水质、水温、水压有特殊要求或设置饮用水、开水系统时，应说明采用的技术措施，并列出设计数据及工艺流程、设备选型等。

f. 中水系统。说明中水系统设计依据、水质要求、工艺流程、设计参数及设备选型，绘制出水量平衡图。

g. 排水系统。说明排水体制、排水量、室外排放条件；有污废水局部处理系统的，要说明处理工艺流程及构筑物的设计数据；还要说明屋面雨水的排放形式及排放条件，采用的降雨强度和重现期等设计参数。

h. 管材、管件、接口、敷设方式、支吊架的说明。按规范要求，对给水系统、排水系统、消防系统、热水系统等选用合适的管材和管件，并说明其接口形式、敷设方式（明和暗），以及支吊架安装所参照的图集等。

D. 节水节能措施：设计中用到的高效节水节能设备及技术措施要进行说明。

E. 对于安静有特殊要求的建筑物和构筑物，要说明给排水设计中采取的隔振和防噪技术措施。

F. 对特殊地区（地震多发区、湿陷性或胀缩性土、冻土地区、软弱地基），说明给排水设计中采取的相应技术措施。

G. 提请在设计审批时解决或确定的主要问题。

②设计图纸的内容：

A. 建筑给水排水平面图：

a. 绘制给排水底层、标准层、管道和设备复杂层平面布置图，标出给水引入管、排水出户管的位置、管径、埋深。

b. 绘制构筑物平面布置图（水泵房、水箱间等）。

B. 建筑给水排水系统图：

a. 绘制给水系统、排水系统、消防系统、热水系统等的原理图，图纸上标明管道管径、标高，设备设置标高，建筑楼层编号及层面标高。

b. 绘制水处理流程图。

C. 主要设备表：说明各种用水量标准，用水单位数，工作时间，小时变化系数，最高日用水量，最大小时用水量。

D. 计算书

a. 各类用水量和排水量计算。

b. 给排水相关的水力计算和热力计算。

c. 设备选型和构筑物尺寸计算。

(3) 施工图设计深度

1) 施工图设计原则

①施工图设计要出施工图纸。

②初步设计文件编制深度除满足有关行业标准之外，还要符合建设部规定的《建筑工程设计文件编制深度规定》（04S901）的要求。

③设计标准有国家标准、地方标准及相关行业标准，设计时要因地制宜地进行选择，不能乱用；在设计图纸的图纸目录或施工图设计说明中应注明应用图集的名称。

④若设计合同对设计深度另有要求，还要按设计合同要求进行设计。

2) 施工图设计的内容要求

给水排水专业施工图设计阶段要出的设计文件包括：图纸目录、施工图设计说明、设计图纸、主要设备表、计算书（内部使用并存档）。

①图纸目录

不同设计院所都有固定的图纸目录格式，在图纸目录格式纸上先按顺序列出新绘制的图纸编号、名称、图幅大小，然后在后边列出所选用的标准图和图集。

②设计总说明

a. 设计依据说明。

b. 给排水系统概况。给排水技术指标说明、消防系统技术指标说明。

c. 包括各种管道、管件及设备的图例。

d. 其他不能在图纸上表示出来的内容或不便在图纸上表示的内容，均应列在设计说明中。

③室内给排水设计图

A. 平面图

a. 绘制底层、标准层和其他相关层的平面图，内容包括主要轴线编号、房间名称、用水点位置。一般可根据建筑专业提供的图纸进行修改得到给排水专业所需的条件平面图。

b. 在条件图上绘制给水排水、消防管道平面布置、立管位置、管道编号及管道定位。

c. 标出各楼层建筑平面标高，灭火器设置地点、型号和数量。

d. 对于局部管道较多的地方（卫生间、泵房、水箱间等），用平面图表示不清楚时，可以绘制局部放大平面图。

e. 若图纸内容太多，一张图上表示不清时，可分别绘制给排水平面布置图和消防平面布置图。

B. 系统图

a. 系统轴测图。绘制轴测图时用斜二侧法，平面图上的水平管线在系统图上水平绘制，平面图上的垂直管线在系统图上倾斜45°绘制。图中用标准图例表示各类管道、管件、卫生器具；图中标明管道走向、管径、仪表及阀门、控制点标高、管道坡度（设计说明中已有交代的可不再标出）；标明各系统编号，各楼层卫生设备和工艺用水设备连接点位置；对于卫生设备和管道布置完全相同的各层，在系统轴测图上可只绘制其中有代表性的一层，其他各层标明同该层即可；在系统轴测图上应注明建筑楼层标高、层数等；对于复杂的连接点要绘制局部放大图。

b. 展开系统原理图。对于用展开系统原理图可以将设计内容表达清楚的，可绘制展开系统原理图。图中也要标明立管和横管管径、编号，层高，层数，仪表及阀门，各系统编号等内容。

c. 当自喷系统在平面图上已将管径、标高、喷头间距和位置标注清楚时，可简化表示从水流指示器至末端试水装置等阀件之间的管道和喷头。

d. 对于简单管段，可在平面图标注管径、坡度、走向、进出水管标高等，可不再绘制系统图。

C. 局部设施

当建筑物内有污废水提升或局部处理构筑物时，应绘制其平面图、剖面图；引用标准图集的，要注明图集号、页码及型号。

D. 主要设备材料表

主要设备、仪表和管道附件可在图纸首页或相关图上列表表示，栏目主要包括：序号、材料设备名称、规格型号、单位、数量、备注。

E. 计算书

根据初步设计审批意见进行施工图阶段设计计算。

（三）建筑给水排水设计工作进程介绍

（1）根据其他专业和甲方所给的建筑物资料，计算总用水量，确定给排水、消防系统方案。

（2）确定给排水、消防设备的安装位置及占地面积。

（3）编写方案设计说明书。

（4）方案得到建设部门和上级主管部门批准后，进行初步设计和施工图设计。

（5）计算并核准最大日用水量、最大时用水量、耗热量、热媒耗量、消防水量，确定水池、水箱、热交换器的容积和水泵型号。

（6）向其他相关专业设计人员提供技术数据及提出要求，见表9-1。

表9-1 给排水专业向其他专业提供的技术数据及要求一览表

| 相关专业名称 | 建筑专业 | 结构专业 | 采暖、通风专业 | 电气专业 |
| --- | --- | --- | --- | --- |
| 需提供的数据及要求 | 水池、水箱的位置及容积和工艺尺寸要求；给排水设备用房面积及高度要求；各管道竖井位置及平面尺寸要求等 | 水池、水箱的具体工艺尺寸，水的荷重；水泵基础尺寸、机组重量；预留洞孔位置及尺寸要求 | 热水系统最大时耗热量、热媒耗量；泵房和设备用房的温度及通风要求 | 水泵机组用量、用电等级；水泵机组自动控制要求；水池和水箱的最低和最高水位；其他自动控制要求，如消防的远距离启动、报警等要求 |

(7) 绘制给排水、消防平面布置图。

(8) 绘制给排水、消防系统图。

(9) 进行各系统水力计算,并标注管径、标高等。

(10) 绘制卫生间、泵房、水箱间、热交换间平面及系统大样。

(11) 计算工程量,编写工程量表。

(12) 编写说明书,绘制图例。

(13) 按图纸先后和主次顺序进行排序。

(14) 编写图纸目录。

(15) 审图,各专业会签。

(16) 对审图提出问题修改后,出图。

(四) 建筑给水排水图纸绘制及识读相关知识介绍

1. 图纸比例尺选择

因为实际建筑物尺寸很大,不可能按实际尺寸绘制到纸质图纸上,所以通常都要采用一定的比例对图纸进行缩放。建筑给水排水图纸绘制中常用的比例如表9-2所示。

表9-2 建筑给水排水常用比例

| 图纸类别 | 常用比例 | 备注 |
| --- | --- | --- |
| 区域规划图、区域位置图 | 1:50000, 1:25000, 1:10000, 1:5000, 1:2000 | 宜与总图专业一致 |
| 总平面图 | 1:1000, 1:500, 1:300 | 宜与总图专业一致 |
| 管道纵断面图 | 纵向:1:200, 1:100, 1:50<br>横向:1:1000, 1:500, 1:300 | |
| 水处理厂(站)平面图 | 1:500, 1:200, 1:100 | |
| 水处理构筑物、设备间、卫生间、泵房平面、剖面图 | 1:100, 1:50, 1:40, 1:30 | |
| 建筑给排水平面图 | 1:200, 1:150, 1:100 | 宜与建筑专业一致 |
| 建筑给排水轴测图 | 1:150, 1:100, 1:50 | |
| 详图 | 1:50, 1:30, 1:20, 1:10, 1:5, 1:2, 1:1, 2:1 | |

2. 图纸图幅要求

图纸幅面应符合现行《房屋建筑制图统一标准》(GB/T 50001—2001)的要求。

(1) 图纸幅面及图框尺寸见表9-3。

表9-3 图幅及图框大小

| 图幅 | A0 | A1 | A2 | A3 | A4 |
| --- | --- | --- | --- | --- | --- |
| 图纸大小 (mm) | 1189×841 | 841×594 | 594×420 | 420×297 | 297×210 |
| 图框大小 (mm) | 1179×831 | 831×584 | 584×410 | 415×292 | 292×205 |

(2) 图纸加长要求:图纸短边不应加长,长边可以加长,但尺寸要符合表9-4的要求。

表9-4　图纸长边加长尺寸　　　　　　　　　　　　　　　　　　　　　　　（mm）

| 图幅 | 长边尺寸 | 长边加长后尺寸 |
|---|---|---|
| A0 | 1189 | 1486，1635，1783，1932，2080，2230，2378 |
| A1 | 841 | 1050，1261，1471，1682，1892，2102 |
| A2 | 594 | 734，891，1041，1189，1338，1486，1635，1783，1932，2080 |
| A3 | 420 | |

（3）需要缩微复制的图纸，其一边要附有准确米制尺度。

3. 各专业图纸编排顺序及编号要求

（1）根据《房屋建筑制图统一标准》，工程图纸应按专业顺序编排。一般应该为：图纸目录、总图、建筑图、结构图、给水排水图、暖通空调图、电气图等。各专业内图纸应按图纸内容的主次关系、逻辑关系进行有序排列。

（2）不同专业图纸要进行编号，一般编号为：×施-$N$，×表示专业，$N$表示图纸序号。对于给水排水专业图纸，如：水施-1、水施-2等；建筑专业如：建施-1、建施-2等。

4. 图线及宽度介绍

图纸绘制中常用线型及宽度在《房屋建筑制图统一标准》及《给排水制图标准》（GB/T 50106—2001）中都有规定，线型包括实线、虚线、点划线等；一般规定基本线宽为$b$，$b$可取0.7mm或1mm，常用的线宽有0.25$b$、0.5$b$、0.75$b$、$b$。具体见表9-5。

表9-5　各种线型一览

| 名称 | 线宽 | 图例 | 用途 |
|---|---|---|---|
| 粗实线 | $b$ | —— | 新设计的各种排水和其他重力流管线 |
| 粗虚线 | $b$ | – – – | 新设计的各种排水和其他重力流管线的不可见轮廓线 |
| 中粗实线 | 0.75$b$ | —— | 新设计的各种给水和其他压力流管线；原有的各种排水和其他重力流管线 |
| 中粗虚线 | 0.75$b$ | – – – | 新设计的各种给水和其他压力流管线；原有的各种排水和其他重力流管线的不可见轮廓线 |
| 中实线 | 0.50$b$ | —— | 给排水设备、零（附）件、总图中新建的建筑物和构筑物的可见轮廓线、原有的各种给水和其他压力流管线 |
| 中虚线 | 0.50$b$ | – – – | 给排水设备、零（附）件、总图中新建的建筑物和构筑物的不可见轮廓线、原有的各种给水和其他压力流管线的不可见轮廓线 |
| 细实线 | 0.25$b$ | —— | 建筑的可见轮廓线、总图中原有的建（构）筑物的可见轮廓线；制图中的各种标注线 |
| 细虚线 | 0.25$b$ | – – – | 建筑的不可见轮廓线、总图中原有的建（构）筑物的不可见轮廓线 |
| 单点长画线 | 0.25$b$ | —·—·— | 中心线、定位轴线 |
| 折断线 | 0.25$b$ | ─╱─ | 断开界线 |
| 波浪线 | 0.25$b$ | ∿∿∿ | 平面图中水面线、局部构造层次范围线、保温范围示意线 |

5. 字体

图纸中字体的书写也要符合《房屋建筑制图统一标准》（GB/T 50001—2001）的规定，字体不能太大也不能太小，太大不美观，太小不易辨认。建筑给水排水工程图中，要求数字高通常为3.5mm或2.5mm；字母字高为5mm，3.5mm，2.5mm；说明文字及表格中的文字高为5mm或7mm；图名字高为5mm或7mm。

6. 标高

（1）室内工程应标注相对标高；室外工程宜标注绝对标高。

（2）压力管道应标注管中心标高；沟渠和重力流管道宜标注沟（管）内底标高。

（3）下列部位应标注标高：①沟渠和重力流管道的起讫点、转角点、连接点、变坡点、变尺寸（管径）点及交叉点。②压力流管道中的标高控制点。③管道穿外墙、剪力墙和构筑物的壁及底板等处。④不同水位线处。⑤构筑物和土建部分的相关标高。

（4）标高的表示方法：①平面图中，管道标高表示方法如图9-1所示。②轴测图中，管道标高表示方法如图9-2所示。③建筑工程中，管道也可以标注相对本层建筑地面的标高，如 FL+×，×表示管道相对本层地面的标高，如 FL+0.850。

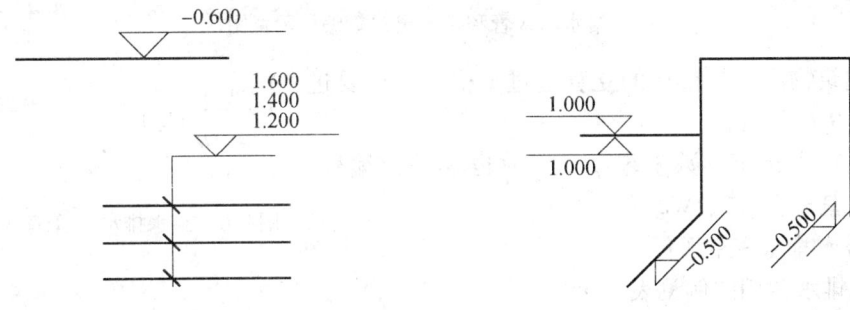

图9-1 平面图中管道标高表示方法示意图　　　图9-2 轴测图中管道标高表示方法示意图

7. 管径表示方式介绍

（1）不同类型管道对管径表达方式的要求

1）水煤气输送钢管（镀锌或非镀锌）、铸铁管等管材，管径宜以公称直径 $DN$ 表示，如 $DN15$，$DN50$。

2）无缝钢管、焊接钢管（直缝或螺旋缝）、铜管、不锈钢管等管材，管径宜以外径$D×$壁厚表示，如 $D108×4$，$D159×4.5$ 等。

3）钢筋混凝土（或混凝土）管、陶土管、耐酸陶瓷管、缸瓦管等管材，管径宜以内径 $d$ 表示，如 $d230$，$d380$ 等。

4）塑料管材的管径宜按产品标准的方法表示。

5）当设计均用公称直径 $DN$ 表示管径时，应有公称直径 $DN$ 与相应产品规格对照表。

（2）管径标注图示

1）单管管径标注如图9-3所示。

2）多管管径标注如图9-4所示。

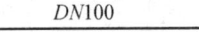

图9-3 单管管径标注方法示意图

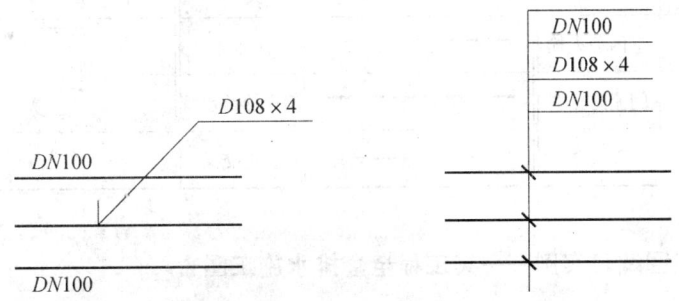

图9-4 多管管径标注方法示意图

8. 编号介绍

（1）建筑物内，给水引入管或排水出户管数量超过1根时，应进行编号，如图9-5所示。

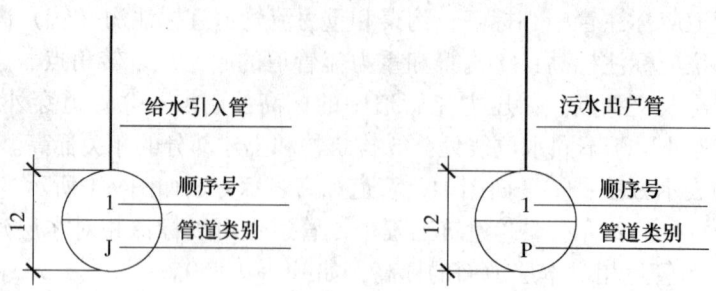

图9-5 给水引入管和排水出户管编号示意图

（2）当建筑物内穿过楼层的立管超过1根时，也要进行编号，如图9-6所示。

（3）当给排水构筑物数量超过1个时也要进行编号，如污水检查井编号为W1、W2等。

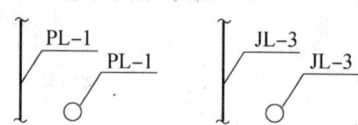

图9-6 给水排水立管编号示意图

9. 建筑给水排水常用图例

建筑给水排水常用图例见表9-6。

表9-6 建筑给水排水常用图例

| 图例 | 名称 | 图例 | 名称 | 图例 | 名称 |
| --- | --- | --- | --- | --- | --- |
| | 高水封地漏 | | 水表 | | 下弯90°管 |
| | 截止阀 | | 存水弯 | | 管道丁字下接 |
| | 蝶阀 | | 检查口 | | 管道丁字上接 |
| | 闸阀 | | 生活给水 | | 洗脸盆 |
| | 通气帽 | | 清扫口 | | 淋浴器 |
| | 止回阀 | | 生活给水 | | 污水盆 |
| | 室内消火栓 | | 污水管 | | 蹲便器 |
| | 倒流防止器 | | 消火栓给水管 | | 坐便器 |
| | 灭火器 | | 管道交叉 | | 小便器 |

二、设计与识图练习实例——某工程全套排水施工图

本工程为某公司厂房和办公楼工程，下面是它的给水排水施工图，内容包括生活生产给水系统、生活生产排水系统和消火栓系统及灭火器布置。

# 图 纸 目 录

| 序号 | 图 号 | 图 名 | 图纸折合A1#量 | 备 注 |
|---|---|---|---|---|
| | | 设计图纸 | | |
| 1 | 水施-01 | 设计与施工说明 卫生洁具 图例 | 0.5 | |
| 2 | 水施-02 | 一层给排水消防平面图 | 1.0 | |
| 3 | 水施-03 | 给水、排水、消防系统图二层给排水消防平面图 | 1.0 | |
| | | | | |
| | | 合计 | 2.5 | |
| | | | | |
| | | | | |
| | | 标准图集 | | |
| 1 | 05S108 | 倒流防止器安装 | | |
| 2 | 99S304 | 卫生设备安装 | | |
| 3 | 04S202 | 室内消火栓安装 | | |
| 4 | 04S301 | 建筑排水设备附件选用安装 | | |
| 5 | 02S405-1~4 | 给水塑料管安装 | | |
| 6 | 96S406 | 建筑排水用硬聚氯乙烯（PVC-U）管道安装 | | |
| 7 | 05S502 | 室外给水管道附属构筑物 | | |
| 8 | 04S519 | 小型排水构筑物 | | |

××设计院

| 建设单位 | ××公司 | 图纸总页数 | 3 |
|---|---|---|---|
| 项目 | ××工程 | 目录总页数 | 1 |
| 图号 | 水施-** | 图别 | 水施 | 日期 | 2008.03 |

## 本章小结

本章主要内容总结如下:
(1) 设计任务是如何建立起来的;
(2) 了解不同设计阶段的深度要求;
(3) 了解给水排水专业在设计过程中与其他专业的联系;
(4) 掌握常规图例、标注、图幅、字体、比例方面的知识;
(5) 对本章所附工程图要彻底读懂。

## 复习思考题

1. 设计工作分为几个阶段,各阶段深度要求是什么?
2. 在设计过程中,给水排水专业需要向其他专业提供什么资料、提出什么要求?
3. 列举建筑给水排水图纸绘制常用的比例、线型、图例?
4. 图示管径和标高如何标注?给水管道和排水管道在标注管道标高时有何不同?
5. 图纸绘制中常用的字高有什么要求?
6. 建筑给水排水图纸绘制完成后应如何排序?
7. 老师以本章所附工程图纸为例就识图问题提问学生。

## 设计与施工说明

### 一、设计依据、范围及总述

1. 设计依据：本工程设计任务书；建设单位提供的建筑物周围市政条件资料；建筑和有关工种提供的作业图及设计资料。
2. 设计范围：包括建筑物内的给排水和消防。
3. 施工单位上建专业与设备专业配合施工，做好预留工作。
4. 除本说明外，其余均应遵照《建筑给水排水及采暖工程施工质量验收规范》GB 50242—2002，以下称"规范"。
5. 相关规范：《建筑防火设计规范》GB 50016—2006
   《商店建筑设计规范》JGJ 48—88
   《汽车库建筑设计规范》JGJ 100—98
   《建筑灭火器配置设计规范》GB 50140—2005
   《建筑给水排水设计规范》GB 50015—2003
   《汽车库、修车库、停车场防火设计规范》GB 50067—97
   《公共建筑节能设计标准》GB 50189—2005
   工程建设标准强制性条文：《房屋建筑部分》
   《建筑给水聚丙烯管道（PP-R）工程技术规程》GB/T 50349—2005
   《建筑排水硬聚氯乙烯管道工程技术规程》CJJ/T 29—2002
6. 工程概况：本工程为×××，工程建筑面积2206.4m²
   分为展厅和修理车间两部分，单层，局部两层，由市政2路（DN200）进水，在园区内形成环状供水管网，供水压力为0.3MPa。

### 二、室内给水排水系统

1. 系统概况
   （1）生活给水系统由市政给水直接引入，供水压力0.3MPa。
   （2）最高日用水量为 m³/d，最大时用水量为 m³/h，生活给水系统由市政给水直接引入，供水压力为0.3MPa。
   （3）排水系统：采用重力自流排水系统，卫生间排水经化粪池处理后排至市政污水管道，其他排水，经隔油池处理后排至市政污水管道。
2. 管材和接口
   （1）给水：给水采用PPR铝塑稳态管（使用条件分级2，S5系列）热熔连接。管道附件（三通、弯头等）应与管材配套。
   （2）排水：采用排水UPVC管，粘接。
3. 阀门
   （1）生活给水系统均采用铜制截止阀，$P_N$=1.0MPa。
   （2）阀门安装前应做强度和严密性试验。
4. 排水管附件
   （1）地漏：UPVC地漏。深度≥50mm，口径除图中注明者外均为$D_n$50，安装详见图集。
   （2）存水弯：同卫生器具配套订购，水封深度≥50mm。
5. 卫生器具：安装要求参照99S304和规范第七章。
   器具和配件、五金、龙头、存水弯应成套订购。给水配件用节水型产品。
6. 管道敷设
   （1）室内给水管道均采用暗装。
   （2）排水管道的连接应符合规范。
   （3）排水管道上除图中注明的检查口、清扫口外还应按规范中第5.2.6和5.2.7条要求设置和安装。
7. 支架：塑料管支架间距见规范第3.3.9条。排水管见规范第5.2.9条。支吊架做法参照国标图集04S301。
8. 试压：
   （1）冷水管道安装完毕后，应做水压试验。系统工作压力为0.30MPa，试验压力为0.9MPa。其他详见规范第4.2.1条及《建筑给水聚丙烯管道工程技术规范》GB/T 50349—2005第5.6.1条执行。
   （2）排水按规范5.2.1、5.2.5条要求做灌水试验和通球试验。

### 三、室内消防系统

1. 消火栓系统：为常高压供水系统，室内消火栓设计用水量15L/s，室外消防用水量为25L/s，供水压力为0.30MPa，由室外环状供水管网供给，火灾延续时间为2小时。
   （1）室内消火栓采用SNZ65型消火栓，参照04S202安装。所有消火栓水龙带和接口均为D65，绵纶带L=25m，水枪D65×19，箱体材料由室内装饰统一考虑（待定），消火栓箱规格为650×800×160。
   （2）消火栓栓口距地1.1m。
   （3）管材：埋地管道为无缝钢管，焊接连接；地上管道为热镀锌钢管，DN≤65丝接，DN≥80沟槽连接。
   （4）阀门：D71X-10蝶阀，阀门公称压力为1.0MPa。
   （5）试压：室内消火栓系统安装完毕后应做实地试射试验和压力试验，试验压力为0.8MPa，详见规范第4.3.1条和4.2.1条。
   （6）运行注意：本系统所有阀门，均应常开。
   （7）管道防腐：明装管道刷面漆一道（套扣时破坏的镀锌层表面及外露螺纹部分应做防腐蚀处理），埋地管道刷沥青漆两道。
2. 火火器配置：本建筑物一层为B类火灾严重危险级，二层为A类火灾轻危险级，均设干粉灭火器，箱式落地安装。

### 四、其他

1. 尺寸：除管长、标高以米计外，其余均以毫米计。
2. 标高：（1）室内±0.00米相当于绝对标高见土建专业图纸。室内各标高指相对标高。
   （2）管道标高：给水管道指管中心，排水管指管内底。
3. 未说明处参照《建筑给水排水及采暖工程施工质量验收规范》及《D5系列建筑标准设计图集》（99S304）中有关规定执行。

### 卫生洁具

| 序号 | 名称 | 规格型号 | 标准图集号 |
|---|---|---|---|
| 1 | 感应式洗手盆 | 560×460×190 | 99S304-56 |
| 2 | 感应式蹲便器 | 350×430×360 | 99S304-86 |
| 3 | 感应式小便斗 | 410×360×1000 | 99S304-96 |
| 4 | 拖布池 | 600×500 | 99S304-17 |

### 图例

| 序号 | 图例 | 名称 | 序号 | 图例 | 名称 |
|---|---|---|---|---|---|
| 1 | ⊘ ▽ | 高水封地漏 | 8 | ◄ | 倒流防止器 |
| 2 | ⊥ | 截止阀 | 9 | ▲ | 手提式灭火器 |
| 3 | ⊠ | 蝶阀 | 10 | —— | 生活给水 |
| 4 | ⋈ | 闸阀 | 11 | ---- | 排水管 |
| 5 | ● | 通气帽 | 12 | —— | 消火栓给水管 |
| 6 | ⊥ | 检查口 | 13 | ⊟ | 感应式冲洗阀 |
| 7 | ⋗ ● | 室内消火栓 | | | |

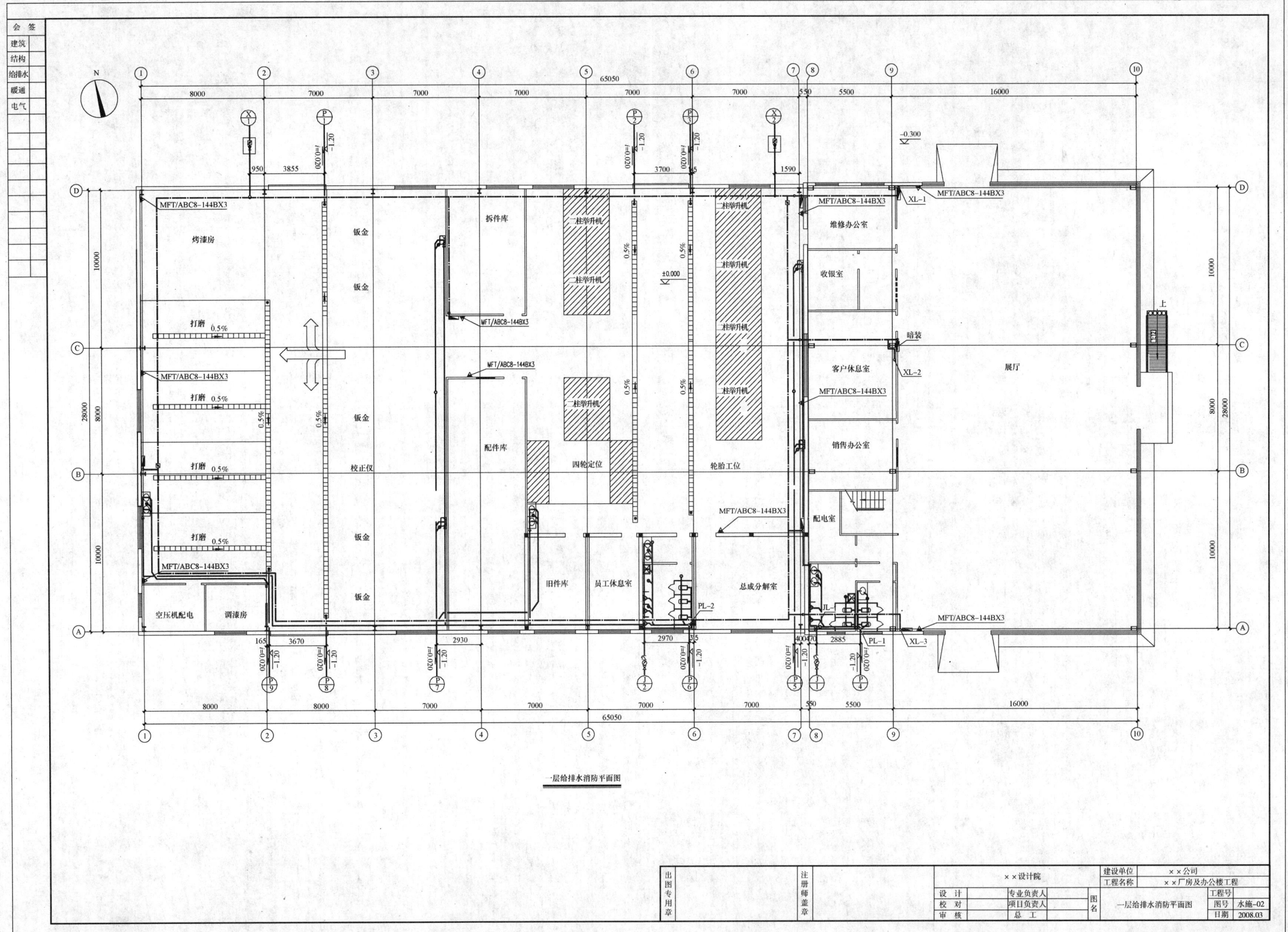

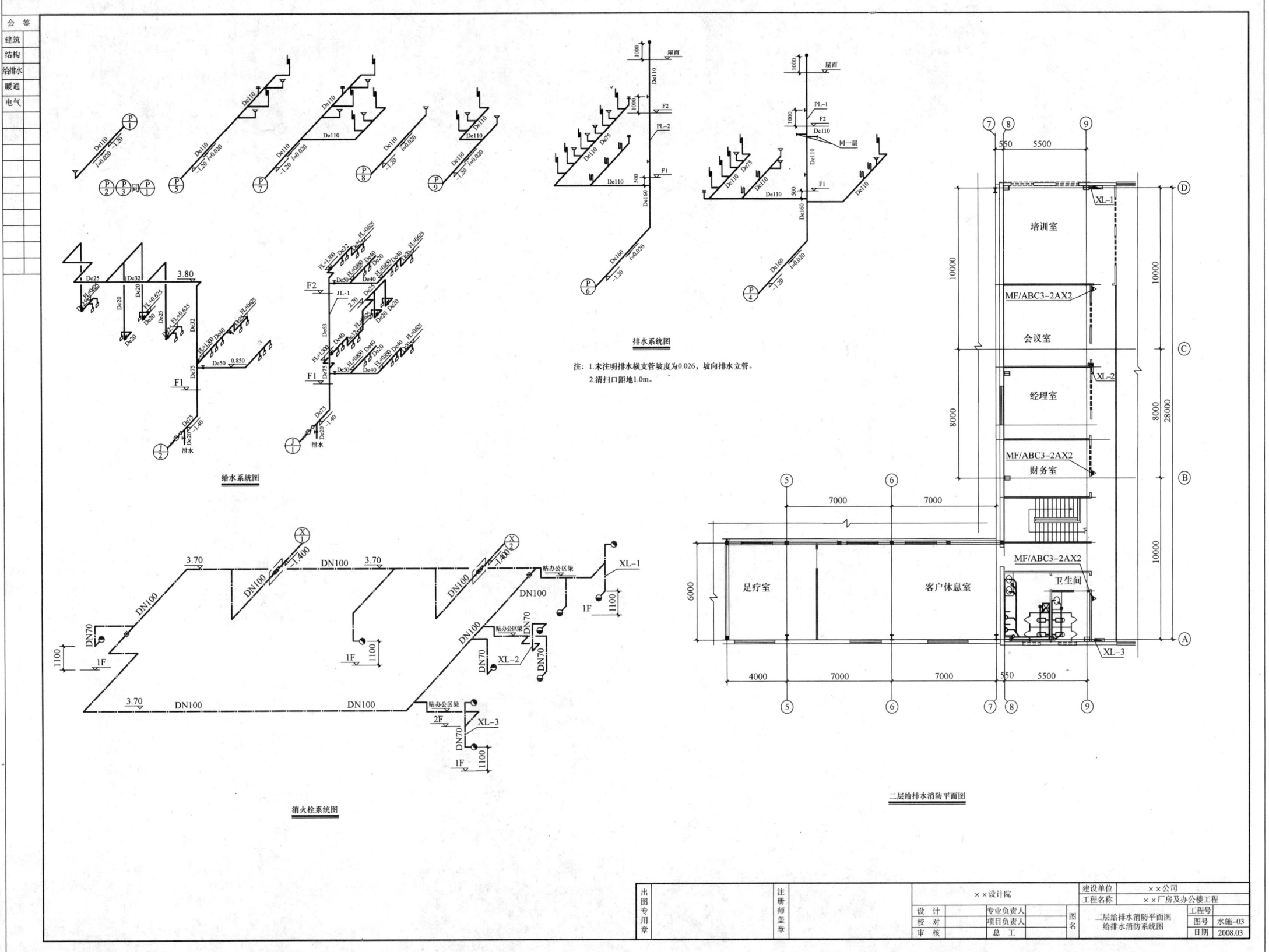

# 附录1 给水铸铁管水力计算表

流量 $q_g$ 以 L/s 计，管径 $DN$ 以 mm 计，流量 $v$ 以 m/s 计，压力损失 $i$ 以 kPa 计

| $q_g$ | DN50 | | DN75 | | DN100 | | DN150 | |
|---|---|---|---|---|---|---|---|---|
| | $v$ | $i$ | $v$ | $i$ | $v$ | $i$ | $v$ | $i$ |
| 1.0 | 0.53 | 0.173 | 0.23 | 0.0231 | | | | |
| 1.2 | 0.64 | 0.241 | 0.28 | 0.0320 | | | | |
| 1.4 | 0.74 | 0.320 | 0.33 | 0.0422 | | | | |
| 1.6 | 0.85 | 0.409 | 0.37 | 0.0534 | | | | |
| 1.8 | 0.95 | 0.508 | 0.42 | 0.0659 | | | | |
| 2.0 | 1.06 | 0.619 | 0.46 | 0.0798 | | | | |
| 2.5 | 1.33 | 0.949 | 0.58 | 0.119 | 0.32 | 0.0288 | | |
| 3.0 | 1.59 | 1.37 | 0.70 | 0.167 | 0.39 | 0.0398 | | |
| 3.5 | 1.86 | 1.86 | 0.81 | 0.222 | 0.45 | 0.0526 | | |
| 4.0 | 2.12 | 2.43 | 0.93 | 0.284 | 0.52 | 0.0669 | | |
| 4.5 | | | 1.05 | 0.353 | 0.58 | 0.0829 | | |
| 5.0 | | | 1.16 | 0.430 | 0.65 | 0.100 | | |
| 5.5 | | | 1.28 | 0.517 | 0.72 | 0.120 | | |
| 6.0 | | | 1.39 | 0.615 | 0.78 | 0.140 | | |
| 7.0 | | | 1.63 | 0.837 | 0.91 | 0.186 | 0.40 | 0.0246 |
| 8.0 | | | 1.86 | 1.09 | 1.04 | 0.239 | 0.46 | 0.0314 |
| 9.0 | | | 2.09 | 1.38 | 1.17 | 0.299 | 0.52 | 0.0391 |
| 10.0 | | | | | 1.30 | 0.365 | 0.57 | 0.0469 |
| 11 | | | | | 1.43 | 0.442 | 0.63 | 0.0559 |
| 12 | | | | | 1.56 | 0.526 | 0.69 | 0.0655 |
| 13 | | | | | 1.69 | 0.617 | 0.75 | 0.0760 |
| 14 | | | | | 1.82 | 0.716 | 0.80 | 0.0871 |
| 15 | | | | | 1.95 | 0.822 | 0.86 | 0.0988 |
| 16 | | | | | 2.08 | 0.935 | 0.92 | 0.111 |
| 17 | | | | | | | 0.97 | 0.125 |
| 18 | | | | | | | 1.03 | 0.139 |
| 19 | | | | | | | 1.09 | 0.153 |
| 20 | | | | | | | 1.15 | 0.169 |
| 22 | | | | | | | 1.26 | 0.202 |
| 24 | | | | | | | 1.38 | 0.241 |
| 26 | | | | | | | 1.49 | 0.283 |
| 28 | | | | | | | 1.61 | 0.328 |
| 30 | | | | | | | 1.72 | 0.377 |

## 附录2　给水钢管水力计算表

流量 $q_g$ 以 L/s 计，管径 $DN$ 以 mm 计，流量 $v$ 以 m/s 计，压力损失 $i$ 以 kPa 计

| $q_g$ | DN15 | | DN20 | | DN25 | | DN32 | | DN40 | | DN50 | | DN70 | | DN80 | | DN100 | |
|---|---|---|---|---|---|---|---|---|---|---|---|---|---|---|---|---|---|---|
| | $v$ | $i$ | $v$ | $i$ | $v$ | $i$ | $v$ | $i$ | $v$ | $i$ | $v$ | $i$ | $v$ | $i$ | $v$ | $i$ | $v$ | $i$ |
| 0.05 | 0.29 | 0.284 | | | | | | | | | | | | | | | | |
| 0.07 | 0.41 | 0.518 | 0.22 | 0.111 | | | | | | | | | | | | | | |
| 0.10 | 0.58 | 0.985 | 0.31 | 0.208 | | | | | | | | | | | | | | |
| 0.12 | 0.70 | 1.37 | 0.37 | 0.288 | 0.23 | 0.086 | | | | | | | | | | | | |
| 0.14 | 0.82 | 1.82 | 0.43 | 0.38 | 0.26 | 0.113 | | | | | | | | | | | | |
| 0.16 | 0.94 | 2.34 | 0.50 | 0.485 | 0.30 | 0.143 | | | | | | | | | | | | |
| 0.18 | 1.05 | 2.91 | 0.56 | 0.601 | 0.34 | 0.176 | | | | | | | | | | | | |
| 0.20 | 1.17 | 3.54 | 0.62 | 0.72 | 0.38 | 0.213 | 0.21 | 0.05 | | | | | | | | | | |
| 0.25 | 1.46 | 5.51 | 0.78 | 1.09 | 0.47 | 0.318 | 0.26 | 0.07 | 0.20 | 0.03 | | | | | | | | |
| 0.30 | 1.76 | 7.93 | 0.93 | 1.53 | 0.56 | 0.442 | 0.32 | 0.10 | 0.24 | 0.05 | | | | | | | | |
| 0.35 | | | 1.09 | 2.04 | 0.66 | 0.586 | 0.37 | 0.141 | 0.28 | 0.08 | | | | | | | | |
| 0.40 | | | 1.24 | 2.63 | 0.75 | 0.748 | 0.42 | 0.17 | 0.32 | 0.08 | | | | | | | | |
| 0.45 | | | 1.40 | 3.33 | 0.85 | 0.932 | 0.47 | 0.22 | 0.36 | 0.11 | 0.21 | 0.031 | | | | | | |
| 0.50 | | | 1.55 | 4.11 | 0.94 | 1.13 | 0.53 | 0.26 | 0.40 | 0.13 | 0.23 | 0.037 | | | | | | |
| 0.55 | | | 1.71 | 4.97 | 1.04 | 1.35 | 0.58 | 0.31 | 0.44 | 0.15 | 0.26 | 0.044 | | | | | | |
| 0.60 | | | 1.86 | 5.91 | 1.13 | 1.59 | 0.63 | 0.37 | 0.48 | 0.18 | 0.28 | 0.051 | | | | | | |
| 0.65 | | | 2.02 | 6.94 | 1.22 | 1.85 | 0.68 | 0.43 | 0.52 | 0.21 | 0.31 | 0.059 | | | | | | |
| 0.70 | | | | | 1.32 | 2.14 | 0.74 | 0.49 | 0.56 | 0.24 | 0.33 | 0.068 | 0.20 | 0.02 | | | | |
| 0.75 | | | | | 1.41 | 2.46 | 0.79 | 0.56 | 0.60 | 0.28 | 0.35 | 0.077 | 0.21 | 0.023 | | | | |
| 0.80 | | | | | 1.51 | 2.79 | 0.84 | 0.63 | 0.64 | 0.31 | 0.38 | 0.085 | 0.23 | 0.025 | | | | |
| 0.85 | | | | | 1.60 | 3.16 | 0.90 | 0.70 | 0.68 | 0.35 | 0.40 | 0.096 | 0.24 | 0.028 | | | | |
| 0.90 | | | | | 1.69 | 3.54 | 0.95 | 0.78 | 0.72 | 0.39 | 0.42 | 0.107 | 0.25 | 0.0311 | | | | |
| 0.95 | | | | | 1.79 | 3.94 | 1.00 | 0.86 | 0.76 | 0.43 | 0.45 | 0.118 | 0.27 | 0.0342 | | | | |
| 1.00 | | | | | 1.88 | 4.37 | 1.05 | 0.95 | 0.80 | 0.47 | 0.47 | 0.129 | 0.28 | 0.0376 | 0.20 | 0.016 | | |
| 1.10 | | | | | 2.07 | 5.28 | 1.16 | 1.14 | 0.87 | 0.56 | 0.52 | 0.153 | 0.31 | 0.0444 | 0.22 | 0.019 | | |
| 1.20 | | | | | | | 1.27 | 1.35 | 0.95 | 0.66 | 0.56 | 0.18 | 0.34 | 0.0518 | 0.24 | 0.022 | | |
| 1.30 | | | | | | | 1.37 | 1.59 | 1.03 | 0.76 | 0.61 | 0.208 | 0.37 | 0.0599 | 0.26 | 0.026 | | |
| 1.40 | | | | | | | 1.48 | 1.84 | 1.11 | 0.88 | 0.66 | 0.237 | 0.40 | 0.0683 | 0.28 | 0.029 | | |
| 1.50 | | | | | | | 1.58 | 2.11 | 1.19 | 1.01 | 0.71 | 0.27 | 0.42 | 0.0772 | 0.30 | 0.033 | | |
| 1.60 | | | | | | | 1.69 | 2.40 | 1.27 | 1.14 | 0.75 | 0.304 | 0.45 | 0.0870 | 0.32 | 0.037 | | |
| 1.70 | | | | | | | 1.79 | 2.71 | 1.35 | 1.29 | 0.80 | 0.340 | 0.48 | 0.0969 | 0.34 | 0.041 | | |
| 1.80 | | | | | | | 1.90 | 3.04 | 1.43 | 1.44 | 0.85 | 0.378 | 0.51 | 0.107 | 0.36 | 0.046 | | |
| 1.90 | | | | | | | 2.00 | 3.39 | 1.51 | 1.61 | 0.89 | 0.418 | 0.54 | 0.119 | 0.38 | 0.051 | | |
| 2.0 | | | | | | | | | 1.59 | 1.78 | 0.94 | 0.460 | 0.57 | 0.13 | 0.40 | 0.056 | 0.23 | 0.014 |
| 2.2 | | | | | | | | | 1.75 | 2.16 | 1.04 | 0.549 | 0.62 | 0.155 | 0.44 | 0.066 | 0.25 | 0.017 |
| 2.4 | | | | | | | | | 1.91 | 2.56 | 1.13 | 0.645 | 0.68 | 0.182 | 0.48 | 0.077 | 0.28 | 0.020 |

续表

| $q_g$ | DN15 | | DN20 | | DN25 | | DN32 | | DN40 | | DN50 | | DN70 | | DN80 | | DN100 | |
|---|---|---|---|---|---|---|---|---|---|---|---|---|---|---|---|---|---|---|
| | $v$ | $i$ | $v$ | $i$ | $v$ | $i$ | $v$ | $i$ | $v$ | $i$ | $v$ | $i$ | $v$ | $i$ | $v$ | $i$ | $v$ | $i$ |
| 2.6 | | | | | | | | | 2.07 | 3.01 | 1.22 | 0.749 | 0.74 | 0.21 | 0.52 | 0.090 | 0.30 | 0.023 |
| 2.8 | | | | | | | | | | | 1.32 | 0.869 | 0.79 | 0.241 | 0.56 | 0.103 | 0.32 | 0.026 |
| 3.0 | | | | | | | | | | | 1.41 | 0.998 | 0.85 | 0.274 | 0.60 | 0.117 | 0.35 | 0.029 |
| 3.5 | | | | | | | | | | | 1.65 | 1.36 | 0.99 | 0.365 | 0.70 | 0.155 | 0.40 | 0.039 |
| 4.0 | | | | | | | | | | | 1.88 | 1.77 | 1.13 | 0.468 | 0.81 | 0.198 | 0.46 | 0.050 |
| 4.5 | | | | | | | | | | | 2.12 | 2.24 | 1.28 | 0.586 | 0.91 | 0.246 | 0.52 | 0.062 |
| 5.0 | | | | | | | | | | | 2.35 | 2.77 | 1.42 | 0.723 | 1.01 | 0.30 | 0.58 | 0.074 |
| 5.5 | | | | | | | | | | | 2.59 | 3.35 | 1.56 | 0.875 | 1.11 | 0.358 | 0.63 | 0.089 |
| 6.0 | | | | | | | | | | | | | 1.70 | 1.04 | 1.21 | 0.421 | 0.69 | 0.105 |
| 6.5 | | | | | | | | | | | | | 1.84 | 1.22 | 1.31 | 0.494 | 0.75 | 0.121 |
| 7.0 | | | | | | | | | | | | | 1.99 | 1.42 | 1.41 | 0.573 | 0.81 | 0.139 |
| 7.5 | | | | | | | | | | | | | 2.13 | 1.63 | 1.51 | 0.657 | 0.87 | 0.158 |
| 8.0 | | | | | | | | | | | | | 2.27 | 1.85 | 1.61 | 0.748 | 0.92 | 0.178 |
| 8.5 | | | | | | | | | | | | | 2.41 | 2.09 | 1.71 | 0.844 | 0.98 | 0.199 |
| 9.0 | | | | | | | | | | | | | 2.55 | 2.34 | 1.81 | 0.946 | 1.04 | 0.221 |
| 9.5 | | | | | | | | | | | | | | | 1.91 | 1.05 | 1.1 | 0.245 |
| 10.0 | | | | | | | | | | | | | | | 2.01 | 1.17 | 1.15 | 0.269 |
| 10.5 | | | | | | | | | | | | | | | 2.11 | 1.29 | 1.21 | 0.295 |
| 11.0 | | | | | | | | | | | | | | | 2.21 | 1.41 | 1.27 | 0.324 |
| 11.5 | | | | | | | | | | | | | | | 2.32 | 1.55 | 1.33 | 0.354 |
| 12.0 | | | | | | | | | | | | | | | 2.42 | 1.68 | 1.39 | 0.385 |
| 12.5 | | | | | | | | | | | | | | | 2.52 | 1.83 | 1.44 | 0.418 |
| 13.0 | | | | | | | | | | | | | | | | | 1.50 | 0.452 |
| 14.0 | | | | | | | | | | | | | | | | | 1.62 | 0.524 |
| 15.0 | | | | | | | | | | | | | | | | | 1.73 | 0.602 |
| 16.0 | | | | | | | | | | | | | | | | | 1.85 | 0.685 |
| 17.0 | | | | | | | | | | | | | | | | | 1.96 | 0.773 |
| 20.0 | | | | | | | | | | | | | | | | | 2.31 | 1.07 |

## 附录3 给水塑料管水力计算表

流量 $q_g$ 以 L/s 计，管径 DN 以 mm 计，流量 $v$ 以 m/s 计，压力损失 $i$ 以 kPa 计

| $q_g$ | DN15 $v$ | DN15 $i$ | DN20 $v$ | DN20 $i$ | DN25 $v$ | DN25 $i$ | DN32 $v$ | DN32 $i$ | DN40 $v$ | DN40 $i$ | DN50 $v$ | DN50 $i$ | DN70 $v$ | DN70 $i$ | DN80 $v$ | DN80 $i$ | DN100 $v$ | DN100 $i$ |
|---|---|---|---|---|---|---|---|---|---|---|---|---|---|---|---|---|---|---|
| 0.10 | 0.50 | 0.275 | 0.26 | 0.060 | | | | | | | | | | | | | | |
| 0.15 | 0.75 | 0.564 | 0.39 | 0.123 | 0.23 | 0.033 | | | | | | | | | | | | |
| 0.20 | 0.99 | 0.940 | 0.53 | 0.206 | 0.30 | 0.055 | 0.20 | 0.02 | | | | | | | | | | |
| 0.30 | 1.49 | 1.93 | 0.79 | 0.422 | 0.45 | 0.113 | 0.29 | 0.04 | | | | | | | | | | |
| 0.40 | 1.99 | 3.21 | 1.05 | 0.703 | 0.61 | 0.188 | 0.39 | 0.067 | 0.24 | 0.021 | | | | | | | | |
| 0.50 | 2.49 | 4.77 | 1.32 | 1.04 | 0.76 | 0.279 | 0.49 | 0.099 | 0.30 | 0.031 | | | | | | | | |
| 0.60 | 2.98 | 6.60 | 1.58 | 1.44 | 0.91 | 0.386 | 0.59 | 0.137 | 0.36 | 0.043 | 0.23 | 0.014 | | | | | | |
| 0.70 | | | 1.84 | 1.90 | 1.06 | 0.507 | 0.69 | 0.181 | 0.42 | 0.056 | 0.27 | 0.019 | | | | | | |
| 0.80 | | | 2.10 | 2.40 | 1.21 | 0.643 | 0.79 | 0.229 | 0.48 | 0.071 | 0.30 | 0.023 | | | | | | |
| 0.90 | | | 2.37 | 2.96 | 1.36 | 0.792 | 0.88 | 0.282 | 0.54 | 0.088 | 0.34 | 0.029 | 0.23 | 0.018 | | | | |
| 1.00 | | | | | 1.51 | 0.955 | 0.98 | 0.340 | 0.60 | 0.106 | 0.38 | 0.035 | 0.25 | 0.014 | | | | |
| 1.50 | | | | | 2.27 | 1.96 | 1.47 | 0.698 | 0.90 | 0.217 | 0.57 | 0.072 | 0.39 | 0.029 | 0.27 | 0.01 | | |
| 2.0 | | | | | | | 1.96 | 1.160 | 1.20 | 0.361 | 0.76 | 0.119 | 0.52 | 0.049 | 0.36 | 0.02 | 0.24 | 0.00 |
| 2.50 | | | | | | | 2.46 | 1.730 | 1.50 | 0.536 | 0.95 | 0.517 | 0.65 | 0.072 | 0.45 | 0.03 | 0.30 | 0.01 |
| 3.0 | | | | | | | | | 1.81 | 0.741 | 1.14 | 0.245 | 0.78 | 0.099 | 0.54 | 0.042 | 0.36 | 0.01 |
| 3.5 | | | | | | | | | 2.11 | 0.974 | 1.33 | 0.322 | 0.91 | 0.131 | 0.63 | 0.055 | 0.42 | 0.02 |
| 4.0 | | | | | | | | | 2.41 | 0.123 | 1.51 | 0.408 | 1.04 | 0.166 | 0.72 | 0.069 | 0.48 | 0.02 |
| 4.5 | | | | | | | | | 2.71 | 0.152 | 1.70 | 0.503 | 1.17 | 0.205 | 0.81 | 0.086 | 0.54 | 0.03 |
| 5.0 | | | | | | | | | | | 1.89 | 0.606 | 1.3 | 0.247 | 0.90 | 0.104 | 0.60 | 0.03 |
| 5.5 | | | | | | | | | | | 2.08 | 0.718 | 1.43 | 0.293 | 0.99 | 0.123 | 0.66 | 0.04 |
| 6.0 | | | | | | | | | | | 2.27 | 0.838 | 1.56 | 0.342 | 1.08 | 0.143 | 0.72 | 0.05 |
| 6.5 | | | | | | | | | | | | | 1.69 | 0.394 | 1.17 | 0.165 | 0.78 | 0.06 |
| 7.0 | | | | | | | | | | | | | 1.82 | 0.445 | 1.26 | 0.188 | 0.84 | 0.07 |
| 7.5 | | | | | | | | | | | | | 1.95 | 0.507 | 1.35 | 0.213 | 0.90 | 0.08 |
| 8.0 | | | | | | | | | | | | | 2.08 | 0.569 | 1.44 | 0.238 | 0.96 | 0.09 |
| 8.5 | | | | | | | | | | | | | 2.21 | 0.632 | 1.53 | 0.265 | 1.02 | 0.10 |
| 9.0 | | | | | | | | | | | | | 2.34 | 0.701 | 1.62 | 0.294 | 1.08 | 0.11 |
| 9.5 | | | | | | | | | | | | | 2.47 | 0.772 | 1.71 | 0.323 | 1.14 | 0.12 |
| 10.0 | | | | | | | | | | | | | | | 1.80 | 0.354 | 1.20 | 0.13 |

## 附录4 给水聚丙烯热水管水力计算表

| Q | | $D_e$ (mm) | | | | | | | | | | |
|---|---|---|---|---|---|---|---|---|---|---|---|---|
| | | 20 | | 25 | | 32 | | 40 | | 50 | | 63 | |
| (m³/h) | (L/s) | v | 1000i | v | 1000i | v | 1000i | v | 1000i | v | 1000i | v | 1000i |
| 0.090 | 0.025 | 0.18 | 4.534 | | | | | | | 0.81 | 20.487 | 0.51 | 6.668 |
| 0.108 | 0.030 | 0.22 | 6.266 | 0.14 | 2.098 | | | | | 0.87 | 23.154 | 0.54 | 7.536 |
| 0.126 | 0.035 | 0.26 | 8.237 | 0.16 | 2.758 | | | | | 0.92 | 25.963 | 0.58 | 8.450 |
| 0.144 | 0.040 | 0.29 | 10.438 | 0.18 | 3.495 | | | | | 0.98 | 28.911 | 0.61 | 9.410 |
| 0.162 | 0.045 | 0.33 | 12.864 | 0.21 | 4.307 | 0.13 | 1.340 | | | 1.04 | 31.966 | 0.65 | 10.414 |
| 0.180 | 0.050 | 0.37 | 15.508 | 0.23 | 5.192 | 0.14 | 1.615 | | | 1.10 | 35.217 | 0.69 | 11.462 |
| 0.198 | 0.055 | 0.40 | 18.364 | 0.25 | 6.149 | 0.16 | 1.913 | | | 1.16 | 38.572 | 0.72 | 12.554 |
| 0.216 | 0.060 | 0.44 | 21.429 | 0.28 | 7.175 | 0.17 | 2.232 | | | 1.21 | 42.060 | 0.76 | 13.689 |
| 0.236 | 0.065 | 0.47 | 24.699 | 0.30 | 8.270 | 0.18 | 2.573 | | | 1.27 | 45.678 | 0.79 | 14.867 |
| 0.252 | 0.070 | 0.51 | 28.169 | 0.32 | 9.432 | 0.20 | 2.934 | | | 1.33 | 49.426 | 0.83 | 16.087 |
| 0.270 | 0.075 | 0.55 | 31.837 | 0.35 | 10.660 | 0.21 | 3.316 | 0.13 | 1.122 | 1.39 | 53.302 | 0.87 | 17.349 |
| 0.288 | 0.080 | 0.58 | 35.699 | 0.37 | 11.953 | 0.23 | 3.718 | 0.14 | 1.259 | 1.44 | 57.305 | 0.96 | 18.652 |
| 0.306 | 0.085 | 0.62 | 39.752 | 0.39 | 13.310 | 0.24 | 4.140 | 0.15 | 1.402 | 1.50 | 61.434 | 0.94 | 19.996 |
| 0.324 | 0.090 | 0.66 | 43.944 | 0.42 | 14.731 | 0.25 | 4.582 | 0.16 | 1.551 | 1.56 | 65.688 | 0.97 | 21.380 |
| 0.342 | 0.095 | 0.69 | 48.423 | 0.44 | 16.213 | 0.27 | 5.044 | 0.17 | 1.707 | 1.62 | 70.066 | 1.01 | 22.805 |
| 0.360 | 0.100 | 0.73 | 53.036 | 0.46 | 17.758 | 0.28 | 5.524 | 0.18 | 1.870 | 1.67 | 74.566 | 1.05 | 24.270 |
| 0.396 | 0.110 | 0.80 | 62.806 | 0.51 | 21.029 | 0.31 | 6.542 | 0.20 | 2.214 | 1.73 | 79.188 | 1.08 | 25.774 |
| 0.432 | 0.120 | 0.88 | 73.289 | 0.55 | 24.539 | 0.34 | 7.634 | 0.22 | 2.584 | 1.79 | 83.931 | 1.12 | 27.318 |
| 0.468 | 0.130 | 0.95 | 84.470 | 0.60 | 28.283 | 0.37 | 8.798 | 0.23 | 2.978 | 1.85 | 88.794 | 1.15 | 28.901 |
| 0.504 | 0.140 | 1.02 | 96.339 | 0.65 | 32.257 | 0.40 | 10.034 | 0.25 | 3.397 | 1.91 | 93.776 | 1.19 | 30.522 |
| 0.540 | 0.150 | 1.10 | 108.882 | 0.69 | 36.457 | 0.42 | 11.341 | 0.27 | 3.839 | 1.96 | 98.876 | 1.23 | 32.182 |
| 0.576 | 0.160 | 1.17 | 122.090 | 0.74 | 40.897 | 0.45 | 12.717 | 0.29 | 4.304 | 2.02 | 104.094 | 1.26 | 33.880 |
| 0.612 | 0.170 | 1.24 | 135.952 | 0.79 | 45.521 | 0.48 | 14.160 | 0.31 | 4.793 | 2.08 | 109.428 | 1.30 | 35.616 |
| 0.648 | 0.180 | 1.32 | 150.461 | 0.83 | 50.379 | 0.51 | 15.672 | 0.32 | 5.305 | 2.14 | 114.879 | 1.34 | 37.390 |
| 0.684 | 0.190 | 1.39 | 165.607 | 0.88 | 55.450 | 0.54 | 17.249 | 0.34 | 5.839 | 2.19 | 120.444 | 1.37 | 39.22 |
| 0.720 | 0.200 | 1.46 | 181.383 | 0.92 | 60.732 | 0.57 | 18.892 | 0.36 | 6.395 | 2.25 | 126.124 | 1.41 | 41.051 |
| 0.900 | 0.250 | 1.83 | 269.473 | 1.16 | 90.228 | 0.71 | 28.068 | 0.45 | 9.501 | 2.31 | 131.918 | 1.44 | 42.936 |
| 1.080 | 0.300 | 2.19 | 372.377 | 1.39 | 124.683 | 0.85 | 38.786 | 0.54 | 13.129 | 2.43 | 143.844 | 1.52 | 46.818 |
| 1.260 | 0.350 | 2.56 | 489.493 | 1.62 | 163.897 | 0.99 | 50.985 | 0.63 | 17.258 | 2.54 | 156.219 | 1.59 | 50.846 |
| 1.440 | 0.400 | 2.92 | 620.331 | 1.85 | 207.705 | 1.13 | 64.512 | 0.72 | 21.871 | 2.66 | 169.037 | 1.66 | 55.081 |
| 1.620 | 0.450 | | | 2.08 | 255.972 | 1.27 | 79.627 | 0.81 | 26.953 | 2.77 | 182.293 | 1.73 | 59.332 |
| 1.800 | 0.500 | | | 2.31 | 308.579 | 1.42 | 95.992 | 0.90 | 32.492 | 2.89 | 195.985 | 1.80 | 63.789 |
| 1.980 | 0.550 | | | 2.54 | 365.424 | 1.56 | 113.675 | 0.99 | 38.478 | 3.00 | 210.106 | 1.88 | 68.385 |
| 2.160 | 0.600 | | | 2.77 | 426.416 | 1.70 | 132.648 | 1.08 | 44.900 | | | 1.95 | 73.120 |
| 2.340 | 0.650 | | | 3.00 | 491.475 | 1.84 | 152.887 | 1.17 | 51.750 | | | 2.02 | 77.993 |
| 2.520 | 0.700 | | | | | 1.98 | 174.368 | 1.26 | 59.021 | | | 2.09 | 83.003 |
| 2.700 | 0.750 | | | | | 2.12 | 197.070 | 1.35 | 66.706 | | | 2.17 | 88.148 |
| 2.880 | 0.800 | | | | | 2.27 | 220.975 | 1.44 | 74.797 | | | 2.24 | 93.427 |
| 3.060 | 0.850 | | | | | 2.41 | 246.066 | 1.53 | 83.290 | | | 2.31 | 98.840 |
| 3.240 | 0.900 | | | | | 2.55 | 272.325 | 1.62 | 92.179 | | | 2.38 | 104.386 |
| 3.420 | 0.950 | | | | | 2.69 | 299.739 | 1.71 | 101.458 | | | 2.45 | 110.063 |
| 3.600 | 1.000 | | | | | 2.83 | 328.293 | 1.80 | 111.123 | | | 2.53 | 115.871 |

续表

| Q | | $D_e$ (mm) | | | | | | | | | | | |
|---|---|---|---|---|---|---|---|---|---|---|---|---|---|
| | | 20 | | 25 | | 32 | | 40 | | 50 | | 63 | |
| (m³/h) | (L/s) | $v$ | $1000i$ | $v$ | $1000i$ | $v$ | $1000i$ | $v$ | $1000i$ | $v$ | $1000i$ | $v$ | $1000i$ |
| 3.780 | 1.050 | | | | | 2.97 | 357.974 | 1.89 | 121.170 | | | 2.60 | 121.809 |
| 3.960 | 1.100 | | | | | 3.12 | 388.770 | 1.98 | 131.594 | | | 2.67 | 127.875 |
| 4.140 | 1.150 | | | | | | | 2.07 | 142.391 | | | 2.74 | 134.071 |
| 4.320 | 1.200 | | | | | | | 2.16 | 153.558 | | | 2.81 | 140.393 |
| 4.500 | 1.250 | | | | | | | 2.25 | 165.091 | | | 2.89 | 146.813 |
| 4.680 | 1.300 | | | | | | | 2.34 | 176.986 | | | 2.96 | 153.418 |
| 4.860 | 1.350 | | | | | | | 2.43 | 189.242 | | | 3.03 | 160.19 |
| 5.040 | 1.400 | | | | | | | 2.52 | 201.853 | | | | |
| 5.220 | 1.450 | | | | | | | 2.61 | 214.818 | | | | |
| 5.400 | 1.500 | | | | | | | 2.70 | 228.134 | | | | |
| 5.580 | 1.550 | | | | | | | 2.79 | 241.798 | | | | |
| 5.760 | 1.600 | | | | | | | 2.88 | 255.808 | | | | |
| 5.940 | 1.650 | | | | | | | 2.97 | 270.160 | | | | |
| 6.120 | 1.700 | | | | | | | 3.06 | 284.853 | | | | |
| 6.300 | 1.750 | | | | | | | | | | | | |
| 6.480 | 1.800 | | | | | | | | | | | | |
| 6.660 | 1.850 | | | | | | | | | | | | |
| 6.840 | 1.900 | | | | | | | | | | | | |
| 7.020 | 1.950 | | | | | | | | | | | | |
| 7.200 | 2.000 | | | | | | | | | | | | |
| 7.860 | 2.100 | | | | | | | | | | | | |
| 7.920 | 2.200 | | | | | | | | | | | | |
| 8.280 | 2.300 | | | | | | | | | | | | |
| 8.640 | 2.400 | | | | | | | | | | | | |
| 9.000 | 2.500 | | | | | | | | | | | | |
| 9.360 | 2.600 | | | | | | | | | | | | |
| 9.720 | 2.700 | | | | | | | | | | | | |
| 10.080 | 2.800 | | | | | | | | | | | | |
| 10.440 | 2.900 | | | | | | | | | | | | |
| 10.800 | 3.000 | | | | | | | | | | | | |
| 11.160 | 3.100 | | | | | | | | | | | | |
| 11.520 | 3.200 | | | | | | | | | | | | |
| 11.880 | 3.300 | | | | | | | | | | | | |
| 12.240 | 3.400 | | | | | | | | | | | | |
| 12.600 | 3.500 | | | | | | | | | | | | |
| 12.960 | 3.600 | | | | | | | | | | | | |
| 13.320 | 3.700 | | | | | | | | | | | | |
| 13.680 | 3.800 | | | | | | | | | | | | |
| 14.010 | 3.900 | | | | | | | | | | | | |
| 14.400 | 4.000 | | | | | | | | | | | | |
| 14.760 | 4.100 | | | | | | | | | | | | |
| 15.120 | 4.200 | | | | | | | | | | | | |

## 参考文献

[1] 郎嘉辉. 建筑给水排水工程［M］. 重庆：重庆大学出版社，2004.
[2] 李平，邓爱华. 建筑给水排水［M］. 北京：科学出版社，2006.
[3] 高明远，岳秀萍. 建筑给水排水工程学［M］. 北京：中国建筑工业出版社，2002.
[4] 樊建军，等. 建筑给水排水及消防工程［M］. 北京：中国建筑工业出版社，2005.
[5] 王增长，等. 建筑给水排水工程［M］. 北京：高等教育出版社，2004.
[6] 张英，等. 新编建筑给水排水工程［M］. 北京：中国建筑工业出版社，2004.
[7] 李亚峰，等. 高层建筑给水排水工程［M］. 北京：化学工业出版社，2004.
[8] GB 50015—2003 建筑给水排水设计规范［S］.
[9] GB 50016—2006 建筑设计防火规范［S］.
[10] GB 50045—95 高层民用建筑设计防火规范［S］.
[11] GB 50084—2001 自动喷水灭火系统设计规范［S］.
[12] GB 50140—2005 建筑灭火器配置设计规范［S］.
[13] GB 50014—2006 室外排水设计规范［S］.
[14] GB 50336—2002 建筑中水设计规范［S］.
[15] GB/T 50106—2001 给水排水制图标准［S］.